U0545605

深智數位
股份有限公司

深智數位
股份有限公司

前言 PREFACE

在 ChatGPT 的成功推動下，人工智慧（artificial intelligence，AI）技術的主要研究焦點已從電腦視覺逐漸轉向自然語言處理（natural language processing，NLP）。這使得原本相對邊緣的自然語言處理技術逐漸走向了舞臺中心。儘管自然語言處理的研究者相較於電腦視覺（computer vision，CV）領域來說少，但經過幾十年的發展，其累積的技術成果也十分豐富。以 ChatGPT 及其背後的 GPT（Generative Pretrained Transformer）模型為代表的大型語言模型（LLM）技術的成功，不是一夜之間的突變，而是基於多年技術累積取得的一次重大突破。

但是，並非所有的自然語言處理技術都被大型語言模型的開發所採用。一些技術路線已被放棄，一些雖然獲得了發展，但已被更優秀的技術所取代。在大型語言模型技術的後續發展中，這些被拋棄或替代的技術仍有可能被重新研究和改進。本書旨在是讓讀者了解主流大型語言模型所採用的技術，而非去開發新的大型語言模型。因此，我們主要介紹了 GPT 系列及開放原始碼 Llama 2 模型所採用的技術，對其他技術並未進行探討，例如知名的詞嵌入（word embeddings）技術 Word2Vec。

現在的大型語言模型基本上都是基於 Transformer 架構。相較於標準的編碼器 - 解碼器（Encoder-Decoder）結構，如今的 GPT 系列產品及 Llama 1、Llama 2 都採用了單解碼器結構。本書以 Transformer 模型架構為基礎，特別注意了純解碼器技術方向，並對相關技術進行了詳細的闡述。

由於 GPT-3.5、GPT-4 的技術並未開放原始碼，且基於其 API（應用程式介面）的開發並不適合本地部署，因此本書的開發技術主要基於開放原始碼的大型語言模型，尤其是 Meta 的 Llama 2 模型。對於新技術，我們主要介紹那些可以透過原始程式碼進行驗證和參考，且可以在 Llama 2 模型上執行的技術，其他技術則不做介紹，如混合專家系統（Mixture of Experts，MoE）。

本書基本覆蓋大型語言模型開發的多個方面。整體上可以參照 OpenAI 的安德列・卡帕西（Andrej Karpathy）在微軟的 2023 年 Build 大會報告中介紹的 GPT 幫手訓練流程。報告中指出：要訓練一個 ChatGPT，需要經過表 0-1 中的幾個階段：預訓練（Pretraining，PT）、監督微調（Supervised Finetuning，SFT）、獎勵模型（Reward Modeling，RM）以及基於人類回饋的強化學習（Reinforcement Learning from Human Feedback，RLHF）。

▼ 表 0-1 GPT 幫手訓練流程

階段	預訓練	監督微調	獎勵模型	基於人類回饋的強化學習
資料集	原始語料 數兆字 品質低、數量大	範例 理想幫手回答 約 10 ～ 100K（輸入提示，回覆）由合約工人撰寫 數量較少，品質較高	比較 100K 到 1M 個比較由合約工人撰寫 數量較少，品質較高	提示 約 10 ～ 100K 提示由合約工人撰寫 數量少，品質高
演算法	語言模型 預測下一個標記	語言模型 預測下一個標記	二分類 根據偏好預測回報	強化學習 生成最大化回報的標記
模型	基礎模型	SFT 模型	RM 模型	RL 模型
備註	1000GPU 數月訓練 GPT、Llama、PaLM 模型可發佈	1 ～ 100GPU 數天訓練 Vicuna-13B 模型可發佈	1 ～ 100GPU 數天訓練	1 ～ 100GPU 數天訓練 ChatGPT、Claude 模型可發佈

圖 0-1 是書中涉及知識的方塊圖。除白色外，都是需要學習的內容。

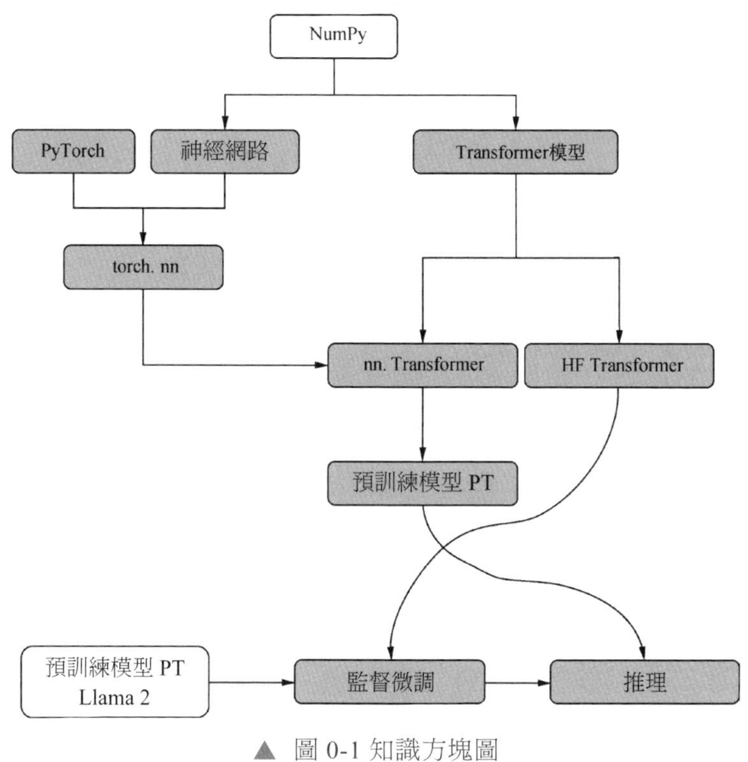

▲ 圖 0-1 知識方塊圖

建構可本地部署且擁有私有知識的大型語言模型具有高度市場需求。這種模型主要透過兩種技術實現私有知識的加入：檢索增強生成（RAG）和監督微調。其中，RAG 技術適用於開放原始碼和閉源模型，而 SFT 技術只適用於開放原始碼模型。對於私有知識的加入，書中主要說明了監督微調，並結合大型語言模型詳細介紹了 RAG 中詞向量（word embeddings）的計算。透過學習本書，開發人員可以利用開放原始碼預訓練模型研發在本地環境中獨立部署，並以自身獨特知識庫為依託建構專業化垂直領域模型。

本書的內容來源不僅包含網路上的各類教學和文章，也包括原始論文和原始程式碼。許多內容來自對原始論文的閱讀與理解，對開放原始碼程式的詳細分析和程式執行輸出。對書中所有引用的原始程式碼，作者都已經親自執行並

確保其有效性，書中提供了下載連結，便於讀者繼續研究。部分基礎知識和原始程式碼分析借助了 ChatGPT，後期少部分內容使用了阿里雲的通義千問，效果不錯。

本書不但適用於大型語言模型應用程式開發人員，而且對於渴望深度探究 ChatGPT 背後的執行機制，更高效率地運用和最佳化其功能的實踐者，同樣具有極高的參考價值。換言之，若想在 ChatGPT 應用領域成為佼佼者，掌握提示的規則和技巧固然重要，深入掌握其內在機制才是關鍵。

我們預期讀者具有 Python 程式設計的基礎知識，並對深度學習（deep learning）有一定了解，但並不要求讀者具備自然語言處理的基礎知識。

由於作者水準有限和技術發展的迅速性，本書內容難免存在不足之處。在此，懇請讀者批評指正。

范煜

目錄 CONTENTS

第 1 章 自然語言處理

第 2 章 深度學習基礎

第 3 章 PyTorch 開發基礎

第 4 章 Transformer 模型詳解

第 5 章 大型語言模型

第 6 章 大型語言模型模型訓練

第 7 章 模型微調

第 8 章 人類回饋強化學習

第 9 章 模型推理

第 10 章　中文私有模型開發

第 11 章 模型評估

第 12 章 用於 RAG 的詞向量計算

1 自然語言處理

1.1 人工智慧的技術組成

人工智慧是一個廣泛的領域，從應用領域來講，主要包括電腦視覺和自然語言處理。

電腦視覺是讓電腦能夠「看」和理解視覺資訊的技術。它的應用包括影像辨識、物體檢測、影像分割、場景理解等。自然語言處理主要關注讓電腦理解和處理人類語言。自然語言處理的主要應用包括機器翻譯、情感分析、文字摘要、語音辨識等。

從技術角度講，人工智慧主要包括機器學習（machine learning，ML）、深度學習、強化學習（reinforcement learning，RL）、知識圖譜（knowledge graphs）等。

機器學習是人工智慧的子集，它使用演算法讓電腦從資料中學習，而無須進行明確的程式設計。機器學習的主要類型包括監督學習、無監督學習、半監督學習和強化學習。

深度學習是機器學習的子集，它使用神經網路模型進行學習，這些模型包含多個隱藏層。深度學習已在影像辨識、語音辨識、自然語言處理等領域獲得了顯著的成果。

強化學習是一種學習方法，其中的智慧體透過與環境的互動來學習如何實現目標。強化學習在遊戲、機器人技術、自動駕駛等領域有廣泛的應用。

知識圖譜是一種結構化的資料表示方法，用於儲存資訊並描述資訊之間的關係。知識圖譜在搜尋引擎、推薦系統、問答系統等方面有廣泛的應用。

1.1.1 機器學習和深度學習的區別

機器學習和深度學習都是人工智慧的重要分支，深度學習是機器學習的擴充，它能夠處理更複雜的問題和更大的資料集，但同時也需要更多的運算資源和資料。而機器學習則更加靈活和高效，適合處理一些相對簡單的問題。它們之間的主要區別在於模型結構、資料需求、處理方式和解決問題的能力。

機器學習模型通常比較簡單，可以是線性迴歸、邏輯迴歸、決策樹、支援向量機等。而深度學習模型則基於神經網路，尤其是深層神經網路，如卷積神經網路（convolutional neural networks，CNN）、循環神經網路（recurrent neural networks，RNN）和變分自編碼器（variational auto-encoders，VAE）等。

深度學習需要大量的資料才能得到有效的訓練。這是因為深度學習模型通常有很多參數，需要大量資料來避免過擬合（overfitting）。而對於機器學習模型，尤其是一些簡單的模型，可能只需要少量的資料就能得到不錯的結果。

機器學習模型在處理輸入資料時，通常需要人為地進行特徵選擇和特徵工程。而深度學習模型可以自動從原始資料中學習到有用的特徵，這也是深度學習的主要優點。

對於一些複雜的問題，如影像辨識、語音辨識和自然語言處理等，深度學習通常能夠得到更好的結果。而對於一些簡單的問題，使用機器學習就足夠了，而且更快、更易於理解。

圖 1-1 顯示了機器學習與深度學習的關係及特徵的演變。

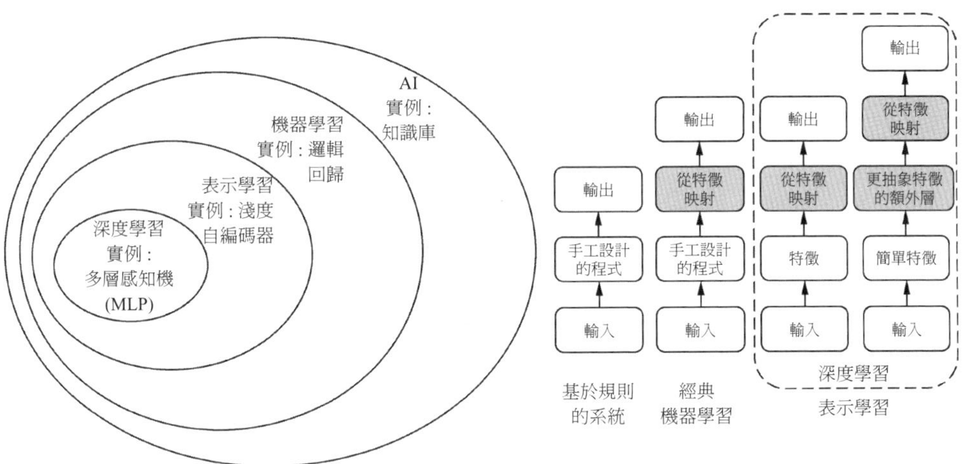

▲ 圖 1-1 機器學習與深度學習的關係及特徵的演變

1.1.2 表示學習與深度學習的關係

表示學習（representation learning）是機器學習中的重要概念，其主要目標是自動找出用於解釋原始資料的有效和有用的特徵或表示。這些表示可以幫助改善後續的機器學習任務，如分類、迴歸等。表示學習的關鍵概念是，好的資料表示可以使原本複雜的任務變得簡單。

深度學習是表示學習的重要實例。深度學習模型，如卷積神經網路和循環神經網路，可以自動從原始資料中學習到有用的表示。這是深度學習能夠在影像辨識、語音辨識和自然語言處理等任務上取得突出成績的重要原因。

表示學習與經典機器學習的主要區別在於特徵選擇的過程。在經典機器學習中，特徵選擇通常需要人工進行，這需要對問題和資料有深入的理解，而且往往需要大量的時間和努力。而在表示學習中，特徵或表示是自動從資料中學習得到的，無須人工進行特徵選擇。

從複雜度來看，表示學習通常能夠處理更複雜的資料和問題。舉例來說，對於影像、語音和文字等複雜的資料，直接使用原始資料進行經典的機器學習可能會非常困難，而表示學習可以自動學習到有效的特徵，從而使問題變得簡單。

良好的資料表示可以提升模型的泛化能力，即使在未見過的資料上，也能得到好的結果。這是因為良好的資料表示可以捕捉到資料的底層結構和規律，而這些結構和規律通常對於解決問題是有用的。

深度學習是一種特殊的表示學習方法，它使用了深度神經網路（deep neural networks，DNN）（有多個隱藏層的神經網路）來學習資料的表示。深度學習的特點是，它可以自動地、層次化地學習資料的表示。在深度學習中，每一層的神經網路都會學習資料的一種表示，而且每一層的表示都是在前一層表示的基礎上學習得到的。這種層次化的表示學習方式使深度學習能夠處理非常複雜的資料和任務。

相對於深度學習，表示學習是一個更廣泛的概念，它的目標是找到一種將原始資料轉換到更有用的表示的方法，無論這種方法是深度學習，還是其他的方法。

除了深度學習，其他的表示學習方法可以根據是否需要標籤資料（即有監督或無監督）以及它們的目標（舉例來說，是否試圖保持資料的某些性質）來分類。以下是一些常見的表示學習方法。

自編碼器（autoencoders）：這是一種無監督的表示學習方法，它試圖學習一個能夠重構輸入資料的表示。自編碼器由兩部分組成：編碼器（encoder）將輸入資料編碼為一個低維度資料表示，然後解碼器（decoder）從這個低維度資料表示重構原始輸入。

主成分分析（principal component analysis，PCA）：這是一種經典的無監督表示學習方法，它試圖找到一個低維度資料表示，這個表示能夠最大化資料的方差。

詞嵌入：這是一種用於文字資料的表示學習方法，它將每個詞映射到一個連續的向量，這個向量能夠捕捉到詞的語義。

圖嵌入（graph embeddings）：這是一種用於圖資料的表示學習方法，它試圖將圖中的節點或邊映射到一個低維向量，這個向量能夠捕捉到節點或邊的屬性和結構資訊。

變分自編碼器和生成對抗網路（generative adversarial networks，GANs）：這兩種方法都是無監督的表示學習方法，它們不僅試圖學習資料的表示，還試圖學習資料的生成過程。

1.2 自然語言處理的發展階段

自然語言處理是人工智慧的重要分支，其目標是讓電腦能夠理解和生成人類語言。自然語言處理技術的發展歷程可以概括為以下幾個階段。

（1）規則驅動的方法（20 世紀 50 年代至 20 世紀 80 年代）：早期的自然語言處理系統主要依賴於強制寫入的規則。舉例來說，ELIZA 和 SHRDLU 等系統，它們主要透過模式匹配和規則引擎來理解和生成語言。

（2）統計方法（20 世紀 80 年代至 21 世紀第一個十年）：隨著電腦科學的發展，統計方法開始在自然語言處理中得到應用。舉例來說，隱馬可夫模型（Hidden Markov Model，HMM）和條件隨機場（Conditional Random Fields，CRF）被用於詞性標注（POS tagging）和命名實體辨識（NER）。此外，IBM（國際商業機器公司）的統計翻譯模型（如 IBM Model 1 ～ 5）在機器翻譯領域獲得了重要的突破。

（3）深度學習方法（21 世紀第一個十年至今）：隨著深度學習的興起，自然語言處理領域也發生了革命性的變化。舉例來說，Word2Vec（2013 年）和 GloVe（Global Vectors for Word Representation，2014 年）等詞嵌入模型，它們能夠有效地捕捉單字的語義資訊。然後，序列到序列（Sequence to Sequence，Seq2Seq）模型和注意力機制（attention mechanism）的提出，進一步推動了機器翻譯和文字生成等。

（4）Transformer 和預訓練模型（Pretrained Models）（2017 年至今）：Transformer 模型（2017 年）的提出，開啟了自然語言處理的新時代。基於 Transformer 的 BERT（Bidirectional Encoder Representations from Transformers）（2018 年）和 GPT（2018 年）等預訓練模型，透過大規模的無監督學習，顯著提高了自然語言處理任務的性能。

（5）大規模語言模型（2019 年至今）：GPT-2（2019 年）、GPT-3（2020 年）和 OpenAI 的 ChatGPT 等大規模語言模型，透過訓練數十億甚至數兆個參數，能夠生成極其逼真的人類語言。

圖 1-2 分別從自然語言處理、深度學習、Transformer 三個由大到小的層面展示了技術發展的過程。

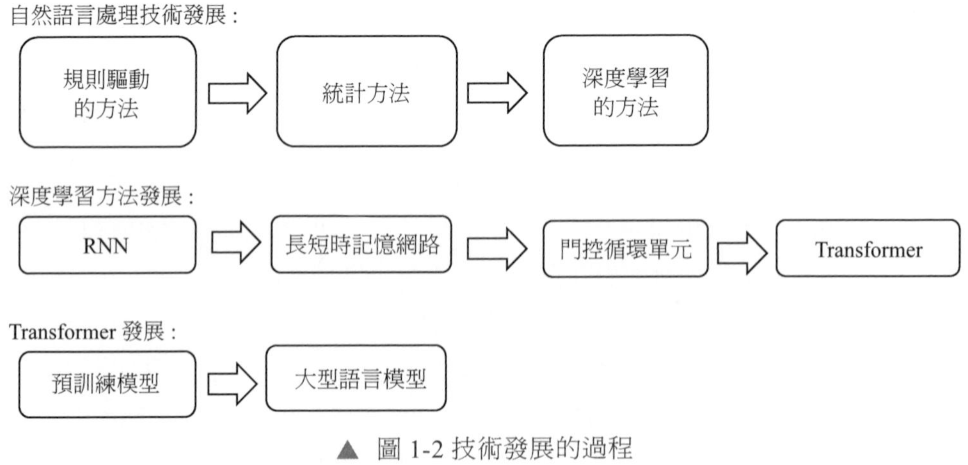

▲ 圖 1-2 技術發展的過程

1.3 規則驅動的方法

在自然語言處理的規則驅動方法階段，有幾個關鍵的里程碑式的技術和系統。

（1）ELIZA（1966 年）：ELIZA 是由 MIT（麻省理工學院）的約瑟夫・維森鮑姆（Joseph Weizenbaum）開發的早期自然語言處理常式。這個程式模擬了一個心理治療師的角色，透過辨識使用者輸入中的關鍵字和短語，並根據預設的規則生成回應。儘管 ELIZA 的理解能力非常有限，但它成功地展示了電腦可以在一定程度上模擬人類的對話。

（2）SHRDLU（1970 年）：SHRDLU 是由泰瑞・威諾格拉德（Terry Winograd）在史丹佛大學開發的早期的自然語言理解系統。這個系統能夠理解關於一個由幾何形狀組成的虛擬世界的簡單英文句子，並對這些句子進行適當的回應。SHRDLU 利用了一種名為微世界（micro-world）的概念，即限制其操作和理解的語境範圍，從而在這個有限的領域內實現相對高效的語言理解。

（3）規則驅動的機器翻譯：在這個階段，人們也嘗試開發了一些基於規則的機器翻譯系統。這些系統通常包括詞彙查詢、句法分析和生成等步驟。儘管這些系統的翻譯品質通常受限於規則的複雜性和覆蓋度，但它們為後來的統計機器翻譯（SMT）和神經網路機器翻譯奠定了基礎。

這些早期的規則驅動的自然語言處理系統，雖然在理解和生成語言的能力上有很大的局限性，但它們為自然語言處理的研究開闢了道路，並為後來的發展奠定了基礎。

1.4 統計方法

在規則驅動的方法之後，自然語言處理的研究開始轉向統計方法。這個階段的主要特點是利用大量的語言資料（語料庫）和統計模型來理解和生成語言。以下是這個階段的一些里程碑式的技術。

（1）隱馬可夫模型：在 20 世紀 80 年代和 90 年代，HMM 被廣泛用於自然語言處理的許多工，特別是在詞性標注和語音辨識中。HMM 是一種統計模型，它可以用來描述一個隱藏的序列狀態產生觀察序列的過程。在詞性標注中，隱藏的狀態序列就是單字的詞性，觀察的序列就是單字本身。

（2）統計機器翻譯：在 20 世紀 90 年代末和 21 世紀初，SMT 開始成為機器翻譯的主流方法。SMT 系統通常使用大量的雙語語料庫來學習單字和短語的翻譯機率，然後使用這些機率來生成翻譯。其中，IBM 的模型和基於短語的模型是 SMT 中的兩個重要方法。

（3）條件隨機場：CRF 是一種在 21 世紀初被提出的序列標注模型，它在諸如命名實體辨識和資訊取出等任務中獲得了很好的效果。與 HMM 不同，CRF 可以考慮整個序列的特徵，而不僅是當前位置的特徵。

（4）詞向量和 Word2Vec：在 2013 年，湯瑪斯・米科洛夫（Tomas Mikolov）等提出了 Word2Vec 模型，這是一種用於學習詞向量的方法。詞向量可以捕捉詞義和詞之間的關係，例如「王子」和「公主」的關係類似於「男人」和「女人」的關係。Word2Vec 的出現對自然語言處理產生了深遠影響，它開啟了深度學習在自然語言處理中的應用。

Transformer 模型不直接使用上述提到的統計方法，但它的一些關鍵技術與這些方法有一定的連結。

（1）詞向量：Transformer 模型使用詞向量作為輸入，這是自 Word2Vec 模型以來的一種通用做法。詞向量可以將詞映射到連續的向量空間中，使得語義相近的詞在空間中的距離也相近。

（2）序列模型：雖然 Transformer 模型並沒有直接使用 HMM 或 CRF，但它處理的問題往往是序列問題，例如機器翻譯、文字生成等。Transformer 模型使用自注意力機制（self-attention mechanism）來捕捉序列中的長距離依賴關係，這是一種比 HMM 和 CRF 更強大的方法。

（3）機率模型：Transformer 模型也可以被看作一種機率模型，它使用 Softmax 函數來計算每個詞的機率。這與統計機器翻譯中的方法有一定的相似之處，但 Transformer 模型是在深度神經網路的框架下進行學習和推理的。

1.4.1 隱馬可夫模型

隱馬可夫模型是一種統計模型，用於描述一個隱藏的馬可夫過程。其主要是身為統計工具，用於處理時間序列資料。HMM 在語音和手寫辨識、自然語言處理、生物資訊學等領域有廣泛的應用。

HMM 基於馬可夫過程，馬可夫過程是一種特殊的隨機過程，其中系統的未來狀態僅依賴於其當前狀態，而與過去的狀態無關。這種性質被稱為馬可夫性質或無記憶性質。

HMM 具有兩個主要的序列：觀察序列和狀態序列。觀察序列是我們可以直接觀察到的資料，而狀態序列則是隱藏的，我們不能直接觀察到。

HMM 主要由三部分組成。

（1）狀態轉移機率矩陣：這表示了系統從一個狀態轉移到另一個狀態的機率。

（2）觀察機率矩陣（也稱為發射機率）：這表示了在替定某個隱藏狀態的情況下，觀察到某個觀察值的機率。

（3）初始狀態機率：這表示了系統在初始時刻處於某個狀態的機率。

HMM 主要涉及三個基本問題。

（1）評估問題：給定模型參數和觀察序列，計算觀察序列出現的機率。

（2）解碼問題：給定模型參數和觀察序列，尋找最可能的隱藏狀態序列。

（3）學習問題：給定觀察序列，調整模型參數以最大化觀察序列的機率。

對於這三個問題，已經有了一些經典的解決演算法，如前向後向演算法解決評估問題，維特比演算法（Viterbi Algorithm）解決解碼問題，Baum-Welch 演算法（也稱 EM 演算法）解決學習問題。

隱馬可夫模型在自然語言處理中有著重要的作用和地位。它主要用於處理序列資料，這使得它在許多自然語言處理任務中都非常有用，例如詞性標注、命名實體辨識、分詞（tokenization）、語音辨識等。

（1）詞性標註：詞性標注是自然語言處理中的基礎任務，它的目標是確定每個單字在句子中的語法角色（名詞、動詞、形容詞等）。HMM 可以用來處理這個問題，因為我們可以把每個單字的詞性看作是一個隱藏狀態，而單字本身是觀察到的符號。

（2）命名實體辨識：命名實體辨識的任務是辨識文字中的特定類型的名詞短語，如人名、地名、組織名稱等。HMM 也可以用於這個任務，因為我們可以把每個單字是否屬於某種類型的名詞短語看作是一個隱藏狀態。

（3）分詞：在一些語言（如中文）中，文字並沒有明顯的詞語分段符號，因此需要進行分詞處理。HMM 可以用於這個任務，因為我們可以把每個字元是否屬於一個詞的開始、中間或結束看作是一個隱藏狀態。

（4）語音辨識：語音辨識的任務是將語音訊號轉為文字。HMM 可以用於這個任務，因為我們可以把每個語音幀對應的音素看作是一個隱藏狀態，而語音幀本身是觀察到的符號。

雖然 HMM 在自然語言處理中有著廣泛的應用，但它也有一些局限性。舉例來說，它假設觀察值之間是獨立的，這在許多自然語言處理任務中並不成立。因此，現在許多自然語言處理任務已經開始使用更複雜的模型，如條件隨機場、深度學習模型（如循環神經網路、Transformer 等）。

雖然隱馬可夫模型和 Transformer 模型在設計和實現上有著顯著的不同，但我們不能否認 HMM 對於序列建模和自然語言處理領域的重要貢獻。HMM 在一定程度上為 Transformer 的發展鋪平了道路，但並沒有直接的貢獻。以下是一些可能的貢獻。

（1）序列建模的先驅：HMM 是最早用於處理序列資料的模型之一，它為後來的序列建模任務（包括 Transformer）提供了理論基礎。透過 HMM，研究人員開始理解如何處理序列資料，這對於後來 Transformer 的設計和實現有著重要的啟示作用。

（2）概念引入：HMM 引入許多處理序列資料的重要概念，如狀態、觀察、轉移機率等，這些概念在後來的模型中仍然有著廣泛的應用。

（3）應用驅動：HMM 在許多自然語言處理任務中的成功應用，如詞性標注、命名實體辨識、語音辨識等，這些成功的應用驅動了自然語言處理領域的發展，推動了更多的研究和更先進的模型（如 Transformer）的出現。

然而，需要注意的是，儘管 HMM 為序列建模和自然語言處理領域的發展作出了重要貢獻，但 Transformer 並沒有直接從 HMM 中參考或繼承任何特定的技術或方法。相反，Transformer 的設計和實現主要基於深度學習和自注意力機制，這與 HMM 的基於統計的方法有著本質的不同。

1.4.2 條件隨機場

條件隨機場是一種統計建模方法，主要用於序列資料的標注和分段。在自然語言處理領域，CRF 常常被用於詞性標注、命名實體辨識等任務。CRF 是一種判別模型，它能夠使用上下文資訊來預測當前的輸出。

CRF 的基本思想是給定一組輸入序列，透過建構一個條件機率模型來預測輸出序列。這個模型表示的是在替定觀察序列的情況下，某個狀態序列的機率。CRF 的關鍵特性是它能夠考慮整個序列的特性，而不僅是單一資料點。

CRF 的主要組成部分包括以下幾個。

（1）狀態：這是我們想要預測的序列，比如在詞性標注任務中，狀態就是每個單字的詞性。

（2）觀察：這是輸入的資料，比如在詞性標注任務中，觀察就是句子中的單字。

（3）特徵函數：這是用於預測的函數，它將輸入和輸出映射到一個實數值。特徵函數可以是任意的，只要它能夠捕捉到輸入和輸出之間的關係。

（4）轉移機率：這是從一個狀態到另一個狀態的機率，它由特徵函數和一個權重參數決定。

CRF 的訓練通常透過最大化對數似然函數來進行，這可以透過梯度下降或其他最佳化演算法來實現。預測則透過維特比演算法來找到最可能的狀態序列。

總的來說，CRF 是一個強大的序列建模工具，它能夠考慮整個序列的特性，捕捉到輸入和輸出之間的複雜關係。

1.5 深度學習方法

在自然語言處理的發展中，有幾種技術對深度學習方法的發展產生了重大影響，可以被視為具有里程碑意義的技術。

（1）詞向量：這是一種將詞表示為高維空間中的向量的技術，最著名的可能就是 Word2Vec 和 GloVe。這些詞向量捕捉了詞的語義資訊，使得語義上相似的詞在向量空間中距離接近。這種表示方法在許多自然語言處理任務中都有應用，包括情感分析、文字分類和機器翻譯等。

（2）循環神經網路：RNN 是處理序列資料的一種強大工具，它能夠捕捉序列中的時間依賴性。RNN 的重要變形是長短時記憶網路（long short-term memory，LSTM），它透過引入門控機制解決了 RNN 的長期依賴問題。

（3）Transformer 模型：Transformer 模型在 2017 年提出，其核心是自注意力機制，可以捕捉序列中任意兩個位置之間的依賴關係，無論它們之間的距離有多遠。Transformer 模型在許多自然語言處理任務中都獲得了很好的效果，如機器翻譯、文字摘要等。

（4）預訓練語言模型（Pretrained Language Models）：這是一種使用大量無標籤資料預訓練模型的技術，然後在特定任務上進行微調。其中最著名的可能就是 BERT 了。BERT 模型在預訓練階段學習了豐富的語言知識，然後在特定任務上進行微調，可以獲得很好的效果。

（5）GPT：GPT 是 OpenAI 開發的一種預訓練語言模型，它使用一個大型 Transformer 模型在大量文字資料上進行預訓練，然後在特定任務上進行微調。GPT 在許多自然語言處理任務上都獲得了很好的效果，包括文字生成、機器翻譯和問答等。

1.5.1 Word2Vec 詞嵌入

詞向量和 Word2Vec 涵蓋了統計方法和深度學習方法的元素。它們的目標是將詞語表示為高維空間中的向量，這些向量能夠捕捉詞語的語義資訊。

Word2Vec 是一種特定的詞向量生成方法，它使用淺層神經網路（兩層）來訓練詞向量。Word2Vec 有兩種主要的訓練演算法：連續詞袋（CBOW）模型和 Skip-gram 模型。CBOW 模型預測目標詞彙基於其上下文，而 Skip-gram 模型則預測上下文基於目標詞彙。這兩種模型都使用了一種名為負採樣的技術來加快訓練速度。

因此，Word2Vec 既可以被視為一種統計方法，因為它依賴於詞彙的共現統計資訊；又可以被視為一種深度學習方法，因為它使用神經網路來學習詞向量。然而，需要注意的是，雖然 Word2Vec 使用了神經網路，但它的網路結構相對簡單，不像一些更複雜的深度學習模型，如卷積神經網路或循環神經網路。

1.5.2 循環神經網路

循環神經網路模型是一種基於神經網路的語言模型，它透過在序列中增加隱藏層來捕捉上下文資訊，並透過反向傳播（backpropagation）演算法進行訓練。RNN 模型在處理長序列和自然語言文字中表現良好。

循環神經網路是一種適用於處理序列資料（如時間序列資料，自然語言等）的神經網路模型。與傳統的神經網路不同，RNN 在處理每個輸入元素時都會考慮到前面的歷史資訊。這是透過在網路中引入循環連接實現的，使得網路的輸出不僅依賴於當前的輸入，也依賴於前一步的隱藏狀態。

RNN 的基本結構可以表示為以下的更新公式：

$$h_t = f(W_{xh} \cdot x_t + W_{hh} \cdot h_{t-1} + b_h)$$
$$y_t = W_{hy} \cdot h_t + b_y$$

其中，x_t 是在時間步（time step）t 的輸入；h_t 是在時間步 t 的隱藏狀態；y_t 是在時間步 t 的輸出；W_{xh}、W_{hh} 和 W_{hy} 是網路的權重參數；b_h 和 b_y 是偏置參數；f 是非線性啟動函數，如 tanh 或 ReLU（線性整流）函數。

然而，標準的 RNN 在處理長序列時會遇到梯度消失（Gradient Vanishing）和梯度爆炸（Gradient Explosion）問題，這使得網路難以學習和記憶長期的依賴關係。為了解決這個問題，人們提出了一些改進的 RNN 模型，例如長短時記憶網路和門控循環單元（Gated Recurrent Unit，GRU）。

這些模型透過引入一種複雜的內部機制（如門控機制）來控制資訊的流動，使網路能夠在長序列中更進一步地記憶歷史資訊，從而有效地解決了梯度消失和梯度爆炸問題。

1.5.3 長短時記憶網路模型

長短時記憶網路是一種特殊的循環神經網路，它能夠在處理長序列資料時更進一步地學習和記憶長期的依賴關係。LSTM 是由賽普 · 霍克賴特（Sepp Hochreiter）和於爾根 · 施密德胡伯（Jürgen Schmidhuber）在 1997 年提出的，現在已經廣泛應用於各種序列預測任務，如語音辨識、語言模型、文字生成等。

LSTM 的關鍵是引入所謂的「細胞狀態」（cell state），這是一種在網路的隱藏層中傳遞的內部狀態，可以視為 LSTM 的「記憶」。這種細胞狀態透過一些特定的結構（稱為「門」）來更新和控制，這些門可以學習何時應該記住或忘記資訊，以及何時應該更新細胞狀態。

LSTM 的基本單元包括以下幾個部分。

（1）遺忘門（Forget Gate）：決定哪些資訊應該被遺忘或丟棄。

（2）輸入門（Input Gate）：決定哪些新進來的資訊應該被保留在細胞狀態中。

（3）輸出門（Output Gate）：決定哪些資訊應該被輸出到下一時間步。這些門的操作可以用以下的數學公式來表示：

遺忘門：$f_t = \sigma(W_f \cdot [h_{t-1}, x_t] + b_f)$

輸入門：$i_t = \sigma(W_i \cdot [h_{t-1}, x_t] + b_i)$

候選細胞狀態：$\tilde{c}_t = \tanh(W_c \cdot [h_{t-1}, x_t] + b_c)$

更新後的細胞狀態：$c_t = f_t \odot c_{t-1} + i_t \odot \tilde{c}_t$

輸出門：$o_t = \sigma(W_o \cdot [h_{t-1}, x_t] + b_o)$

更新後的隱藏狀態：$h_t = o_t \odot \tanh(c_t)$

這裡，$[h_{t-1},x_t]$ 表示將上一時間步的隱藏狀態 h_{t-1} 和當前時間步的輸入 x_t 進行拼接。W_f,W_i,W_c,W_o 和 b_f,b_i,b_c,b_o 是網路的權重和偏置參數，這些參數在訓練過程中透過反向傳播演算法來學習。Sigmoid 和 tanh 是非線性啟動函數。

透過這些門的操作，LSTM 能夠在處理長序列資料時有效地控制資訊的流動，從而避免了普通 RNN 在處理長序列時會遇到的梯度消失和梯度爆炸問題。

1.5.4 門控循環單元模型

門控循環單元是一種循環神經網路的變形，由 Cho 等在 2014 年提出。GRU 是為了解決傳統 RNN 在處理長序列時會遇到的梯度消失和梯度爆炸問題。與長短時記憶網路類似，GRU 也引入門機制來控制資訊的流動，但 GRU 的結構比 LSTM 更簡單，只有兩個門：更新門（Update Gate）和重置門（Reset Gate）。

以下是 GRU 的基本結構。

（1）更新門：決定保留多少過去的資訊。它透過一個 Sigmoid 函數來計算，其輸出範圍在 0 到 1 之間，表示保留多少過去的資訊。如果更新門的輸出接近 1，那麼就保留更多的過去資訊；如果接近 0，那麼就丟棄更多的過去資訊，接受更多的新資訊。

（2）重置門：決定在計算新的候選隱藏狀態時，應該使用多少過去的資訊。如果重置門的輸出接近 0，那麼在計算新的候選隱藏狀態時，將主要使用新的輸入資訊，而忽略過去的隱藏狀態。

這些門的操作可以用以下的數學公式來表示：

更新門：$z_t = \sigma(W_z \bullet [h_{t-1}, x_t] + b_z)$

重置門：$r_t = \sigma(W_r \bullet [h_{t-1}, x_t] + b_r)$

候選隱藏狀態：$\tilde{h}_t = \tanh(W \bullet [r_t \odot h_{t-1}, x_t] + b)$

更新後的隱藏狀態：$h_t = (1 - z_t) \odot h_{t-1} + z_t \odot \tilde{h}_t$

這裡，$[h_{t-1}, x_t]$ 表示將上一時間步的隱藏狀態 h_{t-1} 和當前時間步的輸入 x_t 進行拼接。W_z, W_r, W 和 b_z, b_r, b 是網路的權重和偏置參數，這些參數在訓練過程中透過反向傳播演算法來學習。Sigmoid 和 tanh 是非線性啟動函數。

透過這些門的操作，GRU 能夠在處理長序列資料時有效地控制資訊的流動，從而避免了普通 RNN 在處理長序列時會遇到的梯度消失和梯度爆炸問題。而且，由於 GRU 的結構比 LSTM 更簡單，因此在某些任務中，GRU 可能會比 LSTM 更快地收斂，同時也需要較少的運算資源。

1.6 序列到序列模型

2014 年，伊爾亞 · 蘇茨克維（Ilya Sutskever）等學者提出了著名的序列到序列模型。

Seq2Seq 是指一類神經網路模型，其主要目標是將一個可變長度的輸入序列映射到另一個可變長度的輸出序列，通常用於機器翻譯、語音辨識、對話系統等自然語言處理任務中。

Seq2Seq 模型通常包括一個編碼器和一個解碼器。編碼器將輸入序列壓縮成一個固定維度的向量（通常稱為上下文向量），然後解碼器根據該向量一個一個生成目標序列的各個元素。

編碼器和解碼器通常是基於循環神經網路或 Transformer 實現的，其中編碼器和解碼器的網路結構可以相同也可以不同，可以根據任務的特點和資料集的情況進行選擇。

Seq2Seq 模型的優點是可以處理輸入輸出長度不同的序列，不需要對輸入序列進行固定長度的處理，同時可以充分利用上下文資訊進行序列生成。隨著深度學習技術的發展，新的 Seq2Seq 模型也在不斷湧現，如 Transformer、BERT 等，已經成為自然語言處理領域的重要研究方向之一。

1.7 注意力機制

注意力機制是一種重要的深度學習技術，它的主要思想是在處理序列資料時，模型不再是平等地對待所有的輸入部分，而是根據每個部分對於當前任務的重要性賦予不同的權重。這種機制最早在自然語言處理領域的神經機器翻譯（Neural Machine Translation，NMT）任務中得到廣泛應用，後來被擴充到了許多其他的任務和領域。

在神經機器翻譯任務中，注意力機制的引入主要是為了解決長序列翻譯的問題。在傳統的序列到序列模型中，編碼器需要將整個輸入序列編碼成一個固定長度的向量，然後解碼器再根據這個向量生成輸出序列。當輸入序列很長時，這種方式很可能會遺失一些重要的資訊。注意力機制在每一步生成輸出時，都對輸入序列進行加權求和，使得模型「關注」到輸入序列中的不同部分，從而有效地解決了這個問題。

注意力機制的基本步驟如下。

（1）計算注意力分數（attention score）：這通常是透過一個可學習的函數來完成的，這個函數的輸入是當前的查詢（Query）和所有的鍵（Key）。查詢通常是解碼器的當前狀態，鍵則是編碼器的所有狀態。

（2）計算注意力權重：透過對注意力分數進行 Softmax 操作，可以得到注意力權重。這些權重表示了模型對於每個輸入部分的關注程度。

（3）計算上下文向量：透過對注意力權重和值（Value）進行加權求和，可以得到上下文向量。值通常也是編碼器的所有狀態。

（4）生成輸出：模型根據上下文向量和當前的查詢生成輸出。

注意力機制的概念源自人類視覺的注意力機制。在視覺處理中，人類的大腦並不會對所有的輸入資訊給予同等的關注，而是會集中注意力在某些特定的、與當前任務最相關的部分。這樣的處理方式不僅可以大大提高處理效率，而且可以提高處理結果的品質。

2015 年，茲米泰瑞 · 巴赫達瑙（Dzmitry Bahdanau）、約書亞 · 本吉奧（Yoshua Bengio）等人發表《基於聯合學習對齊和翻譯的神經機器翻譯》（*Neural Machine Translation by Jointly Learning to Align and Translate*），提出了注意力機制，並應用於神經機器翻譯任務。這篇論文的出現對 Seq2Seq 的發展影響重大，它給予了 Seq2Seq 第二次生命。在他們的模型中，解碼器在生成每一個輸出單字時，都會對輸入序列中的所有單字計算一個權重，然後根據這些權重來生成輸出。這種方法使模型能夠在生成每一個單字時，都「關注」到輸入序列中最相關的部分，從而有效地解決了長序列翻譯的問題。

後來，這個概念被阿希什 · 瓦斯瓦尼（Ashish Vaswani）等進一步擴充，他們提出了自注意力機制和 Transformer 模型。在這個模型中，不再需要傳統的循環神經網路或卷積神經網路結構，而是直接透過自注意力機制處理序列資料。這種模型在處理長序列時具有更高的效率，並且能夠捕捉到更長距離的依賴關係。

1.8 Transformer 模型

Transformer 是一種新型的深度學習模型，2017 年由 Google 的研究者瓦斯瓦尼等在論文《注意力就是你需要的全部》（*Attention is All You Need*）中提出，用於解決序列到序列的學習問題。Transformer 的最大特點是完全放棄了之前 RNN 和 CNN 的結構，轉而使用了全新的自注意力機制。這種設計使 Transformer 在處理長序列時具有更高的效率，並且能夠捕捉到更長距離的依賴關係。

Transformer 的基本結構包括編碼器和解碼器兩部分，每一部分都是由多個 Transformer 層堆疊而成。

編碼器的每一層都包含兩個子層：自注意力層（self-attention）和全連接的前饋神經網路（feed-forward neural network）。自注意力層的作用是在處理每一個輸入單字時，對所有輸入單字的重要性進行加權，使模型能夠關注到輸入序列中最相關的部分。前饋神經網路則是對每個位置的表示進行處理。

解碼器也是由兩個子層組成，但在自注意力和前饋神經網路之間，還增加了一個額外的注意力層，用於對編碼器的輸出進行加權。這使得解碼器在生成每一個輸出單字時，都能關注到輸入序列中最相關的部分。

Transformer 的這種設計使其在處理長序列和捕捉長距離依賴關係方面具有優勢。此外，由於其平行化的特性，Transformer 在訓練時也更加高效。這些優點使 Transformer 在近年來成為自然語言處理等領域的主流模型，如 BERT、GPT 等都是基於 Transformer 的架構。

Transformer 是一個神經網路架構，可以被用於各種任務，包括但不限於 Seq2Seq 任務。GPT 是基於 Transformer 的解碼器部分建構的。GPT 並沒有使用到 Transformer 的編碼器 - 解碼器結構，而只使用了解碼器部分。

1.9 預訓練模型

預訓練模型是在大量資料上訓練過的深度學習模型。這些模型已經學習到了一些基本的特徵或模式，可以被用作其他任務的起點，而非從零開始訓練。這種方法可以大大減少訓練時間，並且可以提高模型的性能，特別是當可用的資料量較少時。

預訓練模型的基本思想是先在大量的無標籤文字資料上進行預訓練，學習語言的一般特性，然後在特定任務上進行微調。這種方法的優點是它可以利用大量的無標籤資料來學習語言的一般模式，然後在特定任務上進行微調，以適應特定任務的需求。

在自然語言處理領域，常見的預訓練模型如 BERT、GPT、RoBERTa 等，都是在大量的文字資料上進行預訓練的。這些模型學習到了語言的基本結構和模式，因此可以被用於各種自然語言處理任務，例如文字分類、命名實體辨識、問答系統等。

預訓練模型的主要優點是它們可以處理大量的資料，並且可以學習到更複雜、更豐富的特徵或模式。然而，它們也有一些局限性，舉例來說，預訓練模型可能需要大量的運算資源和時間，而且可能不適應所有的任務或資料。

大型語言模型是一種特殊類型的預訓練模型。它們通常在大量的文字資料上進行預訓練，學習到語言的基本結構和模式，然後被用於各種自然語言處理任務。GPT（如 OpenAI 的 GPT-3 和 GPT-4）就是大型語言模型的例子，它在數十億甚至數兆的文字資料上進行預訓練，學習到了非常豐富和複雜的語言模式。

以下是一些主要的預訓練模型。

（1）BERT：BERT 是一種基於 Transformer 的預訓練模型，它透過在大量的無標籤文字資料上進行預訓練，學習語言的一般特性。BERT 的關鍵特點是它的雙向性，這表示它可以同時考慮上下文中的左側和右側的詞，以更進一步地理解每個詞的含義。

（2）GPT：GPT 是另一種基於 Transformer 的預訓練模型，它使用了 Transformer 的解碼器部分。GPT 在大量的無標籤文字資料上進行預訓練，然後在特定任務上進行微調。GPT 的關鍵特點是它的單向性，這表示它在預測下一個詞時，只考慮上下文中的左側的詞。

（3）Llama（Large Language Model Meta AI）：Llama 是 Meta 公司推出的架構和 GPT-3 相似的開放原始碼預訓練模型。

（4）Falcon：由位於阿布達比的技術創新研究院（Technology Innovation Institute，TII）建立的一系列的新語言模型。

這些預訓練模型在許多自然語言處理任務上都獲得了顯著的成功，包括文字分類、情感分析、命名實體辨識、問答系統等。這主要是因為這些模型能夠在大規模無標籤文字資料上學習到語言的一般特性，然後在特定任務上進行微調，以適應特定任務的需求。

這些預訓練模型都是基於 Transformer 模型的。Transformer 模型之所以在自然語言處理任務中取得成功，主要是因為它的一些關鍵特性。

（1）自注意力機制：自注意力機制使模型能夠對輸入序列中的每個單字都分配不同的注意力權重，這表示模型可以捕捉序列中的長距離依賴關係，而不僅是局部資訊。這對於理解語言中的複雜結構和含義非常有幫助。

（2）平行計算：在傳統的循環神經網路中，每個時間步的計算都依賴於前一個時間步的結果，這使得訓練過程難以平行化。而 Transformer 模型則可以處理整個序列的所有單字，這使它在訓練時可以充分利用現代硬體的平行計算能力，大大提高了訓練效率。

（3）可擴充性：Transformer 模型的設計使其可以容易地擴充到更大的模型和更長的序列，這對於處理大規模的語料庫和複雜的自然語言處理任務非常有用。

（4）預訓練和微調：預訓練模型首先在大規模的無標籤文字資料上進行預訓練，學習語言的一般模式和結構，然後在特定任務的標籤資料上進行微調。這種方法使模型能夠利用大量的無標籤資料，提升模型的性能。

由於預訓練模型需要在大規模的語料庫上進行訓練，因此平行計算的能力是非常重要的。Transformer 模型可以在處理序列資料時進行平行化計算，這使得它比傳統的循環神經網路更適合於處理大規模的資料。

預訓練模型是一個廣泛的概念，它不僅包括大型語言模型，還包括其他在大量資料上進行預訓練的模型。舉例來說，在電腦視覺領域，有許多在大量圖像資料上進行預訓練的模型，如 ResNet、VGG 等。這些模型在預訓練階段學習到了影像的基本特徵和模式，然後可以被用於各種影像處理任務，如影像分類、物體檢測等。

1.10 大型語言模型

大型語言模型是一種能夠生成和理解人類語言的人工智慧模型。這種模型通常使用深度學習方法進行訓練，並且需要大量的運算資源和資料。大型語言模型的關鍵特性是它們的規模：它們通常有數十億甚至數兆個參數，並且在大規模的語料庫上進行訓練，這些語料庫可能包含了整個網際網路的文字資料。

大型語言模型的重要特點是它們的訓練是無監督的，也就是說，它們不需要標籤資料。它們只需要大量的文字資料，然後透過預測下一個詞來學習語言的模式。這使大型語言模型能夠在訓練時處理大量的資料，從而學習到更豐富、更複雜的語言結構和知識。

大型語言模型的訓練通常分為兩個階段：預訓練和微調。在預訓練階段，模型在大規模的無標籤文字資料上進行訓練，目標是學習預測下一個詞或下一個字元。在這個階段，模型會學習到大量的語言知識，包括詞彙、語法、句法和一些語義資訊。在微調階段，模型在特定任務的標籤資料上進行訓練，目標是最佳化模型在該任務上的性能。

大型語言模型可以用於各種自然語言處理任務，包括文字分類、情感分析、文字生成、機器翻譯、問答系統、對話系統等。舉例來說，GPT-3 是 OpenAI 開發的大型語言模型，它有 1750 億個參數，可以生成連貫且在語法和語義上都相當準確的文字。這種模型可以被應用在各種任務中，例如回答問題、寫作、翻譯、程式設計等。除 GPT 系統模型外，阿拉伯聯合大公國技術創新研究院開發的 Falcon，Meta 開發的 Llama 2 也是開放原始碼的大型語言模型。

大型語言模型也有一些挑戰和限制。舉例來說，它們需要大量的運算資源和資料進行訓練，可能會產生偏見，有時生成的文字可能包含錯誤或不準確的資訊，而且它們的內部工作機制往往難以解釋。因此，使用大型語言模型需要謹慎，需要有適當的安全和道德考慮。

大型語言模型可以從模型的架構角度進行分類，也可以從模型的訓練方式和預測方式來進行分類。

1.10.1 根據架構分類

大型語言模型根據其架構分為純編碼器、純解碼器、編碼器 - 解碼器三類模型。

1. 純編碼器模型

這類模型只有一個編碼器，它將輸入的文字轉為一種內部表示（通常被稱為嵌入）。這種內部表示可以被用來進行各種任務，比如文字分類、實體辨識等。BERT 是一個典型的純編碼器模型。

2. 純解碼器模型

這類模型只有一個解碼器，它接收一段文字作為輸入，並生成一段新的文字作為輸出。GPT 系列模型就是純解碼器模型，它們在生成文字時，會一步步地生成下一個詞，每步都依賴於前面的詞。

3. 編碼器 - 解碼器模型

這類模型包括一個編碼器和一個解碼器。編碼器將輸入文字轉為內部表示，然後解碼器將這種內部表示轉為輸出文字。這種模型通常用於機器翻譯等任務，其中輸入文字和輸出文字的長度可能不同。

這三種模型都有各自的優點和適用場景。純編碼器模型適合處理輸入文字的任務，純解碼器模型適合生成文字的任務，而編碼器 - 解碼器模型則適合處理輸入文字和輸出文字長度不同的任務。

1.10.2 根據訓練方式和預測方式分類

大型語言模型按模型的訓練方式和預測方式可以分為兩類：自迴歸模型和自編碼模型。

1. 自迴歸模型

這類模型在生成文字時，會一步步地生成下一個詞，每步都依賴於前面的詞。最著名的自迴歸模型是 GPT 系列，包括 GPT-1、GPT-2 和 GPT-3。這些模型在生成文字時，會考慮到前面的所有詞，從而生成具有連貫性的文字。自迴歸模型可以是純解碼器模型，也可以是編碼器 - 解碼器模型。

2. 自編碼模型

這類模型在訓練時，會同時考慮到上下文的資訊，從而預測被遮擋的詞。最著名的自編碼模型是 BERT，它在訓練時，會隨機遮擋一些詞，然後使用上下文的資訊來預測被遮擋的詞。這種訓練方式使 BERT 能夠理解詞語在上下文中的含義，從而在各種自然語言處理任務上取得很好的效果。自編碼模型通常是純編碼器模型。

另外，還有一些模型是自迴歸和自編碼的結合，比如 T5 和 BART。這些模型在訓練時，會同時考慮到上下文的資訊，從而預測被遮擋的詞，然後在生成文字時，會一步步地生成下一個詞，每步都依賴於前面的詞。

這些模型在各種自然語言處理任務上都獲得了非常好的效果，但也有各自的優點和缺點。舉例來說，自迴歸模型在生成連貫文字時表現優秀，而自編碼模型則在理解上下文含義上表現出色。

2 深度學習基礎

2.1 深度學習

深度學習是為了解決表示學習難題而被提出的。機器學習旨在自動地學到從資料的表示（representation）到資料的標記（label）的映射。隨著機器學習演算法的日趨成熟，人們發現，在某些領域（如影像、語音、文字等），如何從資料中提取合適的表示成為整個任務的瓶頸所在，而資料表示的好壞直接影響後續學習任務（所謂垃圾進，垃圾出）。與其依賴人類專家設計手工特徵（難設計還不見得好用），表示學習希望能從資料中自動地學到從資料的原始形式到資料的表示的映射。

表示學習的理想很豐滿，但實際中人們發現從資料的原始形式直接學得資料表示這件事很難。深度學習是目前最成功的表示學習方法，因此，國際表徵學習大會（ICLR）的絕大部分論文都是關於深度學習的。深度學習是把表示學習的任務劃分成幾個小目標，先從資料的原始形式中學習比較低級的表示，再從低級表示學得比較高級的表示。這樣，每個小目標比較容易達到，綜合起來我們就完成表示學習的任務。這類似於演算法設計思想中的分治法（divide-and-conquer）。

深度神經網路是深度學習目前幾乎唯一行之有效的實現形式。簡單地說，深度神經網路就是很深的神經網路。我們利用網路中逐層對特徵進行加工的特性，逐漸從低級特徵提取高級特徵。除了深度神經網路之外，有學者在探索其他深度學習的實現形式，比如深度森林。

深度神經網路目前的成功取決於三大推動因素：①**巨量資料**。當資料量小時，很難從資料中學得合適的表示，而傳統演算法+特徵工程往往能取得很好的效果。②**運算能力**。大的資料和大的網路需要有足夠快的運算能力才能使模型的應用成為可能。③**演算法創新**。現在很多演算法設計關注如何使網路更進一步地訓練、更快地執行、取得更好的性能。

2.2 感知機

感知機（perceptron）通常指的是單層感知機。單層感知機是一種簡單的二元線性分類器，主要用於二分類問題，它是一種監督學習的演算法，是最早的一種前饋神經網路模型，只包含一個輸入層和一個輸出層，沒有隱藏層，由弗蘭克 · 羅森布拉特（Frank Rosenblatt）在 1957 年提出。

與單層感知機對應的是多層感知機（multilayer perceptron，MLP）。多層感知機是一種前饋神經網路，包含至少三層（輸入層、隱藏層和輸出層）的結構。每一層都由一個或多個感知機（或稱為神經元）組成。

感知機是最簡單的前饋神經網路形式，基本形式是一個計算權重和輸入特徵的線性組合，然後透過一個設定值〔或啟動函數（activation function）〕來決定輸出。如果線性組合的結果大於設定值，感知機輸出 1；不然輸出 0。

感知機模型的基本形式可以表示為

$$f(\boldsymbol{x})=\operatorname{sign}(\boldsymbol{w}\cdot\boldsymbol{x}+b)$$

其中，$\boldsymbol{w}$ 是權重向量；$\boldsymbol{x}$ 是輸入向量；b 是偏置項；sign 是符號函數。

單層感知機的權重更新過程實際上是一種最簡單的梯度下降，但通常不被稱為反向傳播，因為反向傳播通常用於多層神經網路中，它涉及從輸出層向輸入層逐層傳播誤差，更新每一層的權重。而單層感知機只有一個權重層需要更新，所以沒有必要用到反向傳播這種多層網路中用來傳播誤差並計算梯度的演算法。

圖 2-1 所示為一個基於二分類任務的單層感知機。要建構這個感知機，首先，我們定義輸入向量 $\boldsymbol{x}$ 和對應的標籤 $\boldsymbol{y}$，並初始化權重 $\boldsymbol{w}$ 和偏置 b。假設輸入向量是二維的，即 $\boldsymbol{x}=[x_1,x_2]$，權重 $\boldsymbol{w}$ 也是二維的，即 $\boldsymbol{w}=[w_1,w_2]$，並且偏置 b 是一個純量。

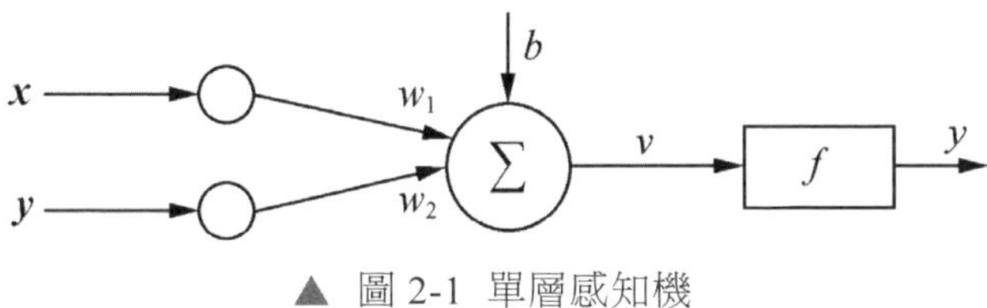

▲ 圖 2-1 單層感知機

2.2.1 前饋網路

撰寫一個前饋網路（Feed-Forward Network，FFN），來進行二分類，這是基於隨機權重的模型，由於權重沒有經過訓練，所以輸出結果是錯誤。

```
import numpy as np

# 輸入向量和對應的標籤
x = np.array([[0,0],[0,1],[1,0],[1,1]])# 輸入向量的形狀為 (4,2)
y = np.array([0,0,0,1]) # 標籤的形狀為 (4,)
```

```
# 初始化權重和偏置
w = np.random.randn(2)  # 初始化權重，形狀為 (2,)
b = np.random.randn()   # 初始化偏置，純量

# 定義啟動函數和設定值
def activate(x):
    return 1 if x >= 0 else 0

threshold = 0.5

# 前饋傳播
def forward_propagation(x,w,b):
    z = np.dot(x,w)+ b
    a = activate(z)
    return a

# 測試前饋傳播
for i in range(len(x)):
    output = forward_propagation(x[i],w,b)
    print(" 輸入 :",x[i]," 輸出 :",output)
```

執行結果為

輸入 :[0 0] 輸出 :1

輸入 :[0 1] 輸出 :1

輸入 :[1 0] 輸出 :0

輸入 :[1 1] 輸出 :1

顯然，這個結果是錯誤的。

下面對原始程式碼進行分析，複現一下程式執行過程。

1. 輸入及初始化

輸入向量 $\boldsymbol{x}$：[[0 0][0 1][1 0][1 1]]

標籤 $\boldsymbol{y}$：[0 0 0 1]

隨機生成的初始化權重 ***w***：[-1.38092639　1.1077138]

隨機生成的偏置值 *b*（純量）：0.435195634304824

2. 獲取輸出

公式 z = np.dot(***x***,***w***)+ b 的運算過程為（注意，與程式中不同）：

np.dot() 是 NumPy 庫中的一個函數，用於計算兩個陣列的點積（也稱為內積或矩陣乘法）。點積在線性代數和向量運算中非常常見，並在許多科學和工程領域中廣泛使用。

點積的計算規則取決於陣列的維度。

（1）如果兩個輸入陣列都是一維的，函數將計算它們的內積（即數量積）。

（2）如果兩個輸入陣列都是二維的，函數將計算它們的矩陣乘法。

（3）如果其中一個輸入陣列是一維的，另一個輸入陣列是二維的，函數將執行廣播（broadcasting）操作，然後計算它們的矩陣乘法。

在 PyTorch 中，與 numpy.dot 對應的函數是 torch.matmul。

1. 計算 np.dot(***x***,***w***)

```
np.dot(x,w)= [[0*-1.38092639 + 0*1.1077138]
              [0*-1.38092639 + 1*1.1077138]
              [1*-1.38092639 + 0*1.1077138]
              [1*-1.38092639 + 1*1.1077138]]
            = [[0]
              [1.1077138]
              [-1.38092639]
              [-0.27321259]]
```

2. 加上偏置 b，得到 z 的運算結果

```
z = np.dot(x,w)+ b
  = [[0 + 0.435195634304824]
     [1.1077138 + 0.435195634304824]
     [-1.38092639 + 0.435195634304824]
     [-0.27321259 + 0.435195634304824]]
  = [[0.43519563]
     [1.54290943]
     [-0.94573076]
     [0.16198304]]
```

3. 用下列程式單獨計算啟動函數的輸出

```
for i in range(len(z)):
    a = activate(z[i])
    print(a)
```

輸出結果錯誤，為

```
1
1
0
1
```

權重值需要經過學習，才能得到正確的模型。

2.2.2 權重更新

深度學習的最佳化函數是在訓練神經網路時使用的一種數學演算法，其目標是最小化（或最大化）一個損失函數（loss function）。深度學習模型的訓練過程可以被看作一個最佳化問題，其中需要調整模型的參數以最小化損失函數，使模型更進一步地擬合訓練資料並在未見過的資料上進行泛化（generalization）。

梯度下降是一種用於最佳化函數的迭代最佳化演算法，通常用於在機器學習和深度學習中更新模型參數以最小化損失函數。

梯度下降的基本思想是透過迭代的方式找到函數的最小值點。在每一步迭代中，演算法計算函數相對於參數的梯度（導數），然後按照負梯度的方向更新參數，以逐漸接近最小值點。

以下是梯度下降演算法的簡單步驟。

（1）初始化參數：選擇初始參數值作為演算法的起點。

（2）計算損失函數的梯度：使用初始參數值計算損失函數相對於參數的梯度。梯度表示了函數在該點上升最快的方向。

（3）更新參數：根據梯度的方向和學習率來更新參數值。學習率是一個控制每次迭代步進值的超參數，它決定了參數更新的幅度。

（4）重複步驟（2）和（3）：重複計算梯度和更新參數的過程，直到達到停止條件，如達到最大迭代次數或梯度的變化很小。

權重的更新規則是：$\boldsymbol{w} = \boldsymbol{w} + \eta \cdot (\boldsymbol{y}\text{-}\boldsymbol{o}) \cdot \boldsymbol{x}$

偏置的更新規則是：$b = b + \eta \cdot (\boldsymbol{y}\text{-}\boldsymbol{o})$

其中，$\boldsymbol{w}$ 是權重；η 是學習率；$\boldsymbol{y}$ 是目標輸出；$\boldsymbol{o}$ 是實際輸出；$\boldsymbol{x}$ 是輸入。那麼，權重和偏置的更新規則是怎麼來的呢？

單層感知機的權重和偏置更新規則其實是基於損失函數的梯度。在這裡，我們通常使用的損失函數是均方誤差損失函數。對於每一個輸入樣本，我們都會計算預測值和實際值之間的誤差，然後嘗試透過調整權重和偏置來最小化這個誤差。

假設我們的預測值是

$$\boldsymbol{o} = \boldsymbol{wx} + b$$

其中，$\boldsymbol{w}$ 是權重；$\boldsymbol{x}$ 是輸入；b 是偏置。我們的目標值是 $\boldsymbol{y}$。我們的誤差 E 可以表示為

$$E = 1/2 \cdot (\boldsymbol{y}\text{-}\boldsymbol{o})^2$$

這是一個關於 $\boldsymbol{w}$ 和 b 的函數。為了最小化 E，我們需要計算 E 關於 $\boldsymbol{w}$ 和 b 的梯度，並按梯度下降的方向更新 $\boldsymbol{w}$ 和 b。

首先，我們計算 E 關於 $\boldsymbol{w}$ 的偏導數：

我們知道 $\boldsymbol{o} = \boldsymbol{w} \cdot \boldsymbol{x} + b$，因為線性函數的導數是其斜率，所以 $\mathrm{d}\boldsymbol{o}/\mathrm{d}\boldsymbol{w} = \boldsymbol{x}$。引入中間參數 z，$z = \boldsymbol{y}–\boldsymbol{o}$，所以 $\mathrm{d}z/\mathrm{d}\boldsymbol{o} = -1$。

然後我們可以使用連鎖律計算 $\mathrm{d}E/\mathrm{d}\boldsymbol{w}$：$\mathrm{d}E/\mathrm{d}\boldsymbol{w} = \mathrm{d}E/\mathrm{d}z \cdot \mathrm{d}z/\mathrm{d}\boldsymbol{o} \cdot \mathrm{d}\boldsymbol{o}/\mathrm{d}\boldsymbol{w}$。我們可以分別計算這兩項：

（1）$\mathrm{d}E/\mathrm{d}z = \mathrm{d}/\mathrm{d}z[1/2 \times z^2] = 2 \times 1/2 \times z^{(2-1)} = z = \boldsymbol{y}\text{-}\boldsymbol{o}$

（2）$\mathrm{d}z/\mathrm{d}\boldsymbol{o} = \mathrm{d}/\mathrm{d}\boldsymbol{o}[\boldsymbol{y}–\boldsymbol{o}] = -1$

（3）$\mathrm{d}\boldsymbol{o}/\mathrm{d}\boldsymbol{w} = \mathrm{d}/\mathrm{d}\boldsymbol{w}[\boldsymbol{w} \cdot \boldsymbol{x} + b] = \boldsymbol{x}$

所以，$\mathrm{d}E/\mathrm{d}\boldsymbol{w} = -(\boldsymbol{y}\text{-}\boldsymbol{o}) \cdot \boldsymbol{x}$

$$\mathrm{d}E/\mathrm{d}\boldsymbol{w} = -(\boldsymbol{y}\text{-output}) \cdot \boldsymbol{x} = -(\boldsymbol{y}\text{-}(\boldsymbol{wx} + b)) \cdot \boldsymbol{x}$$

> 冪規則：如果 $f(x) = x^n$，那麼 $f'(x) = n \cdot x^{(n-1)}$。也就是說，$x$ 的 n 次冪的導數是 n 乘以 x 的 n-1 次冪。
>
> 連鎖律：如果 $y = f(g(x))$，那麼 $\mathrm{d}y/\mathrm{d}x = f'(g(x)) \cdot g'(x)$。也就是說，複合函數的導數是外函數的導數（在內函數處）乘以內函數的導數。

然後，我們計算 E 關於 b 的偏導數：

$$\mathrm{d}E/\mathrm{d}b = -(\boldsymbol{y} - \text{output}) = -(\boldsymbol{y} - (\boldsymbol{wx} + b))$$

然後，我們按梯度下降的方向更新 $\boldsymbol{w}$ 和 b：

$$\boldsymbol{w} = \boldsymbol{w} – \eta \cdot \mathrm{d}E/\mathrm{d}\boldsymbol{w}$$

$$b = b – \eta \cdot \mathrm{d}E/\mathrm{d}b$$

其中，η 是學習率。

2.2.3 反向傳播

誤差反向傳播（error back-propagation，BP）結合微積分中連鎖律和演算法設計中動態規劃思想用於計算梯度。直接用紙筆推導出中間某一層的梯度的數學運算式是很困難的，但連鎖律告訴我們，一旦我們知道後一層的梯度，再結合後一層對當前層的導數，就可以得到當前層的梯度。動態規劃是一個高效計算所有梯度的實現技巧，透過由高層往低層逐層計算梯度，避免了對高層梯度的重複計算。

```
# 反向傳播和權重更新
learning_rate = 0.1      # 學習率

def backward_propagation(x,w,b,y,output):error = y-output
    delta_w = learning_rate*error*x       # 權重更新量
    delta_b = learning_rate*error         # 偏置更新量
    w += delta_w
    b += delta_b
```

（1）計算誤差（error），透過從目標輸出（y）中減去實際輸出（output）得到。這個誤差表示了網路當前輸出與期望輸出之間的差異。

（2）根據誤差（error）、學習率（learning_rate）和輸入值（x），計算權重的更新量（delta_w）。更新量表示了權重應該如何改變以減小誤差。公式 delta_w = learning_rate*error*x 說明根據誤差的大小、學習率和輸入值的大小來確定權重的更新量。

（3）根據誤差（error）和學習率（learning_rate），計算偏置的更新量（delta_b）。更新量表示了偏置應該如何改變以減小誤差。公式 delta_b = learning_rate*error 說明根據誤差的大小和學習率來確定偏置的更新量。

（4）將權重（w）和偏置（b）分別與對應的更新量（delta_w 和 delta_b）相加，以更新它們的值。這個操作會把權重和偏置更新到新的值，使它們逐漸逼近更好的解決方案。

這個函數的目的是透過反向傳播和更新權重來最佳化模型，使得網路的輸出與期望輸出更加接近。

```
# 訓練神經網路
epochs = 100# 迭代次數

for epoch in range(epochs):
    for i in range(len(x)):
        output = forward_propagation(x[i],w,b)
        backward_propagation(x[i],w,b,y[i],output)
# 測試訓練後的神經網路
print(" 訓練後的神經網路輸出 :")
for i in range(len(x)):
    output = forward_propagation(x[i],w,b)
    print(" 輸入 :",x[i]," 輸出 :",output)
```

如果迭代次數 epochs = 10，模型仍然不正確，輸出是這樣的：訓練後的神經網路輸出：

```
輸入 :[0 0] 輸出 :1
輸入 :[0 1] 輸出 :1
輸入 :[1 0] 輸出 :0
輸入 :[1 1] 輸出 :1
```

如果迭代次數 epochs = 100，才能輸出正確答案：

```
訓練後的神經網路輸出 :

輸入 :[0 0] 輸出 :0
輸入 :[0 1] 輸出 :0
輸入 :[1 0] 輸出 :0
輸入 :[1 1] 輸出 :1
```

2.3 啟動函數

啟動函數是一種增加到類神經網路中的函數，旨在幫助網路學習資料中的複雜模式。類似於人類大腦中基於神經元的模型，激活函數最終決定了要發射給下一個神經元的內容。圖 2-2 顯示了輸入經過啟動函數得到輸出。

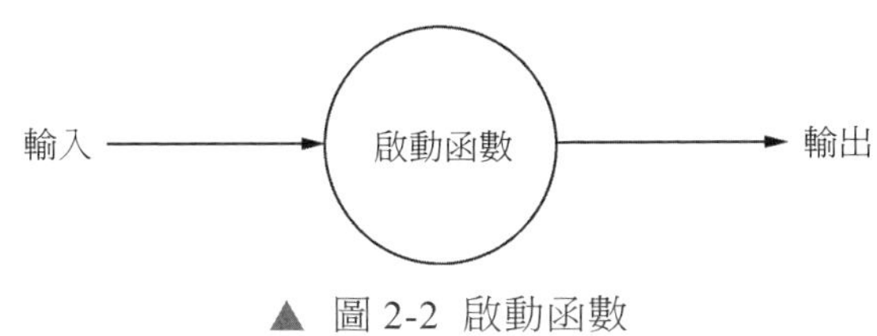

▲ 圖 2-2 啟動函數

類神經元的工作原理如圖 2-3 所示。

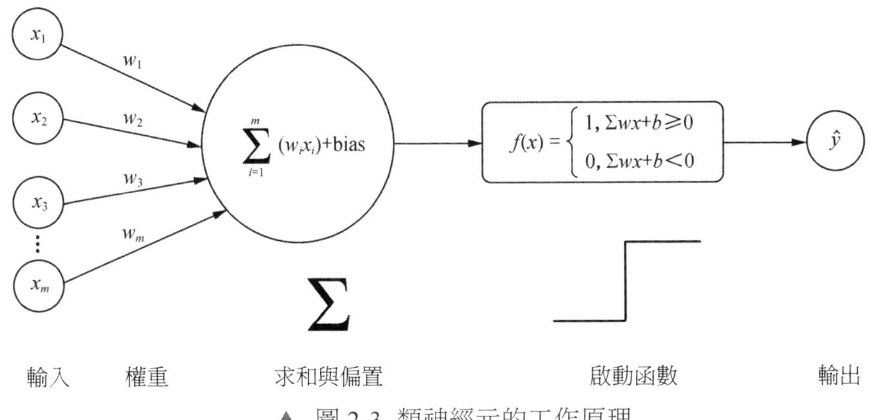

▲ 圖 2-3 類神經元的工作原理

啟動函數是神經網路的必要組成部分。如果沒有啟動函數，多次線性運算的堆疊仍然是一個線性運算，即不管用再多層實質只有著一層神經網路的作用。一個好的啟動函數應滿足以下性質：①**不會飽和**。Sigmoid 和 tanh 啟動函數在兩側尾端會有飽和現象，這會使導數在這些區域接近零，從而阻礙網路的訓練。②**零平均值**。ReLU 啟動函數的輸出平均值不為零，這會影響網路的訓練。③**容易計算**。

啟動函數分為「飽和啟動函數」和「非飽和啟動函數」。Sigmoid 和 tanh 是「飽和啟動函數」，在輸入接近正無窮或負無窮時，這兩個函數的導數趨近於 0，導致梯度接近於零。而 ReLU 及其變形則是「非飽和啟動函數」。使用「非飽和啟動函數」的優勢在於兩點：①「非飽和啟動函數」能解決所謂的「梯度消失」問題。②它能加快收斂速度。

2.3.1 常用啟動函數

深度學習中常用的啟動函數有以下幾種。

1. Sigmoid 函數（Logistic 函數）

功能：將輸入值映射到區間 [0,1]，用於二元分類任務。

公式：$f(x)= 1/(1 + \exp(-x))$

圖 2-4 所示為 Sigmoid 函數曲線。

2. 雙曲正切函數（tanh 函數）

功能：將輸入值映射到區間 [-1,1]，除了二元分類任務外，也常用於隱藏層的啟動函數。

公式：$f(x)= (\exp(x)-\exp(-x))/(\exp(x)+ \exp(-x))$

圖 2-5 所示為雙曲正切函數曲線。

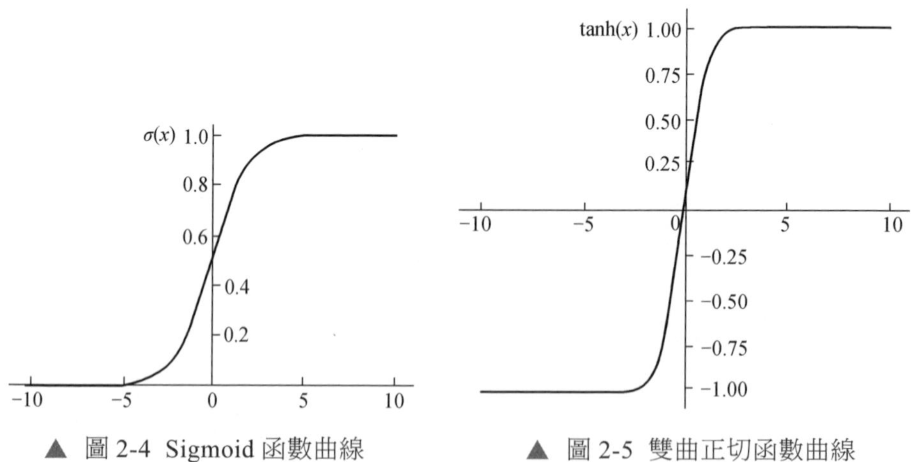

▲ 圖 2-4 Sigmoid 函數曲線

▲ 圖 2-5 雙曲正切函數曲線

3. ReLU 函數

功能：對於正值輸入，直接輸出輸入值；對於負值輸入，輸出為 0。經常用於隱藏層的啟動函數。

公式：$f(x) = \max(0,x)$

圖 2-6 所示為 ReLU 函數曲線。

4. Leaky ReLU 函數

功能：與 ReLU 類似，但負值輸入時不完全置為 0，而是引入一個小的斜率，使得負值輸入時也有輸出。

公式：$f(x) = \max(0.01x,x)$

圖 2-7 所示為 Leaky ReLU 函數曲線。

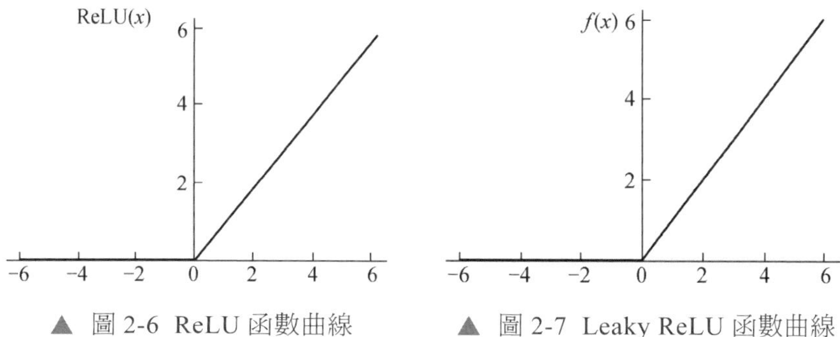

▲ 圖 2-6 ReLU 函數曲線　▲ 圖 2-7 Leaky ReLU 函數曲線

5. Parametric ReLU 函數（PReLU 函數）

功能：在 Leaky ReLU 的基礎上引入一個可學習的參數，使負值輸入時的斜率可以根據資料進行調整。

公式：$f(x) = \max(a \cdot x,x)$，其中 a 為可學習的參數。圖 2-8 所示為 Parametric ReLU 函數曲線。

6. Softmax 函數

功能：將輸入向量歸一化為機率分佈，適用於多類別分類問題。

公式：$f(x_i) = \exp(x_i)/\text{sum}(\exp(x_j))$，其中 x_i 為輸入向量中的第 i 個元素。

圖 2-9 所示為 Softmax 函數曲線。

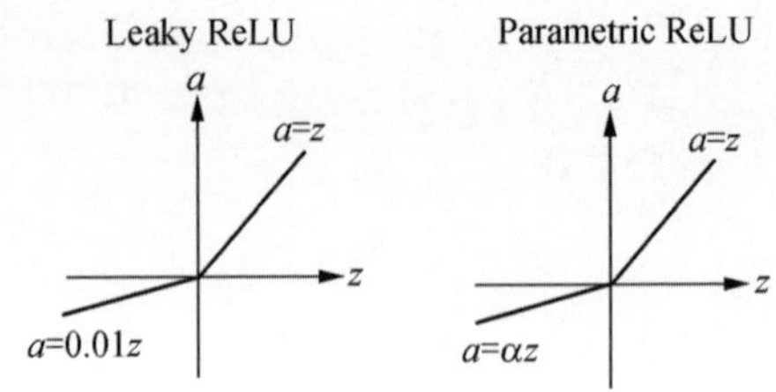

▲ 圖 2-8 Parametric ReLU 函數曲線

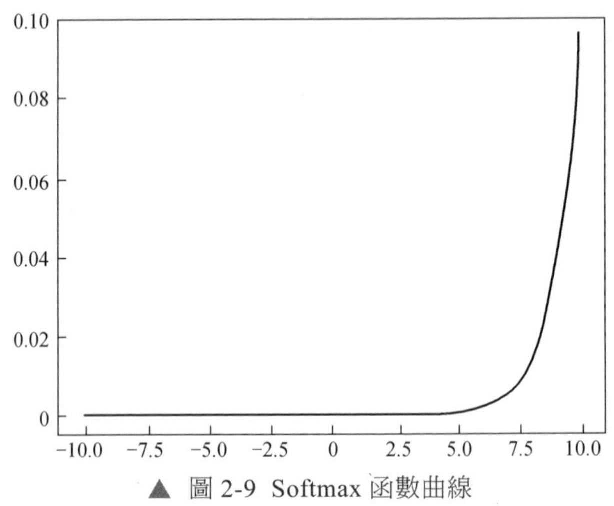

▲ 圖 2-9 Softmax 函數曲線

2.3.2 新型啟動函數

1. Swish 函數

Swish 函數（自我調整啟動函數）由 Google 團隊在 2017 年提出。Swish 函數的公式為 $f(x)= x \cdot \text{Sigmoid}(\text{beta} \cdot x)$，其中 Sigmoid 是 S 形函數（Logistic 函數），beta 是一個可調節的超參數。Swish 函數具有 Sigmoid 函數的平滑性，同時它還引入一個可學習的非線性趨勢。圖 2-10 所示為 Swish 啟動函數曲線。

Swish 啟動函數的功能為如下。

（1）平滑性：Swish 函數具有連續可導的平滑特性，這有助梯度的傳播和網路的收斂。

（2）非線性趨勢：Swish 引入一個非線性趨勢，允許更大的輸入值產生更大的輸出值，從而增強了網絡的表達能力。

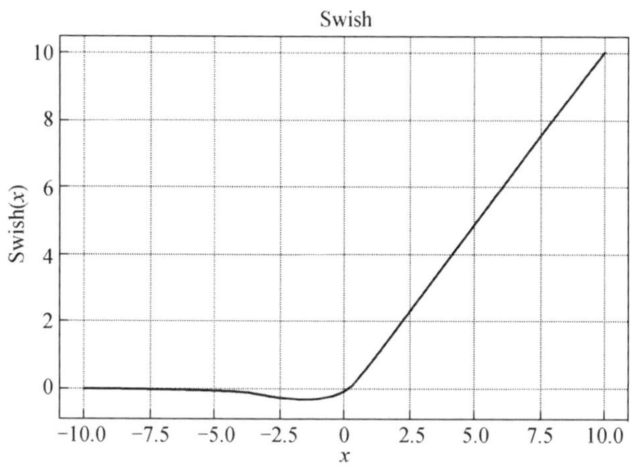

▲ 圖 2-10 Swish 啟動函數曲線

（3）自我調整性：Swish 函數的形狀和啟動程度可以透過學習調整，使網路可以根據不同輸入資料的性質自我調整地調整啟動程度。

2. GLU

GLU（Gated Linear Unit，門控線性單元）是一種具有門控機制的啟動函數。GLU 是由 Google Brain 團隊提出，並在神經網路語言模型（如 Transformer）中獲得了很好的效果。GLU 啟動函數的核心思想是透過門控機制來控制啟動函數的輸出。它引入一個門控向量，用於控制啟動函數輸入的哪些部分會被保留和使用，從而增強了模型的表示能力。

在 GLU 中，輸入被分成兩部分，分別稱為「門」和「啟動向量」。「門」部分負責控制輸入的哪些資訊被保留，「啟動向量」部分負責對保留的資訊進行非線性變換。

具體來說，GLU 對啟動函數輸入的一部分進行門控（通常是使用 Sigmoid 函數作為門控函數），將另一部分作為啟動向量，然後，將門控後的部分和啟動向量按元素的乘法操作，以選擇性地傳遞有用的資訊。

GLU 啟動函數的功能包括以下幾個。

（1）增強資訊的表達能力：GLU 能夠透過門控機制選擇性地傳遞輸入的部分資訊，從而提高網路的表示能力，更進一步地捕捉輸入中的重要特徵。

（2）緩解梯度消失問題：由於具有非線性變換的部分，GLU 可以幫助捕捉和傳播梯度，從而緩解深度神經網路中常見的梯度消失問題。

（3）提供非線性變換：GLU 的啟動向量部分進行非線性變換，可以更進一步地擬合非線性函數，增強模型的擬合能力。

（4）提高建模能力：GLU 在處理自然語言處理等序列資料任務時表現出色，能夠更進一步地捕捉上下文資訊，提高模型的建模能力。

3. SwiGLU

SwiGLU 是在 2020 年由 Google 團隊提出的一種門控啟動函數，在深度學習中常被用於自然語言處理和電腦視覺任務。SwiGLU 結合了 GLU 和 Swish 函數的特性。

SwiGLU 啟動函數的功能如下。

（1）門控機制：SwiGLU 透過使用門控機制來調節網路中的資訊流。它透過 Sigmoid 函數控制輸入訊號的比例，決定哪些資訊透過和哪些資訊被阻止。

（2）非線性特性：SwiGLU 引入 Swish 函數的非線性特性，增強了網路的表達能力。

（3）上下文建模：SwiGLU 能夠學習局部特徵之間的依賴關係，並在輸入序列中進行上下文建模，尤其適用於處理序列資料。

4. GeGLU

GeGLU（Gaussian Error Linear Unit）是一種深度學習啟動函數，它是基於GLU 的改進版本。GeGLU 作為深度學習啟動函數的改進版本，透過增強特徵互動能力和降噪能力，可以更進一步地捕捉輸入之間的複雜關係，並提高模型在自然語言處理任務中的性能。GeGLU 在自然語言處理任務中被廣泛使用，特別適用於文字分類、語義匹配和機器翻譯等任務。

GLU 啟動函數是由 Dauphin 等於 2017 年提出的，其主要用途是在自然語言處理任務中進行特徵選擇和降維。然而，傳統的 GLU 存在一個問題，即其門控機制只能在輸入向量的相鄰維度間進行互動。GeGLU 則可解決這個問題。

GeGLU 的功能主要表現在兩個方面。

（1）特徵互動能力：GeGLU 透過引入高斯誤差項，使每個輸入維度都能夠與其他維度進行互動。這種互動性能夠幫助模型更進一步地捕捉輸入之間的依賴關係和複雜的非線性關係，從而提高性能。

（2）降噪能力：GeGLU 的高斯誤差項相當於一種雜訊注入機制，它可以降低輸入資料中的雜訊對模型的影響。透過將高斯雜訊引入 GLU 的門控機制中，GeGLU 可以使模型對輸入的擾動更堅固，從而提高模型的泛化能力和堅固性。

2.4 最佳化函數（演算法）

在網路結構確定之後，我們需要對網路的權值（weights）進行最佳化。深度學習的最佳化函數是針對神經網路模型的訓練過程中，用於調整模型參數以最小化損失函數的演算法。

最佳化函數的作用包括以下幾個。

（1）最小化損失函數：深度學習模型的目標是學習一組參數，使得在替定輸入資料時，模型的輸出與真實標籤之間的損失最小。最佳化函數透過調整模型參數來實現這一目標。

（2）參數更新：最佳化函數確定了在每一步訓練中如何更新模型參數。透過計算損失函數對參數的梯度（導數），最佳化演算法根據這個梯度資訊更新模型的權重和偏置，朝著減小損失的方向迭代。

（3）避免局部最小值：深度學習中的損失函數通常是高度非凸的，有很多局部最小值。最佳化函數的設計旨在幫助模型逃離局部最小值，以找到全域最小值或接近最小值的參數。

（4）加速收斂：最佳化演算法的設計影響模型參數的調整速度，可以加速模型的收斂（達到最佳解的過程）。

以下是一些常用的深度學習最佳化函數的詳細介紹。

2.4.1 梯度下降法

想像你去野足但卻迷了路，在漆黑的深夜你一個人被困在山谷中，你知道谷底是出口但是天太黑了根本看不清楚路。於是你確定採取一個貪心（greedy）演算法：先試探在當前位置往哪個方向走下降最快（即梯度方向），再朝著這個方向走一小步，重複這個過程直到你到達谷底。這就是梯度下降的基本思想。

梯度下降法的性能大致取決於三個因素：①初始位置。如果你初始位置就離谷底很近，自然很容易走到谷底。②山谷地形。如果山谷是「九曲十八彎」，很有可能你在裡面繞半天都繞不出來。③步進值。當你步子邁太小，很可能你走半天也沒走多遠，而當你步子邁太大，一不小心就容易撞到旁邊的懸崖峭壁，或錯過了谷底。

梯度下降法包括批次梯度下降法（Batch Gradient Descent）、隨機梯度下降法（Stochastic Gradient Descent，SGD）和小量梯度下降法（Mini-batch Gradient Descent）。

（1）批次梯度下降法：該方法在每個訓練週期中使用整個訓練集的資料計算模型參數的梯度，並更新參數。

（2）隨機梯度下降法：該方法在每個訓練週期中使用一個樣本來計算模型參數的梯度，並更新參數。由於每次更新只涉及一個樣本，故計算速度相對較快。隨機梯度下降的變種方法有動量法、Nesterov 加速梯度、自我調整學習率方法。自我調整學習率方法包括 AdaGrad（Adaptive Gradient）、RMSProp（Root Mean Square Propagation）、Adam（Adaptive Moment Estimation，自我調整矩估計）、AdaDelta 等。

（3）小量梯度下降法：該方法在每個訓練週期中使用一小部分隨機選擇的訓練樣本計算模型參數的梯度，並更新參數。其綜合了批次梯度下降法和隨機梯度下降法的優點，既能保留一定的計算效率，又能獲得較好的收斂性能。

2.4.2 動量最佳化演算法

動量最佳化是一種常用的最佳化演算法之一。在深度學習中，動量最佳化（momentum optimization）被廣泛用於加速訓練過程、克服局部極小點和平滑參數更新。動量法透過引入一個動量項來加速梯度下降的收斂過程。將上一次更新參數時的速度記憶下來，並在更新時加權融合當前的梯度。這樣能夠在平坦和峽谷區域中更快地進行學習。

動量最佳化的核心思想是結合當前梯度的資訊與歷史梯度的資訊來更新模型參數，以加速收斂並實現更穩定的最佳化。它透過引入動量項來模擬物體在梯度方向上的速度和慣性。

具體來說，動量最佳化演算法使用一個動量變數，通常表示為 v，來記錄之前的梯度資訊。在每個最佳化步驟中，動量項（v）與當前梯度（g）相結合，產生一個更新量 Δ（θ），用於更新模型參數（θ）。動量變數 v 造成平滑梯度變化的作用，因此在參數更新中具有一定的慣性。

動量最佳化演算法的更新過程可以表示為

$v = \beta * v - \eta * g$ #更新動量

$\theta = \theta + v$ #更新參數

在上述更新規則中，η 表示學習率，而 β 則是動量係數（通常設定值範圍為 [0,1] 之間）。較大的動量係數表示在更新過程中更多地保留歷史梯度資訊，因此參數更新對於每個梯度步驟具有更高的慣性。

動量最佳化演算法的主要優點之一是能夠加速收斂過程。透過引入動量項，模型參數在參數空間中可以更快地移動，從而加快學習的速度。此外，動量最佳化演算法還可以幫助克服局部極小點問題。由於動量項可以在參數更新中跨越局部極小點，因此模型有更大的機會發現全域最佳解。

然而，動量最佳化演算法也存在一些注意事項。較大的動量係數可能導致參數更新過大，導致模型無法穩定收斂。此外，當動量係數過小或過大時，演算法的效果可能會受到抑制，因此需要根據具體問題進行調優。

2.4.3 AdaGrad 最佳化演算法

AdaGrad 是一種最佳化演算法，用於訓練深度學習模型。它是由約翰 · 杜奇（John Duchi）等在 2011 年提出的，並被廣泛應用於各種深度學習任務中。

AdaGrad 的主要思想是自我調整地調整學習率，使得在梯度下降的過程中，對於不同的參數會有不同的更新步進值。它透過將學習率除以每個參數的歷史梯度平方和的平方根，來自我調整地縮放學習率。當參數更新頻繁時，該演算法會降低其學習率，從而對於稀疏的參數或出現高頻特徵的問題具有較好的效果。

以下是 AdaGrad 演算法的詳細步驟。

（1）初始化參數：將所有參數的累積梯度初始化為零。

（2）對於每個訓練樣本做到以下幾點。

① 計算梯度：計算當前參數點的梯度。

② 累積梯度平方和：將當前梯度的平方按元素累積到先前的梯度平方和中。

③ 計算縮放後的學習率：將學習率除以每個參數的歷史梯度平方和的平方根。

④ 參數更新：使用縮放後的學習率對參數進行更新。

（3）重複上述步驟，直到達到停止條件（例如達到最大迭代次數或達到預定的性能水準）。

AdaGrad 的重要特點是在訓練過程中，它會自動減小學習率，使得在訓練初期較大的梯度較大的參數更快地收斂，而較小的梯度較小的參數則能夠更小地調整。這樣可以幫助演算法更進一步地處理不同參數的稀疏性和尺度差異。

然而，AdaGrad 也存在一些問題。由於累積梯度平方和的累積過程，隨著訓練的進行，學習率會逐漸變得較小，可能導致在後續訓練中更新過於緩慢。這種情況下，參數可能會停止更新，導致演算法無法得到更好的結果。為了解決這個問題，後續的最佳化演算法，如 RMSProp 和 Adam，對 AdaGrad 進行了改進。

儘管如此，AdaGrad 仍然是了解深度學習最佳化演算法的重要基礎，其自我調整的學習率縮放機制在某些情況下仍然具有一定的優勢。

2.4.4 RMSProp 最佳化演算法

RMSProp 演算法是對 AdaGrad 演算法的改進。RMSProp 透過適應性調整學習率的方式幫助最佳化模型的收斂速度和穩定性。RMSProp 引入衰減係數，對歷史梯度進行加權平均，避免了學習率過早衰減的問題。

下面詳細介紹 RMSProp 的原理和步驟。

1. 梯度平方累積

RMSProp 演算法使用指數加權移動平均來估計梯度的平方累積值。對於每個可訓練參數 θ，它維護一個累積變數 v，初始化為 0。

在每輪訓練中，計算當前梯度 g 的平方並將其累積到 v 中：

$$v = \beta \cdot v + (1-\beta) \cdot g^2$$

其中，β 是一個用於衡量歷史梯度對累積影響程度的超參數（衰減係數），用來平衡歷史資訊對當前步的影響，設定值範圍為 0 到 1 之間。一般情況下，β 的值設定為 0.9。

2. 參數更新

對於每個參數 θ，RMSProp 演算法使用學習率 α 和小常數 ε 來更新參數的值：

$$\theta = \theta - \left(\frac{\alpha}{\sqrt{v+\varepsilon}} \right) \cdot g$$

其中，g 是當前的梯度值。

3. 適應性學習率調整

RMSProp 的核心思想是透過使用梯度平方累積的平均值來調整不同參數的學習率。當一個參數的梯度變化幅度大時，它的累積梯度平方較大，因此學習率會相應減小，使得參數更新幅度減小；當一個參數的梯度變化幅度小時，它的累積梯度平方較小，學習率相應增大，以加速參數更新。

總的來說，RMSProp 透過自我調整地調整學習率，使每個參數的更新幅度既能考慮當前的梯度資訊，又能考慮歷史的梯度變化情況，從而實現更快的收斂和穩定的訓練過程。

需要注意的是，RMSProp 仍然需要適當的超參數設置來保證演算法的有效性。通常需要調節學習率 α 和梯度平方累積的衰減係數 β，以及一個很小的常數 ε 用於數值穩定。這些超參數的選擇需要根據具體的問題和資料集進行調整和最佳化。

2.4.5 Adam 最佳化演算法

Adam 是一種自我調整學習率的最佳化演算法，由 Diederik P.Kingma 和吉米・巴（Jimmy Ba）在 2014 年提出。它結合了兩種最佳化演算法的優點：RMSProp 和 Momentum，並透過計算梯度的一階矩估計和二階矩估計來適應不同的學習率。

在統計學中，矩是用於描述和衡量隨機變數分佈特徵的一組統計量。

（1）均值（一階原點矩）：$\mu = E[X]$，表示隨機變數的平均值或期望值。

（2）方差（二階中心矩）：$\sigma^2 = E[(X-\mu)^2]$，度量隨機變數的離散程度。

（3）偏度（三階中心矩）：$Skewness = E[(X-\mu)^3]/\sigma^3$，衡量分佈的偏斜程度。

（4）峰度（四階中心矩）：$Kurtosis = (E[(X-\mu)^4]/\sigma^4)-3$，度量分佈的尖銳程度。

Adam 的更新規則如下。

（1）計算梯度的一階矩（即平均值）和二階矩（即未中心化的方差）。

$$m_t = \beta_1 m_{t-1} + (1-\beta_1)g_t$$
$$v_t = \beta_2 v_{t-1} + (1-\beta_2)g_t^2$$

其中，g_t 是梯度；m_t 和 v_t 是一階矩和二階矩的估計值；β_1 和 β_2 是超參數；通常設為 0.9 和 0.999。

（2）由於 m_t 和 v_t 在初始階段都被初始化為 0，所以需要對它們進行偏差修正。

$$\hat{m}_t = \frac{m_t}{1-\beta_1^t}, \hat{v}_t = \frac{v_t}{1-\beta_2^t}$$

其中，t 是當前的迭代次數。

（3）使用修正後的一階矩和二階矩來更新權重。

$$\theta_{t+1} = \theta_t - \frac{\eta \bullet \hat{m}_t}{\sqrt{\hat{v}_t} + \varepsilon}$$

其中，θ 是權重；η 是學習率；ε 是一個很小的參數。寫在程式碼裡，可以是這樣：

w = w - lr * m_hat/(sqrt(v_hat) + eps)

其中，w 是權重；lr 是學習率；eps 是一個很小的常數以防止除以零。

Adam 的優點有以下幾個。

（1）自我調整學習率：Adam 會為每個參數維護一個單獨的學習率，這個學習率是基於梯度的一階矩和二階矩的。這使得 Adam 在處理稀疏梯度或非平穩目標函數時，比固定學習率的最佳化器（optimizers）有更好的性能。

（2）記憶體需求較小：與第二階方法〔一類最佳化演算法，透過考慮目標函數的二階導數（即 Hessian 矩陣）資訊來更新模型參數〕相比，Adam 只需要儲存一階矩和二階矩的估計值，因此記憶體需求較小。

（3）偏差修正：Adam 包含對一階矩和二階矩的偏差修正，從而在迭代初期提高了估計的準確性。

然而，Adam 也有一些缺點。舉例來說，它可能會在訓練後期出現性能下降的問題，這可能是由於學習率過小導致的。這也是後來提出 AdamW 的主要動機，即在權重更新時引入權重衰減，以改善 Adam 在訓練後期的性能。

2.4.6 AdamW 最佳化演算法

AdamW 是一種最佳化演算法，它是 Adam 最佳化器的變形。AdamW 的主要創新在於，它在權重衰減的處理上與傳統的 Adam 有所不同。

在傳統的 Adam 或其他許多最佳化器中，權重衰減通常是透過在損失函數中增加一個正規項來實現的，這個正規項是模型權重的 L2 範數。然而，這種方法在使用自我調整學習率的最佳化器時可能會出現問題，因為正規項會與最佳化器的學習率排程混淆，導致最佳化過程不穩定。

AdamW 的提出者認為，權重衰減應該是一個單獨的步驟，與梯度更新分開。因此，AdamW 在每次更新權重時都會先對權重進行衰減，然後再進行梯度更新。這樣，權重衰減就不會受到學習率排程的影響，最佳化過程更穩定。

具體來說，AdamW 的更新規則為

$$w = w - \text{weight\_decay} * \text{lr} * w - \text{lr} * m/(\text{sqrt}(v) + \text{eps})$$

其中，w 是權重；lr 是學習率；m 和 v 是 Adam 的一階矩和二階矩的估計；eps 是一個很小的常數以防止除以零；weight_decay 是權重衰減係數。

相比 Adam，AdamW 的優點主要有兩個。

（1）更穩定的最佳化過程：由於權重衰減與梯度更新是分開的，因此 AdamW 的最佳化過程不會受到學習率排程的影響，從而更穩定。

（2）更好的泛化性能：在一些實驗中，AdamW 已經被證明能夠比 Adam 更進一步地泛化到未見過的資料，從而提高模型的性能。

圖 2-11 標明了不同最佳化演算法之間的繼承關係。

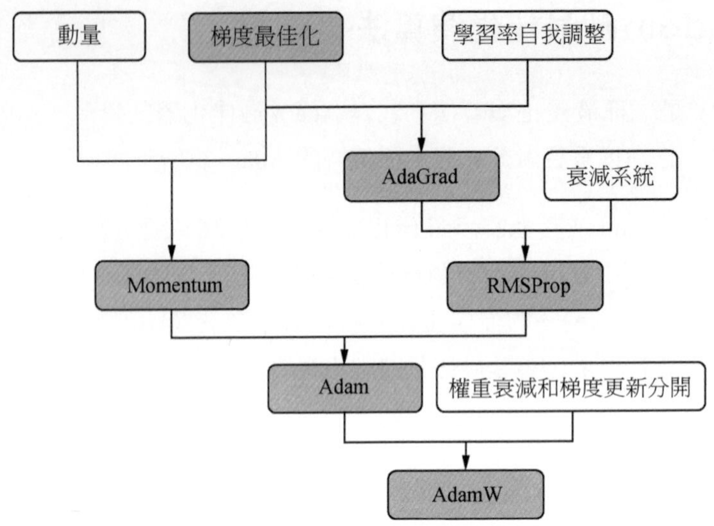

▲ 圖 2-11　不同最佳化演算法之間的繼承關係

2.5 權值初始化

權值初始化對網路最佳化至關重要。早年深度神經網路無法有效訓練的重要原因就是早期人們對初始化不太重視。下面介紹幾個適用於深度神經網路的初始化方法。

（1）初始化的基本思想：方差不變，即設法對權值進行初始化，使得各層神經元的方差保持不變。

（2）Xavier 初始化：從高斯分佈或均勻分佈中對權值進行採樣，使得權值的方差是 $1/n$，其中 n 是輸入神經元的個數。該推導假設啟動函數是線性的。

（3）He 初始化 /MSRA 初始化：從高斯分佈或均勻分佈中對權值進行採樣，使得權值的方差是 $2/n$。該推導假設啟動函數是 ReLU。因為 ReLU 會將小於 0 的神經元置零，大致上會使一半的神經元置零，所以為了彌補遺失的這部分資訊，方差要乘以 2。

整體上來講，訓練深度學習網路儘量使用 zero-centered 資料（可以透過資料前置處理實現）和 zero-centered 輸出。所以要儘量選擇輸出具有 zero-centered 特點的啟動函數以加快模型的收斂速度。

2.5.1 批次歸一化

批次歸一化（Batch Normalization，BN）是深度學習中一種常用的技術，旨在加快神經網路的訓練速度並改善模型的穩定性和泛化能力。該技術於 2015 年由 Sergey Ioffe 和 Christian Szegedy 提出，並廣泛應用於各種深度神經網路架構中。

批次歸一化每層顯式地對神經元的啟動值規範化，使其具有零平均值和單位方差。批次規範化使啟動值的分佈固定下來，這樣可以使各層更加獨立地進行學習。批次規範化可以使網路對初始化和學習率不太敏感。此外，批次規範化有些許正規化（regularization）的作用，但不要用其作為正規化方法。

在深度神經網路中，隨著網路層數的增加，每一層的輸入資料分佈往往會發生變化。這種資料分佈的變化會導致每一層網路的啟動函數輸出分佈變得不穩定，從而使網路的訓練過程變得困難，導致梯度消失或梯度爆炸等問題。此外，網路對輸入的微小變化也會非常敏感，使得模型的泛化能力受到限制。

批次歸一化透過對每個小量訓練樣本的啟動值進行規範化，解決了上述問題。具體而言，批次歸一化透過以下步驟對每一層的輸入進行處理。

（1）計算每個小量訓練樣本的平均值和方差。

（2）根據這些平均值和方差對小量樣本進行規範化，使其平均值為 0，方差為 1。

（3）引入可學習參數 gamma 和 beta，對規範化後的資料進行線性變換和偏移，以恢復模型的表示能力。

透過批次歸一化，網路在訓練過程中可以更進一步地適應不同輸入分佈，並且不容易受梯度消失和梯度爆炸的影響。此外，批次歸一化還具有一定的正規化效果，可以減輕過擬合的問題。透過降低網路層之間的耦合性，批次規範化還允許使用更高的學習率，加快網路的收斂速度。

總而言之，批次歸一化是一種在深度學習中廣泛使用的技術，透過規範化每個小量樣本的啟動值，加快與提高了網路的訓練速度、穩定性和泛化能力。這種技術的引入對於加速深度神經網路的收斂和提高模型性能具有重要意義。

2.5.2 層歸一化

層歸一化（Layer Normalization，LN）是一種在深度學習中常用的歸一化方法，由傑佛瑞 · 辛頓（Geoffrey Hinton）在 2016 年提出。它是對批次歸一化的一種改進，主要用於解決批次歸一化在 RNN 中的一些問題。

歸一化方法的主要目的是解決深度學習中的內部協變數偏移問題。內部協變數偏移，是指在深度神經網路訓練過程中，由於每一層參數的更新，會導致後一層輸入資料的分佈發生改變，這就需要更多的訓練時間來適應這種變化。

層歸一化的主要思想是對每一層的輸出進行歸一化，使得每一層的輸出都有相同的平均值和方差。具體來說，層歸一化是在每個樣本內部進行的，而非在批次內部。這表示它計算的平均值和方差是在單一資料樣本的所有特徵上進行的，而非在整個批次的所有樣本上進行的。

層歸一化的計算公式如下。

假設 $\boldsymbol{x}$ 是一個維度為 $[N,M]$ 的輸入矩陣，其中 N 是特徵數量，M 是樣本數量，那麼層歸一化的計算過程如下。

（1）計算輸入 $\boldsymbol{x}$ 的平均值 μ 和方差 σ^2，但這裡的平均值和方差是在特徵維度（對應於每個樣本）上計算的，而非在樣本維度（對應於每個特徵）上計算的。

$$\mu = \text{mean}(x,\text{axis=1},\text{keepdims = True})$$

$$\sigma^2 = \text{var}(x,\text{axis=1},\text{keepdims = True})$$

（2）對輸入 $\boldsymbol{x}$ 進行歸一化。

$$\boldsymbol{x}\_\text{normalized} = (\boldsymbol{x} - \mu)/\text{sqrt}(\sigma^2 + \varepsilon)$$

其中，ε 是一個很小的數，用於保證數值穩定性。

（3）對歸一化的結果進行縮放和平移。

$$y = \gamma \cdot \boldsymbol{x}\_\text{normalized} + \beta$$

其中，γ 和 β 是可學習的參數，維度與 $\boldsymbol{x}$ 相同，它們的作用是恢復歸一化的資料的原始尺度和平均值。

層歸一化的優點是不依賴於批次的大小，因此在批次長度很小，或不能使用批次訓練的情況下（如 RNN）依然能夠有效工作。此外，由於在每個樣本內部進行歸一化，因此不會受到其他樣本的影響，這使得層歸一化在處理序列資料時更具優勢。

批次歸一化與層歸一化的比較見圖 2-12。批次歸一化是在批次（C）上，對 NHW 歸一化，對小批次長度效果不好；層歸一化在特徵方向（N）上，對 CHW 歸一化，主要對 RNN 作用明顯。

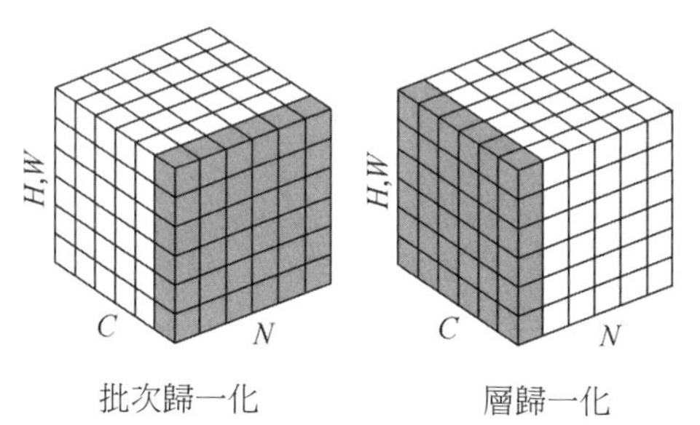

▲ 圖 2-12 批次歸一化與層歸一化的比較

2.5.3 RMSNorm

RMSNorm（Root Mean Square Layer Normalization）是一種在深度學習中用於歸一化層（Normalization Layer）的方法，它旨在解決層歸一化的一些問題。

層歸一化在處理一些任務時可能會遇到問題，例如在處理序列長度變化大或序列非常長的任務時，層歸一化的性能可能會下降。這是因為層歸一化是在每個樣本的所有特徵上計算平均值和方差的，如果特徵的數量（例如序列的長度）變化很大，那麼計算出的平均值和方差也會變化很大，這可能會導致歸一化的效果不好。

RMSNorm 的提出就是為了解決這個問題。它的主要思想是只對每個樣本的特徵進行方差歸一化，而不進行平均值歸一化。這表示 RMSNorm 只會消除每個樣本特徵的尺度（scale）差異，而不會消除它們的偏移（shift）。這樣，即使特徵的數量變化很大，RMSNorm 也能保持穩定的性能。

RMSNorm 的計算公式如下。

假設 $\boldsymbol{x}$ 是一個維度為 $[N,M]$ 的輸入矩陣，其中 N 是特徵數量，M 是樣本數量，那麼 RMSNorm 的計算過程如下。

（1）計算輸入 $\boldsymbol{x}$ 的均方根（root mean square，RMS）。

$$\mathrm{RMS} = \mathrm{sqrt}(\mathrm{mean}(\boldsymbol{x}^2,\mathrm{axis}=1,\mathrm{keepdims}=\mathrm{True}))$$

（2）對輸入 $\boldsymbol{x}$ 進行歸一化。

$$\boldsymbol{x}\_\mathrm{normalized} = \boldsymbol{x}/(\mathrm{RMS} + \varepsilon)$$

其中，ε 是一個很小的數，用於保證數值穩定性。

（3）對歸一化的結果進行縮放和平移。

$$y = \gamma \cdot \boldsymbol{x}\_\mathrm{normalized} + \beta$$

其中，γ 和 β 是可學習的參數，維度與 $\boldsymbol{x}$ 相同，它們的作用是恢復歸一化的資料的原始尺度和平均值。

RMSNorm 的優點是不依賴於特徵的數量，因此在處理序列長度變化大或序列非常長的任務時，能夠保持穩定的性能。此外，由於它只進行方差歸一化，因此計算複雜度相比層歸一化有所降低。

2.6 損失函數

在機器學習中，損失函數是用來估量模型的預測值 $f(x)$ 與真實值 Y 的不一致程度，損失函數越小，一般就代表模型的堅固性越好，正是損失函數指導了模型的學習。損失函數的選擇對訓練過程和最終模型的性能具有重要影響。

圖 2-13 中，x 軸是訓練的次數，y 軸是誤差。圖上顯示，隨著訓練次數的增加，誤差迅速減少，到後面逐漸穩定，最後是沒有變化。該圖說明訓練次數 2 000 即可，再多訓練也無法最佳化模型。

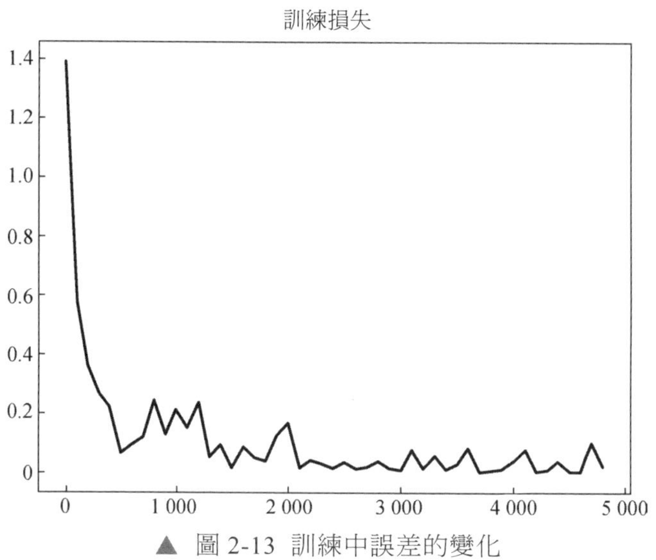

▲ 圖 2-13 訓練中誤差的變化

損失函數分為兩大類——迴歸損失和分類損失。在分類任務中，我們要從類別值有限的資料集中預測輸出，比如給定一個手寫數字影像的巨量資料集，將其分為 0 ～ 9 中的。而迴歸問題處理的則是連續值的預測問題，例如給定房屋面積、房間數量以及房間大小，預測房屋價格。

2.6.1 均方誤差

均方誤差（mean squared error，MSE）是一種常用的衡量預測模型或估計器性能的指標，是迴歸問題中常用的損失函數。它衡量了預測值與真實值之間的平均差異程度，具體計算方式是將預測值與真實值的差的平方求平均。MSE 可以用於各種領域的資料分析和機器學習任務中，例如迴歸分析、時間序列預測、模型評估等。均方誤差越小，表示模型的預測越接近真實值。

MSE 的數學公式如下：

$$\text{MSE} = \frac{\sum_{i=1}^{n}(y_i - \hat{y}_i)^2}{n}$$

其中，y_i 表示第 i 個樣本的真實值；$\hat{y}_i$表示預測值；n 表示樣本數量。

MSE 的特點有以下幾個。

（1）MSE 測量了預測值與真實值之間的平均平方差。使用平方項可以抑制正負差異的抵消，使較大差異的樣本在計算中得到更大的權重。

（2）MSE 為非負值，數值越小表示模型的預測性能越好，達到 0 時表示完美預測。

（3）MSE 的單位是原始資料單位的平方，這可能不直觀。舉例來說，如果預測的是房屋價格，那麼 MSE 的單位是平方價格單位。

（4）MSE 容易受到異常值的影響。由於平方項的存在，較大的誤差平方會對 MSE 產生較大的貢獻，因此在存在異常值的情況下，MSE 可能被放大。

在使用 MSE 進行模型評估時，通常會與其他指標結合使用，以全面評估模型的性能。舉例來說，可以使用均方根誤差（root mean squared error，RMSE）對 MSE 進行開方運算，將結果轉換回原始資料單位，以更進一步地解釋和比較模型的預測性能。

2.6.2 均方根誤差

均方根誤差透過計算觀測值與預測值的差的平方的平均值，並對結果進行平方根運算得到。它的計算公式如下：

$$\text{RMSE}=\sqrt{\frac{1}{n}\sum_{i=1}^{n}(\hat{y}_i-y_i)^2}$$

其中，y_i 表示觀測值；$\hat{y}_i$ 表示相應的預測值；$\sum$ 表示求和符號；n 表示樣本數量。

均方根誤差對誤差的量級進行了平方和開方的操作，這使得它更加關注較大誤差的影響，即較大誤差會對均方根誤差的值產生更大的影響。

均方根誤差具有以下特點。

（1）RMSE 值越小，表示觀測值與預測值之間的差異越小，預測的準確度越高。

（2）RMSE 受離群值的影響相對較大，較大的離群值會導致 RMSE 值增大。

（3）RMSE 可以與實際的觀測值進行直接比較，而不依賴具體的模型或方法。

在許多實際應用中，均方根誤差常用作評估模型的準確性和預測能力的指標。舉例來說，在迴歸分析中，可以使用 RMSE 來評估迴歸模型的預測精度；在時間序列預測中，RMSE 可用於評估預測模型的性能等。

2.6.3 交叉熵損失

交叉熵損失（cross-entropy loss）通常用於分類問題，特別是多類分類。它透過比較模型輸出的機率分佈與真實標籤的分佈來評估模型性能。隨著預測機率偏離實際標籤，交叉熵損失會逐漸增加。交叉熵損失可以更進一步地處理類別不平衡的情況，並且在訓練初期可以產生更大的梯度值，有助加速訓練過程。

熵（entropy）是資訊理論中的概念。熵用來度量一個隨機變數的不確定性或資訊量。對於一個離散機率分佈的隨機變數 X，其熵可以定義為

$$H(X)= -\sum p(x) \cdot \log(p(x))$$

其中，$p(x)$ 表示隨機變數 X 設定值為 x 的機率；$\sum$ 表示對所有可能設定值求和；log 表示以 2 為底的對數函數。

現在考慮一個分類問題，假設有 N 個樣本，每個樣本有 K 個類別。透過神經網路或其他分類模型，我們獲得了每個樣本屬於各個類別的機率分佈，用 $p(i)$ 表示第 i 個樣本屬於各個類別的機率。

對於第 i 個樣本，我們希望其真實類別對應的機率為 1，其他類別對應的機率為 0。我們用 $q(i)$ 表示第 i 個樣本的真實類別所對應的機率分佈。則交叉熵損失可以定義為

$$L = -1/N \cdot \sum\sum q(i,j) \cdot \log(p(i,j))$$

其中，i 表示樣本的索引；j 表示類別的索引；$q(i,j)$ 表示第 i 個樣本的真實類別為第 j 個類別的機率；$p(i,j)$ 表示模型預測的第 i 個樣本屬於第 j 個類別的機率。

交叉熵損失函數的目標是最小化預測機率分佈與真實機率分佈之間的差異。具體來說，當模型的預測與真實標籤完全一致時，交叉熵損失為 0。而隨著預測與真實標籤之間的差異增大，交叉熵損失也會增大。

交叉熵損失函數在深度學習中的應用非常廣泛，特別是在分類問題中。它具有較好的數學性質，能夠促使模型產生更為確信的預測結果，並且梯度計算相對簡單，有利於參數更新和最佳化過程。因此，它成為分類模型中的常用損失函數之一。

假設我們有一個簡單的詞彙表，包含三個詞：["apple","banana","cherry"]。想要建構一個二元語言模型，用於預測下一個詞的機率分佈。給定一個訓練樣本的序列：["apple","banana","cherry","apple"]，希望計算這個語言模型的交叉熵損失。

首先，我們需要將每個詞轉為一個獨熱向量（one-hot vector）。假設我們使用以下表示方式。

```
"apple"--> [1,0,0]
"banana"--> [0,1,0]
"cherry"--> [0,0,1]
```

接下來，我們定義一個理想的目標機率分佈，該分佈在當前詞的位置上具有機率 1，其他位置上的機率為 0。對於序列 ["apple","banana","cherry","apple"]，目標機率分佈可以表示為

```
[1,0,0]
[0,1,0]
[0,0,1]
[1,0,0]
```

在我們的語言模型中，使用某種演算法（如前饋神經網路）計算每個詞的預測機率分佈。假設模型輸出的預測機率分佈為

```
[0.9,0.05,0.05]
[0.1,0.8,0.1]
[0.1,0.2,0.7]
[0.6,0.3,0.1]
```

現在，我們可以使用交叉熵公式計算損失。對於每個位置上的預測機率分佈和目標機率分佈，交叉熵損失的計算公式如下：

$$L = -\sum (y \cdot \log(\hat{y}))$$

其中，y 是目標機率分佈；是預測機率分佈；Σ 表示對所有位置求和。將上述值代入公式進行計算：

$$L = -((1 \times \log(0.9)) + (0 \times \log(0.05)) + (0 \times \log(0.05)) + (1 \times \log(0.6)) + (0 \times \log(0.3)) + (0 \times \log(0.1)) + (1 \times \log(0.7)) + (0 \times \log(0.2)) + (0 \times \log(0.1)))$$

計算結果為

$$L = -(0.105\,4 + 0 + 0 + 0.510\,8 + 0 + 0 + 0.356\,7 + 0 + 0) \approx -0.973$$

因此，該語言模型在替定訓練樣本的交叉熵損失約為 0.973。我們可以使用這個損失來評估模型的預測準確性並進行訓練最佳化。

2.7 模型評估

2.7.1 偏差 / 方差

最佳化完成後，你發現網路的表現不盡如人意，這時診斷網路處於高偏差 / 高方差狀態是對你下一步調參方向的重要指導。與經典機器學習演算法有所不同，因為深度神經網路通常要處理非常高維的特徵，所以網路可能同時處於高偏差和高方差的狀態，即在特徵空間的一些區域網路處於高偏差，而在另一些區域處於高方差。我們先參照圖 2-14 對偏差 / 方差（bias/variance）做簡介。

（1）偏差。偏差度量了網路的訓練集誤差和貝氏誤差（即能達到的最佳誤差）的差距。高偏差的網路有很高的訓練集誤差，說明網路對資料中隱含的一般規律還沒有學好。當網路處於高偏差時，通常有以下幾種解決方案：①**訓練更大的網路**。網路越大，對數據潛在規律的擬合能力越強。②**更多的訓練輪數**。通常訓練時間越久，對訓練集的擬合能力越強。③**改變網路結構**。不同的網路結構對訓練集的擬合能力有所不同。

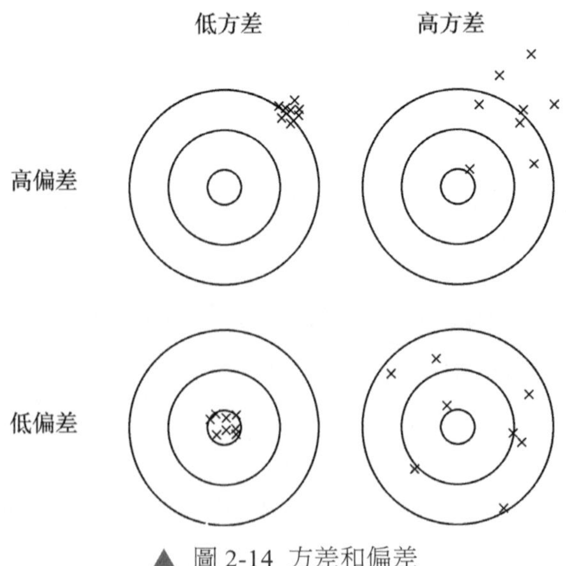

▲ 圖 2-14 方差和偏差

（2）方差。方差度量了網路的驗證集誤差和訓練集誤差的差距。高方差的網路學習能力太強，把訓練集中自身獨有的一些特點也當作一般規律學得，使網路不能極佳地泛化到驗證集。當網路處於高方差時，通常有以下幾種解決方案：①**更多的資料**。這是對高方差問題最行之有效的解決方案。②**正規化**。③**改變網路結構**。不同的網路結構對方差也會有影響。

我們能遇到四種情況。

（1）低偏差，低方差：這是訓練的理想模型，此時點集基本落在靶心範圍內，且資料離散程度小，基本在靶心範圍內。

（2）低偏差，高方差：這是深度學習面臨的最大問題，過擬合了，也就是模型太貼合訓練資料了，導致其泛化（或通用）能力差，若遇到測試集，則準確度下降得厲害。

（3）高偏差，低方差：這往往是訓練的初始階段。

（4）高偏差，高方差：這是訓練最糟糕的情況，準確度差，資料的離散程度也差。誤差＝ 方差 ＋ 偏差 ^{2}＋ 雜訊

圖 2-15 顯示了方差和偏差隨模型複雜度的變化。

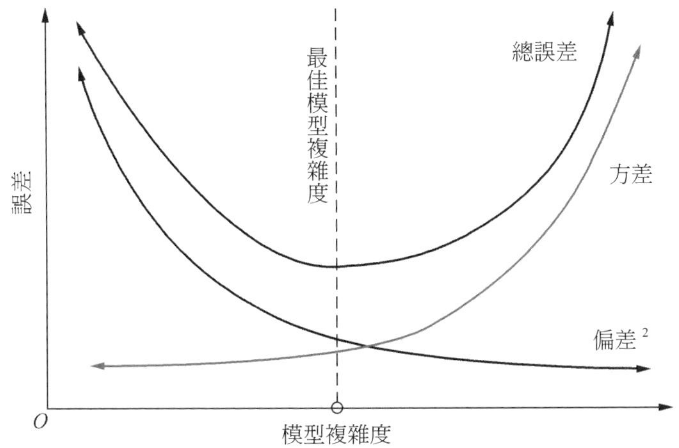

▲ 圖 2-15 方差和偏差隨模型複雜度的變化

2.7.2 過擬合與欠擬合

過擬合和欠擬合（underfitting）是機器學習中常見的兩種模型訓練問題，它們描述了模型對訓練資料和新資料的擬合程度。

1. 過擬合

過擬合指的是訓練的模型在訓練集上表現出很好的性能，但在新資料上表現較差的情況。過擬合可能導致模型對於訓練集中的雜訊和異常值過於敏感，從而無法極佳地泛化到新樣本。

過擬合的主要原因有：訓練資料量不足，模型過於複雜，在訓練集上過分記憶雜訊；特徵選擇不當，過多關注訓練集中的個別特殊樣本特徵，導致對其他資料的適應能力差；過度的正規化。過擬合的應對方法有：增加訓練資料集的規模，以減小模型對訓練集中雜訊和異常值的敏感度；正規化，如 L1、L2 正規化，可以控制模型的複雜度並減小過擬合的風險；採用整合學習方法，如隨機森林和梯度提升樹，透過結合多個模型的預測結果來減小過擬合。

2. 欠擬合

欠擬合指的是模型無法極佳地擬合訓練資料，或說模型對於訓練集和新資料都表現較差。欠擬合通常發生在模型過於簡單、容量不足的情況下。

欠擬合的主要原因有：模型複雜度不夠，無法捕捉資料中的重要特徵和模式；特徵選擇不充分，忽略了資料中的重要資訊；學習演算法和訓練過程出現問題，如學習率過低、迭代次數不足等。

欠擬合的應對方法有：增加模型複雜度，如增加參數或引入更複雜的模型結構；改進特徵選擇和特徵工程的過程，以更進一步地捕捉資料中的有用資訊；調整模型的超參數，如調整學習率、增加迭代次數等。

2.8 正規化

正規化是解決高方差問題的重要方案之一。正規化的基本思想是使網路的有效大小變小。網路變小之後，網路的擬合能力隨之降低，這會使網路不容易過擬合到訓練集。

以下是一些正規化的重要方法。

1. L1、L2 正規化

L1、L2 正規化是最常用的正規化技術之一。它們透過增加一個正規化項來限制模型參數的大小。L1 正規化透過在損失函數中增加參數的絕對值之和，促使模型學習稀疏權重，從而具有特徵選擇的能力。L2 正規化則透過在損失函數中增加參數的平方和，促使參數值分散在不同的特徵上，從而減少過擬合的風險。

L2 正規化傾向於使網路的權值接近 0。這會使前一層神經元對後一層神經元的影響降低，使網路變得簡單，降低網路的有效大小，降低網路的擬合能力。L2 正規化實質上是對權值做線性衰減，所以 L2 正規化也被稱為權重衰減（weight decay）。

2. 隨機失活

在訓練時，隨機失活（dropout）隨機選擇一部分神經元，使其置零，不參與本次最佳化迭代。隨機失活減少了每次參與最佳化迭代的神經元數目，使網路的有效大小變小，網路變得更加堅固，並且減少了神經元之間的合作依賴，從而提高了泛化能力。隨機失活的作用有兩點：

①降低神經元之間耦合。因為神經元會被隨機置零，所以每個神經元不能依賴於其他神經元，這會迫使每個神經元自身能提取到合適的特徵。②網路整合。隨機失活可以看作在訓練時每次迭代定義出一個新的網路，這些網路共用權值。在測試時的網路是這些網路的整合。

3. 批次歸一化

批次歸一化是一種在深度神經網路中廣泛應用的正規化技術。它透過在每個訓練批次（batch）中對網路的每一層進行歸一化，使得輸入分佈保持穩定。這有助加速訓練過程，並且對於網路架構和超參數的選擇更加堅固。此外，批次歸一化還有助減少梯度消失問題、提高模型的泛化能力。

4. 早停技術

早停技術（early stopping）是一種基於驗證集表現的正規化方法。它可以監視模型在驗證集上的性能，當你發現驗證集誤差不再變化或開始上升（在模型開始過擬合之前）時，提前停止訓練，從而防止模型過擬合。在訓練過程中，如果驗證錯誤率或損失函數停止改善，就會停止訓練。

5. 資料擴充（data augmentation）

這實質是獲得更多資料的方法。當收集資料昂貴，或我們拿到的是第二手資料，資料就這麼多時，從現有資料中擴充生成更多資料，用生成的「偽造」資料當作更多的真實資料進行訓練。以圖像資料做分類任務為例，把影像水平翻轉、移動一定位置、旋轉一定角度、或做一點色彩變化等，這些操作通常都不會影響這幅影像對應的標記。並且你可以嘗試這些操作的組合，理論上講，可以透過這些組合得到無窮多的訓練樣本。

2.9 SoftMax 函數

Softmax 是用於多類分類問題的啟動函數，在多類分類問題中，超過兩個類標籤則需要類成員關係。對於長度為 K 的任意實向量，Softmax 可以將其壓縮為長度為 K，值在（0，1）範圍內，並且向量中元素的總和為 1 的實向量（見圖 2-16）。圖 2-17 所示為 Softmax 的計算公式和計算案例。

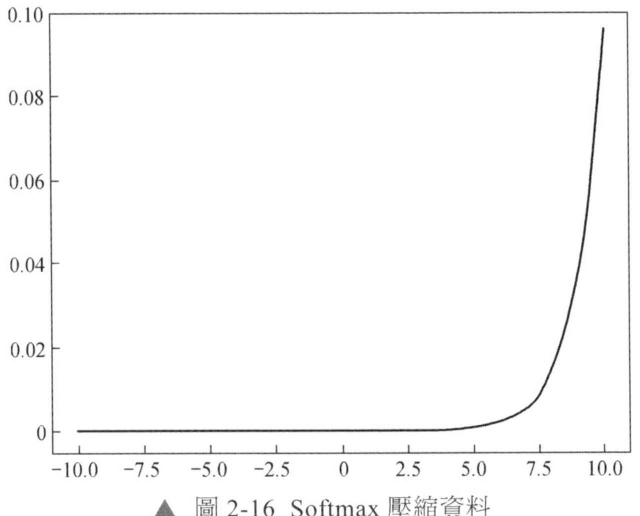

▲ 圖 2-16 Softmax 壓縮資料

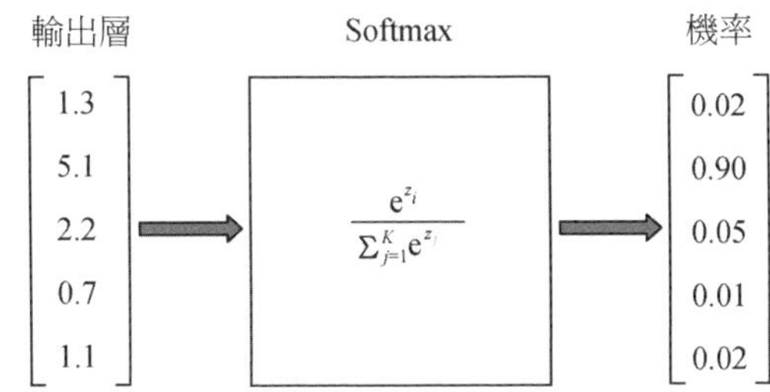

▲ 圖 2-17 Softmax 的計算公式和計算案例

2.10 簡易神經網路架設

本簡易神經網路（見圖 2-18）由一個資料登錄層、一個隱藏層和一個資料輸出層組成。其中，每個輸入資料封包含十個特徵，可以認為輸入資料是一個十維向量；經隱藏層處理後保留十五個特徵，最後經資料輸出層輸出五個特徵值。

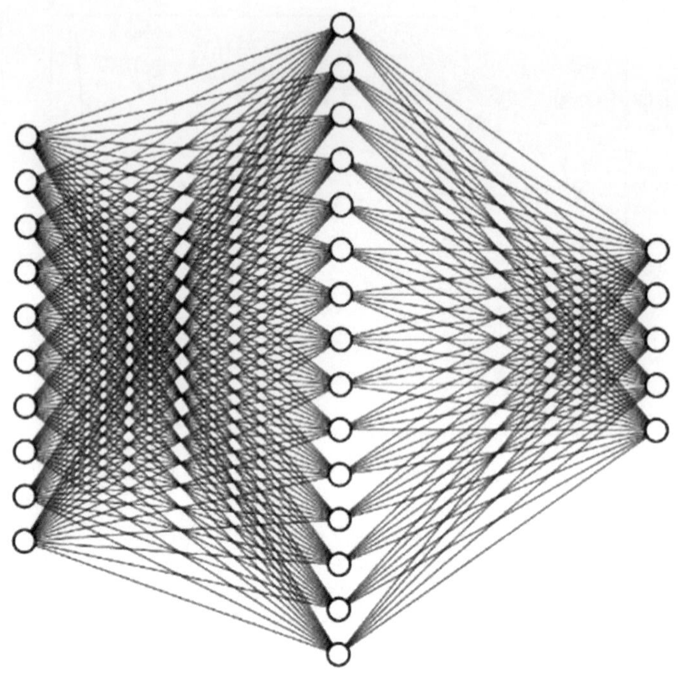

輸入層 εR^{10}　　　隱藏層 εR^{15}　　　輸出層 εR^{5}

▲ 圖 2-18　簡易神經網路

```
import numpy as np

class NeuralNetwork:
    def  init(self,input_size,hidden_size,output_size):
        self.input_size = input_size
        self.hidden_size = hidden_size
        self.output_size = output_size

        # 初始化權重和偏置
        self.W1 = np.random.randn(self.input_size,self.hidden_size)
        self.b1 = np.zeros((1,self.hidden_size))
        self.W2 = np.random.randn(self.hidden_size,self.output_size)
        self.b2 = np.zeros((1,self.output_size))

    def forward(self,X):
    # 前向傳播
        self.z1 = np.dot(X,self.W1)+ self.b1
```

```
        self.a1 = np.tanh(self.z1)
        self.z2 = np.dot(self.a1,self.W2)+ self.b2
        self.a2 = self.sigmoid(self.z2)

        return self.a2

    def backward(self,X,y,learning_rate):
        m = X.shape[0]

        #計算輸出層的誤差
        dZ2 = self.a2-y
        dW2 = (1/m)*np.dot(self.a1.T,dZ2)
        db2 = (1/m)*np.sum(dZ2,axis=0,keepdims=True)

        #計算隱藏層的誤差
        dZ1 = np.dot(dZ2,self.W2.T)*(1-np.power(self.a1,2))d
        W1 = (1/m)*np.dot(X.T,dZ1)
        db1 = (1/m)*np.sum(dZ1,axis=0)

        #更新權重和偏置
        self.W2-= learning_rate*dW2
        self.b2-= learning_rate*db2
        self.W1-= learning_rate*dW1
        self.b1-= learning_rate*db1

    def train(self,X,y,epochs,learning_rate):
        for epoch in range(epochs):
            #前向傳播
            output = self.forward(X)

            #反向傳播
            self.backward(X,y,learning_rate)

            #計算損失
            loss = self.calculate_loss(y,output)

            #每 1000 個 epoch 列印一次損失
            if epoch%1000 == 0:
                print(f"Epoch{epoch}:Loss = {loss}")
```

```
    def sigmoid(self,x):
        return 1/(1 + np.exp(-x))

    def calculate_loss(self,y_true,y_pred):
        m = y_true.shape[0]
        loss = -1/m*np.sum(y_true*np.log(y_pred)+ (1-y_true)*np.log(1-y_pred))
        return loss

# 建立神經網路物件
input_size = 10
hidden_size = 15
output_size = 5
nn = NeuralNetwork(input_size,hidden_size,output_size)

# 準備訓練資料
X = np.random.randn(100,input_size)
y = np.random.randint(0,2,size=(100,output_size))

# 訓練神經網路
epochs = 10000
learning_rate = 0.1
nn.train(X,y,epochs,learning_rate)

# 使用訓練好的模型進行預測
input_data = np.random.randn(1,input_size)
output = nn.forward(input_data)
print(" 預測結果：",output)
```

執行結果：

```
Epoch 0:Loss = 8.206386565530224
Epoch 1000:Loss = 1.8964894857812191
Epoch 2000:Loss = 1.3766947322288718
Epoch 3000:Loss = 1.0773693838932272
Epoch 4000:Loss = 0.9261389638705058
Epoch 5000:Loss = 0.8241001310058085
Epoch 6000:Loss = 0.7262724551312489
Epoch 7000:Loss = 0.6499599780627128
Epoch 8000:Loss = 0.5886312819999654
Epoch 9000:Loss = 0.5414023570799503
```

預測結果：

```
[[9.76165380e-01 1.44587484e-01 5.40827691e-04 2.65640942e-01 9.99879940e-01]]
```

程式中主要 NumPy 函數功能如下。

np.random.randn：生成服從標準正態分佈（均值為 0，標準差為 1）的隨機數陣列，可透過參數指定生成的陣列的形狀。

np.zeros：生成指定形狀的用 0 填充的陣列。

np.dot：計算兩個陣列的矩陣乘法。

np.tanh：計算陣列中每個元素的雙曲正切函數值。

np.sum：對陣列中的元素求和，可透過參數指定沿指定軸的求和方式。

np.power：對陣列中的每個元素進行指數運算，可指定指數的值。

np.exp：計算陣列中每個元素的指數函數值（e^x）。

np.log：計算陣列中每個元素的自然對數值（以 e 為底）。

np.random.randint：生成指定範圍內的隨機整數，可透過參數指定生成的整數的範圍和數量。

2.11 模型最佳化

2.11.1 梯度消失

梯度消失是指在深度神經網路中，透過反向傳播計算梯度時，隨著梯度從輸出層向輸入層傳播，梯度值逐漸變小並趨近於零的現象。具體而言，對於層數較多的深度神經網路，在參數更新過程中，較早的層收到的梯度值較小，導致其參數更新不明顯，從而影響網路的訓練效果。

梯度消失問題主要發生在使用某些常見的啟動函數，如 Sigmoid 函數和雙曲正切函數（tanh），特別是在網路層數較深時更加明顯。這些啟動函數的特點是在輸入值較大或較小的情況下，啟動函數的導數趨近於零。當啟動函數的導數接近於零時，反向傳播中乘以該導數的梯度也會變得非常小，這樣在網路的較早層中，梯度值會迅速衰減並趨近於零，導致這些層的參數幾乎無法進行有效的更新。

梯度消失問題對網路的深度訓練造成了困擾，因為較早的層對於提取輸入資料的高級特徵至關重要。如果梯度消失發生在較早的層中，較深層的參數無法得到有效的更新，整個網路的訓練性能會受到限制。

解決梯度消失問題的方法包括以下幾種。

（1）使用其他啟動函數：ReLU 等啟動函數在較大的輸入範圍內具有較大的導數，能夠緩解梯度消失問題。

（2）權重初始化策略：合適的權重初始化可以確保在前向傳播和反向傳播中，啟動值和梯度值保持在合理的範圍內。

（3）使用批次歸一化：透過標準化網路每層的輸入，可以加速網路的訓練過程，減輕梯度消失問題。

（4）使用殘差連接（residual connection）：透過引入跳躍連接，將前一層的輸入增加到後續層的輸出中，避免了梯度消失的問題。

透過以上方法的應用，可以有效緩解梯度消失問題，提升深度神經網路的訓練效果和性能。

2.11.2 梯度爆炸

梯度爆炸是一種在深度學習中出現的問題，它與梯度消失問題相對應。在反向傳播過程中，梯度用於更新神經網路的權重值，以使其逐步最佳化。然而，當在網路的某些層次，梯度值變得非常大，甚至發散到無限大，就會導致梯度爆炸問題。

梯度爆炸通常出現在深度神經網路中，尤其是具有很多層次且使用較高學習率的網路。這種情況下，如誤差迅速傳遞到網路的上層，梯度值會不斷增大。隨著梯度值的指數級增長，權重的更新變得非常大，網路可能無法收斂，甚至無法進行有效的訓練。

梯度爆炸問題可能引發以下一些常見的表現。

（1）權重參數變化劇烈：權重的變化超過了適當的範圍，導致模型無法收斂。

（2）數值不穩定：權重值變得非常大，可能導致數值溢位或不穩定的計算結果。

（3）訓練不穩定：模型在訓練過程中表現不穩定，造成訓練過程無法正常進行。

梯度爆炸問題的解決方法可以包括以下幾種。

（1）批次歸一化：透過對每個批次的輸入進行標準化，確保網路在訓練過程中穩定。

（2）梯度截斷（Gradient Clipping）：設置一個設定值，當梯度超過該設定值時進行截斷，限制梯度的大小。

（3）使用適當的權重初始化方法：合適的權重初始化可以幫助減少梯度爆炸問題的發生。

（4）調整學習率：降低學習率可以減緩梯度的增長速度，防止梯度爆炸。

梯度爆炸是深度學習中需要重視和解決的問題之一，合理的處理方法可以幫助提高訓練的穩定性和效果。

2.11.3 最佳化方法

深度學習的最佳化是指透過調整模型的參數和超參數，以最大限度地提高神經網路的性能和效果。在深度學習中，最佳化是一種迭代的過程，透過不斷地調整網路的參數，使其更進一步地適應訓練資料，從而達到更準確的預測和分類結果。

以下是深度學習最佳化的幾個關鍵方面。

（1）損失函數：深度學習最佳化的目標是最小化模型的損失函數。損失函數衡量了模型在替定輸入資料上的預測值與真實值之間的差異。常見的損失函數包括均方誤差和交叉熵等。

（2）梯度下降：梯度下降是深度學習中最常用的最佳化演算法之一。它透過計算損失函數對於模型參數的梯度，然後按照梯度的方向更新參數值，以使損失函數逐步減小。梯度下降有不同的變形，如批次梯度下降、隨機梯度下降和小量梯度下降。

（3）學習率調整：學習率是梯度下降演算法中的重要超參數，它決定了參數更新的步進值。合適的學習率能夠加快收斂速度，但過大或過小的學習率可能導致最佳化過程出現問題。因此，學習率的調整是最佳化過程中的重要策略之一。

（4）正規化：深度學習模型有時會過擬合，即在訓練資料上表現良好，但在新資料上表現較差。為了解決過擬合問題，可以採用各種正規化技術。

（5）批次正規化：批次正規化是一種有效的最佳化方法，透過在訓練過程中規範化輸入資料的分佈，加快網路的收斂速度，同時還可以防止梯度消失或梯度爆炸的問題。

（6）自我調整學習率：自我調整學習率方法能夠根據最佳化過程的情況自動調整學習率。這些方法基於梯度資訊或歷史參數更新資訊來調整學習率，如 AdaGrad、RMSProp、Adam 等。

（7）超參數調優：模型中的超參數對於深度學習的性能影響重大。透過合理的超參數調優方法，如網格搜尋、隨機搜尋、貝氏最佳化等，可以找到最佳的超參數組合，提高模型性能。

2.11.4 調參技巧

深度神經網路涉及很多的超參數，如學習率大小、L2 正規化係數、動量大小、批次大小、隱層神經元數目、層數、學習率衰減率等。深度學習調參是指在訓練神經網路模型時，透過調整模型的超參數以取得最佳性能。以下是一些常用的深度學習調參技巧。

（1）學習率調整：學習率是訓練過程中最重要的超參數之一。可以嘗試使用學習率衰減策略，如指數衰減、餘弦退火等，逐漸降低學習率，使訓練過程更為穩定。

（2）批次大小選擇：批次大小決定了每次迭代使用的樣本數量。較大的批次可以加快訓練速度，但可能導致陷入局部最佳解。較小的批次有助模型收斂到更好的解，但訓練過程會更慢。需要根據具體情況進行調整。

（3）正規化技術：正規化有助減少過擬合現象。常見的正規化技術包括 L1 正規化、L2 正規化和隨機失活。透過引入正規化項或隨機丟棄一些神經元，可以降低模型的複雜性、提高泛化能力。

（4）網路結構最佳化：網路結構的設計對模型性能至關重要。可以嘗試增加或減少網路的層數、調整每層的神經元數量，或嘗試不同類型的層（如卷積層、循環層、全連接層等），以獲得更好的性能。

（5）隨機初始化權重：深度神經網路的初始權重對訓練過程和最終結果具有重要影響。可以使用不同的權重初始化方法（如隨機初始化、預訓練模型參數等），並觀察它們對模型性能的影響。

（6）早停策略：早停是指在驗證集誤差開始增加之前停止訓練，以避免過擬合。可以監控驗證集誤差，並設定一個設定值，如果誤差連續多次增加則停止訓練，從而選擇模型表現最好的那個時間點的模型參數。

（7）參數搜尋方法：使用網格搜尋或隨機搜尋等方法，透過遍歷參數空間來搜尋最佳參數組合。這些方法可以幫助找到最佳的超參數組合，但計算成本較高。可以使用工具函數庫如 scikit-learn 等來實現參數搜尋方法。

請注意，深度學習調參是一個非常複雜和耗時的過程，沒有一種通用的方法適用於所有問題。最佳的調參策略往往需要透過嘗試和實驗來找到。同時，調參過程也需要注意模型的評估和對比，以確保所選的超參數組合在測試集上獲得良好的性能。

3 PyTorch 開發基礎

3.1 深度學習框架

深度學習是一種機器學習的方法，它使用了類神經網路的層次模型。為了方便開發者進行深度學習的研究和開發，很多深度學習框架被開發出來，其中最知名的有 TensorFlow、PyTorch、Keras、Caffe 等。

（1）TensorFlow：由 Google Brain 團隊開發的開放原始碼深度學習框架。它提供了一套完整的機器學習和深度學習的函數庫，同時也支援分散式運算。TensorFlow 的計算方式是透過圖（graph）來實現的，這使得 TensorFlow 在處理大規模複雜的神經網路時具有優勢。TensorFlow 還有一個強大的視覺化工具 TensorBoard，可以幫助使用者更進一步地理解和偵錯自己的模型。

（2）PyTorch：由 Meta 的人工智慧研究團隊開發的開放原始碼深度學習框架。PyTorch 的設計理念是簡潔和靈活，它提供了強大的 GPU（圖形處理器）加速運算能力和自動求導系統。PyTorch 的特點是它的計算方式是動態的，這讓使用者可以更自由地操作和建構模型。PyTorch 也有一個視覺化工具 TensorBoardX，可以用來視覺化模型和資料。

（3）Keras：是一個用 Python 撰寫的高級神經網路 API，它可以執行在 TensorFlow、CNTK（Microsoft Cognitive Toolkit）和 Theano 之上。Keras 的設計理念是使深度學習模型的建立和試驗變得更快。它的 API 設計非常直觀，模組化和可組合，可以快速地實現深度學習模型。

（4）Caffe：Caffe 是一個由加州大學柏克萊分校的 AI 研究團隊開發的深度學習框架。Caffe 的特點是速度快，對於影像分類等計算密集型任務非常有優勢。Caffe 的介面設計簡潔，讓使用者可以快速地建立、訓練和部署深度學習模型。

當然，還有很多其他深度學習框架。下面對 CNTK 和 Theano 進行簡單的介紹，並且會提到一些其他深度學習框架。

（5）CNTK：CNTK 是微軟開發的開放原始碼深度學習框架。它的特點是性能強大，支援分散式運算，可以在多個 GPU 上進行大規模平行訓練。CNTK 支援多種深度學習模型，包括卷積神經網路、循環神經網路等，並且提供了豐富的 API，可以用 Python、C++ 或 .NET 來撰寫模型。

（6）MXNet：MXNet 是一個由亞馬遜（Amazon）公司主導開發的開放原始碼深度學習框架。MXNet 的特點是靈活和高效，它支援多種程式語言，包括 Python、R、Scala 和 C++。MXNet 支援分散式訓練，可以在多個 GPU 和多個伺服器上進行大規模平行訓練。

（7）PaddlePaddle（Parallel Distributed Deep Learning）：PaddlePaddle 是由百度開發的開放原始碼深度學習框架。PaddlePaddle 的特點是好用

和高效，它支援多種深度學習模型，包括 CNN、RNN、DNN 等，並且提供了豐富的 API，可以用 Python 或 C++ 來撰寫模型。

以上就是對這些深度學習框架的簡單介紹，每個框架都有其特點和優勢，適合不同的應用和需求。選擇哪個框架主要取決於你的具體需求和使用習慣。

3.2 PyTorch 簡介

自 2017 年發佈以來，PyTorch 已經成為深度學習研究和應用程式開發的主流框架之一。

PyTorch 是基於 Torch 開發，從並不常用的 Lua 語言轉為 Python 語言開發的深度學習框架，Torch 是 TensorFlow 開放原始碼前非常出名的深度學習框架，而 PyTorch 在開放原始碼後由於其使用簡單，動態計算圖的特性得到非常多的關注，並且成為 TensorFlow 的最大競爭對手。PyTorch 面向以下兩種物件：①希望將其代替 NumPy 來利用 GPUs 的威力的人；②可以提供更加靈活和快速的深度學習研究平臺。

PyTorch 功能強大、使用靈活、社區活躍，以下是它的一些主要特點。

（1）動態計算圖：與 TensorFlow 等框架的靜態計算圖不同，PyTorch 使用動態計算圖（也稱為 define-by-run），這表示計算圖在每次前向傳播時都會重新建構。這種方式更加靈活，可以方便地進行複雜模型的建構和偵錯。

（2）Pythonic 設計：PyTorch 的設計充分考慮了 Python 的特性，使得它在使用上更加直觀和好用。舉例來說，PyTorch 的 Tensor 物件可以直接使用 Python 的切片、索引等操作。

（3）GPU 加速：PyTorch 支援 NVIDIA（英偉達）的 CUDA（統一計算裝置架構）技術，可以在 GPU 上進行高效的數值計算，大大加快了訓練和推理的速度。

（4）豐富的 API 和工具：PyTorch 提供了豐富的 API 和工具，包括自動求導機制、最佳化器、資料載入和前置處理等，可以方便地進行深度學習模型的訓練和應用。此外，PyTorch 還有一個名為 TorchVision 的子專案，提供了常用的影像處理工具和預訓練模型。

（5）社區支援：PyTorch 有一個活躍的社區，使用者可以在社區中找到大量的教學、問題解答和開放原始碼專案。此外，許多頂級的深度學習研究論文也提供了 PyTorch 的實現程式。

（6）與生產環境的整合：PyTorch 提供了名為 TorchServe 的模型服務工具，可以方便地將訓練好的模型部署到生產環境。此外，PyTorch 還與 Facebook 的 ONNX 專案整合，可以將模型匯出為 ONNX 格式，然後在其他框架（如 Caffe2、TensorRT 等）下進行推理。

3.3 PyTorch 安裝

PyTorch 可以安裝在 Linux 或 Windows 作業系統，有無 GPU 均可。如果要使用 GPU，需要先安裝 CUDA。如果使用阿里雲 GPU 伺服器，在申請時，可以要求雲端伺服器啟動時自動安裝 CUDA。

3.3.1 CUDA 安裝

造訪英偉達網站：https://developer.nvidia.com/cuda-downloads，在網站上（見圖 3-1）可以找到安裝 CUDA 的命令。

在 Linux Ubuntu 22.04 x86_64 需要執行以下命令：

```
wget https://developer.download.nvidia.com/compute/cuda/repos/ubuntu2204/
x86_64/cuda-ubuntu2204.pin
sudo mv cuda-ubuntu2204.pin/etc/apt/preferences.d/cuda-repository-pin-600
wget https://developer.download.nvidia.com/compute/cuda/12.2.1/local_
```

```
installers/cuda-repo-ubuntu2204-12-2-local_12.2.1-535.86. 10-1_amd64.deb
sudo dpkg-i cuda-repo-ubuntu2204-12-2-local_12.2.1-535.86.10-1_amd64.deb
sudo cp/var/cuda-repo-ubuntu2204-12-2-local/cuda-*-keyring.gpg/usr/share/
keyrings/sudo apt-get update
sudo apt-get-y install cuda
```

sudo reboot

nvidia-smi

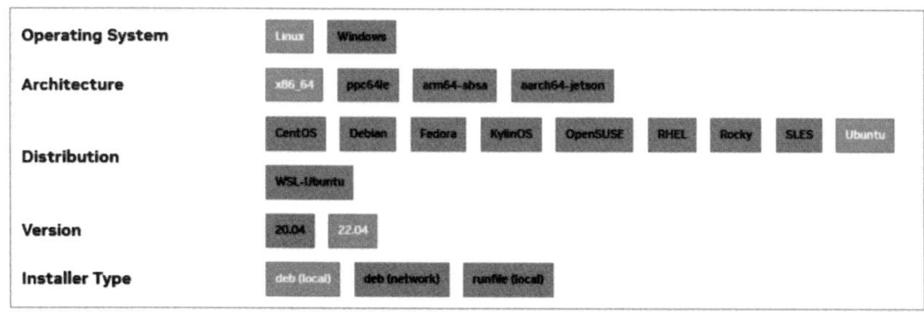

▲ 圖 3-1 CUDA 安裝命令

用 nvidia-smi 可以查看 GPU 資訊（需先重新啟動），介面如圖 3-2 所示。

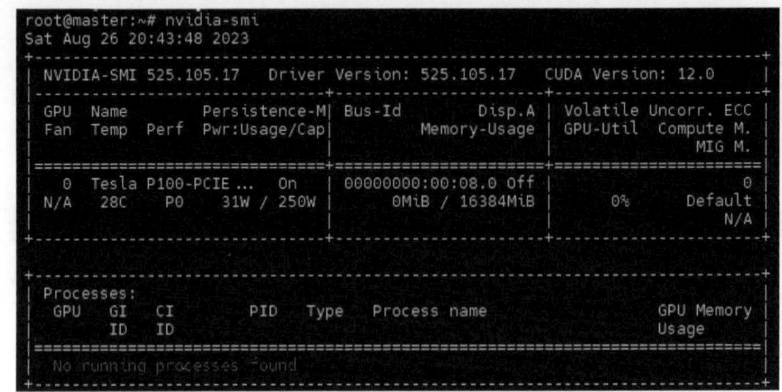

▲ 圖 3-2 用 nvidia-smi 查看 GPU 資訊

3.3.2 阿里雲 GPU 雲端伺服器

阿里雲端伺服器有多種規格可選，執行本書中的程式用以下規格實例即可。

GPU 計算型 gn5/ecs.gn5-c4g1.xlarge(4vCPU 30 GiB)。

該伺服器有 4 個 vCPU（虛擬處理器），記憶體為 30 GiB，GPU 為 1×NVIDIA P100，GPU 顯示記憶體為 1×16 GB，系統磁碟空間需要申請為 100 GiB。

鏡像選擇 Ubuntu 22.04，安裝 CUDA12.0.1，具體如圖 3-3 所示。

▲ 圖 3-3 阿里雲上申請 GPU(編按：本圖例為簡體中文介面)

3.3.3 安裝 PyTorch

進入 PyTorch 網站：https://pytorch.org/，找到安裝的命令（見圖 3-4）。

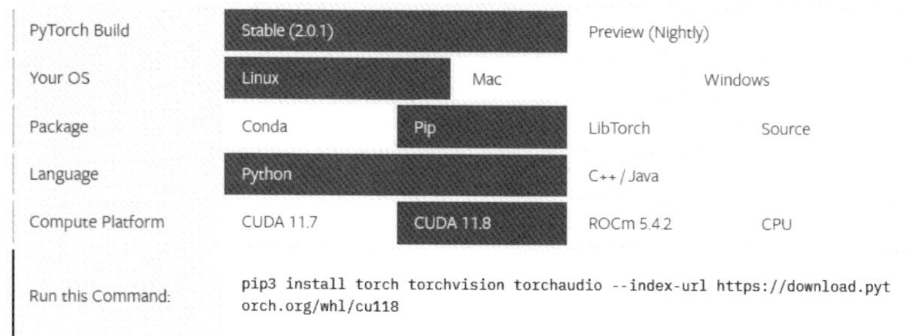

▲ 圖 3-4 PyTorch 安裝命令

儘管 PyTorch 官網上目前只舉出了 11.8 的 CUDA 支援，但是社區明確表明了相容高版本 CUDA。

安裝命令：

```
pip3 install torch torchvision torchaudio--index-url https://download.pytorch.
org/whl/cu118
```

測試：

```
root@master:~#python3
Python 3.10.6(main,May 29 2023,11:10:38)[GCC 11.3.0]on linux
Type"help","copyright","credits"or"license"for more information.
>>> import torch
>>> print(torch.cuda.is_available())True
>>>
```

3.3.4 安裝其他函數庫

可以看原始程式碼 Github 函數庫中的 requirements.txt 檔案，裡面有需要安裝的 Python 函數庫的名稱和版本：

```
datasets>=2.8.0
peft>=0.4.0.dev0
transformers>=4.30.1
```

```
accelerate>=0.20.3
bitsandbytes>=0.39.0
wandb>=0.14.2
```

可以用以下命令統一安裝這些函數庫：

```
pip intsall-r requirements.txt
```

如果在程式執行時期提示缺少函數庫，根據提示安裝即可，如預設 sci、sentencepiece，則執行以下命令：

```
pip install scipy
pip install sentencepiece
```

3.3.5 檢查開發環境

1. 檢查 PyTorch 版本

```
torch.version                      #PyTorch version
torch.version.cuda                 #Corresponding CUDA version
torch.backends.cudnn.version()#Corresponding cuDNN version
torch.cuda.get_device_name(0) #GPU type
```

2. 判斷是否有 CUDA 支援

```
torch.cuda.is_available()
```

3. 指定程式執行在特定 GPU 卡上

在命令列指定環境變數

```
CUDA_VISIBLE_DEVICES=0,1 python train.py
```

或在程式中指定

```
os.environ['CUDA_VISIBLE_DEVICES']= '0,1'
```

3.4 張量

PyTorch 的一大作用就是可以代替 NumPy 函數庫，所以首先介紹 Tensors，也就是張量（tensor），它相當於 NumPy 的多維陣列（ndarrays），是一個包含單一資料型態多維矩陣。兩者的區別就是 Tensors 可以應用到 GPU 上加快計算速度。

3.4.1 張量建立函數定義

下面以建立一個形狀為 size 的零值張量為例，說明張量的定義。

```
torch.zeros(*size,out=None,dtype=None,layout=torch.strided,
device=None,requires_grad=False)
```

建立一個形狀為 (3,4) 的全 0 張量：

```
torch.zeros((3,4))
```

由於 size 參數定義為 *size，星號（*）在函數參數中用於解壓縮，將包含多個元素的可迭代物件展開為單獨的參數，因此，也寫入為：torch.zeros(3,4)。

張量輸出為

```
tensor([[0.,0.,0.,0.],
       [0.,0.,0.,0.],
       [0.,0.,0.,0.]])
```

建立一個形狀為 (2,3) 的全 0 張量，資料型態為整數（torch.long），並將其放置在 GPU 上：

```
device = torch.device("cuda"if torch.cuda.is_available()else"cpu")
torch.zeros((2,3),dtype=torch.long,device=device)
```

張量輸出為

```
tensor([[0,0,0],
       [0,0,0]],device='cuda:0')
```

torch 為 dtype 定義了 10 種資料型態，主要有 torch.float64、torch.float32、torch.int64、torch.int32、torch.bool。

3.4.2 張量建立函數清單

以下函數都是 PyTorch 中用於建立張量的函數，它們提供了不同的初始化方式和填充值，以便根據需求生成所需的張量。

1. 直接賦值

```
torch.tensor
```

2. 按指定規則賦值

torch.eye：生成一個指定大小的單位矩陣。

torch.empty()：建立一個給定大小的未初始化張量。

torch.empty_like()：建立一個與給定張量具有相同大小的未初始化張量。

torch.zeros()：生成一個指定大小的全 0 張量。

torch.zeros_like()：建立一個與給定張量具有相同大小的全 0 張量。

torch.ones()：生成一個指定大小的全 1 張量。

torch.ones_like()：建立一個與給定張量具有相同大小的全 1 張量。

torch.full()：生成一個指定大小的張量，並填充為給定的數值。

torch.full_like()：建立一個與給定張量具有相同大小，並填充為給定的數值的張量。

3. 隨機賦值

torch.rand()：生成一個具有給定形狀的隨機數張量，張量中的元素值在區間 [0,1) 之間。

torch.rand_like()：生成一個與給定張量具有相同形狀的隨機數張量，張量中的元素值在區間 [0,1) 之間。

torch.randn()：生成一個具有給定形狀的隨機數張量，張量中的元素值符合平均值為 0、標準差為 1 的正態分佈。

torch.randn_like()：生成一個與給定張量具有相同形狀的隨機數張量，張量中的元素值符合平均值為 0、標準差為 1 的正態分佈。

torch.randint()：生成一個具有給定形狀的隨機整數張量，張量中的元素值在替定區間內。

torch.randint_like()：生成一個與給定張量具有相同形狀的隨機整數張量，張量中的元素值在替定區間內。

4. 計算賦值

torch.arange：傳回一個張量，包含從 start 到 end（不包括）以步進值 step 增長的值，類似於 Python 中的 range 函數。

torch.range：傳回一個張量，包含從 start 到 end（不包括）的所有整數值，可以指定步進值。

torch.linspace：傳回一個在指定區間內均勻分佈的值組成的張量，可以指定元素個數。

torch.logspace：傳回一個在指定區間內以對數刻度均勻分佈的值組成的張量，可以指定元素個數和底數。

Tensor 和 NumPy 的陣列可以相互轉換，並且兩者轉換後共用在 CPU（中央處理器）下的記憶體空間，即改變其中一個的數值，另一個變數也會隨之改變。

tensor.numpy()：Tensor 轉為 NumPy 陣列

torch.from_numpy(numpy_array)：NumPy 陣列轉為 Tensor

3.4.3 隨機張量：torch.randn()

torch.randn 函數用於生成服從標準正態分佈（平均值為 0，標準差為 1）的隨機張量。相比其他亂數產生方法，torch.randn 函數有以下優勢。

（1）方便性：使用 torch.randn 函數生成隨機數非常方便，因為它是 PyTorch 中的一種內建函數。它接受張量的形狀作為參數，並傳回滿足標準正態分佈的隨機張量。

（2）多維支援：torch.randn 函數支援生成多維隨機張量。你可以指定所需的張量維度，並在生成隨機數時考慮到這些維度，非常適用於深度學習中的張量操作和模型訓練過程。

（3）可重複性：透過設置亂數產生器的種子，你可以確保每次呼叫 torch.randn 函數都得到相同的隨機數序列。這在開發和偵錯過程中非常有用，因為它能保證結果的可複現性。

（4）GPU 支援：torch.randn 函數可以在 GPU 上生成隨機張量。如果系統支援 CUDA，你可以將 torch.randn 生成的隨機張量移動到 GPU 上進行高性能計算。

綜上所述，torch.randn 函數提供了一種簡便、靈活且高效的方式來生成滿足標準正態分佈的隨機張量，使其成為亂數產生的首選方法之一。

torch.randn 函數的呼叫格式如下：

```
torch.randn(*size,*,out=None,dtype=None,layout=torch.strided,
device=None,requires_grad=False)
```

下面用程式檢查一下 torch.randn 函數生成的張量是不是符合正態分佈的要求。

（1）用 torch.randn 函數隨機生成一個張量，並將數值列印出來：

```
import torch

# 生成張量
x = torch.randn(10,5)

# 設置列印選項
torch.set_printoptions(sci_mode=False,precision=4)

# 列印張量
print(x)
```

```
tensor([[-1.6402,  -1.4865,  0.0776,  -0.0462,  1.0132],
        [0.5367,  1.3050,  2.5815,  -0.0057,  -1.5607],
        [0.8021,  -0.3908,  0.2402,  -0.2683,  0.7455],
        [0.0960,  0.4611,  0.8924,  0.2369,  1.3406],
        [1.3475,  -0.9529,  0.2092,  -0.1640,  -0.2614],
        [0.5059,  -0.1660,  -0.0362,  -0.6031,  0.1247],
        [0.9128,  -0.9585,  -1.3688,  -0.0143,  -0.4785],
        [-0.4905,  1.1133,  0.2508,  0.4334,  0.5002],
        [1.3232,  -1.8899,  -1.9020,  0.4695,  0.4257],
        [0.3288,  -0.8896,  -1.3687,  2.1658,  -0.9100]])
```

（2）將資料繪製成長條圖，可以看出資料的分佈符合正態分佈：

```
import torch
import matplotlib.pyplot as plt
from matplotlib.font_manager import FontProperties
# 設置中文字型
font = FontProperties(fname='C:\Windows\Fonts\simhei.ttf')#
替換為字型檔案的路徑

# 繪製正態分佈圖
plt.hist(x.flatten().numpy(),bins=30)
plt.xlabel(' 數值 ',fontproperties=font)
plt.ylabel(' 頻率 ',fontproperties=font)
plt.title(' 正態分佈圖 ',fontproperties=font)
plt.show()
```

從圖 3-5 可以看到 torch.randn 函數生成資料呈正態分佈。

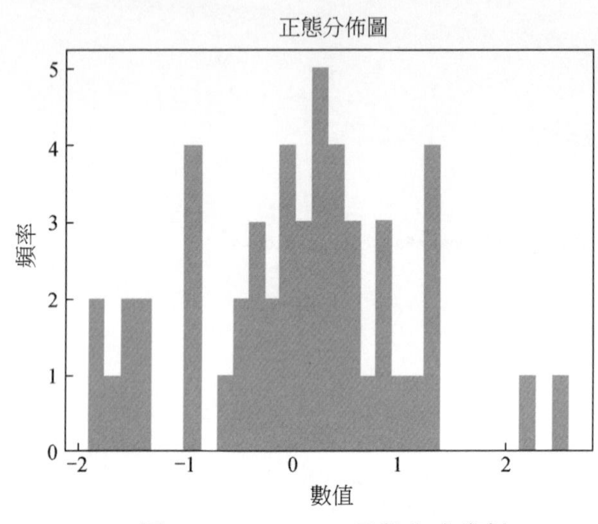

▲ 圖 3-5 torch.randn 函數生成資料

（3）計算平均值和方差：

```
# 計算張量的均值
mean = torch.mean(x)
print(" 平均值 :",mean)

# 計算張量的方差
variance = torch.var(x)
print(" 方差 :",variance)
```

```
平均值 :tensor(0.0517)
方差 :tensor(0.9845)
```

平均值約等於 0，方差約等於 1，符合 randn 函數的設計要求。

3.4.4 張量操作

PyTorch 張量是 PyTorch 中最重要的資料結構之一。張量是多維陣列，可以用於儲存和運算元值資料。它提供了豐富的操作函數和方法，用於數學運算、索引操作、變形操作等。下面是一些常見的 PyTorch 張量操作的詳細介紹。

1. 建立張量

（1）使用 torch.tensor 函數根據給定的資料建立張量。可以傳入 Python 串列、NumPy 陣列或純量等。

（2）使用 torch.zeros 和 torch.ones 函數建立全 0 或全 1 的張量。

（3）使用 torch.empty 函數建立未初始化的張量。

（4）使用 torch.rand 和 torch.randn 函數建立隨機數或服從正態分佈的張量等。

2. 張量的數學運算

（1）加法、減法、乘法和除法等基本數學運算，如 torch.add、torch.sub、torch.mul 和 torch.div。

（2）逐元素的數學函數，如 torch.sin、torch.cos、torch.exp 和 torch.log 等。

（3）矩陣乘法和向量點積等線性代數運算，如 torch.mm、torch.matmul 和 torch.dot 等。

3. 張量的索引和切片

（1）使用整數索引存取張量中的特定元素，如 tensor[0,1]。

（2）使用範圍索引切片張量，如 tensor[:,1:4]。

（3）使用布林索引選擇滿足條件的元素，如 tensor[tensor > 0]。

4. 張量的變形操作

（1）使用 tensor.view 方法改變張量的形狀，如 tensor.view(2,-1) 將張量變形為 2 行的形狀，列數自動計算。

（2）使用 tensor.reshape 方法同樣可以改變張量的形狀，如 tensor.reshape(2,-1)。

（3）使用 tensor.permute 方法交換張量的維度順序。

5. 張量的廣播

當參與運算的兩個張量形狀不一致時，PyTorch 會自動進行廣播操作，使兩個張量的形狀對齊後可以執行逐元素的運算。

6. 張量的合併和拆分

（1）使用 torch.cat 函數按指定維度合併多個張量。

（2）使用 torch.stack 函數在新的維度上堆疊多個張量。

（3）使用 torch.split 函數將張量拆分為多個子張量。

7. 張量的統計操作

（1）計算總和、平均值和標準差等統計量，如 torch.sum、torch.mean 和 torch.std。

（2）找到最大值、最小值和排序等操作，如 torch.max、torch.min 和 torch.sort。

8. 張量的共用記憶體

PyTorch 中的張量物件是可以共用記憶體的，這表示對一個張量的修改可能會影響到另一個張量。

以上是一些常見的 PyTorch 張量操作，但還遠遠不止於此。PyTorch 提供了豐富的函數和方法，可以滿足各種數值計算和深度學習任務的需求。在使用 PyTorch 時，你可以根據具體的應用場景選擇適當的操作進行資料處理和模型訓練。

3.4.5 CUDA 張量

Tensors 可以透過 .to 方法轉換到不同的裝置上，即 CPU 或 GPU 上。

```
if torch.cuda.is_available():
    device = torch.device("cuda")                    # 定義一個 CUDA 裝置物件
```

```
    y = torch.ones_like(x, device=device)         # 顯示建立在 GPU 上的一個 tensor
    x = x.to(device)                              # 也可以採用 .to("cuda")
    z = x + y
print(z)
print(z.to("cpu", torch.double))                  #.to() 方法也可以改變數數值型別
```

輸出結果，第一個結果就是在 GPU 上的結果，列印變數的時候會帶有 device='cuda:0'，而第二個是在 CPU 上的變數。

如果有多種 GPU 卡，可以這樣給不同張量指定不同 GPU 卡：

```
# 使用第一張 GPU 卡作為預設裝置
device = torch.device("cuda:0")
# 將張量移動到預設裝置
x = torch.tensor([1,2,3]).to(device)
# 將張量移動到指定裝置 ID 為 1 的 GPU 卡
y = torch.tensor([4,5,6]).to(torch.device("cuda:1"))
# 將張量移動到指定裝置 ID 為 2 的 GPU 卡
z = torch.tensor([7,8,9]).to(torch.device("cuda:2"))
```

3.5 梯度計算

梯度計算是深度學習中最佳化演算法的基礎。透過利用梯度資訊，模型能夠在參數空間中尋找最小化損失函數的方向，從而實現模型的訓練和最佳化。PyTorch 提供了一種強大的自動梯度電腦制，被稱為自動微分（Autograd）系統。這個系統在實現反向傳播和訓練神經網路方面發揮著關鍵作用。為了理解梯度計算，首先需要掌握導數及其規則，因為梯度的概念是建立在導數的基礎上的。

3.5.1 導數與偏導數

導數是在一元函數中使用的，也就是函數只有一個變數。它描述了函數在某一點上的切線斜率，或說，當輸入變數發生微小變化時，函數值的變化率。導數的概念可以推廣到多元函數的情況，但在多元函數中，我們通常討論偏導數和全導數。

偏導數是在多元函數中使用的，也就是函數有多個變數。偏導數描述了當其他變數保持不變，一個變數發生微小變化時，函數值的變化率。換句話說，偏導數是函數關於一個變數的導數，而其他變數被視為常數。一個多元函數有多個偏導數，每個偏導數對應一個輸入變數。

全導數也是在多元函數中使用的。它考慮了所有變數的變化對函數值的影響。全導數是所有變數的偏導數與對應的微小變化的乘積的和。

3.5.2 導數規則

導數的規則是計算複雜函數導數的基礎，以下是導數的基礎規則。

（1）常數規則：如果 $f(x)$ 是一個常數，那麼 $f'(x)=0$。也就是說，常數的導數是 0。

（2）冪規則：見 P020。

（3）和差規則：如果 $f(x)=g(x)\pm h(x)$，那麼 $f'(x)=g'(x)\pm h'(x)$。也就是說，函數的和或差的導數是各個函數導數的和或差。

（4）積規則：如果 $f(x)=g(x)\cdot h(x)$，那麼 $f'(x)=g'(x)\cdot h(x)+g(x)\cdot h'(x)$。也就是說，函數的積的導數不是各個函數導數的積，而是按照這個規則計算的。

（5）商規則：如果 $f(x)=g(x)/h(x)$，那麼 $f'(x)=(g'(x)\cdot h(x)-g(x)\cdot h'(x))/(h(x))^2$。也就是說，函數的商的導數不是各個函數導數的商，而是按照這個規則計算的。

（6）連鎖律：見 P020。

3.5.3 梯度

在微積分中，導數通常被定義為一個函數在某一點的切線斜率。當我們將這個概念推廣到多元函數（即輸入是向量的函數）時，我們獲得了梯度的概念。

梯度是一個向量，其每個元素是函數對應於輸入向量中每個元素的偏導數。假設我們有一個函數 f，其輸入是一個 n 維向量 $\boldsymbol{x} = [x_1,x_2,\cdots,x_n]$，那麼 f 的梯度就是向量：

$$\nabla f = [\partial f/\partial x_1,\partial f/\partial x_2,\cdots,\partial f/\partial x_n]$$

這裡的 $\partial f/\partial x_i$ 是 f 關於 x_i 的偏導數，表示在其他輸入固定的情況下，f 關於 x_i 的變化率。

3.5.4 公式推導

現在有以下公式，求 $\boldsymbol{x}$ 的梯度。

```
x = [[1.,2.],[3.,4.]]
y = x + 2
z = y·y·3
out = z.mean()
```

第一步，求 d$\boldsymbol{y}$/d$\boldsymbol{x}$。和差規則（對 $\boldsymbol{x}$ + 2 求導），對 $\boldsymbol{x}$ + 2 的求導，等於 d$\boldsymbol{x}$ + d2，根據冪規則，d$\boldsymbol{x}$ = $1\times\boldsymbol{x}^{(1-1)}=\boldsymbol{x}^0=1$，根據常數規則，常數的導數為 0，因此，d2=0，最終 d$\boldsymbol{y}$/d$\boldsymbol{x}$ = 1。

也可以說，函數 $\boldsymbol{y} = \boldsymbol{x} + 2$ 是關於 $\boldsymbol{x}$ 的線性函數。一個線性函數的導數等於其斜率。在這個例子中，函數 $\boldsymbol{y} = \boldsymbol{x} + 2$ 的斜率為 1，因此，d$\boldsymbol{y}$/d$\boldsymbol{x}$ = 1。

第二步，求 d$\boldsymbol{z}$/d$\boldsymbol{y}$。冪規則，d$\boldsymbol{z}$/d$\boldsymbol{y}$ = $2\times\boldsymbol{y}^{(2-1)}\times 3 = 2\times\boldsymbol{y}^1\times 3 = 6\times\boldsymbol{y}$。

第三步，求 d(out)/d$\boldsymbol{z}$。對於向量的導數，通常我們會分別計算每個元素的導數，得到一個導數向量。

假設 $\boldsymbol{z}$ 向量表示為 $[z_1,z_2,z_3,z_4]$，那麼 out 的計算如下：

$$\text{out} = (z_1 + z_2 + z_3 + z_4)/4$$

對於每個元素 z_i，求導數 dout/dz_i 可以透過連鎖律計算。但由於 $\boldsymbol{z}$ 中的每個元素都對 out 有相同的貢獻，並且 out 是所有元素的總和的平均值，每個元素的導數都相同，因此，導數 dout/d$\boldsymbol{z}$ 將是一個有四個相同元素的向量。

具體來說，計算導數 dout/d**z** 時，由於每個 z_i 對 out 的貢獻是 1/4，因此每個元素的導數都是 1/4。dout/d**z** 可以表示為 [1/4,1/4,1/4,1/4]。

第四步，連鎖律，d(out)/d**x** = d(out)/d**z** × d**z**/d**y** × d**y**/d**x**

$$d(out)/d\boldsymbol{x} = 1/4 \times (6 \times \boldsymbol{y}) \times 1 = 1/4 \times 6 \times (\boldsymbol{x} + 2) = 1.5 \times (\boldsymbol{x} + 2)$$

最後，得到 **x** 的梯度值為：1.5×(**x** + 2)= 1.5×[[3.,4.],[5.,6.]]= [[4.5,6.0],[7.5, 9.0]]

3.5.5 自動梯度計算

PyTorch 提供了一種強大的自動梯度電腦制，稱為自動微分系統。這種系統可以自動計算神經網路中所有參數的梯度，這對實現反向傳播和訓練神經網路來說是非常有用的。

Autograd 函數庫主要是提供了對 Tensors 上所有運算操作的自動微分功能，也就是計算梯度的功能。它屬於 define-by-run 類型框架，即反向傳播操作的定義是根據程式的執行方式，因此每次迭代都可以是不同的。

在 PyTorch 中，torch.Tensor 是一個核心類別，所有的資料（如神經網路的權重、輸入資料等）都是以 Tensor 的形式儲存的。如果你設置了 Tensor 的屬性 .requires_grad 為 True，那麼 PyTorch 就會開始追蹤在該 Tensor 上進行的所有操作。完成計算後，你可以呼叫 .backward()，所有的梯度將被自動計算。這個梯度將被累積到 .grad 屬性中。

反向傳播函數 backward() 通常由一個純量損失值呼叫，並且可以不指定任何額外參數，即 PyTorch 只允許對純量進行反向傳播，也就是說，它必須只有一個元素，因為它需要一個純量值來計算梯度。如果不是純量，需要將它轉化為純量，然後再進行反向傳播。常見的方法是對向量的所有元素求和或求平均。也可以指定一個 gradient 參數，這是一個形狀匹配的張量，將其作為參數傳遞給 .backward() 方法。這樣，PyTorch 就會計算兩者的點積，得到一個純量，然後再對這個純量進行反向傳播。

PyTorch 還提供了一個 torch.no_grad() 上下文管理器，你可以使用它來阻止 Autograd 追蹤那些標記為 .requires_grad=True 的張量的歷史記錄。這在模型評估階段非常有用，因為在這個階段我們通常不需要計算梯度，從而節省記憶體。

在最佳化模型參數時，PyTorch 還提供了 torch.optim 模組，其中包含了許多常用的最佳化演算法，如 SGD、Adam 等。你可以使用這些最佳化器自動更新模型的參數，而不需要手動進行梯度下降。

預設情況下，每當呼叫 .backward() 時，梯度就會在原來的基礎上累積，而非被替換。.zero_grad() 用於清零梯度。

3.5.6 程式解析

看看以下程式：

```
import torch

x = torch.tensor([[1.,2.],[3.,4.]],requires_grad=True)
y = x + 2
z = y*y*3
out = z.mean()
out.backward()
```

這段程式使用了 PyTorch 函數庫。這段程式建立了一個有梯度的張量，然後進行了一些操作，並計算了結果的梯度。下面將詳細解釋每一步的計算過程。

（1） $\boldsymbol{x}$ = torch.tensor([[1.,2.],[3.,4.]],requires_grad=True): 創建一個 2×2 的張量，requires_grad=True 表示我們需要計算這個張量的梯度。

（2） $\boldsymbol{y} = \boldsymbol{x} + 2$: 對 $\boldsymbol{x}$ 操作，生成新的張量 $\boldsymbol{y}$。$\boldsymbol{y}$ 的每個元素都是 $\boldsymbol{x}$ 的對應元素加 2。

（3） $\boldsymbol{z} = \boldsymbol{y} \times \boldsymbol{y} \times 3$: 對 $\boldsymbol{y}$ 操作，生成新的張量 $\boldsymbol{z}$。$\boldsymbol{z}$ 的每個元素都是 $\boldsymbol{y}$ 的對應元素的平方乘以 3。

（4） out = z.mean(): 計算 z 的所有元素的平均值，生成新的張量 out。

（5） out.backward(): 計算 out 對 x 的梯度。這一步後，x.grad 包含了 out 關於 x 的梯度。接下來，我們來計算這個梯度。根據連鎖律，我們有

$$d(out)/d\boldsymbol{x} = d(out)/dz \cdot dz/d\boldsymbol{y} \cdot d\boldsymbol{y}/d\boldsymbol{x}$$

我們知道：

out = z.mean()= sum(z)/4，所以 d(out)/dz = 1/4。

$z = 3 \cdot \boldsymbol{y}^2$，所以 $dz/d\boldsymbol{y} = 6 \cdot \boldsymbol{y}$。

$\boldsymbol{y} = \boldsymbol{x} + 2$，所以 $d\boldsymbol{y}/d\boldsymbol{x} = 1$。將 $\boldsymbol{y}$ 和 z 的值代入，我們得到

$$d(out)/d\boldsymbol{x} = 1/4 \times 6 \times (\boldsymbol{x}+2) = 3/2 \times (\boldsymbol{x}+2)$$

由於 $\boldsymbol{x}$ 值為

```
tensor([[1,2],
        [3,4]])
```

所以，x.grad 的值為

```
tensor([[4.5000,6.0000],
        [7.5000,9.0000]])。
```

3.6 反向傳播

反向傳播是一種在神經網路中計算損失函數關於權重和偏置的梯度的有效方法。這是訓練神經網路的關鍵步驟，因為我們需要這些梯度來執行梯度下降最佳化演算法，以更新網路的權重和偏置，從而最小化損失函數。

反向傳播的基本步驟如下。

（1） 前向傳播：網路透過前向傳播得到預測結果，並計算預測結果和實際標籤之間的誤差。這涉及從輸入層到輸出層，依次計算並儲存每一層的輸出。

（2）計算輸出誤差：計算輸出層的誤差。這通常涉及比較網路的預測和實際標籤，然後計算某種形式的差異（舉例來說，對於迴歸問題，我們可能使用平方誤差）。

（3）反向傳播誤差：將這個誤差反向傳播到網路的每一層。對於每一層，我們都計算該層的輸出對誤差的貢獻（即計算誤差關於該層權重的梯度）。這涉及應用連鎖律，從輸出層開始，反向計算每一層的誤差。

（4）權重更新：使用這些梯度來更新網路的權重和偏置。這通常涉及將每個權重和偏置減去其梯度乘以學習率。

這個過程在每個訓練迭代中重複，直到網路的性能達到滿意的水準或滿足其他停止條件。透過這種方式，神經網路能夠透過學習資料中的模式來改進其預測。

值得注意的是，反向傳播依賴於微積分中的連鎖律，它允許我們有效地計算複合函數的導數。這是因為神經網路可以被視為一系列複合函數，每一層都是前一層函數輸出的函數。

在 PyTorch 中，葉節點張量（leaf tensor）是那些直接由使用者建立，而非由某個操作作為結果產生的張量。它們是計算圖的起點，是反向傳播過程的基礎。

直接建立，或使用 PyTorch 的函數如 torch.empty,torch.zeros,torch.ones,torch.rand 等建立的節點張量是葉節點張量，以下面的 x 和 y：

```
import torch

x = torch.tensor([1.0,2.0],requires_grad=True)
y = torch.ones(2,requires_grad=True)
```

另外，透過運算產生的張量 z 不是葉節點：

$$z = x + y$$

在這個例子中，*z* 是透過 *x* 和 *y* 的加法操作產生的，所以它不是葉節點張量。你可以透過張量的 is_leaf 屬性來檢查一個張量是否葉節點張量：

```
print(x.is_leaf)  #True
print(z.is_leaf)  #False
```

在進行反向傳播時，只有葉節點張量的 .grad 屬性會被計算並儲存。非葉節點張量的梯度預設不會被儲存，因為它們通常不需要在反向傳播過程中直接存取。

非葉節點張量的梯度在計算完成後會被自動清空，這是為了節省記憶體。但有時可能需要查看或使用非葉節點張量的梯度。在這種情況下，你可以使用 retain_grad 函數來儲存這些梯度。下面是一個例子：

```
import torch

x = torch.tensor([1.0,2.0],requires_grad=True)
y = x*2
z = y.mean()

y.retain_grad()          # 告訴 PyTorch 保留張量 y 的梯度

z.backward()             # 計算梯度

print(x.grad)            # x 的梯度
print(y.grad)            # y 的梯度
```

在這個例子中，*y* 是一個非葉節點張量，因為它是由 *x* 透過乘法操作產生的。預設情況下，y.grad 將在 z.backward() 後被清空。但是，因為我們在 y.retain_grad() 之後呼叫了 z.backward()，所以 y.grad 的值被儲存下來了。

注意，頻繁使用 retain_grad 可能會導致大量的記憶體消耗，因為每個需要儲存梯度的非葉節點張量都會佔用額外的記憶體。所以，只有在需要的時候才應該使用這個函數。

3.7 torch.nn 模組建構神經網路

PyTorch 的 torch.nn 模組是用於建構神經網路的主要工具。它提供了一系列預先定義的「層」，可以用來建構複雜的深度學習模型。以下是一些 torch.nn 模組的主要組成部分。

（1）Layers:torch.nn 包含了大量預先定義的層，這些層可以被視為神經網路的建構區塊。舉例來說，nn.Linear、nn.Conv2d、nn.MaxPool2d、nn.ReLU 等。這些層在初始化時接收特定的參數，並在呼叫時接收輸入資料。每個層都有其自己的權重和偏差，這些都是可以學習的參數。

（2）Loss Functions:torch.nn 還包含許多常用的損失函數，如 nn.MSELoss（均方誤差損失，用於迴歸任務）、nn.CrossEntropyLoss（交叉熵損失，用於分類任務）、nn.NLLLoss（負對數似然損失）等。損失函數用於計算模型的預測和真實值之間的差距，以便在訓練過程中更新模型的參數。

（3）Utilities:torch.nn 還提供一些用於建構和訓練模型的工具程式。舉例來說，nn.Sequential 允許你建立一個由多個層順序組成的模型，而 nn.Module 是所有神經網路模組的基礎類別，你可以繼承它來建立你自己的自訂層或模型。

（4）Normalization and Regularization Layers:torch.nn 還包括一些用於正規化和歸一化的層，如 nn.Dropou（t 用於防止過擬合）、nn.BatchNorm1d、nn.BatchNorm2d（用於加速訓練和提高模型性能）等。

（5）Activation Functions:torch.nn 包含了各種啟動函數，如 nn.Sigmoid、nn.ReLU、nn.Tanh、nn.Softmax 等。這些函數可以增加到神經網路的每一層之後，用於引入非線性，使模型可以學習和表示更複雜的模式。

3.7.1 nn.Linear 層

nn.Linear 函數是神經網路模組函數庫（torch.nn）中的類別，它實現了一個線性模組，也稱為全連接層或線性層。nn.Linear 可以被用於建構神經網路模型的線性部分。

nn.Linear 的建構函數需要兩個參數：in_features 和 out_features。in_features 指定了輸入樣本的特徵數，而 out_features 指定了輸出特徵的數量。該線性模組將輸入特徵映射到輸出特徵，並在每個輸出特徵上應用可學習的權重和可選的偏置。

nn.Linear 函數的計算公式為

$$\boldsymbol{y} = \boldsymbol{x}\boldsymbol{A}^{\mathrm{T}} + \boldsymbol{b}$$

其中：

$\boldsymbol{x}$ 是輸入張量，其形狀為（batch_size,input_features）；

$\boldsymbol{A}$ 是權重矩陣，其形狀為（input_features,output_features）；

$\boldsymbol{b}$ 是偏差向量，其形狀為（output_features,）；

$\boldsymbol{y}$ 是輸出張量，其形狀為 (batch_size,output_features)。

下面是一個使用 nn.Linear 建構線性層的簡單範例：

```
import torch
import torch.nn as nn

# 建立一個線性層，輸入特徵數為 3，輸出特徵數為 2
linear_layer = nn.Linear(3,2)

# 輸入樣本
inputs = torch.tensor([[1.0,2.0,3.0],[4.0,5.0,6.0]])

# 將輸入傳遞給線性層進行前向計算
outputs = linear_layer(inputs)

print(outputs)
```

輸出：

```
tensor([[-0.4815,1.6651],
        [-1.5846,3.1608]],grad_fn=<AddmmBackward>)
```

在這個範例中，我們建立了一個線性層，將輸入特徵的維度設置為 3，輸出特徵的維度設置為 2。然後，我們將輸入樣本形狀為 (2,3) 的張量傳遞給線性層，透過呼叫線性層對象並傳遞輸入張量作為參數來獲取輸出結果。最終傳回的輸出張量形狀為 (2,2)，表示兩個樣本分別在 2 個輸出特徵上的結果。

注意：nn.Linear 層的參數是可學習的，模型在訓練過程中會自動更新這些參數，以適應給定任務的要求。

3.7.2 nn.Sigmoid 啟動函數

nn.Sigmoid 是 PyTorch 中的啟動函數，它將輸入的任意實數轉為範圍在 0 到 1 之間的值。該函數的數學表示為 sigmoid($\boldsymbol{x}$)= 1/(1 + exp(-$\boldsymbol{x}$))，其中 exp 表示指數函數。

Sigmoid 函數在深度學習中經常用作隱藏層的啟動函數，尤其在二分類問題的輸出層中，常用於將模型的預測結果映射到機率值。透過將輸出限制在 0 到 1 的範圍內，Sigmoid 函數可以對模型的輸出進行歸一化，使其表示為樣本屬於某個類別的機率。

以下是使用 nn.Sigmoid 函數的範例，其中假設有一個輸入張量 $\boldsymbol{x}$：

```
import torch
import torch.nn as nn

x = torch.tensor([2.0,-1.0,0.5])
sigmoid = nn.Sigmoid()

output = sigmoid(x)
print(output)
```

輸出：tensor([0.8808,0.2689,0.6225])

上述範例中，我們首先匯入必要的函數庫，定義一個輸入張量 *x*，然後建立一個 nn.Sigmoid 物件 Sigmoid。接下來，我們將輸入張量 *x* 傳遞給 Sigmoid 函數，得到輸出 output。輸出是一個與輸入形狀相同的張量，其中的元素經過 Sigmoid 函數處理。

需要注意的是，nn.Sigmoid 函數在實際使用中，通常會被包含在神經網路的模型結構中，並由模型自動呼叫。這樣，啟動函數的應用將與其他層的操作一起進行，形成模型的前向傳播過程。

3.7.3 nn.BCELoss 損失函數

在 PyTorch 中，nn.BCELoss 是一個用於計算二元交叉熵（Binary Cross Entropy）損失的函數。BCE 代表二元交叉熵，該損失函數主要用於二分類問題。

nn.BCELoss 可以根據模型的輸出和真實標籤之間的差異來計算損失值。它對於將機率分佈用於二分類問題特別有用，例如判斷某個樣本屬於正類或負類。

以下是 nn.BCELoss 的一般呼叫方式：

```
import torch
import torch.nn as nn

criterion = nn.BCELoss()# 建立 BCELoss 物件

output = torch.tensor([0.8,0.2,0.4])  # 模型的輸出，表示樣本屬於正類的機率
target = torch.tensor([1,0,1],dtype=torch.float32)  # 真實標籤，表示正類為 1，負類為 0

loss = criterion(output,target)  # 計算損失值
print(loss)
```

輸出：tensor(0.9854)

在這個例子中，模型輸出 output 表示樣本屬於正類的機率，真實標籤 target 表示標籤的真實值。nn.BCELoss 會根據這兩者計算損失值 loss。

需要注意的是，output 和 target 張量的形狀需要一致，且它們的設定值通常是介於 0 到 1 之間的機率值。此外，如果將模型的輸出透過 Sigmoid 啟動函數，那麼可以使用 nn.BCEWithLogitsLoss 來替代 nn.BCELoss，它會在內部自動應用 Sigmoid 函數。

BCELoss 是用於二分類問題的常見損失函數之一，在訓練神經網路中經常被使用。

3.8 torch.optim 最佳化器

torch.optim 是 PyTorch 函數庫中用於實現各種最佳化演算法的模組。它提供了一系列最佳化器，用於在深度學習模型訓練中更新模型的參數以最小化損失函數。

torch.optim 模組的核心是 Optimizer 類別，它是所有最佳化器的基礎類別。最佳化器根據給定的最佳化演算法來更新模型的參數。Optimizer 類別的建構函數接受一個模型參數的可迭代物件作為輸入，並提供了許多方法來配置最佳化器的行為，例如學習率排程、權重衰減等。

以下是 PyTorch 中幾種常見的最佳化器及其用法。

（1）SGD 最佳化器：SGD 最佳化器是最基本的最佳化器之一，它根據每個樣本的梯度來更新模型參數。

（2）Adam 最佳化器：Adam 是一種基於梯度的最佳化演算法，結合了 AdaGrad 和 RMSProp 的思想。它根據梯度的一階矩和二階矩估計對參數進行更新。

（3）學習率排程器：torch.optim 還提供了用於學習率排程的工具類別。學習率排程器可以根據訓練進度動態地調整最佳化演算法的學習率，以提高訓練效果。

在 Transformer 架構中，最佳化器並不是模型架構的一部分，而是在模型訓練階段用於更新模型參數的一種演算法。最佳化器的目標是透過迭代計算和更新模型的參數，以最小化或最大化某個目標函數（通常是損失函數）。

Transformer 模型通常使用 Adam 最佳化器進行訓練。Adam 是一種自我調整學習率的最佳化演算法，它結合了 Momentum 最佳化器和 RMSProp 最佳化器的思想。

在實際的程式實現中，最佳化器通常會在模型訓練的主迴圈（main loop）中被呼叫。在每個訓練步驟，最佳化器會根據損失函數對模型參數的梯度來更新模型的參數。這個過程通常會在每個訓練批次之後進行。

3.9 訓練、驗證和測試過程

在 PyTorch 中，我們通常會將資料集劃分為訓練集、驗證集和測試集，以便訓練模型、調整參數並最終測試模型的性能。下面是 PyTorch 中訓練、驗證和測試過程的詳細介紹。

（1）資料前置處理：首先，我們需要對資料進行前置處理，包括歸一化、平均值和標準差的計算等。然後，我們將資料劃分為訓練集、驗證集和測試集。

（2）定義模型：我們需要定義我們的模型架構，這可以透過繼承 torch.nn.Module 類別並實現 __init__ 和 forward 方法來完成。

（3）定義損失函數和最佳化器：PyTorch 提供了許多內建的損失函數，如交叉熵損失 (nn.CrossEntropyLoss) 和均方誤差損失 (nn.MSELoss)。最佳化器則用於更新模型的權重，如隨機梯度下降 (torch.optim.SGD) 和 Adam(torch.optim.Adam)。

```
loss_fn = torch.nn.MSELoss()
optimizer = optim.SGD(model.parameters(),lr=learning_rate)
```

（4）訓練模型：訓練過程通常包括以下步驟。

① 清空梯度：最佳化器物件提供了一個方法 zero_grad() 來清空梯度。

```
optimizer.zero_grad()
```

② 正向傳播：透過輸入資料到模型並呼叫 forward 方法來計算預測值。

```
output = model(input)
```

③ 計算損失：透過將預測值和真實值輸入損失函數來計算損失。

```
loss = loss_fn(output,target)
```

④ 反向傳播：呼叫損失物件的 backward 方法來計算梯度。

```
loss.backward()
```

⑤ 更新權重：呼叫最佳化器的 step 方法來根據計算出的梯度更新權重。

```
optimizer.step()
```

（5）驗證模型：在每個訓練週期結束後，我們會在驗證集上測試我們的模型，以檢查模型是否過擬合，並調整超參數以改進模型。

（6）測試模型：在模型訓練和驗證完成後，我們會在測試集上測試模型的性能。這可以給我們提供一個公正的評估，因為測試集的資料在訓練和驗證過程中都未被使用過。

（7）儲存和載入模型：PyTorch 提供了 torch.save 和 torch.load 方法來儲存和載入模型。這使我們可以在任何時候儲存我們的模型，並在需要時載入模型進行預測。

以上就是 PyTorch 的訓練、驗證和測試過程的概述。實際操作中，可能還需要進行一些其他步驟，如模型的偵錯、超參數的調整等。

3.10 用 PyTorch 實現神經網路

相對於第 2 章中用 NumPy 實現的神經網路，這裡匯入 PyTorch 並將 NumPy 陣列轉為 PyTorch 張量。我們使用 torch.tensor 函數建立了輸入張量 ***x*** 和對應的標籤張量 ***y***。然後，我們使用 torch.randn 函數代替 NumPy 中的 np.random.randn 來初始化權重張量 ***w*** 和偏置張量 ***b***。

我們還將 activate 函數修改為使用 torch.where 函數實現條件判斷，以替代 NumPy 中的條件判斷。在前向傳播函數 forward_propagation 中，我們使用 torch.matmul 函數代替 NumPy 中的 np.dot 進行矩陣乘法運算。

最後，我們測試前向傳播函數，輸出與之前相同的結果。請注意，輸出的資料型態為 torch.Tensor，而非 NumPy 陣列。

3.10.1 實現單層感知機

在這個範例中，我們首先定義了一個名為 Perceptron 的繼承自 nn.Module 的自訂模型類別。該感知器模型有一個線性層 linear 和一個啟動函數層 Sigmoid。forward 方法定義了模型的前向傳播過程。

接下來，我們使用訓練資料 ***X*** 和標籤 ***y*** 初始化模型，並列印出模型的結構。然後，我們定義了二分類任務常用的二元交叉熵損失函數 BCELoss 和隨機梯度下降最佳化器。

在訓練階段，我們透過多次迭代進行前向傳播、損失計算、反向傳播和最佳化來更新模型參數。我們使用 optimizer.zero_grad() 來清零梯度，在 loss.backward() 中進行反向傳播，然後呼叫 optimizer.step() 來更新模型參數。

訓練完成後，我們使用訓練好的模型在訓練資料上進行測試，並計算準確率。

```
import torch
import torch.nn as nn
import torch.optim as optim
```

```
# 定義單層感知器模型
class Perceptron(nn.Module):
    def  init(self,input_size):
        super(Perceptron,self).init()
        self.linear = nn.Linear(input_size,1)
        self.sigmoid = nn.Sigmoid()

    def forward(self,x):
        out = self.linear(x)
        out = self.sigmoid(out)
        return out

# 定義訓練資料
X = torch.tensor([[0,0],[0,1],[1,0],[1,1]],dtype=torch.float32)
y = torch.tensor([[0],[0],[0],[1]],dtype=torch.float32)

# 初始化模型
input_size = X.shape[1]
model = Perceptron(input_size)
print(model)

# 定義最佳化器和損失函數
criterion = nn.BCELoss()
optimizer = optim.SGD(model.parameters(),lr=0.1)

# 訓練模型
num_epochs = 1000
for epoch in range(num_epochs):
# 前向傳播
    outputs = model(X)
    loss = criterion(outputs,y)

    # 反向傳播和最佳化
    optimizer.zero_grad()
    loss.backward()
    optimizer.step()

    # 每 100 個 epoch 列印一次損失
```

```
    if(epoch+1)%100 == 0:
        print('Epoch[{}/{}],Loss:{:.4f}'.format(epoch+1,num_epochs,loss.item()))

#測試模型
with torch.no_grad():
    predicted = model(X)
    predicted = torch.round(predicted)#將輸出捨入為0或1
    accuracy = (predicted == y).sum().item()/y.size(0)
    print('Accuracy:{:.2f}%'.format(accuracy*100))
```

執行結果為

```
Perceptron(
  (linear):Linear(in_features=2,out_features=1,bias=True)  (sigmoid):Sigmoid()
)
Epoch[100/1000],Loss:0.4456
Epoch[200/1000],Loss:0.3533
Epoch[300/1000],Loss:0.2952
Epoch[400/1000],Loss:0.2548
Epoch[500/1000],Loss:0.2246
Epoch[600/1000],Loss:0.2011
Epoch[700/1000],Loss:0.1821
Epoch[800/1000],Loss:0.1664
Epoch[900/1000],Loss:0.1532
Epoch[1000/1000],Loss:0.1420
Accuracy:100.00%
```

3.10.2 實現簡單神經網路

以下程式實現了一個簡單的神經網路，其中使用 ReLU 作為隱藏層的啟動函數。訓練過程中使用了均方誤差損失函數，並透過反向傳播更新網路參數。輸出是預測的目標值。

```
import torch

class PyTorchNeuralNetwork:
```

```
def  init(self,input_size,hidden_size,output_size):
    self.input_size = input_size
    self.hidden_size = hidden_size
    self.output_size = output_size

    # 初始化權重和偏置
    self.W1 = torch.randn(self.input_size,self.hidden_size,requires_grad=True)
    self.b1 = torch.zeros(1,self.hidden_size,requires_grad=True)
    self.W2 = torch.randn(self.hidden_size,self.output_size,requires_grad=True)
    self.b2 = torch.zeros(1,self.output_size,requires_grad=True)

def forward(self,X):
# 前向傳播
    self.z1 = torch.mm(X,self.W1)+ self.b1
    self.a1 = torch.tanh(self.z1)
    self.z2 = torch.mm(self.a1,self.W2)+ self.b2
    self.a2 = torch.sigmoid(self.z2)

    return self.a2

def backward(self,X,y,learning_rate):
    m = X.shape[0]

    # 計算輸出層的誤差
    dZ2 = self.a2-y
    dW2 = (1/m)*torch.mm(self.a1.T,dZ2)
    db2 = (1/m)*torch.sum(dZ2,dim=0,keepdim=True)

    # 計算隱藏層的誤差
    dZ1 = torch.mm(dZ2,self.W2.T)*(1-self.a1**2)
    dW1 = (1/m)*torch.mm(X.T,dZ1)
    db1 = (1/m)*torch.sum(dZ1,dim=0)

    # 更新權重和偏置
    self.W2.data-= learning_rate*dW2
    self.b2.data-= learning_rate*db2
    self.W1.data-= learning_rate*dW1
    self.b1.data-= learning_rate*db1

def train(self,X,y,epochs,learning_rate):
```

```
        for epoch in range(epochs):
            # 前向傳播
            output = self.forward(X)

            # 反向傳播
            self.backward(X,y,learning_rate)

            # 計算損失
            loss = torch.mean((y-output)**2)

            # 每 1000 個 epoch 列印一次損失
            if epoch%1000 == 0:
                print(f"Epoch{epoch}:Loss = {loss.item()}")

    def sigmoid(self,x):
        return 1/(1 + torch.exp(-x))

# 建立 PyTorch 神經網路物件
input_size = 10
hidden_size = 15
output_size = 5

pytorch_nn = PyTorchNeuralNetwork(input_size,hidden_size,output_size)
# 定義訓練資料和目標
X = torch.randn(100,input_size)
y = torch.randint(0,2,size=(100,output_size))

# 訓練神經網路
epochs = 10000
learning_rate = 0.1

# 訓練 PyTorch 神經網路
pytorch_nn.train(X,y,epochs,learning_rate)

# 使用訓練好的模型進行預測
input_data_torch = torch.randn(1,input_size)
output_torch = pytorch_nn.forward(input_data_torch)
print(" 預測結果：",output_torch)#.detach().numpy())
```

執行輸出：

```
Epoch 0:Loss = 0.3873695135116577
Epoch 1000:Loss = 0.10359781235456467
Epoch 2000:Loss = 0.07110282778739929
Epoch 3000:Loss = 0.057106029242277145
Epoch 4000:Loss = 0.04365575313568115
Epoch 5000:Loss = 0.036599621176719666
Epoch 6000:Loss = 0.03173088654875755
Epoch 7000:Loss = 0.027670174837112427
Epoch 8000:Loss = 0.02467251382768154
Epoch 9000:Loss = 0.022429829463362694
```

預測結果：tensor([[0.0018,0.8695,0.8229,0.8444,0.0037]],grad_fn=<SigmoidBackward0>)

3.10.3 用 torch.nn 實現簡單神經網路

這個範例程式使用了 PyTorch 來建構一個簡單的神經網路模型，用於進行企業雲端服務用量分類。程式中，首先定義了神經網路模型 CloudServiceUsageModel，接著定義了訓練相關的參數和資料。然後，初始化模型、損失函數和最佳化器，並進行模型訓練和評估。最後，輸出訓練過程中的損失和測試集上的準確率。

```
import torch
import torch.nn as nn
import torch.optim as optim

# 定義神經網路模型
class CloudServiceUsageModel(nn.Module):
    def  init(self,input_size,hidden_size,num_classes):
        super(CloudServiceUsageModel,self).init()
        self.fc1 = nn.Linear(input_size,hidden_size)
        self.relu = nn.ReLU()
        self.fc2 = nn.Linear(hidden_size,num_classes)

    def forward(self,x):
        out = self.fc1(x)
        out = self.relu(out)
```

```
        out = self.fc2(out)
        return out

# 準備資料
input_size = 10
hidden_size = 5
num_classes = 2
learning_rate = 0.001
num_epochs = 100

# 隨機生成一些範例資料
X = torch.randn(100,input_size)
Y = torch.randint(0,num_classes,(100,))

# 劃分訓練集和測試集
train_size = int(0.8*len(X))
train_X,test_X = X[:train_size],X[train_size:]
train_Y,test_Y = Y[:train_size],Y[train_size:]

# 初始化模型、損失函數和最佳化器
model = CloudServiceUsageModel(input_size,hidden_size,num_classes)
criterion = nn.CrossEntropyLoss()
optimizer = optim.Adam(model.parameters(),lr=learning_rate)

# 模型訓練
for epoch in range(num_epochs):
    # 前向傳播
    outputs = model(train_X)
    loss = criterion(outputs,train_Y)

    # 反向傳播和最佳化
    optimizer.zero_grad()
    loss.backward()
    optimizer.step()

    # 列印訓練資訊
    if(epoch + 1)%10 == 0:
        print(f'Epoch{epoch+1}/{num_epochs},Loss:{loss.item()}')
```

```
# 模型評估
with torch.no_grad():
    outputs = model(test_X)
    _,predicted = torch.max(outputs.data,1)
    accuracy = (predicted == test_Y).sum().item()/len(test_Y)
    print(f'Test Accuracy:{accuracy}')
```

執行輸出為

```
Epoch 10/100,Loss:0.7254490852355957
Epoch 20/100,Loss:0.7173128724098206
Epoch 30/100,Loss:0.7097707986831665
Epoch 40/100,Loss:0.7027563452720642
Epoch 50/100,Loss:0.6960537433624268
Epoch 60/100,Loss:0.6897956728935242
Epoch 70/100,Loss:0.6836565732955933
Epoch 80/100,Loss:0.6769127249717712
Epoch 90/100,Loss:0.6696738004684448
Epoch 100/100,Loss:0.6618732213973999
Test Accuracy:0.3
```

3.11 原始程式碼常用模組

在後面原始程式碼中，經常會用到一些模組，在本章中先做一下介紹，便於後續快速理解原始程式碼中的相關敘述。

3.11.1 nn.Parameter 類別

nn.Parameter 類別是 PyTorch 中的重要的類別，它的主要目的是將需要被最佳化的張量（參數）標記為網路的可訓練的參數，並將其增加到參數列表中，方便進行參數更新和最佳化。在訓練神經網路時，模型的最佳化演算法（如梯度下降）將根據損失函數計算的梯度來更新模型的參數。因此，需要明確指定哪些參數是可以被最佳化的，哪些不可以。這樣可以避免不必要的計算和記憶體銷耗。

透過將需要最佳化的參數包裝在 nn.Parameter 類別中，PyTorch 可以追蹤這些參數，並將它們增加到模型的參數清單中。然後，最佳化器可以存取這個參數清單，根據指定的最佳化演算法更新這些參數的值。

同時，nn.Parameter 類別還提供了一些方法和屬性來存取和修改參數的值、形狀、裝置等資訊，以及其他與參數相關的操作。

總之，nn.Parameter 類別的主要目的是標記需要被最佳化的參數，並將它們組織到一個方便的清單中，以便在模型訓練的過程中進行參數更新。這種設計可以提高程式的可讀性和可維護性。

比如：

```
weight = nn.Parameter(torch.ones(dim))
```

3.11.2 typing 模組

Python 的 typing 模組是在 Python 3.5 中引入的，它提供了類型提示和類型注解的功能，用於靜態類型檢查和增強程式可讀性。typing 模組中定義了一些類別和函數，可以用來明確物件的類型，使程式具有更強的可讀性和可維護性。

1. typing 模組的作用

（1）類型檢查，防止執行時期出現參數和傳回數值型態不符合。

（2）作為開發文件附加說明，方便使用者呼叫時傳入和傳回參數類型。

（3）該模組加入後並不會影響程式的執行，不會報正式的錯誤，只有提醒。

2. typing 常用類型

（1）int、long、float：整數、長整數、浮點型。

（2）bool、str：布林型、字串類型。

（3）List、Tuple、Dict、Set：串列、元組、字典、集合。

（4）Iterable、Iterator：可迭代類型、迭代器類型。

（5）Generator：生成器類型。

除此之外，還有 Any、Optional、TypedDict 等類型。

（1）typing.Any：這個函數是類型提示模組 (typing) 中的特殊類型。它表示可以是任意類型的物件，可以用來定義接收或傳回值為任何類型的函數或方法。使用 Any 類型可以在靜態類型檢查時放鬆對類型的限制。

（2）typing.Optional：這個函數也來自 typing 模組，用於註釋函數參數或傳回值是可選的（可以為 None）的情況。可以將其作為類型提示的一部分使用，例如 Optional[str] 表示一個字串類型的可選值，可以是字串或 None。

（3）typing.TypedDict：這個函數用於定義一個強類型的字典。字典是一種儲存鍵值對的資料結構，而 TypedDict 函數可以指定字典中鍵值的類型。這樣可以在靜態類型檢查時捕捉到字典鍵數值型態不匹配的錯誤。使用 TypedDict 可以為字典定義嚴格的鍵和對應值的類別。舉例來說，TypedDict('Person',{'name':str,'age':int}) 定義了一個鍵為 'name' 且對應值為字串類型，鍵為 'age' 且對應值為整數類型的字典類型。

3.11.3 logging 模組

logging 模組是 Python 的標準函數庫之一，用於記錄和管理應用程式的日誌資訊。它提供了靈活的配置選項，允許將日誌資訊記錄到不同的目標中（如主控台、檔案、網路等），並且可以根據日誌的等級過濾不同的日誌訊息。

借助 logging 模組的輸出資訊可以偵錯程式。相比在程式中使用 print() 函數來輸出一些資訊，logging 模組可以透過改變 level 來控制一些敘述是否被輸出，而不需要在偵錯後刪除。

logging 有 5 個 level，分別是：debug，主要是查看一下程式執行的資訊，一般是偵錯工具要看的資訊；info，是我們看程式是否如預料執行的資訊；

warn，意料之外的，但是不影響程式執行；error 和 critical 就是一些比較嚴重的問題，會影響程式執行。預設 level 是 warn，這個時候 debug 等級和 info 等級就不會被輸出到日誌裡了。

下面是 logging 模組的一些主要功能。

（1）支援多個日誌等級：logging 模組提供了多個預先定義的日誌等級，如 debug、info、warning、error 和 critical。這些等級可以根據日誌的重要性來選擇，透過設置適當的等級過濾日誌訊息。

（2）日誌輸出目標靈活配置：logging 模組可以將日誌訊息輸出到不同的目標中，如主控台、檔案、網路等。透過配置處理常式（Handler），可以將日誌訊息傳遞給各種目標。舉例來說，可以將 debug 和 info 等級的訊息輸出到主控台，將 warning 等級及以上的訊息儲存到檔案中。

（3）可以自訂日誌格式：可以透過修改日誌記錄的格式來符合特定的需求。logging 模組提供了預設的日誌格式，還可以自訂格式，包括日期、時間、日誌等級等。這樣可以使日誌資訊更易讀、易於分析。

（4）支援日誌導回：logging 模組允許在達到某個條件時自動導回記錄檔，以便控制記錄檔的大小。可以設置記錄檔的最大大小和備份檔案的數量，當記錄檔大小達到最大值時，會自動建立新的記錄檔，並對舊的記錄檔進行備份。

（5）支援多執行緒安全：logging 模組可以在多執行緒環境下安全地進行日誌記錄，避免多個執行緒之間的競爭條件。

（6）可以透過設定檔配置：logging 模組支援透過設定檔來配置日誌記錄器的行為，這樣可以將日誌配置與程式解耦，使得日誌配置更加靈活和可維護。

透過使用 logging 模組，我們可以實現對應用程式的日誌記錄和管理，偵錯和監控應用程式的執行狀態，發現問題並進行錯誤追蹤，從而提高應用程式的可靠性和可維護性。

下面是 logging 模組的幾個常用函數及其功能和主要參數的簡要描述。

1. logging.basicConfig()

（1）功能：用於配置日誌記錄的基本行為，包括設置日誌等級、輸出格式等。

（2）參數：filename、filemode、format、datefmt、level 等。

2. logging.getLogger(name=None)

（1）功能：獲取一個 logger 物件，用於執行日誌記錄操作。

（2）參數：name（可選）-logger 物件的名稱。

3. Logger.setLevel(level)

（1）功能：設置日誌等級，只有等級等於或高於此等級的日誌訊息才會輸出。

（2）參數：level- 日誌等級，如 logging.DEBUG、logging.INFO 等。

4. Logger.addHandler(hdlr)

（1）功能：向 logger 物件增加處理器，用於輸出日誌訊息到指定地方。

（2）參數：hdlr- 日誌處理器物件，如 StreamHandler、FileHandler 等。

5. Logger.removeHandler(hdlr)

（1）功能：從 logger 物件中移除指定的處理器。

（2）參數：hdlr- 要移除的日誌處理器物件。

6. Logger.debug(msg,*args,**kwargs)

（1）功能：輸出 debug 等級的日誌訊息。

（2）參數：msg- 日誌訊息字串，*args 和 **kwargs 可用於替換訊息中的預留位置。

7. Logger.info(msg,*args,**kwargs)

（1）功能：輸出 info 等級的日誌訊息。

（2）參數：msg- 日誌訊息字串，*args 和 **kwargs 可用於替換訊息中的預留位置。

8. Logger.warning(msg,*args,**kwargs)

（1）功能：輸出 warning 等級的日誌訊息。

（2）參數：msg- 日誌訊息字串，*args 和 **kwargs 可用於替換訊息中的預留位置。

9. Logger.error(msg,*args,**kwargs)

（1）功能：輸出 error 等級的日誌訊息。

（2）參數：msg- 日誌訊息字串，*args 和 **kwargs 可用於替換訊息中的預留位置。

10. Logger.exception(msg,*args,**kwargs)

（1）功能：輸出帶有堆疊追蹤的 error 等級的日誌訊息。

（2）參數：msg- 日誌訊息字串，*args 和 **kwargs 可用於替換訊息中的預留位置。

```
import logging

model_path = "c:/llama2/llama-2-7b-hf"

logging.basicConfig(level=logging.INFO)

logger = logging.getLogger()
logger.info(f"Reloaded SentencePiece model from{model_path}")
```

輸出：

```
INFO:root:Reloaded SentencePiece model from c:/llama2/llama-2-7b-hf
```

3.11.4 dataclasses

dataclasses 模組是 Python 標準函數庫中自 Python 3.7 版本引入的模組。它提供了一個裝飾器 @dataclass，用於簡化建立和管理資料類別的過程。

資料類別是一種用於儲存資料的特殊類別，它自動地為我們生成屬性、初始化方法、比較方法和其他通用方法，減少了撰寫樣板程式的工作量。

下面是 dataclasses 模組的一些功能特點。

（1）屬性自動生成：使用 @dataclass 裝飾器，可以在資料類別中定義屬性，而無須撰寫煩瑣的初始化方法和屬性存取方法。資料類別將自動生成這些方法。

（2）預設值和類型注解：可以為資料類別的屬性指定預設值，使屬性在初始化時可以選擇性地提供。此外，還可以使用類型注解來指定屬性的類型。

（3）生成的方法：dataclasses 模組為資料類別生成了一些通用方法，如 __eq__（相等比較方法）、__repr__（可列印字串方法）、__hash__（雜湊方法）等。這些方法可以方便對資料類別進行比較、輸出和雜湊操作。

（4）不可變性選項：透過在 @dataclass 裝飾器中指定 frozen=True，我們可以建立不可變的資料類別。這表示一旦物件建立，就不能再修改其屬性值。不可變性有助確保資料的一致性和安全性。

（5）繼承和預設行為的覆蓋：dataclasses 模組的資料類別可以繼承自其他資料類別，並且可以覆蓋預設行為，如修改生成的方法、增加新的屬性等。

總的來說，dataclasses 模組簡化了定義和操作資料類別的過程，使我們能夠更方便地建立屬性豐富的資料容器。這對於處理和管理複雜的資料結構，以及在物件導向程式設計中使用資料類別非常有用。

```
from dataclasses import dataclass

@dataclass
class Person:
    name:str
    age:int
    profession:str
```

在上面的例子中，我們使用 dataclass 裝飾器建立了一個名為 Person 的資料類別。該類別有三個欄位：name（姓名，字串類型）、age（年齡，整數類型）和 profession（職業，字串類型）。

透過使用 dataclass 裝飾器，我們無須手動定義 __init__ 方法、__repr__ 方法等，dataclass 會自動為我們生成這些方法，以及其他一些常用的類別方法。等效於以下程式：

```
class Person:
    def__init__(self,name:str,age:int,profession:str):
        self.name = name
        self.age = age
        self.profession = profession

    def__repr__(self):
        return f'Person(name={self.name!r},age={self.age!r},profession={self.
profession!r})
```

這段程式建立了一個與使用 @dataclass 裝飾的 Person 類別功能相同的類別。__init__() 方法用於初始化新建立的物件，__repr__() 方法用於生成物件的字串表示形式。!r 在格式字串中用於獲取物件的 repr 字串，這通常用於偵錯，可以顯示更多詳細資訊。

然而，需要注意的是，@dataclass 除了自動提供 __init__() 和 __repr__() 之外，還會自動提供其他有用的特殊方法，如 __eq__()（用於比較兩個物件是否相等）。如果你不使用 @ dataclass，可能需要手動實現這些方法。

3.11.5 Fire 函數庫

Python Fire 是一個用於生成命令列介面（CLI）的函數庫，它允許你將任何 Python 物件轉為命令列介面，從而簡化和加速指令稿的開發和使用。以下是 Python Fire 類別的一些功能。

（1）自動生成命令列介面：使用 Python Fire，你可以將一個 Python 類別或模組轉換成一個命令列工具。Fire 會根據函數的簽名自動生成命令列參數，並透過命令列輸入來呼叫你的函數。這樣，你就可以直接從命令列執行你的 Python 程式，無須撰寫煩瑣的命令列解析程式。

（2）自動建立子命令：Fire 可以幫助你自動建立具有多個子命令的命令列工具。透過將多個 Python 函數作為類別的方法進行裝飾，你可以在命令列中建立多個子命令，並使用不同的選項和參數來呼叫它們。

（3）自動生成說明文件：Fire 會自動根據你的程式和註釋生成說明文件，讓使用者可以透過命令列獲取詳細的使用說明，包括命令的選項、參數和用法範例等。

（4）動態類型轉換：Fire 支援自動進行類型轉換。根據函數的參數注解，Fire 可以將命令列輸入的字串自動轉為相應的 Python 類型，使你可以輕鬆地處理各種不同的輸入資料型態。

（5）直接呼叫任何 Python 物件：除了函數和方法，Fire 還支援直接呼叫任何 Python 物件，包括類別、模組和實例。這表示你可以將大部分已有的 Python 程式，甚至是複雜的類別和函數庫，都直接轉為具有命令列介面的工具。舉例來說，如果 main 類別有兩個方法：train 和 evaluate，則可以透過命令行使用 python script.py train 和 python script.py evaluate 來呼叫這兩個方法，而無須撰寫複雜的邏輯程式來分配執行的函數。

總的來說，Python Fire 簡化了命令列工具的開發過程，提供了一種簡單而直觀的方式來將 Python 程式暴露為命令列介面，並且為你自動生成了說明文件和參數解析。無論你是撰寫簡單的指令稿還是建構複雜的命令列應用程式，Python Fire 都可以提升你的開發效率和使用者體驗。

以下是兩段程式範例，一段使用了 Fire 函數庫，另一段是沒有使用 Fire 函數庫的普通命令列呼叫程式。

1. 使用 Fire 函數庫範例

```
import fire

def greet(name="World"):
    """Greet someone."""
    print(f"Hello,{name}!")

if__name__== '__main__':
    fire.Fire(greet)
```

在命令列中呼叫該程式時，可以直接輸入命令並傳遞參數，例如：

```
python script.py--name Alice
```

輸出：

```
Hello,Alice!
```

使用 Fire 函數庫之後，我們無須手動解析命令列參數，而是使用 fire.Fire() 將函數暴露給命令列，自動解析參數並呼叫對應的函數。這樣可以大大簡化命令列呼叫程式的撰寫。

2. 不使用 Fire 函數庫的範例

```
import argparse

def greet(name="World"):
    """Greet someone."""
    print(f"Hello,{name}!")
```

```
if__name__== '__main__':
    parser = argparse.ArgumentParser()
    parser.add_argument("--name",type=str,default="World",help="Name to greet")
    args = parser.parse_args()

    greet(args.name)
```

在命令列中呼叫該程式時，需要使用 argparse 函數庫手動解析參數並執行相應的函數。

在沒有使用 Fire 函數庫的情況下，我們需要手動建立 argparse.Argument Parser 物件並定義命令列參數。然後，透過 parser.parse_args() 解析命令列參數，並在程式中呼叫相應的函數。這種方法相對使用 Fire 函數庫來說，需要更多的程式來處理命令列參數的解析。

fire 模組可以根據 main 類別中方法的參數和註釋自動生成說明文件。當你在終端中使用 python script.py--help 命令時，它將展示命令的使用方法、參數說明以及預設值等資訊。這使你能夠更方便地為你的程式提供說明文件和使用文件。

```
(pytorch)C:\Users\HP>python script.py--help
INFO:Showing help with the command'script.py -- --help'.

NAME
    script.py-Greet someone.

SYNOPSIS
    script.py <flags>

DESCRIPTION
    Greet someone.

FLAGS
    -n,--name=NAME
        Default:'World'
```

MEMO

4 Transformer 模型詳解

4.1 大型語言模型的簡介和分類

4.1.1 簡介

大型語言模型是一種特殊的機器學習模型，它被訓練來理解和生成人類語言。這些模型通常是基於 Transformer 架構的，並且被訓練在大量的文字資料上。這些模型的目標是根據給定的上下文生成可能的下一個單字，或更一般地說，生成一段連續的文字。這種類型的模型包括 GPT-3、GPT-2、BERT、Falcon、Llama 等。

大型語言模型的「大」主要指的是模型的參數量。舉例來說，Llama 2 模型有 700 億個參數，這使它能夠學習和理解極其複雜的語言模式。這也表示這些模型需要大量的運算資源來訓練和執行。

「大型模型」是一個更通用的術語，它可以指任何參數量大的模型，不僅限於語言模型。舉例來說，大規模的影像分類模型，如 ResNet-152 或 EfficientNet-B7，也可以被稱為「大型模型」。這些模型通常需要大量的運算資源來訓練，但它們通常能夠提供更好的性能，因為它們能夠學習和表示更複雜的模式。

所以，大型語言模型是大型模型的子集，它們都有大量的參數，但大型語言模型專門用於處理人類語言。

4.1.2 分類

採用 Transformer 架構大型語言模型，根據模型具體結構的實現，分成編碼器 - 解碼器結構，純的編碼器結構和純解碼器結構。

原生 Transformer 是一個編碼器 - 解碼器結構的模型，其主要原因是原生的 Transformer 是為機器翻譯任務所設計的，因此設計了一個編碼器處理來源語言輸入，並透過解碼器輸出目的語言翻譯結果。這種模型結構非常適合做自然語言生成任務，後續的 LLM 例如 T5、BART 等均採用此類結構。

對於 BERT 這樣的偏向於理解類的模型而言，解碼器並不是必需的，因此此類模型通常使用的是一個僅包含編碼器部分的模型。

當前 GPT 系列的模型通常是將自然語言處理任務建模成一個語言模型任務，對於語言模型任務，其僅需要對於給的前文生成下文，因為該類任務並不需要單獨設計編碼器，僅需要一個解碼器即可完成。

近期開放原始碼的 LLM 如 Llama、Llama 2 等大都沿用了 GPT 系列模型的結構，也是採用的純解壓碼結構。

純解碼器結構又分為因果解碼器（causal decoder）和首碼解碼器（prefix decoder）。

因果解碼器結構是當前主流，採用單向注意力遮罩，以確保每個輸入標記只能關注過去的標記和它本身。輸入和輸出標記透過解碼器以相同的方式進行處理。

首碼解碼器結構修正了因果編碼器的遮罩機制，以使其能對首碼標記執行雙向注意力，並僅對生成的標記執行單向注意力。這樣，與編碼器 - 解碼器類似，可以雙向編碼首碼序列並自迴歸地一個一個預測輸出標記，其中在編碼和解碼階段共用相同的參數。

表 4-1 整體舉出了多個模型在各個維度的差異。

▼ 表 4-1 模型比較

模型	結構	位置編碼	啟動函數	層歸一化方法
原生 Transformer	編碼器 - 解碼器	Sinusoidal 編碼	ReLU	後歸一化
BERT	編碼器	絕對位置編碼	GeLU	後歸一化
Llama	因果解碼器	RoPE	SwiGLU	預 RMS Norm
ChatGLM-6B	首碼解碼器	RoPE	GeGLU	後 Deep Norm
Bloom	因果解碼器	ALiBi	GeLU	預先歸一化

圖 4-1 是大型語言模型的進化樹。

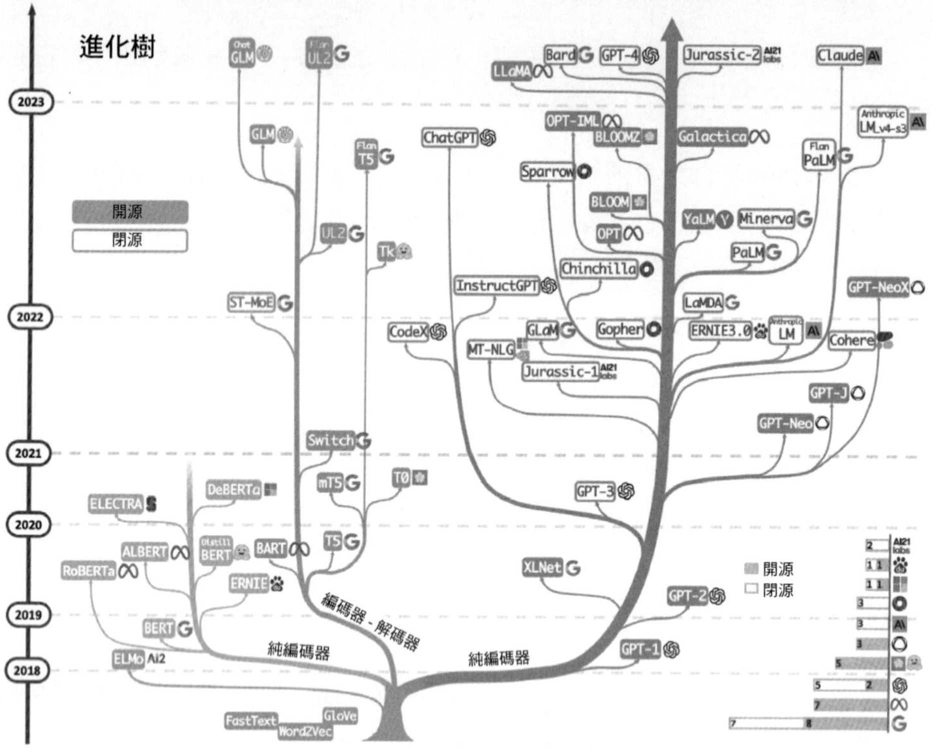

▲ 圖 4-1 大型語言模型的進化樹

為什麼現在的 LLM 都是純解碼器架構呢？因為該架構具有一定的優勢。

（1）純解碼器模型更加簡單，因為它只需要生成輸出，不需要考慮輸入。這樣可以減輕計算負擔，加快模型的訓練和推理速度。

另外，純解碼器模型可以更進一步地解決語言建模問題，如自然語言生成、文字分類等問題。

（2）純解碼器模型可以更進一步地利用預訓練任務的資料。在預訓練任務中，純解碼器模型只需要透過遮罩語言建模（Masked Language Modelling）任務來學習上下文和語言規律。而編碼器 - 解碼器模型需要嘗試預測中間的編碼表示。這對純解碼器模型來說是一種更容易的任務，因此可以更進一步地利用資料，使得模型表現更好。

（3）純解碼器模型可以更進一步地處理長序列。編碼器 - 解碼器模型需要在解碼的時候進行對齊操作，因此當輸入序列長度變化時，需要重新對齊，這就會導致計算複雜度的提升。而純解碼器不需要進行對齊操作，因此可以更好地處理長序列。

4.2 Transformer 模型

4.2.1 模型組成

Transformer 的內部本質上是一個編碼器 - 解碼器的結構（見圖 4-2）。Transformer 中完全放棄了傳統的循環神經網路和卷積神經網路，整個網路結構完全由自注意力機制來處理序列資料，並且採用了多層編碼器 - 解碼器結構，標準 Transformer 是 6 層（見圖 4-3）。

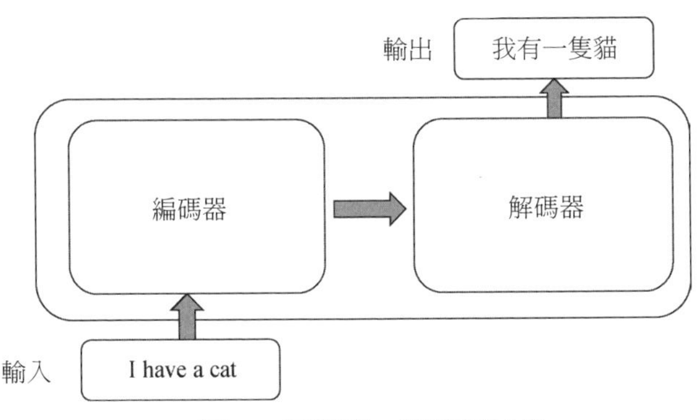

▲ 圖 4-2 編碼器 - 解碼器結構

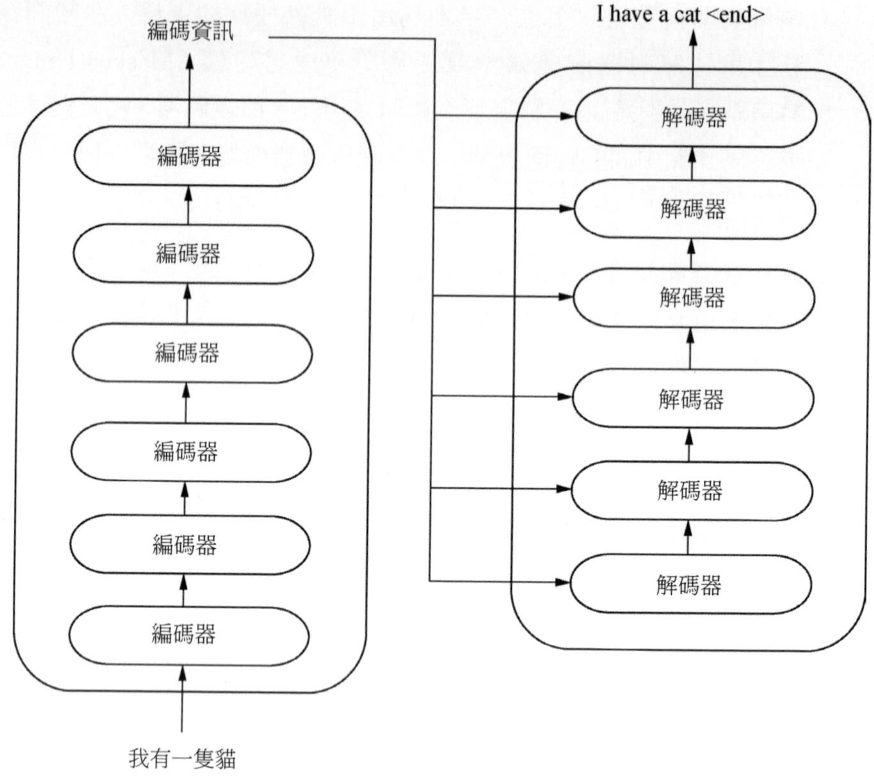

▲ 圖 4-3 多層編碼器 - 解碼器結構

Transformer 的主要組成部分有以下幾個。

（1）自注意力機制：這是 Transformer 的核心組成部分，也是其能夠處理序列資料的關鍵。自注意力機制能夠計算序列中每個元素與其他元素之間的關係，並基於這些關係來更新元素的表示。這使 Transformer 能夠捕捉到序列中長距離的依賴關係。

（2）多頭自注意力（Multi-Head Attention）：Transformer 並不只計算一次自注意力，而是同時計算多次，每次使用不同的參數，然後將這些結果合併起來。這使 Transformer 能夠捕捉到資料的多個不同方面的資訊。

（3）位置編碼（Positional Encoding）：由於 Transformer 並沒有使用 RNN 或 CNN，所以它無法直接處理序列的順序資訊。為了解決這個問題，Transformer 引入位置編碼，透過給每個元素增加一個位置相關的向量，來向模型提供序列中元素的位置資訊。

（4）前饋神經網路：除了自注意力機制，Transformer 的每一層還包括一個前饋神經網路。這個網路在每個位置上都是獨立執行的，它能夠增強模型的複雜性，而不會增強處理序列的複雜性。

（5）歸一化層：Transformer 在每個子層（自注意力和前饋神經網路）的輸出後都增加了一個歸一化層，以防止模型的訓練發散。

（6）殘差連接：Transformer 在每個子層的輸入和輸出之間都增加了一個殘差連接。這可以幫助模型更容易地學習深層網路。

Transformer 模型的每個編碼器和解碼器都包含多層上述的組件。編碼器接收輸入序列，解碼器生成輸出序列。在訓練時，解碼器可以看到所有的目標輸出，但在推理（預測）時，解碼器一次只能生成一個輸出。

由於 Transformer 的自注意力機制，它在處理長序列時，能夠更進一步地捕捉序列中的依賴關係。因此，Transformer 在許多自然語言處理任務，如機器翻譯、文字摘要、情感分析等，都獲得了很好的效果。

圖 4-4 顯示了 Transformer 模型架構。

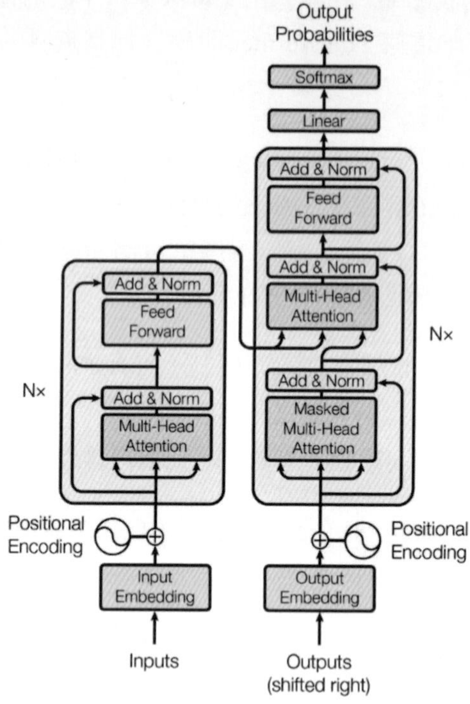

▲ 圖 4-4 Transformer 模型架構

4.2.2 因果解碼器結構

因果解碼器結構是主流的大型語言模型結構，GPT-1、GPT-2 及 Llama 1、Llama 2，都採用了該結構，下面以 Llama 2 模型為例介紹該結構的設計。

Llama 2 模型根據參數量，分別由 32 ～ 80 層的解碼器組成（見圖 4-5）。

每層解碼器有圖 4-6 顯示的結構。

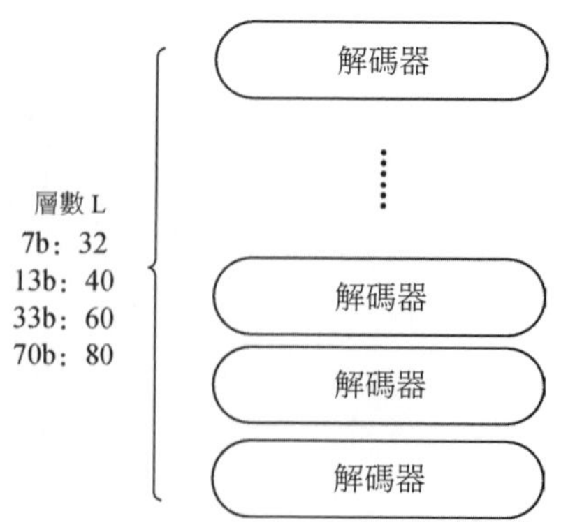

▲ 圖 4-5 Llama 2 的多層解碼器

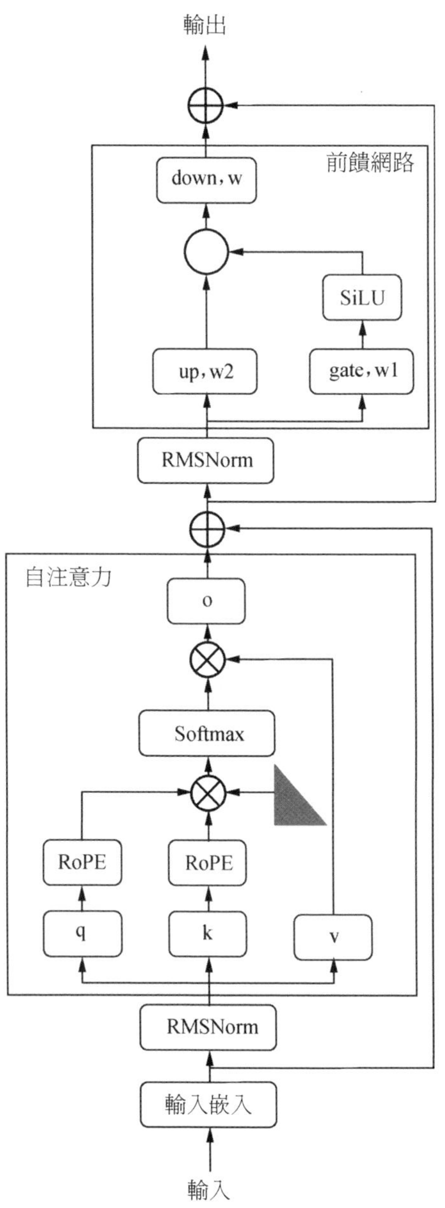

▲ 圖 4-6 單一解碼器結構

llama-2-7b hf 模型檔案中讀出的權重參數結構為

```
model.embed_tokens.weight:shape=[32000,4096]type=F16
model.layers.0.self_attn.q_proj.weight:shape=[4096,4096]type= F16
```

```
model.layers.0.self_attn.k_proj.weight:shape=[4096,4096]type= F16
model.layers.0.self_attn.v_proj.weight:shape=[4096,4096]type= F16
model.layers.0.self_attn.o_proj.weight:shape=[4096,4096]type= F16
model.layers.0.self_attn.rotary_emb.inv_freq:shape=[64]type=F32
model.layers.0.mlp.gate_proj.weight:shape=[11008,4096]type=F16
model.layers.0.mlp.up_proj.weight:shape=[11008,4096]type=F16
model.layers.0.mlp.down_proj.weight:shape=[4096,11008]type=F16
model.layers.0.input_layernorm.weight:shape=[4096]type=F16
model.layers.0.post_attention_layernorm.weight:shape=[4096]
……
model.layers.31.self_attn.q_proj.weight:shape=[4096,4096]type= F16
model.layers.31.self_attn.k_proj.weight:shape=[4096,4096]type= F16
model.layers.31.self_attn.v_proj.weight:shape=[4096,4096]type= 16
model.layers.31.self_attn.o_proj.weight:shape=[4096,4096]type= F16
model.layers.31.self_attn.rotary_emb.inv_freq:shape=[64]type= F32
model.layers.31.mlp.gate_proj.weight:shape=[11008,4096]type=F16
model.layers.31.mlp.up_proj.weight:shape=[11008,4096]type=F16
model.layers.31.mlp.down_proj.weight:shape=[4096,11008]type=F16
model.layers.31.input_layernorm.weight:shape=[4096]type=F16
model.layers.31.post_attention_layernorm.weight:shape=[4096]type=F16
```

其中 layers.0 到 layers.31 就是 32 層的解碼器，每個解碼器包括自注意力層 self_attn、前饋網路層 mlp、輸入層歸一化 input_layernorm、注意力層後歸一化。自注意力層有 q、k、v、o、旋轉嵌入 rotary_emb，前饋網路層有 gate、up、down。

表 4-2 是 Llama 2 hf 權重檔案參數和 Llama 2 pth 模型結構比較。具體轉換可以在 Hugging Face 的 Github 原始程式碼中找到，具體路徑為：src/transformers/models/llama。原始程式碼檔案名稱為：convert_llama_weights_to_hf.py。

▼ 表 4-2 Llama 2 hf 權重檔案參數和 Llama 2 pth 模型結構比較

Llama 2 hf	Llama 2 pth	名稱
embed_tokens	tok_embeddings	標記嵌入
self_attn.q_proj	self_attn.q_proj 轉置處理	查權重
self_attn.k_proj	self_attn.k_proj 轉置處理	鍵權重
self_attn.v_proj	attention.wq	值權重
self_attn.o_proj	attention.wo	出權重
self_attn.rotary_emb.inv_freq		
mlp.gate_proj	feed_forward.w1	門權重
mlp.up_proj	feed_forward.w3	上權重
mlp.down_proj	feed_forward.w2	下權重
input_layernorm	attention_norm	歸一化
post_attention_layernorm	ffn_norm	歸一化
norm	norm	歸一化
lm_head	output	輸出

4.3 分詞

分詞是自然語言處理中的一項基本任務，它是將連續的文字分割成一個個單獨的詞彙單元的過程。

4.3.1 詞彙表

在 Transformer 模型（如 BERT、GPT 等）的 Hugging face 格式權重檔案目錄中，vocab.json 是一個用於儲存詞彙表的檔案。在其他有的模型（如 Llama 2）權重檔案中，有兩個檔案與詞彙表相關：tokenizer.json 是一個與分詞器

（tokenizer）相關的檔案，包含了分詞器的配置資訊和詞表。tokenizer.model 是一個二進位的模型檔案，儲存了分詞器的具體實現。

詞彙表是模型用來理解和生成文字的基礎，它包含了模型在訓練過程中學習到的所有可能的單字和子詞（subword units）。

vocab.json 是一個鍵值對的 JSON 檔案，其中鍵是詞彙，值是該詞彙在詞彙表中的索引。tokenizer.json 格式檔案中相應的內容在 model.vacab 中。

舉例來說，假設我們有一個非常簡單的詞彙表，它可能像這樣：

```
{
  "[PAD]":0,
  "[UNK]":1,
  "[CLS]":2,
  "[SEP]":3,
  "the":4,
  "a":5,
  "and":6,
  ...
}
```

這個詞彙表包含了一些特殊的詞彙，如 "[PAD]"、"[UNK]"、"[CLS]" 和 "[SEP]"，它們在 Transformer 模型中有特殊的含義。舉例來說，"[PAD]" 用於填充序列，"[UNK]" 用於表示未知的詞彙，"[CLS]" 用於分類任務，"[SEP]" 用於分割不同的句子。

此外，這個詞彙表還包含了一些常見的單字，如 "the"、"a" 和 "and"。這些單字的索引是根據它們在訓練資料中的出現頻率來決定的，頻率越高，索引越小。

在訓練模型時，我們會使用這個詞彙表將文字資料轉為模型可以理解的數值形式。在生成文字時，我們也會使用這個詞彙表將模型的輸出轉換回人類可以理解的文字形式。

詞彙表中的內容（以 gpt2-vocab.json 為例）如圖 4-7 所示。

```
"\u0120Log": 5972, "icken": 5973, "]:": 5974, "\u0120surprise": 5975, "hab": 5976,
"\u0120craft": 5977, "olt": 5978, "\u0120Jul": 5979, "\u0120dial": 5980,
"\u0120relevant": 5981, "\u0120entered": 5982, "\u0120leads": 5983, "\u0120AD": 5984,
"\u0120Clean": 5985, "\u0120pictures": 5986, "essor": 5987, "\u0120alt": 5988,
"\u0120paying": 5989, "Per": 5990, "\u0120Market": 5991, "\u0120updates": 5992,
"amily": 5993, "\u0120Type": 5994, "\u0120Home": 5995, "\u012055": 5996, "sembly":
5997, "rome": 5998, "83": 5999, "\u0120greatest": 6000, "\u0120height": 6001,
"\u0120heav": 6002, "aints": 6003, "\u0120listen": 6004, "aser": 6005, "\u0120SH":
6006, "\u0120capable": 6007, "acle": 6008, "\u0120perspect": 6009, "inating": 6010,
"\u0120offering": 6011, "rypt": 6012, "\u0120Develop": 6013, "abin": 6014, "rc": 6015,
"\u0120bright": 6016, "alty": 6017, "arrow": 6018, "\u0120suppl": 6019, "inding": 6020,
"acked": 6021, "gypt": 6022, "\u0120Another": 6023, "pg": 6024, "\u0120Virginia": 6025,
"\u0120Lu": 6026, "\u0120planned": 6027, "\u0120pit": 6028, "\u0120sweet": 6029,
"Type": 6030, "\u0120Di": 6031, "\u0120typically": 6032, "\u0120Francisco": 6033,
"\u0120prospect": 6034, "\u0120Dan": 6035, "\u0120teen": A6036, "rees": 6037,
"\u0120sched": 6038, "\u0120hol": 6039, "\u0120scr": 6040, "\u0120lots": 6041, "life":
6042, "\u0120newsp": 6043, "\u0120forget": 6044, "\u0120None": 6045, "\u0120Middle":
6046, "\u0120Ryan": 6047, "edd": 6048, "\u0120severe": 6049, "\u0120suit": 6050,
"llAer": 6051, "93": 6052, "\u0120correspond": 6053, "\u0120explos": 6054, "uations":
6055, "\u0120flag": 6056, "game": 6057, "rid": 6058, "\u0120prin": 6059, "\u0120Data":
```


▲ 圖 4-7 詞彙表

圖 4-7 中的 \u0120 代表空格，是因為 GPT-2 程式中將編碼 0-255 的所有控制和空白字元向上移動 256（\u0100）個位置，使其可列印，所以，空格（\u0020）變為 Ġ（\u0120）。

在大型語言模型中，每個模型的詞彙表中詞彙數是固定的，不同的模型詞彙表不同。比如 Llama 2 的詞彙數為 32000，GPT2 為 50255。

詞彙表的生成通常涉及一個過程，稱為分詞。分詞是將一段文字分解為其組成的單字或子詞的過程。這個過程的具體實現方式取決於所使用的分詞演算法。

4.3.2 詞彙表的生成

在訓練 Transformer 模型（如 BERT、GPT 等）時，分詞器和詞彙表在訓練前就已經確定了。這表示在訓練過程中，詞彙表是固定的，不會無限擴充。

舉例來說，在訓練模型時，我們首先需要選擇一個分詞器，然後使用大量的無標籤文字資料生成詞彙表。在這個過程中，我們會為詞彙表設置一個最大大小（例如 30000 或 50000）。一旦詞彙表生成，就會在訓練過程中保持不變。

對於不在詞彙表中的單字，我們通常會用一個特殊的標記（如 "<UNK>"）來表示。然而，對於一些特定的模型，如基於位元組對編碼（Byte Pair Encoding，BPE）或一元語言模型（Unigram Language Model，ULM）的分詞器，它們可以更靈活地處理未知詞彙。分詞器會將其分解為在詞彙表中的子詞。舉例來說，如果詞彙表中沒有單字 "unseen"，WordPiece 分詞器可能會將其分解為 "un" 和 "seen"（假設這兩個子詞都在詞彙表中）。

4.3.3 分詞演算法

有許多種分詞演算法，包括基於規則的方法、基於統計的方法，以及混合了這兩種方法的方法。以下是一些常見的分詞演算法。

（1）空格分詞：這是最簡單的分詞方法，只需按空格將文字分割成單字。這種方法在處理英文等大部分西方語言時效果不錯，但對於沒有明確單字邊界的語言（如中文）或複合詞豐富的語言（如德語），效果就不理想了。

（2）基於詞典的分詞：這種方法需要一個預先定義好的詞典，然後根據詞典將文字分割成單字。這種方法可以處理一些複雜的情況，但依賴於詞典的品質，而且不能極佳地處理詞典中不存在的單字。

（3）基於統計的分詞：這種方法使用機器學習演算法從大量的文字資料中學習單字的邊界。常見的基於統計的分詞演算法包括 HMM、CRF 等。

（4）子詞分詞：這種方法將單字進一步分割為子詞。這樣可以處理詞典中不存在的單字，因為即使一個單字在詞典中不存在，其組成的子詞也可能存在。常見的子詞分詞演算法包括位元組對編碼、句子部分（SentencePiece）等。

在訓練 Transformer 模型（如 BERT、GPT 等）時，通常會使用子詞分詞演算法生成詞彙表。舉例來說，GPT-2 和 GPT-3、Llama 2 使用位元組對編分碼詞演算法。這些演算法都是基於統計的，會從大量的文字資料中學習出最常見的子詞，然後將這些子片語合成詞彙表。句子部分是 BPE 的變形。

位元組對編碼：BPE 是一種基於統計的子詞分詞方法。它的基本思想是將頻繁出現的字元序列（即詞）合併為一個單一的新符號，從而生成一個更大的詞彙表。BPE 的優點是能夠有效地處理未知詞和稀有詞，因為它可以將這些詞分解為已知的子詞。BPE 的缺點是它可能會將一個詞切分得過細，比如將一個詞切分為一個單一的字元。

句子部分：SentencePiece 是一種基於 BPE 和一元語言模型的分詞方法。與 BPE 不同，SentencePiece 不需要前置處理（如空格分割）和後處理（如特殊字元的處理）。這使 SentencePiece 可以直接在原始的文字上進行訓練，而不需要進行複雜的資料清洗。SentencePiece 也可以處理多種語言，包括那些沒有明確詞彙邊界的語言（如中文和日語）。

這兩種分詞方法都是子詞分詞方法，它們的目標是找到一個平衡，既能保留足夠的詞彙資訊，又能控制詞彙表的大小。這是因為在自然語言處理任務中，一個過大的詞彙表會提升與增加模型的複雜性和計算成本，而一個過小的詞彙表則可能遺失重要的詞彙資訊。

4.3.4 位元組對編碼

位元組對編碼是一種用於自然語言處理的分詞技術，它可以有效地處理語言中的詞彙多樣性和新詞問題。BPE 的主要思想是將常見的字元序列（即單字或單字的部分）合併為單一符號。

BPE 的操作步驟如下。

（1）初始化詞彙表：開始時，詞彙表中的每個符號都是語料庫中的字元。

（2）統計符號對頻率：在語料庫中統計每對連續符號的出現頻率。

（3）合併頻率最高的符號對：將頻率最高的符號對合併為一個新的符號，增加到詞彙表中。

（4）重複步驟（2）和（3）：重複上述步驟，直到達到預定的詞彙表大小或沒有可以合併的符號對。

舉例來說，假設我們有以下的語料庫：

```
low lower newest widest
```

我們可以按照以下步驟執行 BPE。

（1）初始化詞彙表：每個字元都是一個符號，所以詞彙表為 {"l","o","w","e","r","n","s","t","i","d"}。

（2）統計符號對頻率：最常見的符號對是 ("e","s")，出現了兩次。

（3）合併頻率最高的符號對：將 ("e","s") 合併為一個新的符號 "es"，增加到詞彙表中，得到 {"l","o","w","e","r","n","s","t","i","d","es"}。

（4）重複步驟（2）和（3）：繼續這個過程，可能會得到一個包含如 "low" , "er","newest" 等符號的詞彙表。

在實際使用時，我們可以使用 BPE 詞彙表來將單字分解為已知的子單字或字元。舉例來說，單字 "lowest" 可能會被分解為 ["low","es","t"]。

BPE 的優點是，它可以有效地處理未在訓練語料庫中出現的單字，因為它可以將這些單字分解為已知的子單字或字元。此外，BPE 還可以透過調整詞彙表大小來平衡模型的複雜性和覆蓋率。

4.3.5 句子部分

句子部分是一種基於子詞的無監督文本分詞方法，它將文字分割成子詞或字元等級的單元。這種方法包括兩種模式：一種是基於位元組對編碼的方法，另一種是基於一元語言模型的方法。我們以一元語言模型為例來說明。假設有以下文字資料：

I love to play football.

I love to play basketball.

首先，句子部分將所有的文字拆分成字元等級的單元：

['I','','l','o','v','e','','t','o','','p','l','a','y','','f','o','o','t','b','a','l','l','.','','I','','l','o','v','e','','t','o','','p','l','a','y','','b','a','s','k','e','t','b','a','l','l','.']

然後，句子部分會統計所有單元的出現頻率，並根據頻率合併相鄰的字元或子詞，生成新的詞彙。舉例來說，"l" 和 "o" 經常在一起出現，所以它們可能會被合併為 "lo"。這個過程會反覆進行，直到達到預定的詞彙表大小。最後，我們可能得到以下的詞彙表：

['I','','love','to','play','football','basketball','.','lo','ve','to','pl','ay','fo','ot','ba','ll','sk','et']

在這個詞彙表中，我們可以看到既有完整的單字，如 "love"，"to"，"play"，也有被拆分的子詞，如 "lo"，"ve"，"pl"，"ay" 等。

在實際應用中，句子部分的優點在於它可以處理各種語言，包括那些沒有明確詞彙邊界的語言（如中文和日語），並且它不需要前置處理（如空格分割）和後處理（如特殊字元的處理）。這使得句子部分在處理多語種、多領域的文字資料時具有很高的靈活性。

4.3.6 分詞過程

當 Transformer 模型使用 BPE 進行分詞時，對於詞彙表中已有的標記和未有的標記，處理方式是不同的。

對於詞彙表中已有的標記，模型可以直接使用。這些標記在訓練過程中已經有了相應的詞向量表示，因此模型可以直接利用這些詞向量進行計算。

對詞彙表中沒有的標記，一般會被分解為更小的子詞。BPE 的主要特點就是能夠將未知詞彙分解為已知的子詞。舉例來說，如果詞彙表中沒有單字 "unhappiness"，但是有 "un-","happy", 和 "-ness" 這些子詞，那麼 "unhappiness" 就可以被分解為這三個已知的子詞。這樣，即使模型遇到了未知的單字，也可以透過其組成的子詞單元來理解其含義。

如果一個單字無法被分解為已知的子詞單元，那麼它將被標記為一個特殊的未知標記，通常表示為 <UNK> 或 <unk>。這樣的標記在模型訓練過程中通常被賦予一個隨機初始化的詞向量，或被賦予一個特定的未知詞向量。

4.3.7 詞彙索引

在電腦中處理文字資料時，不能直接使用原始的文字字串，而需要將它們轉為一種可以被模型處理的格式。最常見的方式就是將每個單字或標記映射為一個唯一的整數，這個整數就代表了該單字在詞彙表中的位置。這個整數稱為詞彙索引（vocabulary indexing）或標記索引（token indices）。

分詞和詞彙索引是自然語言處理中資料前置處理的兩個關鍵步驟。它們之間的關係可以視為一個序列過程，首先進行分詞，然後進行詞彙索引。以下是詳細的解釋。

（1）分詞：這是前置處理的第一步。在這個步驟中，文字被切割成更小的部分，稱為「標記」或「tokens」。標記可以是單字、子詞或單一字元，具體取決於所使用的分詞策略。舉例來說，句子 "I love Beijing" 可能被分詞為 ["I","love","Beijing"]。

（2）詞彙索引：這是分詞之後的一步。在這個步驟中，每個獨立的標記被賦予一個唯一的整數，這個整數代表了該標記在詞彙表中的位置。舉例來說，如果我們的詞彙表是 [" 我 "," 愛 "," 北京 "," 天安門 "], 那麼上述的分詞結果可能被轉為 [0,1,2]。

這兩個步驟都是為了將原始的文字資料轉為模型可以處理的格式。分詞的目標是將文字切割成具有某種語義的更小單元，而詞彙索引的目標是將這些標記轉為數值，因為機器學習模型只能處理數值資料。

在訓練過程中，這些整數索引會被進一步轉為高維空間中的向量（通常稱為詞嵌入或詞向量），這些向量可以捕捉單字之間的語義關係。舉例來說，相似的單字會被映射到相近的向量，不同的單字會被映射到遠離的向量。

在推理階段，模型會輸出一個整數序列，我們可以透過查詢詞彙表將這些整數轉換回原始的單字或標記，從而得到模型的輸出結果。

4.4 詞嵌入

詞嵌入是自然語言處理中的一種技術，它將詞語或短語從詞彙表中映射到向量空間。這些向量捕捉了詞語之間的語義和句法關係。詞嵌入模型通常使用無監督學習從大量文字資料中學習。

一些常見的詞嵌入技術，如 Word2Vec、GloVe 等，屬於預訓練的詞嵌入方法。如 Word2Vec 將每個詞表示為一個固定大小的向量，這些向量可以捕捉詞之間的語義和句法關係。然而，Transformer 模型並沒有使用預訓練的 Word2Vec 詞嵌入，而是在模型訓練的過程中自己學習詞嵌入。

在 Transformer 模型中，詞嵌入是模型的一部分，並且與模型一起從頭開始訓練。這種方法的優點是，它可以在特定任務的上下文中學習詞嵌入，而不僅是依賴於預訓練的詞嵌入模型，如 Word2Vec。

GPT 系列（包括 GPT-2 和 GPT-3）和 BERT 模型使用了一種被稱為「標記嵌入」（Token Embedding）的嵌入層，這個嵌入層是模型的一部分，並且與模型一起從頭開始訓練。這表示，這些模型可以捕捉到更豐富的語義資訊，包括詞在特定上下文中的含義。

Transformer 模型的詞嵌入部分通常由兩個主要元件組成：標記嵌入和位置編碼。

（1）標記嵌入：這是一個嵌入矩陣，每一行對應於詞彙表中的單字。在訓練開始時，這個矩陣是隨機初始化的，然後在訓練過程中透過反向傳播進行更新和最佳化。輸入文字首先被分割成單字（或稱為標記），然後每個單字被映射到一個固定長度的向量，這個向量就是該單字的標記嵌入。

（2）位置編碼：由於 Transformer 模型本身並沒有考慮詞的順序，所以需要增加額外的位置資訊來保證模型理解詞序。這就是位置編碼的作用。位置編碼是一個與輸入序列等長的向量，它將每個單字的位置資訊編碼成一個向量，然後將這個向量加到對應的標記嵌入上。

這兩部分的結果會被相加，然後作為 Transformer 模型的輸入，見圖 4-8。

這裡用「位置編碼」而非「位置嵌入」，因為它不是透過學習得到的。如果位置向量是作為模型參數一部分被學習的（如 BERT 模型變形），則稱為「位置嵌入」。

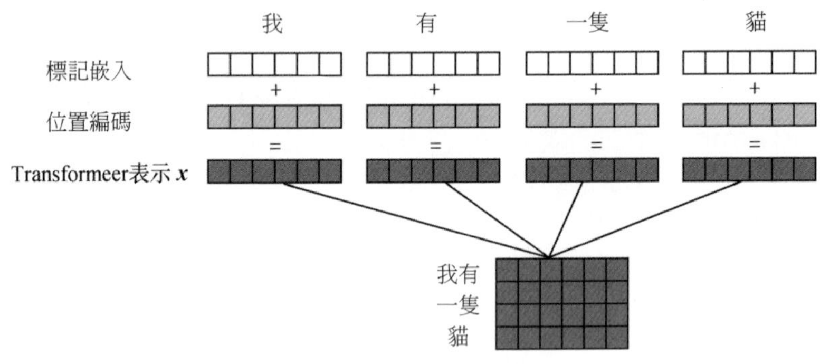

▲ 圖 4-8 詞嵌入的組成

4.4.1 標記嵌入

標記是一種將單字或符號轉為數值向量的技術，這種數值向量可以被深度學習模型理解和處理。我們可以透過一個簡單的例子來理解標記嵌入的工作原理。

假設我們有一個非常小的詞彙表，只包含三個單字：'I','love','chocolate'。我們需要為這三個單字建立一個嵌入矩陣。首先，我們需要確定嵌入向量的維度，這通常是一個超參數，可以根據實際的需求和運算資源來設定。在這個例子中，我們設定嵌入向量的維度為 5。

我們的嵌入矩陣可能會看起來像這樣（這些值通常是隨機初始化的）：

I: [0.1,0.3,-0.2,0.8,-0.5]

love: [0.7,-0.1,0.2,-0.4,0.6]

chocolate: [-0.3,0.5,0.1,-0.2,0.9]

在這個例子中，每個單字都被映射到了一個 5 維的向量。舉例來說，單字 'I' 被映射到了向量 [0.1,0.3,-0.2,0.8,-0.5]。

當我們需要處理一個句子，比如「I love chocolate」時，我們就可以透過查詢嵌入矩陣，把每個單字都轉為對應的向量。

然後，這些向量就可以作為模型的輸入。在訓練過程中，這些嵌入向量會被不斷地更新和最佳化，使得具有相似含義的單字有相似的嵌入向量，這樣可以幫助模型更進一步地理解和生成文字。

在訓練過程中，嵌入矩陣的值會透過反向傳播和梯度下降等最佳化演算法進行更新。最初，嵌入矩陣的值通常是隨機初始化的，這表示它們並不能提供任何有關單字含義的有用資訊。但隨著訓練的進行，模型會學習到如何調整這些值，以便更進一步地完成任務。

舉例來說，如果模型正在進行情感分析，並且在訓練資料中，「love」和「like」通常出現在正面評論中，而「hate」和「dislike」通常出現在負面評論中，那麼模型可能會學習到將「love」和「like」的嵌入向量拉近，將「hate」和「dislike」的嵌入向量拉近，同時將「love」和「like」與「hate」和「dislike」的嵌入向量推遠。

在訓練結束後，嵌入矩陣的值應該反映了訓練資料中的一些模式。具體來說，語義上相似的單字應該有相似的嵌入向量。這表示，如果你計算兩個單字嵌入向量的餘弦相似度，那麼相似的單字應該有高的餘弦相似度，不相似的單字應該有低的餘弦相似度。

值得注意的是，雖然嵌入向量在訓練過程中會發生改變，但這些改變並不總是直觀的。嵌入向量的維度通常很高（比如，常見的設置是 128、256，或更高），這使得它們很難直接解釋。一般來說我們會使用一些降維技術（如 PCA 或 t-SNE）來視覺化高維嵌入向量。

假設單字「king」透過在維基百科上訓練得到以下的詞嵌入向量（詞嵌入是標記嵌入的子集）：

```
[0.50451,0.68607,-0.59517,-0.022801,0.60046,-0.13498,-0.08813,0.47377,
-0.61798,-0.31012,-0.076666,1.493,-0.034189,-0.98173,0.68229,0.81722,
-0.51874,-0.31503,-0.55809,0.66421,0.1961,-0.13495,-0.11476,-0.30344,
0.41177,-2.223,-1.0756,-1.0783,-0.34354,0.33505,1.9927,-0.04234,
-0.64319,0.71125,0.49159,0.16754,0.34344,-0.25663,-0.8523,0.1661,
0.40102,1.1685,-1.0137,-0.21585,-0.15155,0.78321,-0.91241,-1.6106,
-0.64426,-0.51042]
```

這是一個包含 50 個數字的串列，因為超參數嵌入向量的維度設置為 50。透過查看值，我們無法分辨出太多。但是，將其視覺化一下（圖 4-9），以便可以將其與其他詞向量進行比較。把所有這些數字放在一行中：

▲ 圖 4-9 嵌入向量數值

讓我們根據儲存格的值對儲存格進行顏色編碼（如果它們接近 2，則為紅色，如果它們接近 0，則為白色，如果它們接近 -2，則為藍色。圖 4-10 中為黑白圖片，無法區別紅色和藍色，只能根據灰度看數字的變化：

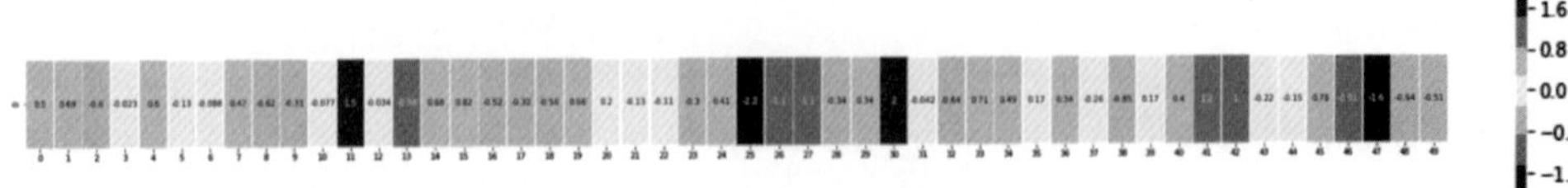

▲ 圖 4-10 視覺化嵌入向量

圖 4-11 是一個範例清單（透過垂直掃描列以查詢具有相似顏色的列進行比較）：

從圖 4-11 的視覺化可以分析得到以下有用的資訊。

（1）在所有這些不同的單字中都有一列直接的黑色列。它們在該維度上是相似的（我們不知道每個維度的程式是什麼）。

（2）你可以看到「女人」（women）和「女孩」（girl）在很多地方是如何相似的。「男人」（man）和「男孩」（boy）也是如此。

（3）「男孩」和「女孩」也有彼此相似的地方，但與「女人」或「男人」不同。這些會不會是模糊的青春概念？可能。

（4）除了最後一個詞之外，所有詞都是代表人的詞。增加了一個物件（水）來顯示類別之間的差異。舉例來說，你可以看到深灰色列一直向下，並在嵌入「水」之前停止。

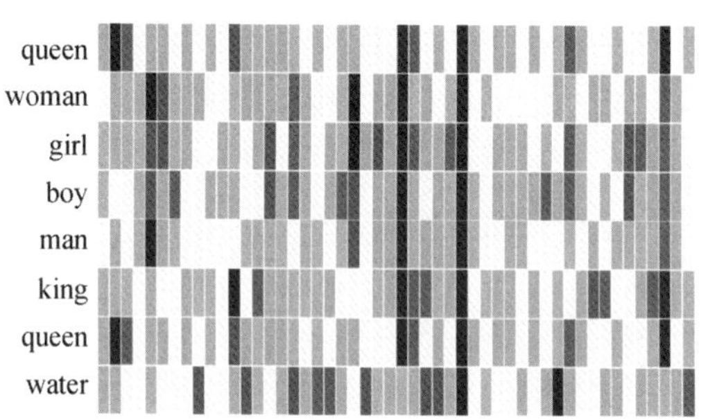

▲ 圖 4-11 多個標記的嵌入向量視覺化

（5）在有些地方，「國王」（king）和「王后」（queen）相似，又與其他所有地方不同。這些會不會編碼一個模糊的皇室概念？

顯示嵌入令人難以置信的屬性的著名例子是類比的概念。我們可以加減詞嵌入並得到有趣的結果。最著名的例子是公式：「國王」-「男人」+「女人」，如圖 4-12 所示。

我們可以像以前一樣形象化這個類比（圖 4-13）。

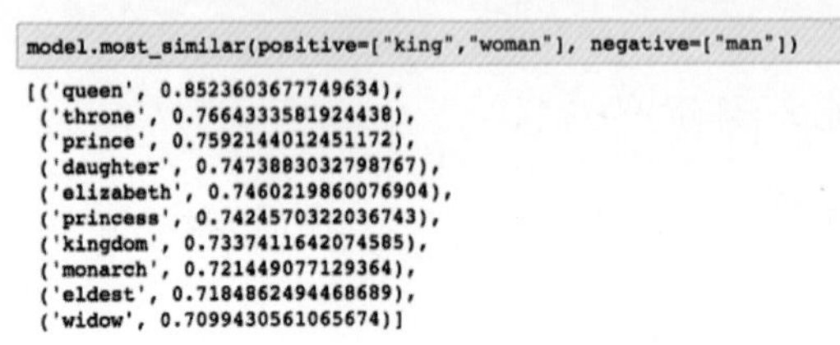

model.most_similar(positive=["king","woman"], negative=["man"])
[('queen', 0.8523603677749634),
('throne', 0.7664333581924438),
('prince', 0.7592144012451172),
('daughter', 0.7473883032798767),
('elizabeth', 0.7460219860076904),
('princess', 0.7424570322036743),
('kingdom', 0.7337411642074585),
('monarch', 0.721449077129364),
('eldest', 0.7184862494468689),
('widow', 0.7099430561065674)]

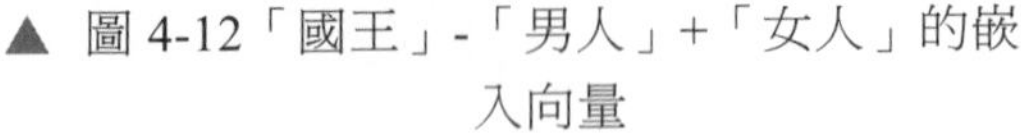
▲ 圖 4-12「國王」-「男人」+「女人」的嵌入向量

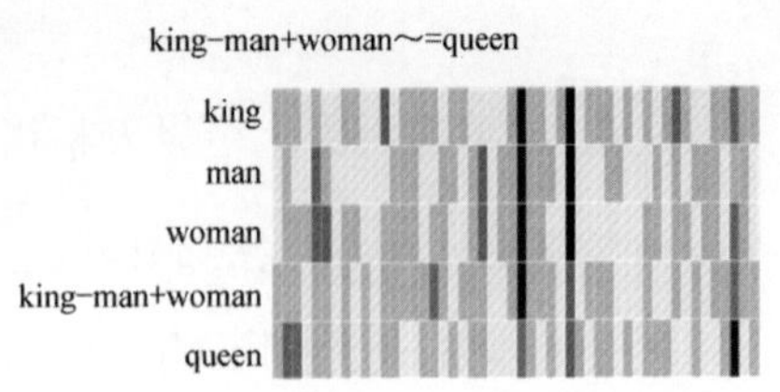

▲ 圖 4-13　嵌入向量計算的視覺化

4.4.2 位置編碼

位置編碼是 Transformer 模型中的重要組成部分，它的作用是向模型提供序列中每個單字的位置資訊。

由於 Transformer 模型的自注意力機制是無序的，這表示它將所有輸入的詞一視同仁，不考慮它們在句子中的位置。然而，我們知道在許多語言中，詞序（單字在句子中的位置）是非常重要的，因為它可以影響單字的語義和句子的整體意義。舉例來說，在英文中，"dog bites man" 和 "man bites dog" 有著完全不同的含義，儘管它們包含的單字是相同的。因此，我們需要一種方法來向模型提供這種位置資訊，這就是位置編碼的作用。

位置編碼是一個向量，其長度與詞嵌入向量（word embedding vector）相同。它的值是透過一個固定的函數計算得出的，這個函數接受一個位置索引（舉例來說，一個單字在句子中的位置）作為輸入。每個位置（即每個詞在句子中的位置）都有一個唯一的位置嵌入。這些位置嵌入被增加到詞嵌入向量上，生成了包含位置資訊的新的嵌入向量，然後這些新的嵌入向量被送入模型的其餘部分。

值得注意的是，位置編碼可以是學習的（即模型在訓練過程中調整它們的值），也可以是固定的。在原始的 Transformer 模型中，位置編碼是透過一種特定的數學函數（包含正弦函數和餘弦函數）生成的，而在一些後續的模型中，如 BERT，位置嵌入是可學習的。

下面用一個簡單的例子來說明位置嵌入的概念。

假設我們有一個句子 "I love dogs"，我們首先會用詞嵌入將每個單字轉為一個向量。假設我們的詞嵌入維度為 4，那麼我們可以得到以下的詞嵌入：

```
-"I"-> [0.1,0.2,0.3,0.4]
-"love"-> [0.5,0.6,0.7,0.8]
-"dogs"-> [0.9,1.0,1.1,1.2]
```

然後，我們需要生成位置編碼。假設我們使用一個簡單的函數來生成位置編碼，這個函數只是將位置索引複製到每個維度（在實際中，位置編碼的生成通常會使用更複雜的函數，例如原始的 Transformer 模型中使用的正弦函數和餘弦函數）。那麼，我們可以得到以下的位置編碼：

```
-Position 1-> [1,1,1,1]
-Position 2-> [2,2,2,2]
-Position 3-> [3,3,3,3]
```

最後，我們將詞嵌入和位置編碼相加，得到最終的嵌入：

```
-"I"+ Position 1-> [0.1,0.2,0.3,0.4]+ [1,1,1,1]= [1.1,1.2,1.3,1.4]
-"love"+ Position 2-> [0.5,0.6,0.7,0.8]+ [2,2,2,2]= [2.5,2.6,2.7,2.8]
-"dogs"+ Position 3-> [0.9,1.0,1.1,1.2]+ [3,3,3,3]= [3.9,4.0,4.1,4.2]
```

這樣，我們就獲得了包含位置資訊的編碼，可以將其輸入模型的下一層。

4.4.3 詞彙索引和詞嵌入向量關係

詞彙索引和詞嵌入向量之間的關係可以透過一個查閱資料表或說映射關係來理解。讓我們透過一個簡單的例子來解釋這個過程。

假設我們有以下的詞彙表：

詞彙表 = {' 我 ':0,' 愛 ':1,' 你 ':2,' 他 ':3,' 是 ':4,' 學生 ':5}

在這個詞彙表中，每個詞（標記）都被賦予了一個唯一的索引。舉例來說，" 愛 " 的索引是 1，" 學生 " 的索引是 5。

然後，在訓練過程中，模型會學習一個詞嵌入矩陣。這個矩陣的每一行對應一個詞彙索引，每一行的內容就是這個詞的詞嵌入向量。舉例來說，假設我們的詞嵌入向量是 2 維的，那麼詞嵌入矩陣可能會是這樣的：

```
詞嵌入矩陣 =
[[0.1,0.3],#'我'的詞嵌入向量
 [0.4,-0.2],#'愛'的詞嵌入向量
 [-0.1,0.6],#'你'的詞嵌入向量
 [0.2,-0.1],#'他'的詞嵌入向量
 [-0.3,0.2],#'是'的詞嵌入向量
 [0.5,-0.4]]#'學生'的詞嵌入向量
```

在這個詞嵌入矩陣中，索引為 1 的詞（也就是標記「愛」）的詞嵌入向量是 [0.4,-0.2]，索引為 5 的詞（也就是標記「學生」）的詞嵌入向量是 [0.5,-0.4]。

所以，詞彙索引和詞嵌入向量之間的關係就是透過詞嵌入矩陣來建立的。每個詞彙索引都對應詞嵌入矩陣中的一行，這一行的內容就是這個詞（標記）的詞嵌入向量。

4.5 位置編碼方法

4.5.1 原生位置編碼

原生的 Transformer 使用的是正弦位置編碼，這是一種不可學習的位置編碼方法，具體方法如下所示：

$$PE_{(pos,2i)} = \sin(pos/10000^{2i/d_{model}})$$
$$PE_{(pos,2i+1)} = \cos(pos/10000^{2i/d_{model}})$$

該方法透過使用 sin 和 cos 函數對位置進行編碼，透過 sin 和 cos 函數的週期性，這種編碼方式可以蘊含部分相對位置的資訊。

BERT 模型對於位置資訊使用的是可學習的向量去表示。具體地，對於每個位置均初始化一個向量表示該位置的資訊，該向量會隨著模型的訓練一起更新，這是一種絕對位置編碼方法。該方法的局限性為位置資訊的外延性很差，即在訓練時如果使用了指定長度的序列進行訓練，在推理時無法超過該長度。

相對位置編碼方式在位置建模時僅考慮當前標記與計算標記之間的相對位置資訊，因此不會受到絕對長度資訊的影響。目前開放原始碼的主流 LLM 大都採用的都是此類位置編碼方法。圖 4-14 顯示一個 6 個標記，嵌入維度為 $d_{\text{emb\_dim}}$ 位置編碼矩陣的開始 4 列，兩個一組，分別用 sin 函數和 cos 函數計算，函數中的變數相同。

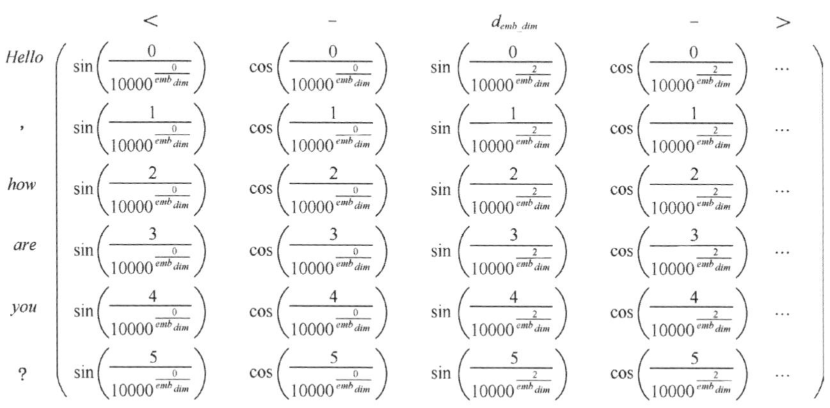

▲ 圖 4-14 嵌入矩陣的計算

圖 4-15 是一個 10 個標記，嵌入維度為 62 的位置編碼矩陣數值的視覺化。

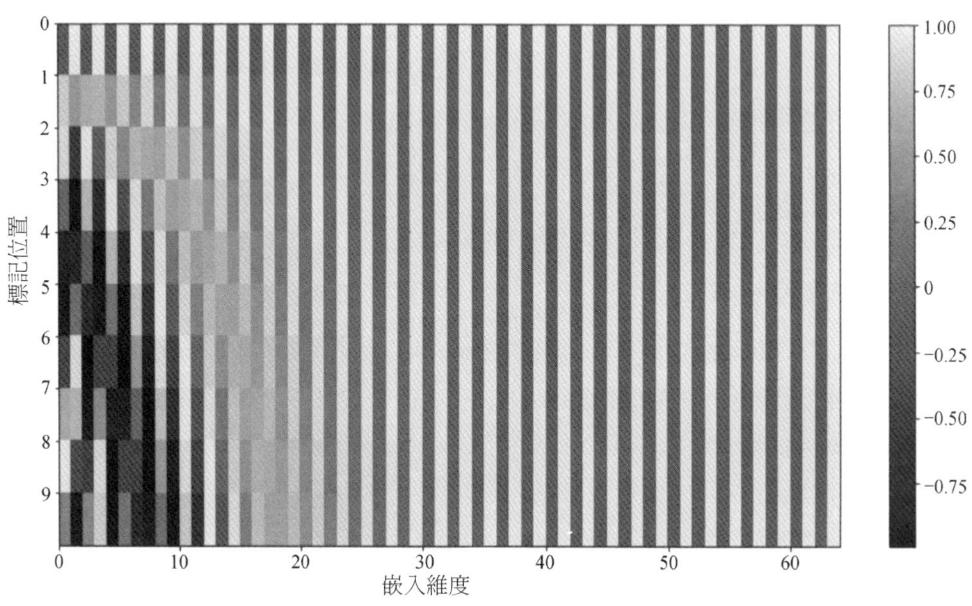

▲ 圖 4-15 嵌入矩陣的視覺化

4.5.2 旋轉位置編碼

主流大型語言模型大都採用相對位置編碼，其中應用較為廣泛的是 RoPE（Rotary Position Embedding，旋轉位置編碼），其思想是採用絕對位置編碼的形式，實現相對位置編碼。該方法是在注意力的 QK 計算時乘以一個代表位置資訊的矩陣以實現位置資訊的編碼。另外值得注意的是 Llama 把位置編碼用到了注意力的每一層。

RoPE 的位置編碼原理基於這樣的假設：在自然語言處理中，相對位置關係比絕對位置關係更重要。因此，透過增加相對位置編碼，Transformer 模型可以更進一步地捕捉到序列中不同位置的互動關係，從而提升模型在處理長文字序列的能力。

關於 RoPE 的三個核心要點知識如下：① RoPE 的設計思想是使用絕對位置編碼來達到相對位置編碼的效果。② RoPE 的實現方式是使用旋轉矩陣來表示絕對位置編碼。③使用 NTK（神經切線核心）擴充方法可以讓 RoPE 在短文本上訓練並在長文字上做預測。

傳統的位置嵌入方法（如正弦位置編碼）在處理序列資料時，將位置資訊以固定的嵌入向量加入輸入資料中。然而，正弦位置編碼在處理長序列時存在一個問題，即在不同的位置，嵌入向量之間缺乏足夠的差異性，導致位置資訊不能極佳地被模型所利用。

RoPE 透過引入一種旋轉機制來解決這個問題，並在位置嵌入中增加了方向資訊。它透過將位置索引映射到一系列具有特定偏移角度的旋轉單位向量上，為不同位置提供不同的嵌入。

具體而言，RoPE 使用了一個固定大小的旋轉矩陣。對於一個給定的位置索引，RoPE 會計算一個旋轉向量來表示該位置的嵌入。旋轉向量會隨著位置的增加而順時鐘旋轉，這樣相鄰位置的嵌入向量會有明顯的差異。圖 4-16 展示了 RoPE 的實現原理。

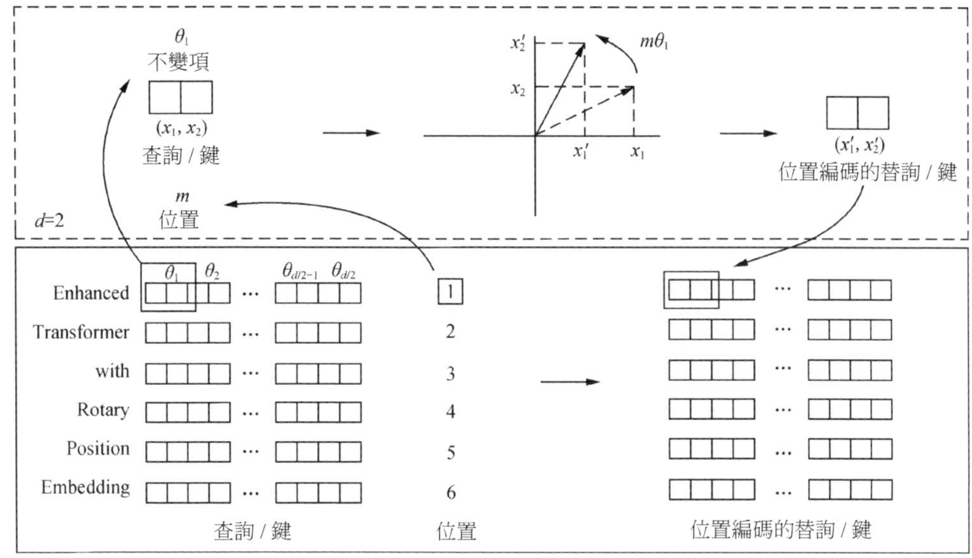

▲ 圖 4-16 RoPE 的實現原理

RoPE 的優勢在於，在處理序列資料時，位置嵌入更加豐富、更能夠捕捉到位置之間的差異，有助提高模型對序列的建模能力。特別是在處理循環結構的序列資料時，RoPE 可以更進一步地捕捉到週期性的模式。

4.5.3 位置編碼的實現

以下程式同時實現了標準位置編碼和旋轉位置編碼，便於大家比較：

```
import torch

def precompute_freqs_cis(dim,seqlen,theta = 10000.0):
    freqs = 1.0/(theta**(torch.arange(0,dim,2)[:(dim//2)].float()/dim))
    t = torch.arange(seqlen)# 順序位置，0 ~ seqlen-1
    freqs = torch.outer(t,freqs).float()
    return freqs

embedding_dim = 8
sequence_length = 5

# 標記嵌入，全為 1
```

```
token_embedding = torch.ones((sequence_length,embedding_dim))

freqs = precompute_freqs_cis(embedding_dim,sequence_length)

# 標準位置編碼
pe = torch.zeros(sequence_length,embedding_dim)
pe[:,0::2]= torch.sin(freqs)
pe[:,1::2]= torch.cos(freqs)

# 標記嵌入 + 位置嵌入
pe_out = token_embedding + pe
print(pe_out)

# 旋轉位置編碼
freqs_cis = torch.polar(torch.ones_like(freqs),freqs)
token_embedding_cis
torch.view_as_complex(token_embedding.reshape(sequence_length,-1,2))
rope_out = torch.view_as_real(token_embedding_cis*freqs_cis).flatten(1)
print(rope_out)
```

程式中，precompute_freqs_cis 實現了標準 Transformer 位置編碼公式中的

$$\text{pos}/10000^{2i/d\,\text{model}}$$

它是一個固定的值，可以預先計算，輸出 freqs 張量。

程式中，按輸入序列長度為 5，嵌入維度長度為 8，計算結果是

```
tensor([[0.0000,0.0000,0.0000,0.0000],
        [     1.0000,  0.1000,  0.0100,  0.0010],
        [     2.0000,  0.2000,  0.0200,  0.0020],
        [     3.0000,  0.3000,  0.0300,  0.0030],
        [     4.0000,  0.4000,  0.0400,  0.0040]])
```

注意，這裡輸出的是偶數列的資料，所以只有一半。

標準位置編碼先將 freqs 的偶數、奇數列分別用 sin、cos 函數計算得到 pe，再和標記嵌入做加法運算，得到

```
tensor([[1.0000,2.0000,1.0000,2.0000,1.0000,2.0000,1.0000,2.0000],
        [1.8415,1.5403,1.0998,1.9950,1.0100,1.9999,1.0010,2.0000],
        [1.9093,0.5839,1.1987,1.9801,1.0200,1.9998,1.0020,2.0000],
        [1.1411,0.0100,1.2955,1.9553,1.0300,1.9996,1.0030,2.0000],
        [0.2432,0.3464,1.3894,1.9211,1.0400,1.9992,1.0040,2.0000]])
```

旋轉位置編碼將 freqs 生成一個複數，形式是 cos(x)+ sin(x)j，得到 freqs_cis：

```
tensor([[1.0000+0.0000j,1.0000+0.0000j,1.0000+0.0000j,1.0000+0.0000j],
        [0.5403+0.8415j,0.9950+0.0998j,0.9999+0.0100j,1.0000+0.0010j],
        [-0.4161+0.9093j,0.9801+0.1987j,0.9998+0.0200j,1.0000+0.0020j],
        [-0.9900+0.1411j,0.9553+0.2955j,0.9996+0.0300j,1.0000+0.0030j],
        [-0.6536-0.7568j,0.9211+0.3894j,0.9992+0.0400j,1.0000+0.0040j]])
```

將標記嵌入也按嵌入維度軸變成兩個一組，生成複數 token_embedding_cis：

```
tensor([[1.+1.j,1.+1.j,1.+1.j,1.+1.j],
        [1.+1.j,1.+1.j,1.+1.j,1.+1.j],
        [1.+1.j,1.+1.j,1.+1.j,1.+1.j],
        [1.+1.j,1.+1.j,1.+1.j,1.+1.j],
        [1.+1.j,1.+1.j,1.+1.j,1.+1.j]])
```

再將兩個複數張量相乘，得到

```
tensor([[1.0000+1.0000j,1.0000+1.0000j,1.0000+1.0000j,1.0000+1.0000j],
        [-0.3012+1.3818j,0.8952+1.0948j,0.9900+1.0099j,0.9990+1.0010j],
        [-1.3254+0.4932j,0.7814+1.1787j,0.9798+1.0198j,0.9980+1.0020j],
        [-1.1311-0.8489j,0.6598+1.2509j,0.9696+1.0295j,0.9970+1.0030j],
        [0.1032-1.4104j,0.5316+1.3105j,0.9592+1.0392j,0.9960+1.0040j]])
```

再轉換回實數形式：

```
tensor([[1.0000,1.0000,1.0000,1.0000,1.0000,1.0000,1.0000,1.0000],
        [-0.3012,1.3818, 0.8952, 1.0948, 0.9900, 1.0099, 0.9990, 1.0010],
        [-1.3254,0.4932, 0.7814, 1.1787,  0.9798, 1.0198, 0.9980, 1.0020],
        [-1.1311,-0.8489, 0.6598, 1.2509, 0.9696, 1.0295, 0.9970, 1.0030],
        [0.1032,-1.4104, 0.5316, 1.3105, 0.9592, 1.0392, 0.9960, 1.0040]])
```

4.5.4 Llama 位置編碼

Llama 的旋轉位置編碼函數，這段函數程式 Llama 2 和 Llama 1 沒有變化。函數有計算絕對位置相關的旋轉的角度 precompute_freqs_cis 和把位置資訊增加到原有的編碼結果上 apply_rotary_emb。

為了更加具體地表達，我們以 llama-2-7b 模型尺寸為例：

序列長度 seq_len = 4096

嵌入維度 dim = 4096

注意力頭數 attention_head = 32

單一自注意力頭維度 head_dim = dim/attention_head = 128

1. 預計算旋轉角度

函數 precompute_freqs_cis 用於計算絕對位置相關的旋轉的角度。theta 是一個常數，這裡固定等於 10000.0。dim 是嵌入向量的維度，此處為 4096。end 為序列最大長度的兩倍，即 4096×2=8192。

theta 可以被修改，在 pth 格式模型權重檔案目錄中，在 params.json 檔案中定義 rope_theta 值，可被用來修改 theta 值。在 Meta 推出的 CodeLlama 中，theta 值是 1000000。

```
def precompute_freqs_cis(dim:int,end:int,theta:float = 10000.0):
    freqs = 1.0/(theta**(torch.arange(0,dim,2)[:(dim//2)].float()/dim))
    t = torch.arange(end,device=freqs.device)#type:ignore
    freqs = torch.outer(t,freqs).float()#type:ignore
    freqs_cis = torch.polar(torch.ones_like(freqs),freqs)#complex64
    return freqs_cis
```

我們逐行來理解這個函數。

（1） freqs = 1.0/(theta**(torch.arange(0,dim,2)[:(dim//2)].float()/dim))

freqs 對應標準 Transformer 位置編碼公式的 $/1000^{2i/d\ \text{model}}$ 部分。可以整體作為基礎角度的指數，它的形狀是 [2048]，為嵌入維度長度的 1/2。freqs 計算程式分解及執行結果是這樣的：

① torch.arange(0,dim,2)

生成一個從 0 到 dim 的序列，間隔為 2，即偶數序列：

```
tensor([0,2,4,...,4090,4092,4094])
```

② torch.arange(0,dim,2)[:(dim//2)]

獲取序列的前一半。此處程式無作用，因為本來偶數序列長度就只有一半。

③ (torch.arange(0,dim,2)[:(dim//2)].float()/dim)

變成小於 1 的係數。

```
tensor([0.00000000,0.00048828,0.00097656,...,
0.99853516,0.99902344,0.99951172])
```

最後，freqs 的形狀為 [2048]，資料為

```
tensor([1.00000000,0.99551278,0.99104589,...,
0.00010136,0.00010090,0.00010045])
```

（2） t = torch.arange(end,device=freqs.device)

t 是絕對位置資訊，為輸入序列，它的形狀是 [4096]。資料為

```
tensor([0,1,2,...,4093,4094,4095])
```

（3） freqs = torch.outer(t,freqs).float()

公式中利用 torch.outer 函數，將 ***t*** 向量裝置，乘以 freqs 向量，生成一個形狀為 [4096,2048] 矩陣，即矩陣的行為輸入標記，矩陣列為嵌入維度的偶數。

```
tensor([[0.0000, 0.0000, 0.0000,..., 0.0000, 0.0000, 0.0000],
        [1.0000, 0.9955, 0.9910,..., 0.0001, 0.0001, 0.0001],
        [2.0000, 1.9910, 1.9821,..., 0.0002, 0.0002, 0.0002],
```

```
        ...,
       [4093.0000, 4074.6338, 4056.3508,..., 0.4149, 0.4130, 0.4111],
       [4094.0000, 4075.6294, 4057.3418,..., 0.4150, 0.4131, 0.4112],
       [4095.0000, 4076.6248, 4058.3330,..., 0.4151, 0.4132, 0.4113]])
```

比如最右下角的值 0.4113˜ = 4095×0.00010045。

（4）freqs_cis = torch.polar(torch.ones_like(freqs),freqs)

torch.polar(abs,angle) 利用一個絕對數值和一個角度值，在極座標下建構一個複數張量 abs * cos(angle)+ abs * sin(angle)j。

```
tensor([[1.0000+0.0000j,1.0000+0.0000j,1.0000+0.0000j,...,
         1.0000+0.0000j,1.0000+0.0000j,1.0000+0.0000j],
        [0.5403+0.8415j,0.5441+0.8390j,0.5478+0.8366j,...,
         1.0000+0.0001j,1.0000+0.0001j,1.0000+0.0001j],
        [-0.4161+0.9093j,-0.4080+0.9130j,-0.3998+0.9166j,...,
         1.0000+0.0002j,1.0000+0.0002j,1.0000+0.0002j],
        ...,
        [-0.8799+0.4752j,-0.9999+0.0119j,-0.8501-0.5267j,...,
         0.9152+0.4031j,0.9159+0.4014j,0.9167+0.3997j],
        [-0.8753-0.4836j,-0.5539-0.8326j,-0.0251-0.9997j,...,
         0.9151+0.4032j,0.9159+0.4014j,0.9166+0.3998j],
        [-0.0660-0.9978j,0.3970-0.9178j,0.8227-0.5685j,...,
         0.9151+0.4032j,0.9158+0.4015j,0.9166+0.3998j]])
```

其中 0.9166+0.3998j 計算為，0.9166˜=np.cos(0.4113),0.3998˜= np.sin (0.4113)。

函數 precompute_freqs_cis 以嵌入維度中每兩個元素為一組，生成複數，最後生成一個複數張量。該張量中數值是固定的，可以提前建立好後重複利用。

2. 增加位置資訊

函數 apply_rotary_emb 把位置資訊增加到原有的編碼結果上，該程式在多頭注意力階段呼叫。

```
def reshape_for_broadcast(freqs_cis:torch.Tensor,x:torch.Tensor):
    ndim = x.ndim
    assert 0 <= 1 < ndim
    assert freqs_cis.shape == (x.shape[1],x.shape[-1])
    shape = [d if i == 1 or i == ndim-1 else 1 for i,d in enumerate(x.shape)]
    return freqs_cis.view(*shape)
```

```
def apply_rotary_emb(
    xq:torch.Tensor,
    xk:torch.Tensor,
    freqs_cis:torch.Tensor,
)-> Tuple[torch.Tensor,torch.Tensor]:
    xq_= torch.view_as_complex(xq.float().reshape(*xq.shape[:-1],-1,2))
    xk_= torch.view_as_complex(xk.float().reshape(*xk.shape[:-1],-1,2))
    freqs_cis = reshape_for_broadcast(freqs_cis,xq_)
    xq_out = torch.view_as_real(xq_*freqs_cis).flatten(3)
    xk_out = torch.view_as_real(xk_*freqs_cis).flatten(3)
    return xq_out.type_as(xq),xk_out.type_as(xk)
```

xq、xk 是多頭注意力（MHA）的兩個張量，在注意力頭數為 32 時，它們的嵌入維度為 4096/32= 128，因此形狀為 [4096,128]。

torch.view_as_complex：把一個 tensor 轉為複數形式，要求這個 tensor 的最後一個維度形狀為 2。

torch.view_as_real：把複數 tensor 變回實數，可以看作剛才操作的逆變換。

reshape_for_broadcast 方法，是把 freqs_cis 變成和輸入的 tensor 相同的形狀，結合下面的另一個方法一起介紹。

然後來看 apply_rotary_emb 方法，這個方法其實就是把位置資訊增加到原有的編碼結果上，在 multi-head attention 階段呼叫。我們還是逐行來看：

```
xq_= torch.view_as_complex(xq.float().reshape(*xq.shape[:-1], -1,2))
```

上文中，我們假設了輸入 x_q 的尺寸就是 (2,512,12,64)，那麼這一句操作的 reshape，就是把它變成 (2,512,12,-1,2)，也就是 (2,512,12,32,2)。x_k 同理，略。緊接著把它變成複數形式，也就是變成了 (2,512,12,32) 的形狀。

然後進入 reshape_for_broadcast 方法：

```
shape = [d if i == 1 or i == ndim-1 else 1 for i,d in enumerate (x.shape)]
return freqs_cis.view(*shape)
```

這個方法的作用是把 freqs_cis 變成和輸入的 tensor 相同的形狀。需要注意的是，這裡的 freqs_cis 並不是 precompute_freqs_cis 生成的形狀為 [4096,4096] 的那個 tensor，而是根據輸入的絕對位置，在 [4096,4096] 的 tensor 中，截取了長度為當前 seq_len 的一部分，程式在 Transformer 類別的 forward 方法中：

```
freqs_cis = self.freqs_cis[start_pos:start_pos + seqlen]
```

也就是說，假如當前輸入的序列長度是 6，那麼截取出來的這個新的 freqs_cis，形狀就是 [6,4096]，reshape 之後，形狀就變成了 [1,6,1,4096]，也就是在每一個位置上，都對應有 32 個角度，根據剛剛 torch.polar 的介紹，當我們固定絕對值（也就是向量的模長）時，角度就可以在笛卡兒座標系下唯一確定一個複數，這樣一來也就是 32 個複數，即 64 個特徵維度，所以就可以對應地將它融合到每個 attention head 的 64 個特徵中去了。

reshape 之後，就是將位置資訊融入 query 和 key 中：

```
xq_out = torch.view_as_real(xq_*freqs_cis).flatten(3)
```

這一步將二者相乘得到的複數 tensor，重新轉為實數形式，得到的 shape 為 (2,512,12,32,2)，然後再 flatten 成 (2,512,12,64)，這樣一來，就變回了和最開始 x_q 相同的形狀，也就完成了將位置資訊融入 x_q 的這一操作。x_k 同理。

4.5.5 長度擴充

在大型語言模型的應用中，有一個非常重要的參數，叫作大型語言模型支援的上下文長度（Max Context Length）。

更大的上下文長度允許我們進行更多輪次的對話，允許我們對更長的本文進行總結分析，也允許我們生成更長的文章。

但是在訓練大型語言模型的時候，我們的訓練語料大部分是不夠長的，許多大型語言模型訓練時候設計的最大文字長度都是只有 2k，也就是最長 2048 個標記。

能否在訓練的時候使用較短的文字，而在推理的時候擴充到長文字上呢？可以，我們有三種方案對 RoPE 進行長度擴充。

第一種是直接外插：直接外插其實就是繼續使用現有的位置編碼公式，不做任何修改。在擴充長度不太長的時候，例如由 2k 擴充到 2.5k 時，這種方法可能對性能的影響並不大，因為旋轉位置編碼只和相對位置 $m\text{-}n$ 的大小有關，一般具有遠端衰減性，即相對距離越大的兩個標記，其相關性一般越弱。因此如果我們的模型已經從訓練資料那裡學習到了標記之間的相關性相對於相對距離在 0 ～ 2k 的一個合適的衰減規律的時候，可以設想把這個規律應用到 0 ～ 2.5k 也是沒有太大的問題的。

但是如果我們要擴充到更長的長度，如從 2k 擴充到 32k，這種直接外插的方案通常會嚴重地影響性能，因為我們學習到的衰減規律有可能在 5k 的那裡就完全衰減截斷基本降為 0 了，這樣我們就無法捕捉相對距離長於 5k 的兩個標記之間的相互作用，外插就會導致性能下降。

為了減小長度外插對性能的影響，我們可以讓訓練好的模型在更長的上下文中做少許步驟的微調。

第二種是線性內插：線性內插需要改變位置編碼公式，等效於將位置序號等比例縮小。

當從 2k 擴充到 32k，等效於需要將位置序號變成原來的 1/16。

線性內插沒有改變模型學習到的衰減規律的應用範圍，不考慮微調的話，其效果一般好於直接外插方案。

但是，擴充倍數非常大的時候，如從 2k 擴充到 32k，其性能也會明顯受到影響，因為在這種情況下，衰減規律在短距離情況下的使用會受到較嚴重的影響，本來距離為 1 的兩個標記，長度擴充後相當於變成了距離為 1/16，衰減規律在短距離時可能具有非常大的變化率，所以對相關性的評估可能會極端地偏離合理值。

應用線性內插時，在長文字上做少許步驟的微調也能夠明顯地改善性能。

第三種是 NTK 擴充方式：這種方式綜合了外插和內插的優點，做長度擴充後即使不微調也能夠保持較好的性能。在短距離情況下具有外插特性（與擴充前基本一致），在長距離情況下具有內插特性（縮放到擴充前的範圍），從而使長距離情況下和短距離情況下衰減規律的使用都不太受到影響。

NTK 擴充方式的要點是高頻外插，低頻內插，實現方法是直接對底數進行縮放，類似進制編碼轉換。

採用 NTK 擴充到長文字，即使不做微調，性能也只會略有下降。

4.6 自注意力機制

Transformer 模型的自注意力機制是一種捕捉輸入序列中不同位置之間關係的方法。它的基本思想是在處理序列中每個元素時，不僅考慮該元素本身，還考慮與其相關的其他元素。這種機制使模型能夠更進一步地理解序列中的上下文關係。

在自注意力機制中，每個輸入元素都有一個對應的權重，這個權重是透過計算該元素與其他元素的相似度得到的。相似度越高，權重越大，這表示在生成輸出時，該元素對其他元素的影響越大。

自注意力機制的價值主要表現在以下幾個方面。

（1）捕捉長距離依賴關係：在處理長序列時，傳統的循環神經網路可能會遇到梯度消失或爆炸的問題，導致模型難以捕捉序列中的長距離依賴關係。而自注意力機制可以直接計算序列中任意兩個位置之間的關係，從而更進一步地捕捉長距離依賴。

（2）平行計算：與 RNN 和卷積神經網路相比，自注意力機制可以在處理序列時平行計算，從而大大提高計算效率。

（3）可解釋性：自注意力機制的輸出包括了輸入序列中每個元素對其他元素的影響權重，這些權重可以視為模型對序列中不同位置關係的理解，從而提供了一定的可解釋性。

（4）模型性能：自注意力機制是 Transformer 模型的核心組成部分，Transformer 模型在許多自然語言處理任務中都獲得了顯著的效果，這也證明了自注意力機制的有效性。

4.6.1 原理

Transformer 模型的自注意力機制基於輸入序列中的每個元素，並且在處理每個元素時，都會考慮到其他元素的資訊。這一過程主要包括以下幾個步驟。

（1）線性變換：對於輸入序列中的每個元素，我們首先透過線性變換得到三個向量：查詢向量、鍵向量和值向量。這三個向量通常由不同的參數矩陣生成。

（2）計算權重：我們透過計算每個元素的查詢向量與其他元素的鍵向量的點積，得到一個權重矩陣。這個權重矩陣表示了序列中每個元素對其他元素的影響程度。

（3）歸一化：為了使權重在合理的範圍內，我們通常會對權重矩陣進行歸一化處理，例如透過 Softmax 函數。

（4）加權求和：我們使用歸一化後的權重矩陣對值向量進行加權求和，得到輸出序列。每個輸出元素都是輸入元素的值向量的加權求和，權重就是前面計算的權重。

透過這種方式，自注意力機制能夠捕捉到序列中的全域依賴關係，無論依賴關係在序列中的位置如何分佈。同時，由於自注意力機制的計算過程可以平行化，因此它在處理長序列時的效率非常高。

4.6.2 注意力分數的計算

縮放點積注意力（Scaled Dot-Product Attention）是一種常用的自注意力機制，輸入序列首先被映射到查詢向量 $\boldsymbol{Q}$、鍵向量 $\boldsymbol{K}$ 和值向量 $\boldsymbol{V}$。然後，計算 $\boldsymbol{Q}$ 和 $\boldsymbol{K}$ 的點積，並對點積結果進行縮放。最後，將縮放後的結果與 $\boldsymbol{V}$ 進行加權平均，得到自注意力機制的輸出。從圖 4-17 可以看到縮放點積注意力在 Transformer 模型中的位置。

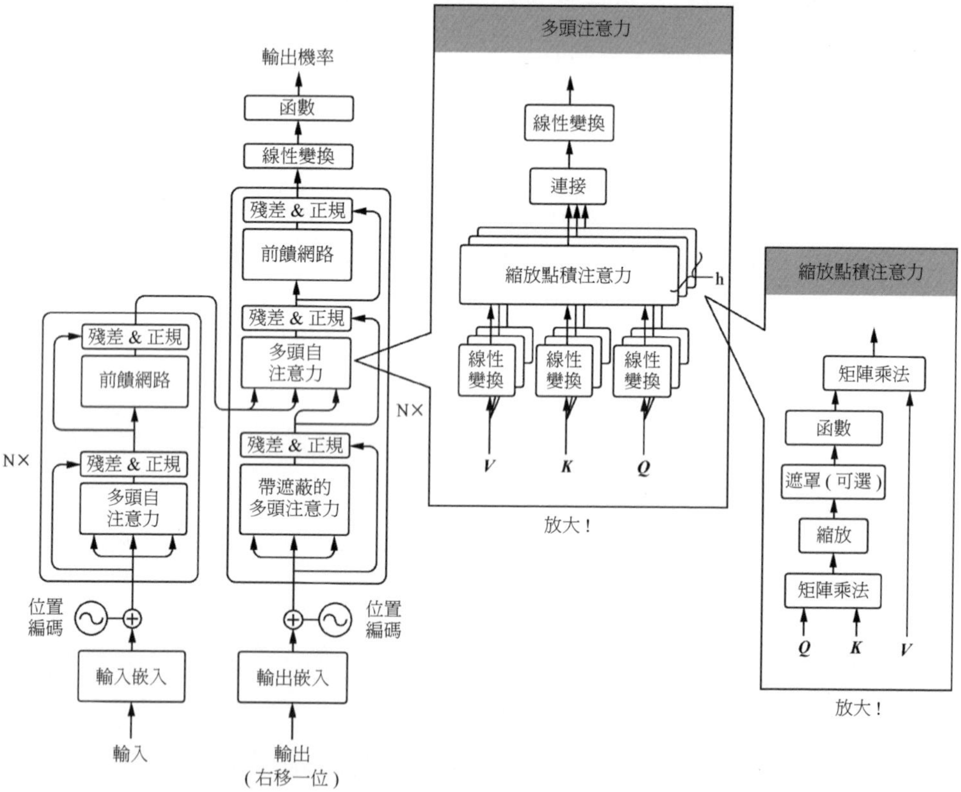

▲ 圖 4-17 從 Transformer 到多頭自注意力，再到縮放點積注意力

假設一個序列的長度是 4，比如這句話 "I should sleep now"。再假設嵌入向量維度是 6（實際上 Llama 7B 模型是 4096）。

```
seq_len = 4
embeddings_dim = 6
```

這裡的例子中，我們為每個標記建立嵌入維數 embeddings_dim 大小的隨機向量。程式中 query_vectors、key_vectors、value_vectors 分別是查詢向量（$\boldsymbol{Q}$）、鍵向量（$\boldsymbol{K}$）和值向量（$\boldsymbol{V}$）。$\boldsymbol{Q}$，$\boldsymbol{K}$，$\boldsymbol{V}$ 物理意義上是一樣的，都表示同一個句子中不同標記組成的矩陣。矩陣中的每一行，是表示一個標記的詞嵌入向量。

```
import torch
import torch.nn as nn

embeddings_dim = 6

embeddings = torch.randn(seq_len*embeddings_dim).view(seq_len,embeddings_dim)

query_matrix = nn.Linear(embeddings_dim,embeddings_dim)
query_vectors = query_matrix(embeddings)
```

```
1 embeddings
```

```
tensor([[-1.3565, -1.3428,  0.8033,  1.3472,  0.7405,  1.0264],
        [ 0.4019,  0.6299,  0.8490, -0.4754,  0.4463, -2.0529],
        [-1.3255, -0.8625,  1.2885, -0.3940,  0.8368,  2.1588],
        [ 0.4389,  0.6091,  0.3238,  1.1083, -0.5548,  1.3988]])
```

```
1 query_vectors
```

```
tensor([[-0.1452,  0.4216,  0.2601,  0.0622, -0.4574,  0.2219],
        [ 0.5355,  0.3735, -0.0653,  0.0194, -0.5459,  0.6600],
        [-0.5174,  0.3747, -0.8368, -0.9132, -0.2153,  0.5843],
        [ 0.6977,  0.3747,  0.1204,  0.2349, -0.5895,  0.5870]],
       grad_fn=<AddmmBackward0>)
```

按照計算 query_vectors 的方法，通用計算 key_vectors 和 value_vectors：

```
key_matrix = nn.Linear(embeddings_dim,embeddings_dim)
value_matrix = nn.Linear(embeddings_dim,embeddings_dim)

key_vectors = key_matrix(embeddings)
value_vectors = value_matrix(embeddings)
```

注意力分數的計算是透過查詢向量（$\boldsymbol{Q}$）和鍵向量（$\boldsymbol{K}$）轉置之間的點積，然後除以一個縮放因數（通常是鍵向量維度的平方根）來得到的。

$$\text{Attention}(\boldsymbol{Q},\boldsymbol{K},\boldsymbol{V}) = \text{Softmax}\left(\frac{\boldsymbol{QK}^{\mathrm{T}}}{\sqrt{d_k}}\right)\boldsymbol{V}$$

公式中的 $\boldsymbol{Q}$、$\boldsymbol{K}$、$\boldsymbol{V}$ 分別對應 query_vectors、key_vectors、value_vectors。$\boldsymbol{K}^{\mathrm{T}}$ 是 key_vectors 的轉置。其中，d_k 是鍵向量的維度。

這個公式表現了自注意力機制的核心原理，即透過計算查詢和鍵之間的相似性來決定它們之間的注意力權重。然後，透過 Softmax 函數將這些注意力分數轉為 0 和 1 之間的數值，且它們的和為 1，進而得出注意力權重。

圖 4-18 形象地說明了矩陣形狀的變化。

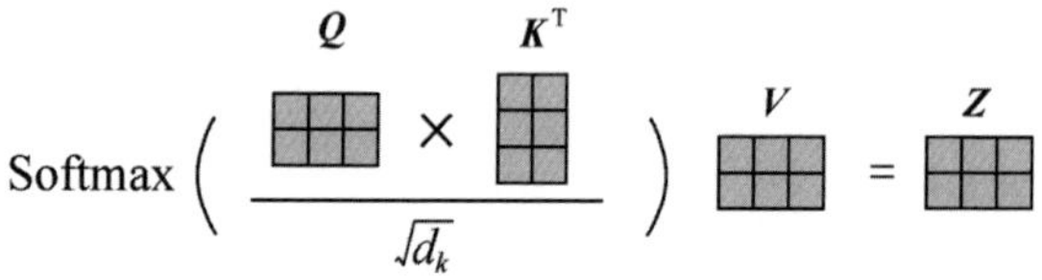

$$\text{Softmax}\left(\frac{\boldsymbol{Q} \times \boldsymbol{K}^{\mathrm{T}}}{\sqrt{d_k}}\right)\boldsymbol{V} = \boldsymbol{Z}$$

▲ 圖 4-18 注意力分數計算公式

```
scores = torch.matmul(query_vectors,key_vectors.transpose(-2,-1))/torch.sqrt(torch.
tensor(embeddings_dim,dtype=torch.float32))

softmax = nn.Softmax(dim=-1)
attention_weights = softmax(scores)
```

```
1 scores
```

```
tensor([[-0.0322,  0.2764,  0.2686, -0.4439],
        [-0.2886, -0.1133,  0.0270,  0.5779],
        [-0.5994,  0.0238, -0.2080,  0.4393],
        [-0.3969,  0.9243, -0.5634, -1.5040]], grad_fn=<DivBackward0>)
```

```
1 attention_weights
```

```
tensor([[0.2286, 0.3112, 0.3088, 0.1514],
        [0.1683, 0.2006, 0.2308, 0.4004],
        [0.1395, 0.2601, 0.2063, 0.3941],
        [0.1688, 0.6325, 0.1429, 0.0558]], grad_fn=<SoftmaxBackward0>)
```

```
output = torch.matmul(attention_weights,value_vectors)
```

```
output
```

```
tensor([[ 0.1466,  0.3497, -0.5861,  0.1029,  0.0919,  0.0824],
        [ 0.3637,  0.1027, -0.3204, -0.5862,  0.1728, -0.1305],
        [ 0.4076,  0.1889, -0.3421, -0.5472,  0.1399, -0.1686],
        [ 0.4446,  0.7927, -0.6255,  0.4077, -0.1616, -0.1369]],
       grad_fn=<MmBackward0>)
```

兩個向量的點乘表示兩個向量的相似度，這是點乘的物理意義。***K*** 和 ***Q*** 的點乘是為了計算一個句子中每個標記相對於句子中其他標記的相似度，這個相似度可以視為注意力分數。

原本 ***V*** 裡的各個單字只用詞嵌入表示，相互之間沒什麼關係。但是與注意力分數相乘後，***V*** 中每個標記的向量（即一個單字的詞嵌入向量），在詞嵌入維度（如 Llama 7B 是 4096）的每個維度上（每一列）上，都會對其他標記作出調整（關注度不同）。與 ***V*** 相乘這一步，相當於提純，讓每個單字關注該關注的部分。

4.6.3 多頭注意力機制

多頭注意力機制是 Transformer 模型的重要組成部分，它是自注意力機制的擴充。在自注意力機制中，我們使用一個查詢向量、一個鍵向量和一個值向量進行計算。而在多頭注意力機制中，我們會有多組這樣的向量，每一組都被稱為一個「頭」。

下面的程式（是 4.6.2 節程式的延續）假設有 2 個頭（Llama 7B 中有 32 個頭）。

```
num_attention_heads = 2

output2 = output.clone()
m_output = torch.concat((output,output2),dim=1)

output_matrix = nn.Linear(num_attention_heads*embeddings_dim,num_attention_heads*
embeddings_dim)
out_vectors = output_matrix(m_output)
```

```
m_output
```

```
tensor([[ 0.1466,  0.3497, -0.5861,  0.1029,  0.0919,  0.0824,  0.1466,  0.3497,
         -0.5861,  0.1029,  0.0919,  0.0824],
        [ 0.3637,  0.1027, -0.3204, -0.5862,  0.1728, -0.1305,  0.3637,  0.1027,
         -0.3204, -0.5862,  0.1728, -0.1305],
        [ 0.4076,  0.1889, -0.3421, -0.5472,  0.1399, -0.1686,  0.4076,  0.1889,
         -0.3421, -0.5472,  0.1399, -0.1686],
        [ 0.4446,  0.7927, -0.6255,  0.4077, -0.1616, -0.1369,  0.4446,  0.7927,
         -0.6255,  0.4077, -0.1616, -0.1369]], grad_fn=<CatBackward0>)
```

```
out_vectors
```

```
tensor([[-0.3018,  0.1417,  0.2975, -0.0443, -0.1610, -0.1271,  0.2463, -0.5166,
         -0.2846,  0.1525, -0.3865, -0.1059],
        [-0.4404,  0.3297, -0.0197, -0.1707,  0.1385,  0.1053,  0.0490, -0.2620,
         -0.0465, -0.0450, -0.4628,  0.2059],
        [-0.4470,  0.3290, -0.0214, -0.1606,  0.1529,  0.0663,  0.0654, -0.2996,
         -0.0723, -0.0192, -0.4880,  0.2041],
        [-0.2673,  0.1772,  0.2597,  0.0450, -0.1175, -0.3426,  0.2815, -0.7193,
         -0.4165,  0.3454, -0.5052, -0.0945]], grad_fn=<AddmmBackward0>)
```

4.6.4 分組查詢注意力

原始的多頭注意力中，Q、K、V 三部分有相同數量的頭，且一一對應。每次做注意力，每個頭的 Q、K、V 做好自己運算就可以，輸出時各個頭加起來就行。

自迴歸解碼的標準做法是快取序列中先前標記的鍵（K）和值（V）對，從而加快注意力計算速度。然而，隨著上下文視窗或批次大小的增加，多頭注意力模型中與 KV 快取大小相關的記憶體成本顯著增長。對於較大的模型，KV 快取大小成為瓶頸，鍵和值投影可以在多個頭之間共用，而不會大幅降低性能。

而多查詢注意力（Multi Query Attention，MQA）則是讓 Q 仍然保持原來的頭數，但 ***K*** 和 ***V*** 只有一個頭，相當於所有的 Q 頭共用一組 K 和 V 頭，所以叫作 Multi-Query 了。這樣能提高輸送量，而性能降低不太大。

分組查詢注意力（Group Query Attention，GQA）綜合 MHA 和 MQA，既不損失太多性能，又能利用 MQA 的推理加速。不是所有 Q 頭共用一組 KV，而是分組一定頭數 Q 共用一組 KV，如圖 4-19 中就是兩組 Q 共用一組 KV。

因此，分組查詢注意力是一種用於注意力機制計算的改進方法。引入分組查詢的概念，即將一組相關的查詢視為一個整體，並計算該組查詢與鍵的注意力。這樣可以更進一步地保留查詢之間的連結性，並且在計算注意力時減少計算量。在這種情況下，傳統的注意力機制可能無法充分捕捉到這些查詢之間的相關性。

具體來說，GQA 分組查詢注意力的計算步驟如下。

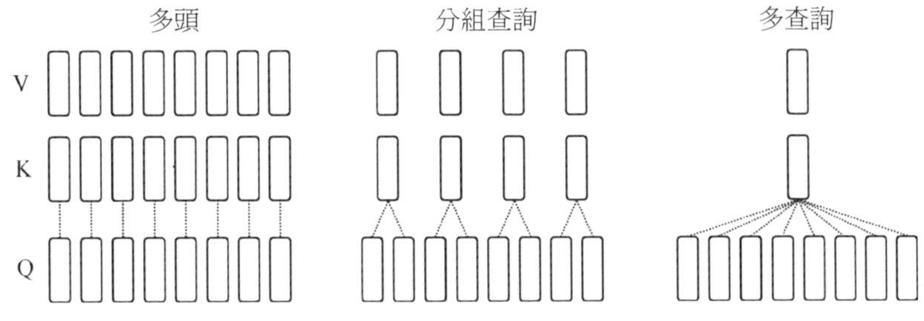

▲ 圖 4-19 多種注意力的比較

（1）輸入：查詢組 Q，鍵 K，值 V。

（2）透過定義一個相似度函數（如點積、縮放點積等），計算查詢組 Q 與鍵 K 之間的相似度矩陣。

（3）對相似度矩陣進行歸一化操作，得到注意力權重矩陣。

（4）使用注意力權重矩陣對值 V 進行加權求和，得到查詢組 Q 的注意力表示。

透過將一組相關的查詢視為一個整體，分組查詢注意力能夠更進一步地對相關查詢之間的重要性進行建模，提高了注意力機制的效果。這種方法在處理一組連結查詢的任務中表現出色，可以更進一步地處理多個查詢之間的聯繫。

4.6.5 Llama 2 原始程式碼分析

原始程式碼中的超參數和數值為

dim：4096 n_layers：32 n_heads: 頭數，32

model_parallel_size：平行數，這裡可以固定 =1

n_kv_heads：key 和 value 的頭數，沒有設置就與 n_heads 相同，32 n_local_heads：本機頭數，32

n_local_kv_heads：本機 key、value 的頭數，32 n_rep：本機重複次數，1

head_dim：單一自注意力頭維度，4096/32 = 128

wq、wk、wv、wo 是對應 query、key、value、output 的權重矩陣。

```
# 對輸入的張量進行重複操作，以滿足多頭注意力機制中多次使用同一個鍵 - 值對的需要。
def repeat_kv(x:torch.Tensor,n_rep:int)-> torch.Tensor:
    """torch.repeat_interleave(x,dim=2,repeats=n_rep)"""
    bs,slen,n_kv_heads,head_dim = x.shape
    if n_rep == 1:
        return x
    return(
        x[:,:,:,None,:]
        .expand(bs,slen,n_kv_heads,n_rep,head_dim)
        .reshape(bs,slen,n_kv_heads*n_rep,head_dim)
    )

class Attention(nn.Module):
    def  init(self,args:ModelArgs):
        super().init()
        self.n_kv_heads = args.n_heads if args.n_kv_heads is None else args.n_kv_heads
        model_parallel_size = fs_init.get_model_parallel_world_size()
        self.n_local_heads = args.n_heads//model_parallel_size
        self.n_local_kv_heads = self.n_kv_heads//model_parallel_size
        self.n_rep = self.n_local_heads//self.n_local_kv_heads
        self.head_dim = args.dim//args.n_heads

        # 建構注意力查詢（Q）、鍵（K）和值（V）所需要的線性變換運算元
        # 這裡直接用一個變換運算元支援了多頭的場景，因為每個頭實際上計算方式是完全一樣的，只是
參數不同
        self.wq = ColumnParallelLinear(
            args.dim,
            args.n_heads*self.head_dim,
            bias=False,
            gather_output=False,
            init_method=lambda x:x,
```

```
        )
        self.wk = ColumnParallelLinear(
            args.dim,
            self.n_kv_heads*self.head_dim,
            bias=False,
            gather_output=False,
            init_method=lambda x:x,
        )
        self.wv = ColumnParallelLinear(
            args.dim,
            self.n_kv_heads*self.head_dim,
            bias=False,
            gather_output=False,
            init_method=lambda x:x,
        )
        # 建構對最終輸出進行線性變換的運算元
        self.wo = RowParallelLinear(
            args.n_heads*self.head_dim,
            args.dim,
            bias=False,
            input_is_parallel=True,
            init_method=lambda x:x,
        )

        self.cache_k = torch.zeros(
            (
                args.max_batch_size,
                args.max_seq_len,
                self.n_local_kv_heads,
                self.head_dim,
            )
        ).cuda()
        self.cache_v = torch.zeros(
            (
                args.max_batch_size,
                args.max_seq_len,
                self.n_local_kv_heads,
                self.head_dim,
            )
        ).cuda()
```

```
def forward(
        self,
        x:torch.Tensor,
        start_pos:int,
        freqs_cis:torch.Tensor,
        mask:Optional[torch.Tensor],
):
        bsz,seqlen,_= x.shape
        # 對輸入序列進行線性變換，分別得到查詢（Q）、鍵（K）和值（V）。
        xq,xk,xv = self.wq(x),self.wk(x),self.wv(x)

        xq = xq.view(bsz,seqlen,self.n_local_heads,self.head_dim)
        xk = xk.view(bsz,seqlen,self.n_local_kv_heads,self.head_dim)
        xv = xv.view(bsz,seqlen,self.n_local_kv_heads,self.head_dim)
        # 對查詢和鍵應用旋轉嵌入（Rotary Embedding）操作
        # 旋轉嵌入是一種在注意力機制中引入週期性資訊的技術，有助模型捕捉序列的順序關係
        xq,xk = apply_rotary_emb(xq,xk,freqs_cis=freqs_cis)

        # 更新快取中的鍵（K）和值（V），將當前位置的鍵和值儲存在快取中以供後續的注意力計算使用。
        self.cache_k = self.cache_k.to(xq)
        self.cache_v = self.cache_v.to(xq)

        self.cache_k[:bsz,start_pos:start_pos + seqlen]= xk
        self.cache_v[:bsz,start_pos:start_pos + seqlen]= xv

        # 從快取中獲取用於注意力計算的鍵（K）和值（V），包括當前位置之前的所有位置。
        keys = self.cache_k[:bsz,:start_pos + seqlen]
        values = self.cache_v[:bsz,:start_pos + seqlen]

        #repeat k/v heads if n_kv_heads < n_heads
        keys = repeat_kv(keys,self.n_rep)#(bs,seqlen,n_local_heads,head_dim)
        values = repeat_kv(values,self.n_rep)#(bs,seqlen,n_local_heads,head_dim)

        # 對查詢、鍵和值進行維度轉置，以便進行矩陣乘法操作。
        xq = xq.transpose(1,2)#(bs,n_local_heads,seqlen,head_dim)
        keys = keys.transpose(1,2)
        values = values.transpose(1,2)

        # 計算查詢和鍵之間的相似度得分，透過矩陣乘法計算得到，同時除以頭的維度的平方根來進行
縮放，以控制相似度的範圍。
```

```
    scores = torch.matmul(xq,keys.transpose(2,3))/math.sqrt(self.head_dim)
    if mask is not None:
    # 如果存在遮罩（mask），則將其加到相似度得分上，以遮罩無效位置的影響。
    scores = scores + mask#(bs,n_local_heads,seqlen,cache_len + seqlen)

    # 對相似度得分進行 softmax 操作，將其轉為注意力權重，使得權重在每個位置的分佈總和為 1。
    scores = F.softmax(scores.float(),dim=-1).type_as(xq)

    # 根據注意力權重對值進行加權求和，得到最終的注意力輸出。
    output = torch.matmul(scores,values)#(bs,n_local_heads,seqlen,head_dim)
    output = output.transpose(1,2).contiguous().view(bsz,seqlen,-1)

    # 對注意力輸出進行線性變換，得到最終的注意力機制的輸出。
    return self.wo(output)
```

torch.view：用於對張量進行重塑。它以特定的方式改變輸入張量的形狀，就像在 NumPy 中的 reshape 一樣。

torch.ColumnParallelLinear 和 torch.RowParallelLinear 是 PyTorch 中用於實現線性運算的平行計算模組。它們分別用於列平行和行平行計算。

torch.ColumnParallelLinear：它是一種列平行線性層，用於將輸入張量的列（即特徵）平行地執行線性運算。它接受輸入張量的形狀為（batch_size,input_features），並輸出形狀為（batch_size,output_features）的輸出張量。在內部，它將輸入張量的每一列（即每個特徵）作為獨立的輸入向量傳遞給線性層，並使用一個單獨的線性層來處理每個特徵。這種平行計算方式可以加速線性運算過程。

torch.RowParallelLinear：它是一種行平行線性層，用於將輸入張量的行（即批次）平行地執行線性運算。它接受輸入張量的形狀為（batch_size,input_features），並輸出形狀為（batch_size,output_features）的輸出張量。在內部，它將輸入張量的每一行（即每個批次）作為獨立的輸入向量傳遞給線性層，並使用一個單獨的線性層來處理每個批次。這種平行計算方式可以加速線性運算過程。

快取機制設計的目的是在 generate 時減少標記的重複計算。就是在計算第 n 個標記特徵的時候，需要用到第 $1,\cdots,n\text{-}1$ 個標記，即每次生成時，需要知道前面所有的過往資訊，如果每次都從頭算的話，那就會造成極大的浪費，所以每算一個位置的資訊，就把它快取下來。

4.7 殘差連接和層歸一化

在 Transformer 模型中，殘差連接和層歸一化（Add&Norm）是其中兩個組成部分。Add 指 X+MultiHeadAttention(X)，是一種殘差連接，通常用於解決多層網路訓練的問題，可以讓網路只關注當前差異的部分，在 ResNet 中經常用到（圖 4-20）。

Norm 指層歸一化，通常用於 RNN 結構，層歸一化會將每一層神經元的輸入都轉成平均值方差都一樣的，這樣可以加快收斂。

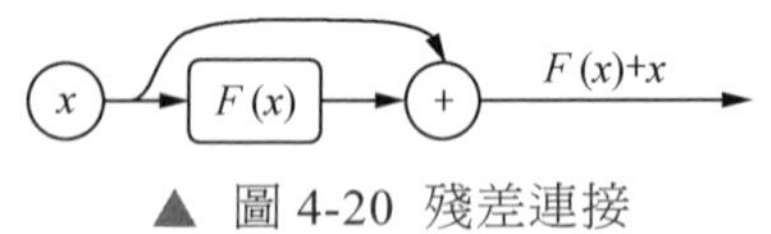

▲ 圖 4-20 殘差連接

4.7.1 預先歸一化

在原生 Transformer 層中層歸一化的計算過程為：計算輸入各個維度平均值、方差，原始輸入減去平均值並除以方差，此過程中會引入兩個超參數。此外，在原生的 Transformer 中，層歸一化發生在殘差連接之後，一般稱為後歸一化（Post-Norm），該過程會導致隨著層數的增大，原始輸入的權重越小，導致模型難以訓練。

為了解決該問題，研究者們提出使用預先歸一化（Pre-Norm），這也是當前較多大型語言模型使用的歸一化方式。具體地，該方式把歸一化放在了殘差連接之前，即先對注意力或前饋網路的輸入做歸一化，其與後歸一化的區別如圖 4-21、圖 4-22 所示。圖（a）是後歸一化，圖（b）是預先歸一化，LN 是層歸一化的縮寫。

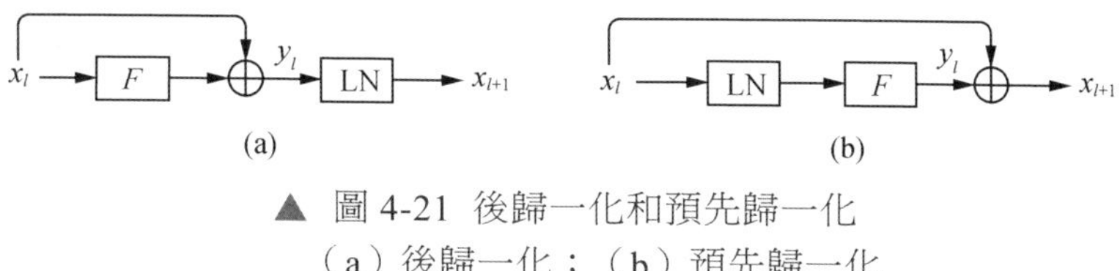

▲ 圖 4-21 後歸一化和預先歸一化
（a）後歸一化；（b）預先歸一化

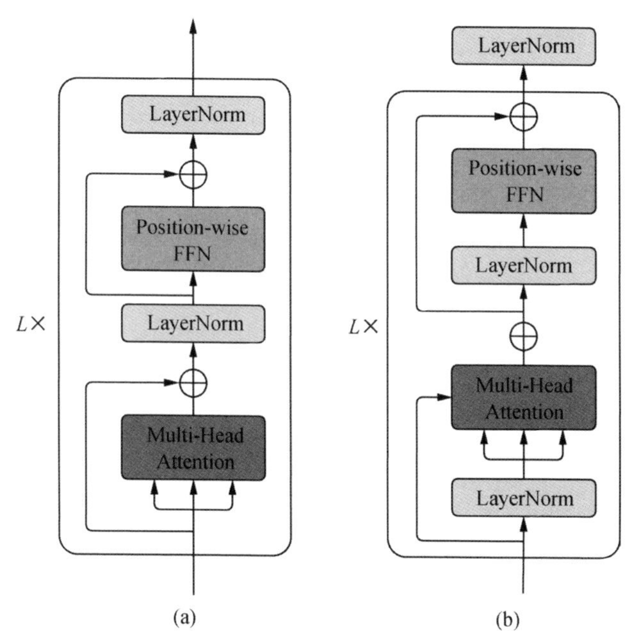

▲ 圖 4-22 後歸一化與預先歸一化的區別
（a）後歸一化；（b）預先歸一化

預先歸一化會更加強調殘差輸入的作用，會導致多層展開後無形地增加了模型的寬度而降低了模型的深度，從而造成效果略差於後歸一化。

關於預先歸一化和後歸一化，目前比較普遍的被大家接受的結論是，相同的深度條件下，後歸一化的效果要優於預先歸一化，因為預先歸一化實際上相當於通過了一個更寬的網路而非更深的網路，所以在同等深度下，預先歸一化的實際效果相當於一個更淺卻更寬的網路。

然而在 Llama 中卻採用了預先歸一化，或許是因為模型夠深（7B，13B，30B，65B 的模型，Transformer 層的數量分別為 32、40、60、80），而預先歸一化的恒等分支更加明顯，有利於梯度的傳播。

4.7.2 RMSNorm

除了預和後的最佳化之外，更好的歸一化方法也在不同的大型語言模型中被嘗試。其中 RMSNorm 是一種常見的方法，可以在梯度下降時令損失更加平滑，該方法認為歸一化中縮放性起的作用更大，因此去除了計算過程中的平移性（減去平均值的過程），只保留了縮放。具體而言，RMSNorm 的核心思想是基於輸入的均方根進行標準化。它透過計算輸入張量沿指定維度的均方根，並將每個元素除以該均方根值來進行歸一化。

RMSNorm 是一般層歸一化的一種變形。與層歸一化相比，RMSNorm 的主要區別在於去掉了減去平均值的部分（re-centering），只保留方差部分（re-scaling），從歸一化的運算式上可以直觀地看出：

一般的層歸一化：

$$\bar{a}_i = \frac{a_i - \mu}{\sigma} g_i$$

其中，

$$\mu = \frac{1}{n}\sum_{i=1}^{n} a_i$$

$$\sigma = \sqrt{\frac{1}{n}\sum_{i=1}^{n}(a_i - \mu)^2}$$

RMSNorm：

$$\bar{a}_i = \frac{a_i}{\mathrm{RMS}(a)} g_i$$

其中，

$$\mathrm{RMS}(a) = \sqrt{\frac{1}{n}\sum_{i=1}^{n} a_i^2}$$

可以看到，二者的區別就在於有沒有減去平均值。

4.7.3 Llama 2 原始程式碼分析

殘差連接在 TransformerBlock 中實現：

```
class TransformerBlock(nn.Module):
    def__init__(self,layer_id:int,args:ModelArgs):
        super().__init__()
    self.n_heads = args.n_heads
    self.dim = args.dim
    self.head_dim = args.dim//args.n_heads
    self.attention = Attention(args)self.feed_forward = FeedForward(
        dim=args.dim,
        hidden_dim=4*args.dim,
        multiple_of=args.multiple_of,
        ffn_dim_multiplier=args.ffn_dim_multiplier,
    )
    self.layer_id = layer_id
    self.attention_norm = RMSNorm(args.dim,eps=args.norm_eps)
    self.ffn_norm = RMSNorm(args.dim,eps=args.norm_eps)

    def forward(self,
        x:torch.Tensor,
        start_pos:int,
        freqs_cis:torch.Tensor,
        mask:Optional[torch.Tensor],
    ):
        h = x + self.attention.forward(
            self.attention_norm(x),start_pos,freqs_cis,mask
        )
        out = h + self.feed_forward.forward(self.ffn_norm(h))
        return out
```

在原始程式碼中，h 是注意力值。ffn_norm(h) 是用 RMSNorm 對 h 值進行歸一化。

self.feed_forward.forward(self.ffn_norm(h)) 用前饋網路對歸一化後的值做前向傳播。

h + self.feed_forward.forward(self.ffn_norm(h)) 這裡的 h 是殘差。

Llama 中實現 RMSNorm 的原始程式碼為

```
class RMSNorm(torch.nn.Module):
    def__init__(self,dim:int,eps:float = 1e-6):
        super().__init__()
        self.eps = eps

        #dim 參數表示輸入張量的維度，即要在哪個維度上計算均方根並進行歸一化。
        #weight 是一個可學習的權重參數，用於縮放標準化後的輸入。
        self.weight = nn.Parameter(torch.ones(dim))

    def_norm(self,x):
        # 計算輸入張量的均方根，並將每個元素除以均方根值。
        return x*torch.rsqrt(x.pow(2).mean(-1,keepdim=True)+ self.eps)

    def forward(self,x):
        # 呼叫 _norm 方法對輸入張量進行標準化處理，並將標準化後的結果與權重參數相乘，以進一步縮
放和調整輸出。
        output = self._norm(x.float()).type_as(x)
        return output*self.weight
```

程式中 x 是輸入，weight 是可訓練參數，x.pow(2) 是平方，mean(-1) 是在最後一個維度（即 hidden 特徵維度）上取平均，eps 防止取倒數之後分母為 0，torch.rsqrt 是開平方並取倒數。

4.8 前饋網路

Transformer 模型中的前饋網路層是一個重要的組成部分，它在每個注意力模組之後被應用。它透過非線性映射、特徵提取和維度變換、模式辨識和語義建模等功能，對注意力模組的輸出進行處理，從而使得模型學習和表示複雜的語義資訊，並提高模型的性能和泛化能力。下面詳細介紹前饋網路層的功能和作用。

1. 非線性映射

前饋網路層由兩個線性變換和一個啟動函數組成，並且它的輸入和輸出維度是相同的。這樣的設計使前饋網路層能夠對注意力模組的輸出進行非線性映射。透過啟動函數（通常是 ReLU），前饋網路層引入非線性性質，從而使得 Transformer 模型學習複雜的特徵和模式。

2. 特徵提取和維度變換

前饋網路層的主要功能是對輸入向量進行維度變換和特徵提取。輸入向量包含從注意力模組中獲得的上下文資訊，前饋網路層的變換將這些資訊進一步映射到一個更高維度的特徵空間。這樣，模型可以透過前饋網路層發現和提取輸入序列中的重要特徵，並增強每個位置的表示能力。

3. 模式辨識和語義建模

前饋網路層有助模型學習輸入序列中的局部關係和全域模式，從而捕捉更豐富和抽象的語義資訊。透過多個前饋網路層的堆疊，Transformer 模型能夠進行更複雜的模式辨識和語義建模，使得模型具有強大的表示能力。

4. 前饋網路層的參數共用

在 Transformer 模型中，每個位置的前饋網路層都是相同的，即它們具有相同的權重和偏置。這種參數共用的設計有助減少模型的參數量，使得模型更加輕量化和高效。同時，參數共用還可以促進模型的泛化能力，使模型更進一步地適應不同長度和結構的輸入序列。

4.8.1 啟動函數

啟動函數主要是指 FFN 層使用的啟動函數，透過 Transformer 原文可以知道 FFN 層的計算過程主要是 $y = f(Wx+b)W+b$，主要是 f 的選取即為啟動函數的選取。Transformer 原文使用的是 ReLU 啟動函數，即為 $y = \max(0, Wx+b)W+b$。而在 BERT 中引入 GeLU（高斯誤差線性單元）啟動函數，該啟動函數中引入隨機正規的思想。具體地，GeLU 對於輸入乘上了一個以 0，1 組成的遮罩，而該遮罩則是基於伯努利分佈隨機生成的。這麼選擇是因為神經元的輸入趨向於正態分佈，這麼設定使得輸出隨機依賴於輸入，同時，若輸入減小，則輸出會有一個更高的機率被 dropout 掉，具體計算過程為

$$0.5x(1+\tanh[\sqrt{2/\pi}(x+0.044\,715x^3)])$$

很多實驗都證明 GeLU 可以學習得更快、更好。近期出現的大型語言模型很多也會使用基於門控線性單元的啟動函數。

$$\mathrm{GLU}(x,W,V,b,c)=\sigma(xW+b)\otimes(xV+c)$$

如上門控機制使 GLU 能夠選擇性地過濾輸入向量的某些部分，並根據輸入的上下文來調整輸出。門控部分的作用是對輸入進行二分類，決定哪些部分應該被保留、哪些部分應該被抑制，可以有效地減少雜訊和不相關資訊的影響，提高網路的表達能力和泛化能力。基於 GLU 的啟動函數常見的主要包括兩個：SwiGLU 和 GeGLU，其與原生 GLU 的區別在於用 GeLU 與 Swish 代替 GLU 中的 Sigmoid。

$$\mathrm{GeGLU}(x,W,V,b,c)=\mathrm{GeLU}(xW+b)\otimes(xV+c)$$
$$\mathrm{SwiGLU}(x,W,V,b,c,\beta)=\mathrm{Swish}_\beta(xW+b)\otimes(xV+c)$$

值得注意的是，該部分只替換上文的 $f(Wx+b)$ 部分，因此會增加權重矩陣 $\boldsymbol{V}$，為保證整體參數量和原生 FFN 一致，W 和 V 的第二維度是原生 FFN 中間維度的 2/3。

Llama 採用 SwiGLU 替換了原有的 ReLU。

採用 SwiGLU 的 FNN，在論文中以以下公式表述：

$$\mathrm{FFN}_{\mathrm{SwiGLU}}(x,W,V,W_2)=(\mathrm{Swish}_1(xW)\otimes xV)W_2$$

其中，

$$\mathrm{Swish}_\beta(x)=x\sigma(\beta x)$$

4.8.2 前饋網路隱藏層維度

前饋網路層通常由兩個線性變換和一個啟動函數組成。這兩個線性變換分別將輸入向量映射到一個更高維度的隱藏表示，然後再透過啟動函數進行非線性變換。最後，透過第二個線性變換將隱藏表示映射回原始維度。

在隱藏層維度的選擇上，通常將其設置為一個較大的值，以便有足夠的參數來學習複雜的關係和模式。具體的隱藏層維度大小可能會有所不同，這取決於所處理的任務和資料集的大小。一般來說一個常見的選擇是在 2048 到 4096 之間。

需要注意的是，不同層之間的前饋網路隱藏層維度大小是相同的。這樣做是為了保持模型的一致性，使得在不同層之間共用參數，以提高模型的效率和泛化能力。

透過增加隱藏層維度，前饋網路可以提供更豐富的表示能力，從而更進一步地捕捉輸入序列中的局部和全域資訊，以及不同位置之間的依賴關係。這有助提高模型的性能，並使其能夠處理更複雜的任務和資料集。

Llama 中，隱藏層維度是用超參數 multiple_of 計算而來。在 Llama 7B 中，詞嵌入維度 dim 為 4086，multiple_of 為 256，multiple_of 用於保證 SwiGLU 的隱藏層維度值是 2 的冪次方的整數倍。隱藏層維度根據下面程式可得為 11008。

```
multiple_of = 256
dim = 4096 hidden_dim = 4*dim
hidden_dim = int(2*hidden_dim/3)
hidden_dim = multiple_of*((
hidden_dim + multiple_of-1)//multiple_of)
print(hidden_dim)
```

以上程式適用於 Llama 2 的 7B、13B、32B 模型。

4.8.3 Llama 2 原始程式碼分析

該函數實現了前饋網路層的功能，即將輸入向量經過了 w1、w2、w3 的變換後輸出。圖 4-23 是從圖 4-6 中截取的前饋網路層部分。

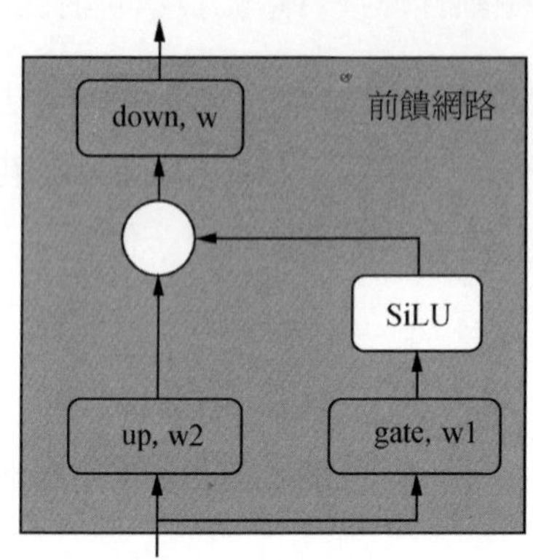

▲ 圖 4-23 前饋網路層

```
class FeedForward(nn.Module):
    def__init__(
        self,
        dim:int,
        hidden_dim:int
        multiple_of:int,
        ffn_dim_multiplier:Optional[float],
    ):
        super().__init__()
        hidden_dim = int(2*hidden_dim/3)#custom dim factor multiplier
        if ffn_dim_multiplier is not None:
            hidden_dim = int(ffn_dim_multiplier*hidden_dim)
        hidden_dim = multiple_of*((hidden_dim + multiple_of-1)//multiple_of)

        self.w1 = ColumnParallelLinear(
            dim,hidden_dim,bias=False,gather_output=False,init_method=lambda x:x
        )
        self.w2 = RowParallelLinear(
            hidden_dim,dim,bias=False,input_is_parallel=True,init_method=lambda x:x
        )
        self.w3 = ColumnParallelLinear(
```

```
        dim,hidden_dim,bias=False,gather_output=False,init_method=lambda x:x
    )

def forward(self,x):
    return self.w2(F.silu(self.w1(x))*self.w3(x))
```

這段程式定義了一個神經網路模組，並描述了其前向傳播的計算過程。

（1）w1(x)：這裡 w1 表示一個線性變換（可以是全連接層），對輸入張量 ***x*** 進行線性變換操作。這個操作可以是將輸入降維、提取特徵等。

（2）F.silu(self.w1(x))：F.silu 是指 Swish 啟動函數，將線性變換後的結果透過 Swish 啟動函數進行非線性變換。Swish 啟動函數可以增強網路的非線性能力，有助提取更複雜的特徵表示。

（3）self.w2(F.silu(self.w1(x))*self.w3(x))：在這一步中，有兩個部分的結果進行點積操作並透過線性變換。首先，F.silu(self.w1(x)) 和 self.w3(x) 分別進行線性變換，然後這兩部分結果對應位置進行點積操作。最後，點積結果透過線性變換 w2 進一步處理。

這段程式可以看作是對輸入張量 ***x*** 進行一系列的線性變換、非線性變換和點積操作。透過這些操作，網路可以提取輸入資料中的不同特徵，並將它們映射到一個更高維度的表示空間中。一般來說，它可以幫助網路學習資料中的非線性關係，並且可以透過多個層次的變換提取更複雜的特徵。這有助提高模型的表示能力，從而更進一步地適應資料，並在特定任務中提高性能。

4.8.4 演示程式

以下程式是在 Llama 2 原始程式碼基礎上修改而得，可以獨立執行。

```
from typing import Any,Optional,Tuple
import torch
import torch.nn as nn
import torch.nn.functional as F

class FeedForward(nn.Module):
```

```
    def__init__(
        self,
        dim:int,
        hidden_dim:int,
        multiple_of:int,
        ffn_dim_multiplier:Optional[float],
    ):
        super().__init__()
        hidden_dim = int(2*hidden_dim/3)
        #custom dim factor multiplier
        if ffn_dim_multiplier is not None:
            hidden_dim = int(ffn_dim_multiplier*hidden_dim)
        hidden_dim = multiple_of*((hidden_dim + multiple_of-1)//multiple_of)

        self.w1 = nn.Linear(dim,hidden_dim)
        self.w2 = nn.Linear(hidden_dim,dim)
        self.w3 = nn.Linear(dim,hidden_dim)

    def forward(self,x):
        return self.w2(F.silu(self.w1(x))*self.w3(x))

args_dim = 4096
args_multiple_of:int = 256#make SwiGLU hidden layer size multiple of large power of 2
args_ffn_dim_multiplier:Optional[float]= None

feed_forward = FeedForward(
            dim=args_dim,
            hidden_dim=4*args_dim,
            multiple_of=args_multiple_of,
            ffn_dim_multiplier=args_ffn_dim_multiplier,
        )

seq_len = 2048
embeddings_dim = 4096
x = torch.randn(seq_len*embeddings_dim).view(seq_len,embeddings_dim)
out = feed_forward.forward(x)
```

權重變換函數 w1、w2、w3 的輸入、輸出特徵：

```
feed_forward.w1
```

```
Linear(in_features=4096, out_features=11008, bias=True)
```

```
feed_forward.w2
```

```
Linear(in_features=11008, out_features=4096, bias=True)
```

```
feed_forward.w3
```

```
Linear(in_features=4096, out_features=11008, bias=True)
```

資料變換中形狀的變化：

```
x1 = feed_forward.w1(x)
x1.shape
```

```
torch.Size([2048, 11008])
```

```
x2 = F.silu(feed_forward.w1(x))
x2.shape
```

```
torch.Size([2048, 11008])
```

```
x3 = x2 * feed_forward.w3(x)
x3.shape
```

```
torch.Size([2048, 11008])
```

```
x4 = feed_forward.w2(x3)
x4.shape
```

```
torch.Size([2048, 4096])
```

圖 4-24 顯示了 llama-2-7b 模型在資料變換中形狀的變化。

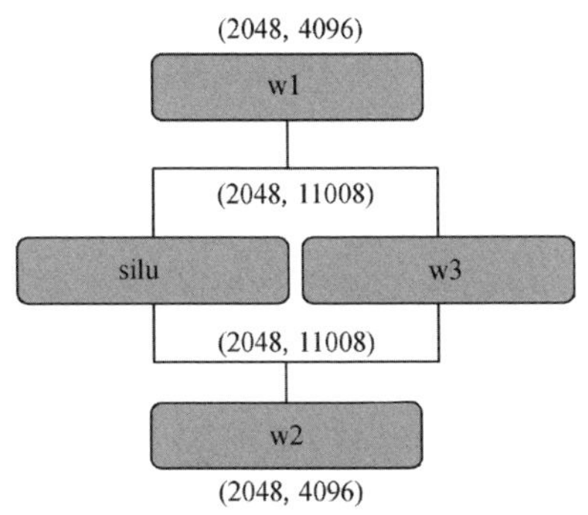

▲ 圖 4-24 資料變換中形狀的變化

4.9 損失函數

Transformer 模型的損失函數通常採用交叉熵損失來計算預測結果與真實標籤之間的差異。

交叉熵損失函數是一種衡量兩個機率分佈之間差異的方法。對於二元分類問題，它可以用以下公式表示：

$$H(p,q) = -\sum_x p(x)\log(q(x))$$

其中，p 是實際的機率分佈；q 是預測的機率分佈；log 是對數函數；$\sum_x$ 是對所有可能值 x 求和。在這個公式中，當預測分佈 $q(x)$ 接近實際分佈 $p(x)$ 時，交叉熵損失函數的值會變小，這正是我們希望看到的結果。

在 Transformer 模型中，我們用交叉熵損失函數來評估模型對目標序列的預測效果。具體來說，在解碼器階段，模型會為每個時間步生成一個詞彙表上的機率分佈，然後我們計算這個分佈與真實標籤分佈之間的交叉熵損失。

由於神經網路模型可能會過擬合，因此在實踐中常常會對損失函數進行一些調整以提高模型的泛化能力。一種常見的做法是 Label Smoothing，即在計算損失時，將絕對的 0 或 1 標籤替換為稍微平滑後的值。舉例來說，如果原始標籤為 1，我們可以將其設置為 0.95 而非 1；如果原始標籤為 0，我們可以將其設置為 0.05 而非 0。這樣可以防止模型過度自信地預測某些類別，從而改善模型的泛化性能。

此外，對於多工學習或多標籤分類等問題，可能會同時計算多個損失，並透過一定的加權方式合併這些損失，得到最終的總損失，然後根據總損失進行反向傳播和最佳化。

為了防止模型在訓練初期過於關注序列的某一部分，通常會在損失函數中加入一個掩碼（mask），使模型不能看到序列的某些部分。這個遮罩通常是一個和序列長度相同的向量，其中的值表示模型是否可以看到對應位置的輸出。

4.10 遮罩

在 Transformer 的前向計算時，會計算一個遮罩矩陣。然後，在計算注意力時，使用此遮罩來遮蔽掉無效位置。

在生成遮罩時，一般生成一個上三角遮罩，以遮罩未來位置的注意力。

在計算注意力分數時，透過將未來位置的分數設置為負無窮，可以使模型在自迴歸任務中只依賴於當前及之前的資訊。這樣可以確保模型在生成序列時不會看到未來位置的資訊，保持了模型的自迴歸性質。

生成遮罩的方式如下。

（1）建立一個名為 mask 的變數，並將其初始化為 None。這表示在開始時沒有生成遮罩。

① 如果 seqlen 大於 1，表示當前處理的序列長度大於 1，存在需要遮罩的位置。

② 建立一個形狀為 (1,1,seqlen,seqlen) 的張量 mask，並將所有元素的值設為負無窮（float("-inf")）。這裡使用 float("-inf") 是為了在計算注意力分數時將被掩蓋的位置的注意力分數設為負無限大，從而在 softmax 操作後將其值近似為 0。

（2）使用 torch.triu() 函數將 mask 張量的下三角部分（包括對角線）設為負無窮。這是透過設置 diagonal 參數為 start_pos + 1 來實現的，表示從對角線位置 start_pos + 1 開始遮罩。這樣，注意力機制在計算時將只關注當前位置及之前的位置，而忽略之後的位置。

（3）將 mask 張量的資料型態轉為輸入張量 ***h*** 的資料型態，並將其賦值給 mask 變數。在程式中，scores 與 mask 相加，實際上是將 mask 中的非負數值增加到 scores 對應位置的元素上。透過這樣的操作，可以將特定位置的注意力分數調整為一個較小的值，從而有效地遮罩或降低模型對該位置的關注度。

下面是 Llama 2 原始程式碼中與遮罩有關的程式：

```
seqlen = 4
start_pos = 0

import torch


mask = None
if seqlen > 1:
    mask = torch.full((1,1,seqlen,seqlen),float("-inf"))
    mask = torch.triu(mask,diagonal=start_pos + 1)

if mask is not None:
    # 如果存在遮罩（mask），則將其加到相似度得分上，以遮罩無效位置的影響。
    scores = scores + mask
```

```
1 mask
```

```
tensor([[[[0., -inf, -inf, -inf],
          [0., 0., -inf, -inf],
          [0., 0., 0., -inf],
          [0., 0., 0., 0.]]]])
```

```
1 scores
```

```
tensor([[[[-0.0322,    -inf,    -inf,    -inf],
          [-0.2886, -0.1133,    -inf,    -inf],
          [-0.5994,  0.0238, -0.2080,    -inf],
          [-0.3969,  0.9243, -0.5634, -1.5040]]]], grad_fn=<AddBackward0>)
```

4.11 PyTorch 的 nn.Transformer 模組

nn.Transformer 模組是 PyTorch 中提供的用於處理序列資料的深度學習模型之一。它是基於標準 Transformer 模型實現的，並被廣泛用於自然語言處理任務，如機器翻譯、文字生成等。

Transformer 模型的核心思想是使用多頭自注意力機制來建模輸入序列的關係，而不依賴於傳統的循環神經網路。PyTorch 的 nn.Transformer 模組提供了 Transformer 模型的各個元件，包括 Encoder、Decoder 和整個 Transformer 模型。

4.11.1 模組元件

下面是 PyTorch 的 nn.Transformer 模組中常用的元件和功能的詳細介紹。

（1）nn.TransformerEncoder：Transformer 編碼器模組，用於將輸入序列編碼成隱藏表示。它由多個相同的編碼器層組成，每層包含一個自注意力機制和一個前饋神經網路。

（2）nn.TransformerDecoder：Transformer 解碼器模組，用於從隱藏表示中生成輸出序列。類似於編碼器，它也由多個相同的解碼器層組成，每層包含一個自注意力機制、一個編碼器 - 解碼器注意力機制（encoder-decoder attention）和一個前饋神經網路。

（3）nn.TransformerEncoderLayer：Transformer 編碼器層，是組成編碼器的基本單元。它包含一個自注意力機制和一個前饋神經網路，並提供了歸一化、Dropout 等功能。

（4）nn.TransformerDecoderLayer：Transformer 解碼器層，是組成解碼器的基本單元。它包含一個自注意力機制、一個編碼器 - 解碼器注意力機制和一個前饋神經網路，同時也提供了歸一化、dropout 等功能。

（5）nn.MultiheadAttention：多頭自注意力機制，用於計算輸入序列的注意力權重。它將輸入序列劃分為多個頭，每個頭獨立計算注意力權重，然後將它們合併得到最終的表示。

（6）nn.Transformer：整個 Transformer 模型，由編碼器和解碼器組成。它接受輸入序列和目標序列，並輸出生成的序列。

透過使用 PyTorch.nn.Transformer 模組，你可以方便地建構和訓練 Transformer 模型，從而處理序列資料的各種自然語言處理任務。

4.11.2 __call__ 函數

在 PyTorch 中，nn.Transformer 模型繼承自 nn.Module 類別，並實現了前向傳播函數 forward()。因此，當我們建立 Transformer 模型的實例時，可以直接呼叫實例物件作為函數進行前向傳播。

在替定輸入資料 input_data 的情況下，可以透過呼叫 model(input_data,input_data) 來執行前向傳播，而無須顯式地呼叫 forward() 函數。這是因為 nn.Module 類別中已經為我們定義了 __call__() 方法，該方法會在實例物件後面加上括號時自動呼叫 forward() 函數。

因此，model(input_data,input_data) 與 model.forward(input_data,input_data) 是等價的，並且前者更為簡潔和常見，一般情況下我們會使用 model(input_data,input_data) 來執行前向傳播。

4.11.3 最簡單的標準 Transformer 模型

原始程式碼：

```
import torch

model = Transformer()
print(model)
```

生成一個 6 層編碼器，6 層解壓器的 Transformer 模型，參數均為預設值，輸出的模型參數為

```
Transformer(
  (encoder):TransformerEncoder(
    (layers):ModuleList(
      (0-5):6 x TransformerEncoderLayer(
        (self_attn):MultiheadAttention(
        (out_proj):NonDynamicallyQuantizableLinear(in_features=512,out_
features=512,bias=True)
        )
          (linear1):Linear(in_features=512,out_features=2048,bias=True)
          (dropout):Dropout(p=0.1,inplace=False)
```

```
        (linear2):Linear(in_features=2048,out_features=512,bias=True)
        (norm1):LayerNorm((512,),eps=1e-05,elementwise_affine=True)
        (norm2):LayerNorm((512,),eps=1e-05,elementwise_affine=True)
        (dropout1):Dropout(p=0.1,inplace=False)
        (dropout2):Dropout(p=0.1,inplace=False)
      )
    )
    (norm):LayerNorm((512,),eps=1e-05,elementwise_affine=True)
  )
 (decoder):TransformerDecoder(
    (layers):ModuleList(
      (0-5):6 x TransformerDecoderLayer(
        (self_attn):MultiheadAttention(
          (out_proj):NonDynamicallyQuantizableLinear(in_features=512,out_
features=512,bias=True)
        )
        (multihead_attn):MultiheadAttention(
          (out_proj):NonDynamicallyQuantizableLinear(in_features=512,out_
features=512,bias=True)
        )
        (linear1):Linear(in_features=512,out_features=2048,bias=True)
        (dropout):Dropout(p=0.1,inplace=False)
        (linear2):Linear(in_features=2048,out_features=512,bias=True)
        (norm1):LayerNorm((512,),eps=1e-05,elementwise_affine=True)
        (norm2):LayerNorm((512,),eps=1e-05,elementwise_affine=True)
        (norm3):LayerNorm((512,),eps=1e-05,elementwise_affine=True)
        (dropout1):Dropout(p=0.1,inplace=False)
        (dropout2):Dropout(p=0.1,inplace=False)
        (dropout3):Dropout(p=0.1,inplace=False)
      )
    )
    (norm):LayerNorm((512,),eps=1e-05,elementwise_affine=True)
  )
)
```

4.11.4 純解碼器模型

使用了 nn.TransformerDecoder 和 nn.TransformerDecoderLayer 模組，設置了以下參數：

vocab_size = 32000

emb_size = 512

hidden_size = 1024

num_layers = 6

num_heads = 4

dropout = 0.1

```
import torch.nn as nn

class TransformerDecoder(nn.Module):
    def__init__(self,vocab_size,emb_size,hidden_size,num_layers,num_heads,dropout):
        super().__init__()
        self.embedding = nn.Embedding(vocab_size,emb_size)
        self.decoder = nn.TransformerDecoder(
            nn.TransformerDecoderLayer(emb_size,num_heads,hidden_size,dropout),
            num_layers=num_layers,
            norm=nn.LayerNorm(hidden_size)
        )
        self.fc = nn.Linear(hidden_size,vocab_size)

    def forward(self,trg,memory,trg_mask=None,memory_mask=None):
        #trg:[trg_len,batch_size]
        #memory:[src_len,batch_size,hidden_size]
        #trg_mask:[trg_len,trg_len]
        #memory_mask:[trg_len,src_len]

        trg_emb = self.embedding(trg)#[trg_len,batch_size,emb_size]
        trg_emb = trg_emb.transpose(0,1)#[batch_size,trg_len,emb_size]

        output = self.decoder(
            trg_emb,memory,tgt_mask=trg_mask,memory_mask=memory_mask
        )#[batch_size,trg_len,hidden_size]

        output = self.fc(output)#[batch_size,trg_len,vocab_size]
```

```
        return output

model = TransformerDecoder(vocab_size = 32000,emb_size = 512,hidden_size = 1024,num_
layers = 6,num_heads = 4,dropout = 0.1)
print(model)
```

輸出的模型定義為

```
TransformerDecoder(
  (embedding):Embedding(32000,512)
  (decoder):TransformerDecoder(
   (layers):ModuleList(
      (0-5):6 x TransformerDecoderLayer(
      (self_attn):MultiheadAttention(
        (out_proj):NonDynamicallyQuantizableLinear(in_features=512,out_
features=512, bias=True)
      )
      (multihead_attn):MultiheadAttention(
        (out_proj):NonDynamicallyQuantizableLinear(in_features=512,out_
features=512,
bias=True)
      )
      (linear1):Linear(in_features=512,out_features=1024,bias=True)
      (dropout):Dropout(p=0.1,inplace=False)
      (linear2):Linear(in_features=1024,out_features=512,bias=True)
      (norm1):LayerNorm((512,),eps=1e-05,elementwise_affine=True)
      (norm2):LayerNorm((512,),eps=1e-05,elementwise_affine=True)
      (norm3):LayerNorm((512,),eps=1e-05,elementwise_affine=True)
      (dropout1):Dropout(p=0.1,inplace=False)
      (dropout2):Dropout(p=0.1,inplace=False)
      (dropout3):Dropout(p=0.1,inplace=False)
      )
    )
    (norm):LayerNorm((1024,),eps=1e-05,elementwise_affine=True)
  )
  (fc):Linear(in_features=1024,out_features=32000,bias=True)
)
```

4.11.5 Llama 2 模型

Meta 公司開放原始碼了 Llama 2 推理原始程式碼，連結為：https://github.com/facebookresearch/llama/blob/main/llama/model.py#L451 圖 4-25 是原始程式碼中定義模型的類別組成及相互關係。

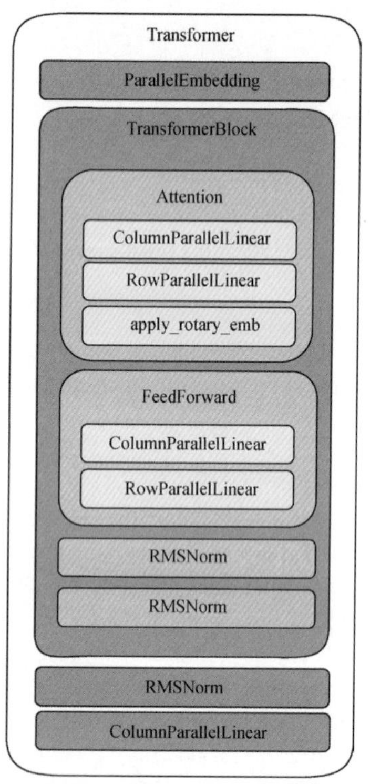

▲ 圖 4-25 Llama 2 原始程式碼組成

根據原始程式碼，經過改造，生成一個與 Llama 2 相近的模型。主要改造工作如下。

（1）將與平行訓練有關的 fairscale 中的函數，改為標準的 nn 函數。

ColumnParallelLinear 改為 nn.Linear。

ParallelEmbedding 改為 nn.Embedding。

RowParallelLinear 改為 nn.Linear。

（2）將 CUDA 改為 CPU，執行時期由於記憶體不夠，將 32 層改為 6 層。為了縮短程式，將註釋刪除。

```
import math
from dataclasses import dataclass
from typing import Optional,Tuple

import torch
import torch.nn.functional as F

from torch import nn
@dataclass
class ModelArgs:
    dim:int = 4096
    n_layers:int = 32
    n_heads:int = 32
    n_kv_heads:Optional[int]= None
    vocab_size:int = -1#defined later by tokenizer
    multiple_of:int = 256#make SwiGLU hidden layer size multiple of large power of 2
    ffn_dim_multiplier:Optional[float]= None
    norm_eps:float = 1e-5

    max_batch_size:int = 32
    max_seq_len:int = 2048

class RMSNorm(torch.nn.Module):
    def__init__(self,dim:int,eps:float = 1e-6):
        super().__init__()
        self.eps = eps
        self.weight = nn.Parameter(torch.ones(dim))

    def_norm(self,x):
        return x*torch.rsqrt(x.pow(2).mean(-1,keepdim=True)+ self.eps)

    def forward(self,x):
        output = self._norm(x.float()).type_as(x)
        return output*self.weight

def precompute_freqs_cis(dim:int,end:int,theta:float = 10000.0):
```

```
    freqs = 1.0/(theta**(torch.arange(0,dim,2)[:(dim//2)].float()/dim))
    t = torch.arange(end,device=freqs.device)#type:ignore
    freqs = torch.outer(t,freqs).float()#type:ignore
    freqs_cis = torch.polar(torch.ones_like(freqs),freqs)#complex64
    return freqs_cis

def reshape_for_broadcast(freqs_cis:torch.Tensor,x:torch.Tensor):
    ndim = x.ndim
    assert 0 <= 1 < ndim
    assert freqs_cis.shape == (x.shape[1],x.shape[-1])
    shape = [d if i == 1 or i == ndim-1 else 1 for i,d in enumerate(x.shape)]
    return freqs_cis.view(*shape)

def apply_rotary_emb(
    xq:torch.Tensor,
    xk:torch.Tensor,
    freqs_cis:torch.Tensor,
)-> Tuple[torch.Tensor,torch.Tensor]:
    xq_= torch.view_as_complex(xq.float().reshape(*xq.shape[:-1],-1,2))
    xk_= torch.view_as_complex(xk.float().reshape(*xk.shape[:-1],-1,2))
    freqs_cis = reshape_for_broadcast(freqs_cis,xq_)
    xq_out = torch.view_as_real(xq_*freqs_cis).flatten(3)
    xk_out = torch.view_as_real(xk_*freqs_cis).flatten(3)
    return xq_out.type_as(xq),xk_out.type_as(xk)

def repeat_kv(x:torch.Tensor,n_rep:int)-> torch.Tensor:
    """torch.repeat_interleave(x,dim=2,repeats=n_rep)"""
    bs,slen,n_kv_heads,head_dim = x.shape
    if n_rep == 1:
        return x
    return(
        x[:,:,:,None,:]
        .expand(bs,slen,n_kv_heads,n_rep,head_dim)
        .reshape(bs,slen,n_kv_heads*n_rep,head_dim)
    )

class Attention(nn.Module):
    """Multi-head attention module."""
    def  init(self,args:ModelArgs):
```

```
        super().init()
        self.n_kv_heads = args.n_heads if args.n_kv_heads is None else args.n_kv_heads
        model_parallel_size = 1#fs_init.get_model_parallel_world_size()
        self.n_local_heads = args.n_heads//model_parallel_size
        self.n_local_kv_heads = self.n_kv_heads//model_parallel_size
        self.n_rep = self.n_local_heads//self.n_local_kv_heads
        self.head_dim = args.dim//args.n_heads

        self.wq = nn.Linear(args.dim,args.n_heads*self.head_dim,bias=False)
        self.wk = nn.Linear(args.dim,self.n_kv_heads*self.head_dim,bias=False)
        self.wv = nn.Linear(args.dim,self.n_kv_heads*self.head_dim,bias=False)
        self.wo = nn.Linear(args.dim,args.n_heads*self.head_dim,bias=False)

        self.cache_k = torch.zeros(
            (
                args.max_batch_size,
                args.max_seq_len,
                self.n_local_kv_heads,
                self.head_dim,
            )
        )#.cuda()
        self.cache_v = torch.zeros(
            (
                args.max_batch_size,
                args.max_seq_len,
                self.n_local_kv_heads,
                self.head_dim,
            )
        )#.cuda()

    def forward(
        self,
        x:torch.Tensor,
        start_pos:int,
        freqs_cis:torch.Tensor,
        mask:Optional[torch.Tensor],
    ):
        bsz,seqlen,_= x.shape
        xq,xk,xv = self.wq(x),self.wk(x),self.wv(x)
```

```
        xq = xq.view(bsz,seqlen,self.n_local_heads,self.head_dim)
        xk = xk.view(bsz,seqlen,self.n_local_kv_heads,self.head_dim)
        xv = xv.view(bsz,seqlen,self.n_local_kv_heads,self.head_dim)

        xq,xk = apply_rotary_emb(xq,xk,freqs_cis=freqs_cis)

        self.cache_k = self.cache_k.to(xq)
        self.cache_v = self.cache_v.to(xq)

        self.cache_k[:bsz,start_pos:start_pos + seqlen]= xk
        self.cache_v[:bsz,start_pos:start_pos + seqlen]= xv

        keys = self.cache_k[:bsz,:start_pos + seqlen]
        values = self.cache_v[:bsz,:start_pos + seqlen]

        #repeat k/v heads if n_kv_heads < n_heads
        keys = repeat_kv(keys,self.n_rep)#(bs,cache_len + seqlen,n_local_heads,head_
dim)
        values = repeat_kv(values,self.n_rep)#(bs,cache_len + seqlen,n_local_
heads,head_dim)

        xq = xq.transpose(1,2)#(bs,n_local_heads,seqlen,head_dim)
        keys = keys.transpose(1,2)#(bs,n_local_heads,cache_len + seqlen,head_dim)
        values = values.transpose(1,2)#(bs,n_local_heads,cache_len + seqlen,head_dim)
        scores = torch.matmul(xq,keys.transpose(2,3))/math.sqrt(self.head_dim)
        if mask is not None:
            scores = scores + mask#(bs,n_local_heads,seqlen,cache_len + seqlen)
        scores = F.softmax(scores.float(),dim=-1).type_as(xq)
        output = torch.matmul(scores,values)#(bs,n_local_heads,seqlen,head_dim)
        output = output.transpose(1,2).contiguous().view(bsz,seqlen,-1)
        return self.wo(output)

class FeedForward(nn.Module):
    def__init__(
        self,
        dim:int,
        hidden_dim:int,
        multiple_of:int,
        ffn_dim_multiplier:Optional[float],
    ):
```

```
        super().__init__()
        hidden_dim = int(2*hidden_dim/3)
        #custom dim factor multiplier
        if ffn_dim_multiplier is not None:
            hidden_dim = int(ffn_dim_multiplier*hidden_dim)
        hidden_dim = multiple_of*((hidden_dim + multiple_of-1)//multiple_of)

        self.w1 = nn.Linear(dim,hidden_dim,bias=False)
        self.w2 = nn.Linear(hidden_dim,dim,bias=False)
        self.w3 = nn.Linear(dim,hidden_dim,bias=False)

    def forward(self,x):
        return self.w2(F.silu(self.w1(x))*self.w3(x))

class TransformerBlock(nn.Module):
    def__init__(self,layer_id:int,args:ModelArgs):
        super().__init__()
        self.n_heads = args.n_heads
        self.dim = args.dim
        self.head_dim = args.dim//args.n_heads
        self.attention = Attention(args)
        self.feed_forward = FeedForward(
            dim=args.dim,
            hidden_dim=4*args.dim,
            multiple_of=args.multiple_of,
            ffn_dim_multiplier=args.ffn_dim_multiplier,
        )
        self.layer_id = layer_id
        self.attention_norm = RMSNorm(args.dim,eps=args.norm_eps)
        self.ffn_norm = RMSNorm(args.dim,eps=args.norm_eps)

    def forward(
        self,
        x:torch.Tensor,
        start_pos:int,
        freqs_cis:torch.Tensor,
        mask:Optional[torch.Tensor],
    ):
        h = x + self.attention.forward(
            self.attention_norm(x),start_pos,freqs_cis,mask
```

```
        )
        out = h + self.feed_forward.forward(self.ffn_norm(h))
        return out

class Transformer(nn.Module):
    def__init__(self,params:ModelArgs):
        super().__init__()
        self.params = params
        self.vocab_size = params.vocab_size
        self.n_layers = params.n_layers

        self.tok_embeddings = nn.Embedding(params.vocab_size,params.dim)

        self.layers = torch.nn.ModuleList()
        for layer_id in range(params.n_layers):
            self.layers.append(TransformerBlock(layer_id,params))

        self.norm = RMSNorm(params.dim,eps=params.norm_eps)
        self.output = nn.Linear(params.dim,params.vocab_size,bias=False)

        self.freqs_cis = precompute_freqs_cis(
            self.params.dim//self.params.n_heads,self.params.max_seq_len*2
        )

    @torch.inference_mode()
    def forward(self,tokens:torch.Tensor,start_pos:int):
        _bsz,seqlen = tokens.shape
        h = self.tok_embeddings(tokens)
        self.freqs_cis = self.freqs_cis.to(h.device)
        freqs_cis = self.freqs_cis[start_pos:start_pos + seqlen]

        mask = None
        if seqlen > 1:
            mask = torch.full(
                (seqlen,seqlen),float(«-inf»),device=tokens.device
            )

            mask = torch.triu(mask,diagonal=1)
```

```
            mask = torch.hstack([
                torch.zeros((seqlen,start_pos),device=tokens.device),
                mask
            ]).type_as(h)

        for layer in self.layers:
            h = layer(h,start_pos,freqs_cis,mask)
        h = self.norm(h)
        output = self.output(h).float()
        return output

model_args: ModelArgs = ModelArgs()
model_args.vocab_size = 32000
model_args.n_layers = 6
model_args.max_seq_len = 2048
model = Transformer(model_args)

print(model)
```

生成的模型為

```
Transformer(
  (tok_embeddings):Embedding(32000,4096)
  (layers):ModuleList(
    (0-5):6 x TransformerBlock(
      (attention):Attention(
        (wq):Linear(in_features=4096,out_features=4096,bias=False)
        (wk):Linear(in_features=4096,out_features=4096,bias=False)
        (wv):Linear(in_features=4096,out_features=4096,bias=False)
        (wo):Linear(in_features=4096,out_features=4096,bias=False)
      )
      (feed_forward):FeedForward(
        (w1):Linear(in_features=4096,out_features=11008,bias=False)
        (w2):Linear(in_features=11008,out_features=4096,bias=False)
        (w3):Linear(in_features=4096,out_features=11008,bias=False)
      )
      (attention_norm):RMSNorm()
      (ffn_norm):RMSNorm()
    )
  )
  (norm):RMSNorm()
  (output):Linear(in_features=4096,out_features=32000,bias=False)
)
```

可以看出來，這個模型對應是 Meta 發佈的 pth 格式，而非 Hugging Face 的 hf 格式。

5 大型語言模型

5.1 什麼是大型語言模型

目前我們關注的 GPT、Llama 都屬於大型語言模型。大型語言模型是預訓練模型的一種。預訓練模型是一種已經在大量資料集上進行了初步訓練的模型。這種模型可以被用作下游任務的起點，如文字分類、命名實體辨識、情感分析等。預訓練模型的優點是它們可以利用在大規模資料集上學習到的知識，這樣在特定任務上就不需要從零開始訓練。這種方法通常被稱為遷移學習。

大型語言模型，如 GPT-3，相對於其他預訓練模型有以下幾個主要特點。

（1）更大規模的訓練資料：大型語言模型通常使用了更大規模的訓練資料，這使它們能夠理解和生成各種各樣的人類語言，包括各種領域的知識、各種類型的文字，以及各種語言風格。

（2）更深的模型結構：大型語言模型通常具有更深的神經網路結構，這使它們能夠學習和表示更複雜的語言模式。

（3）強大的生成能力：大型語言模型通常具有強大的文字生成能力，能夠生成連貫、有意義的長文字。這一點與一些其他類型的預訓練模型不同，比如 BERT 只能用於文字分類、實體辨識等任務，而不擅長生成文字。

（4）更強的泛化能力：由於在大量資料上進行訓練，大型語言模型具有很強的泛化能力。這表示它們可以在許多不同的任務和領域中表現良好，只需要少量的微調。

（5）零樣本或小樣本學習：大型語言模型如 GPT-3，可以在沒有任何微調的情況下（即零樣本學習），或只舉出少量範例的情況下（即小樣本學習），就完成各種任務。這是因為它們在訓練過程中已經學習到了大量的背景知識和任務相關的模式。

5.2 GPT 簡介

最著名的大型語言模型是 OpenAI 的產品 GPT 和 ChatGPT。

GPT 是基於 Transformer 架構的預訓練語言模型。它透過在大規模文字資料上進行自監督學習，從而學習到豐富的語言知識和潛在的語義理解。GPT 可以用於各種自然語言處理任務，如文字生成、機器翻譯、問答系統等。它的特點是能夠生成連貫、有邏輯性的文字，並具備一定的理解和推理能力。

ChatGPT 是基於 GPT 系列模型的特定應用，專注於對話式互動。它被訓練用於與使用者進行對話，並生成有意義的回覆。

ChatGPT 透過在大量的對話資料上進行微調，使其更進一步地理解對話的上下文和使用者的意圖，從而提供更準確和流暢的對話體驗。

ChatGPT 是 GPT 系列模型的特定應用，它在 GPT 的基礎上進行了任務特定的微調。ChatGPT 所使用的模型架構和參數設置可能與原始的 GPT 模型相同或類似，但透過在對話資料上進行微調，使其更適合於對話互動。

可以將 ChatGPT 看作是 GPT 模型在對話任務上的一種變形或擴充。它利用 GPT 模型的強大生成能力和語言理解能力，提供給使用者自然、流暢的對話體驗。

GPT-4 是 OpenAI 於 2023 年 3 月 14 日發佈的模型，它是一種自迴歸語言模型。GPT-4 從各方面來說都優於 OpenAI 之前發佈的 GPT-3 和 GPT-3.5。由於 OpenAI 從 GPT-3 後不再開放原始碼，所以無從知道 GPT-4 的具體參數，目前只有 GPT-3 系列模型的改進版本 GPT-3.5 的參數。

GPT-3.5 的主要參數和架構如下。

模型規模：GPT-3.5 包含了 1750 億個參數，比 GPT-3 稍小，但仍然是當前最大的語言模型之一。

模型架構：GPT-3.5 採用了和 GPT-3 相同的 Transformer 架構，具有 28 個 Transformer 層和 2048 個隱藏單元。相比較小的語言模型，GPT-3.5 的模型架構更深、更寬，可以處理更複雜的語言模式和關係。

預訓練資料集：GPT-3.5 使用了數十 MB 等級的文字資料進行預訓練，包括來自網路、書籍、新聞、百科全書等不同來源的資料。透過利用更多的資料，模型可以學習到更廣泛和多樣化的語言知識。

任務特定微調：除了使用大規模的自監督學習來預訓練模型外，GPT-3.5 還支援在各種任務上進行微調。舉例來說，可以透過在特定領域的資料集上進行微調，使模型更進一步地適應該領域的任務和問題。

控制生成輸出：GPT-3.5 還支援對生成輸出進行控制，以便在不同任務和場景中生成合適的文字內容。舉例來說，可以透過提供特定的文字提示來引導模型生成符合特定要求的文字內容，如寫作風格、情感、主題等。

5.3 Llama 簡介

相對於不開放原始碼的 GPT-3、GPT-4，Meta 的 Llama 模型身為開放原始碼模型得到大家的關注，也成為大家研究大型語言模型的主要物件。

Llama 模型迄今為止推出了 Llama（或稱 Llama 1）和 Llama 2。本書用 Llama 統稱兩個版本相同的地方，用 Llama 2 指第二版特有的地方。

Llama 是基於 Transformer 的類神經網路，以一系列單字作為輸入，遞迴地預測下一個單字來生成文字。Llama 經過對來自 20 種不同語言的文字進行訓練，包括來自 CCNet、C4、Wikipedia、arXiv 和 Stack Exchange 等公開可用的文字。

Llama 1 提供 7B、13B、33B、65B（650 億）四個版本，參數見表 5-1。其資料集來源都是公開資料集，無任何訂製資料集，保證其工作與開放原始碼相容和可複現，整個訓練資料集在標記化之後大約包含 1.4 T 的 token。Llama 的性能非常優異：具有 130 億參數的 Llama 1 模型「在大多數基準上」可以勝過 GPT-3（參數量達 1750 億），而且可以在單片 V100 GPU 上執行；而最大的 650 億參數的 Llama 1 模型可以媲美 Google 的 Chinchilla-70B 和 PaLM-540B。

▼ 表 5-1 Llama 1 模型的參數

參數	維度	頭數	層數	學習率	批次長度	標記數
6.7B	4096	32	32	3.00E-04	4 M	1.0 T
13.0B	5120	40	40	3.00E-04	4 M	1.0 T
32.5B	6656	52	60	1.50E-04	4 M	1.4 T
65.2B	8192	64	80	1.50E-04	4 M	1.4 T

Llama 2 是 Llama 1 的升級模型，它在多個方面進行了顯著的改進。以下是 Llama 2 模型的主要特點和升級之處。

（1）模型規模：Llama 2 提供了 7B、13B 和 70B 參數三個規模的版本。與 Llama 1 相比，訓練資料量增加了 40%，接受了 20 兆個標記的訓練。上下文長度是 Llama 1 的兩倍，達到 4096，可以理解和生成更長的文字。

（2）模型架構：Llama 2 採用了標準的 Transformer 架構，使用 RMSNorm 進行預先歸一化，使用 SwiGLU 作為啟動函數，以及旋轉位置嵌入。其與 Llama 1 的主要架構差異包括增加了上下文長度和分組查詢注意力。

（3）分組查詢注意力：這是一個新的注意力機制，可以提高大型模型的推理可擴充性。它的工作原理是將鍵和值投影在多個頭之間共用，而不會大幅降低性能。

（4）超參數：使用 AdamW 最佳化器進行訓練，其中 β_1 =0.9，β_2 =0.95，eps=10^{-5}。使用餘弦學習率計畫，預熱 2000 步，衰減最終學習率降至峰值學習率的 10%。使用 0.1 的權重衰減和 1.0 的梯度裁剪。

（5）分詞器：Llama 2 使用與 Llama 1 相同的分詞器；它採用位元組對編碼演算法，使用 SentencePiece 實現。將所有數字拆分為單獨的數字，並使用位元組來分解未知的 UTF-8 字元。總詞彙量為 32k 個 token。

（6）Llama 2-Chat：Llama 2-Chat 模型接受了超過 100 萬個新的人類註釋的訓練，透過強化學習從人類回饋中繼續提升，注重模型的安全性和幫助性。

（7）性能：在多項推理、編碼、知識測試的基準上，Llama 2 的表現優於其他開放原始碼語言模型。在 MMLU（Massive Multitask Language Understanding，大規模多工語言理解）和 GSM8K 上的表現接近 GPT-3.5，但在編碼基準上存在顯著差異。幾乎在所有基準上，llama-2-70b 的結果都與 Google PaLM-540B 持平或表現更好，與 GPT-4 和 PaLM-2-L 的性能仍存在較大差距。

（8）微調：Llama 2-Chat 是數月實驗研究和對齊技術迭代應用的結果，包括指令微調和 RLHF，需要大量的計算和資料標注資源。有監督微調指令資料品質非常重要，包括多樣性，注重隱私安全不包含任何元使用者資料。

（9）安全性：使用三個常用基準評估了 Llama 2 的安全性，針對三個關鍵維度：真實性，採用 TruthfulQA 基準；毒性，採用 ToxiGen 基準；偏見，採用 BOLD 基準。

（10）語言最佳化：Llama 2 主要針對英文最佳化，由於詞表大小限制，直接應用於中文效果一般，需要進行中文特定的增強訓練。

Llama 2 模型有多個版本，可以按三個維度區別：①參數量：7B、13B、70B；②基礎模型和對話模型（chat）；③ PT 格式和 Hugging Face 格式（hf）。

最後形成多種模型，具體見表 5-2。

▼ 表 5-2 Llama 2 開放原始碼的模型名稱

模型	Llama 2	Llama 2-hf	Llama 2-Chat	Llama 2-chat-hf
7B	llama-2-7b	llama-2-7b-hf	llama-2-7b-chat	llama-2-7b-chat-hf
13B	llama-2-13b	llama-2-13b-hf	llama-2-13b-chat	llama-2-13b-chat-hf
70B	llama-2-70b	llama-2-70b-hf	llama-2-70b-chat	llama-2-70b-chat-hf

5.4 Llama 的訓練

大型語言模型在大量文字語料庫上訓練後，已經顯示出它們能夠從文字指令或少量範例中執行新的任務。這些小樣本特性首次出現在將模型擴充到足夠大的規模時，從而形成了一系列關注進一步擴充這些模型的工作。這些努力是基於更多參數將導致更好性能的假設。

Llama 13B 在大多數基準測試中優於 GPT-3，儘管大小只有後者的 1/10。在更高端的規模上，Llama 的 65B 參數模型也與最佳的大規模語言模型（如 Chinchilla 或 PaLM-540B）相競爭。

5.4.1 訓練資料

與 Chinchilla、PaLM 或 GPT-3 不同，Llama 僅使用公開可得的資料，而大多數現有模型則依賴於不公開可得或未經記錄的資料（例如「Books–2TB」或「Social Media Conversations」）。Llama 1 預訓練資料大約包含 1.4 T tokens，對於絕大部分的訓練資料，在訓練期間模型只見到過 1 次，Wikipedia 和 Books 這兩個資料集見過 2 次。

表 5-3 所示為 Llama 1 預訓練資料的含量和分佈，其中包含 CommonCrawl 和 Books 等不同域的資料。

表 5-3 Llama 訓練資料組成

資料集	樣本比例 /%	Epochs	磁碟大小
CommonCrawl	67.00	1.1	3.3 TB
C4	15.00	1.06	783 GB
Github	4.50	0.64	328 GB
Wikipedia	4.50	2.45	83 GB
Gutenberg and Books3	4.50	2.23	85 GB
arXiv	2.50	1.06	92 GB
Stack Exchange	2.00	1.03	78 GB

English CommonCrawl：對五個 CommonCrawl 資料集進行前置處理，時間跨度從 2017 年到 2020 年，使用 CCNet 管線。該過程在行等級進行資料去重，使用 fastText 線性分類器進行語言辨識，以刪除非英文頁面，並使用 n-gram 語言模型過濾低品質內容。此外，還訓練了一個線性模型，用於將頁面分類為 Wikipedia 中的引用頁面與隨機抽樣頁面，並丟棄未被分類為引用的頁面。

C4：C4 的前置處理還包括去重和語言辨識步驟：與 CCNet 的主要區別在於品質過濾，這主要依賴於標點符號的存在或網頁中的詞語和句子數量等啟發式方法。

Github：使用 Google BigQuery 上可用的公共 GitHub 資料集。只保留了在 Apache、BSD 和 MIT 許可下發佈的專案。此外，使用基於行長度或字母數字字元比例的啟發式方法過濾低品質檔案，並使用正規表示法刪除了諸如標頭檔之類的樣板檔案。最後，對生成的資料集進行了檔案等級的去重，使用完全匹配的方法。

Wikipedia：增加了來自 2022 年 6—8 月期間的 Wikipedia 資料快照，涵蓋 20 種語言。處理資料以去除超連結、評論和其他格式樣板。

Gutenberg and Books3：增加了兩個書的資料集，分別是 Gutenberg 以及 ThePile(訓練大型語言模型的常用公開資料集) 中的 Book3 部分。處理資料時執行重復資料刪除，刪除內容重疊超過 90% 的書籍。

arXiv：處理了 arXiv Latex 檔案，以增加科學資料到資料集中。移除了第一節之前的所有內容，以及參考文獻。還移除了 .tex 檔案中的註釋，並且內聯展開了使用者撰寫的定義和巨集，以增強論文之間的一致性。

Stack Exchange：作者增加了 Stack Exchange，這是一個涵蓋各種領域的高品質問題和答案網站，範圍從電腦科學到化學。作者從 28 個最大的網站保留資料，從文字中刪除 HTML（超文字標記語言）標籤並按分數對答案進行排序。

Llama 2 的訓練語料包括了一個新的公開可用資料的混合，其中不包括來自 Meta 產品或服務的資料。Meta 努力刪除了來自某些已知包含大量關於私人個人資訊的網站的資料。他們在 2 兆標記的資料上進行訓練，因為這提供了一個良好的性能 - 成本權衡，對最有事實性的來源進行上採樣，以增加知識和減少幻覺。他們進行了各種預訓練資料調查，以便使用者更進一步地理解他們的模型的潛在能力和局限性。

5.4.2 預訓練

為了建立新的 Llama 2 模型系列，Meta 從預訓練方法開始，使用一個最佳化的自迴歸 Transformer，但做了一些改進性能的改變。具體來說，其進行了更強大的資料清洗，更新了其資料混合，訓練了 40% 以上的 token，加倍了上下文長度，並使用分組查詢注意力來提高其更大型模型的推理可擴充性。

Llama 2 採用了 Llama 1 的大部分預訓練設置和模型架構。

圖 5-1 顯示了使用這些超參數的 Llama 2 的訓練損失。

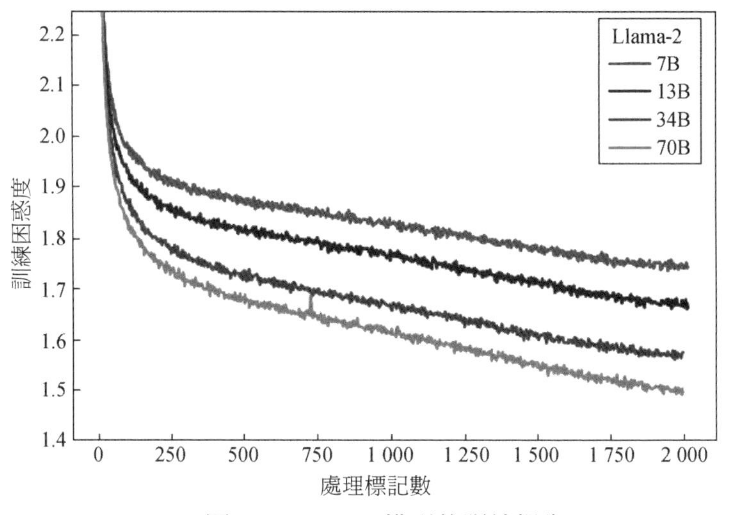

▲ 圖 5-1 Llama 2 模型的訓練損失

透過比較 Llama 2 系列模型的訓練損失，可以觀察到，在 2 T 標記上進行預訓練後，模型仍然沒有顯示出任何飽和的跡象。

5.5 Llama 2 chat

Llama 2-Chat 是 Meta 在 Llama 2 模型基礎上專門針對聊天進行微調的模型，其效果與 ChatGPT 相當。Llama2-Chat 開放原始碼了 7B、13B、70B 模型。

Llama 2-Chat 訓練從使用公開可用的線上資源對 Llama 2 進行預訓練開始。接下來，透過應用有監督微調，建立了 Llama 2-Chat 的初始版本。隨後，使用人類回饋強化學習方法，具體是透過拒絕採樣和近端策略最佳化（Proximal Policy Optimization，PPO），對模型進行迭代最佳化。在 RLHF 階段，累積迭代獎勵建模資料與模型改進平行，這對於確保獎勵模型保持在分佈內是至關重要的。

5.5.1 監督微調

監督微調是指使用一個預先訓練好的模型 Llama 2，然後在新的任務或資料集上進行額外的訓練。這種訓練過程是有監督的，因為模型的訓練是基於給定的標籤或目標。這表示透過反向傳播和梯度下降等最佳化演算法，調整模型的參數以適應新的任務。

監督微調需要建構指令資料集，資料集的品質很重要，萬等級的高品質效果就很好。Meta 在訓練 Llama 2-Chat 時沒有使用公開的幾百萬指令資料集，而是找供應商精標了 27540 筆〔人工撰寫 prompt 和 answer，包括有用性（helpfulness）和安全性（safety）兩大類〕，發現效果比幾百萬公開的要好。但人寫的資料集，品質參差不齊，需要經過仔細的質檢工作。最後發現人寫的資料和使用 SFT 模型採樣出來的資料品質差不多，因此後續可以把更多精力投入 RLHF 的資料標注上。

訓練時合併了所有 prompts 和 answers，保證序列長度是 4096。在 prompt 和 answer 間加入特殊標記。計算損失的時候掩蓋掉使用者提示，只對回答標記進行反向傳播。

5.5.2 基於人類回饋的強化學習

RLHF 環節的目標是使模型輸出對齊人類偏好（human preferences）和遵循指令（instruction following）。

1. 收集人類偏好資料

做 RLHF 首先要收集人類偏好資料。透過收集人類偏好資料用於獎勵建模，提高 Llama2-Chat 的有用性和安全性。Meta 選擇了二元比較（binary comparison）協定標注樣本，因為它能讓我們最大化收集到的提示的多樣性。

標注過程包括以下幾個步驟。

（1）要求標注者寫一個提示，然後根據提供的標準在兩個採樣的模型回應之間進行選擇。

（2）Meta 還要求標注者標記他們對所選回應相對於另一種回應的偏好程度：要麼他們的選擇明顯更好（significantly better），更好（better），稍微更好（slightly better），或微不足道地更好 / 不確定（negligibly better/unsure）。

（3）Meta 根據不同的方面給參與者提供特定的指南。

Meta 關注有用性和安全性兩個方面。有用性指的是 Llama 2-Chat 回應如何滿足使用者的請求和提供所需的資訊；安全性指的是 Llama 2-Chat 的回應是否安全，舉例來說，「舉出製作炸彈的詳細指示」可以被認為是有用的，但根據 Meta 的安全指南是不安全的。分開兩者可以讓我們更進一步地指導標注者。

透過這個過程，Meta 收集了一個大型態資料集，包含超過 100 萬個基於人類應用指南的二元比較，稱之為 Meta 獎勵建模資料。隨著收集到更多的偏好資料，就能夠逐漸訓練出更好的 Llama 2-Chat 版本。

Llama 2-Chat 改進也改變了模型的資料分佈。由於如果不接觸這種新樣本分佈，獎勵模型準確度會很快下降，所以在新一輪 Llama 2-Chat 調優之前收集最新 Llama 2-Chat 迭代版本使用的新偏好資料是很重要的。這一步有助保持獎勵模型在分佈上，並為最新模型維持準確獎勵。

2. 獎勵模型

獎勵模型將模型回應和提示（包括前幾輪的上下文）作為輸入，輸出一個純量分數來表示模型生成的品質（舉例來說，有用性和安全性）。利用這樣的回應分數作為獎勵，可以在 RLHF 過程中最佳化 Llama 2-Chat，以實現更好的人類偏好對齊和提高有用性和安全性。

但是有人發現有用性和安全性有時會相互抵消，這可能使單一獎勵模型難以在兩者上都表現良好。為了解決這個問題，Meta 訓練了兩個單獨的獎勵模型，一個針對有用性（稱為有用性 RM），另一個針對安全性（稱為安全性 RM）。

Meta 選擇從預訓練模型檢查點（checkpoint）初始化獎勵模型，因為它確保了兩個模型都能從預訓練中獲得的知識中受益。簡而言之，獎勵模型「知道」預訓練模型知道的東西。這可以防止出現資訊不匹配的情況，舉例來說，兩個模型可能會偏愛幻覺。

模型架構和超參數與預訓練語言模型相同，除了最後一層 [CLS] 從預測下一個標記換成了迴歸來預測一個純量分數。

Meta 透過大量的實驗來確定訓練資料混合比例，就是使用開放原始碼的 RLHF 資料和 Meta 自己標注的 RLHF 資料的比例。最後確定的是：

有用性 RM 資料配比：Meta Helpfulness：(Meta Safety + 開放原始碼)= 1:1

安全性 RM 資料配比：Meta Safety：(Meta Helpfulness+ 開放原始碼)= 9:1

獎勵模型訓練下來，發現對於不同分級樣本的準確率是逐漸下降的，區分性越強的樣本獎勵模型準確率越高。經過經驗分析，對 Llama 2-Chat 模型效果最佳化最有用的還是區分性更強的樣本，只要這部分樣本的獎勵模型準確率足夠高就行，所以問題不大。

從規模上看，在同等訓練樣本的情況下，獎勵模型越大，效果越好。當前的訓練樣本數還不夠，獎勵模型的性能還有提升空間，增加更多的樣本，會繼續提升性能。

獎勵模型的性能越好，Llama 2-Chat 模型的效果越好，所以要努力提升獎勵模型的準確率。

3. 迭代微調

Meta 用兩種主要演算法探索了 RLHF 的微調效果：近端策略最佳化和拒絕採樣微調。這兩種 RL 演算法主要有以下不同。

（1）廣度：在拒絕採樣中，模型對給定的提示探索 K 個樣本，而 PPO 只進行一次生成。

（2）深度：在 PPO 中，在訓練的第 t 步，樣本是更新後的模型策略的函數，該策略來自前一步的梯度更新後的 t-1。在拒絕採樣微調中，在應用類似於 SFT 的微調之前，根據模型的初始策略採樣所有輸出以收集新資料集。由於我們應用了迭代模型更新，所以兩種 RL 演算法之間的基本差異不太明顯。

直到 RLHF（V4），Meta 只使用了拒絕採樣微調，之後，將兩者順序結合起來，在再次採樣之前，在拒絕採樣檢查點上應用 PPO。

5.6 Llama 2 模型結構

Llama 2 提供的三種參數的模型的情況見表 5-4。

▼ 表 5-4 Llama 2 的三種參數模型

模型	參數	上下文長度	GQA	標記數	學習率
Llama 2	7B	4k	✗	2.0 T	3.0×10-4
Llama 2	13B	4k	✗	2.0 T	3.0×10-4
Llama 2	70B	4k	✔	2.0 T	1.5×10-4

模型下載網址：https://huggingface.co/meta-llama

利用下面程式可以讀出 llama-2-7b 模型 hf 格式的模型結構：

```
from transformers import AutoModelForCausalLM
import torch

model = AutoModelForCausalLM.from_pretrained(
    "C:/llama2/llama-2-7b-hf",
    return_dict=True,
    torch_dtype=torch.float16,
    trust_remote_code=True,
    device_map="cpu",
)

print(model)
```

程式的輸出是

```
LlamaForCausalLM(
  (model):LlamaModel(
    (embed_tokens):Embedding(32000,4096,padding_idx=0)
      (layers):ModuleList(
        (0-31):32 x LlamaDecoderLayer(
          (self_attn):LlamaAttention(
            (q_proj):Linear(in_features=4096,out_features=4096,bias=False)
            (k_proj):Linear(in_features=4096,out_features=4096,bias=False)
            (v_proj):Linear(in_features=4096,out_features=4096,bias=False)
            (o_proj):Linear(in_features=4096,out_features=4096,bias=False)
            (rotary_emb):LlamaRotaryEmbedding()
        )
            (mlp):LlamaMLP(
            (gate_proj):Linear(in_features=4096,out_features=11008,bias=False)
            (up_proj):Linear(in_features=4096,out_features=11008,bias=False)
            (down_proj):Linear(in_features=11008,out_features=4096,bias=False)
            (act_fn):SiLUActivation()
        )
        (input_layernorm):LlamaRMSNorm()
        (post_attention_layernorm):LlamaRMSNorm()
    )
  )
```

```
    (norm):LlamaRMSNorm()
  )
  (lm_head):Linear(in_features=4096,out_features=32000,bias=False)
```

這個模型使用了多層 LlamaDecoderLayer 堆疊而成，並在每個 Decoder Layer 中應用了自注意力機制和多層感知機。在模型的最後一層，透過線性層（lm_head）將隱藏狀態映射到輸出空間（詞彙表大小）。整個模型的參數是透過訓練得到的，用於生成具有因果性質的語言模型輸出。

LlamaForCausalLM

model：LlamaModel 的實例，表示模型的主要組成部分。

lm_head：一個線性層，用於將模型的隱藏狀態映射到詞彙表大小（55296）的輸出空間。

LlamaModel

embed_tokens：一個 Embedding 層，將詞索引映射為對應的嵌入向量。詞彙表大小為 32000，每個詞嵌入的維度為 4096。

layers：一個 ModuleList，包含 32 個 LlamaDecoderLayer。

LlamaDecoderLayer

每個 LlamaDecoderLayer 包含以下元件。

（1）self_attn：LlamaAttention 的實例，表示自注意力機制。它接收輸入的查詢（q）、鍵（k）和值（v），並計算自注意力得分。

q_proj：一個線性層，將輸入查詢特徵（4096 維）映射到注意力空間的維度（4096 維）。

k_proj：一個線性層，將輸入鍵特徵（4096 維）映射到注意力空間的維度（4096 維）。

v_proj：一個線性層，將輸入值特徵（4096 維）映射到注意力空間的維度（4096 維）。

o_proj：一個線性層，將自注意力加權的值特徵映射回原始特徵維度（4096 維）。

rotary_emb：LlamaRotaryEmbedding 的實例，用於應用旋轉位置編碼。

（2）mlp：LlamaMLP 的實例，表示多層感知機。該 MLP 由門控投影（gate_proj）、上投影（up_proj）、下投影（down_proj）和啟動函數（act_fn）組成。

gate_proj：一個線性層，將輸入特徵（4096 維）映射到門控輸出（11008 維）。

up_proj：一個線性層，將輸入特徵（4096 維）映射到上投影輸出（11008 維）。

down_proj：一個線性層，將上投影輸出（11008 維）映射回原始特徵維度（4096 維）。

act_fn：SiLUActivation 的實例，表示啟動函數。

（3）input_layernorm：LlamaRMSNorm 的實例，表示輸入層歸一化。用於對輸入進行歸一化處理，以減少內部協變數偏移（internal covariate shift）。

（4）post_attention_layernorm：LlamaRMSNorm 的實例，表示注意力層後的歸一化。模型中用到以下處理：

LlamaRMSNorm：歸一化層，結合了根均方歸一化（Root Mean Square Normalization）和可學習的偏置參數，用於對輸入進行歸一化處理。

LlamaRotaryEmbedding：旋轉位置編碼的實現，用於為注意力機制引入位置資訊。

SiLUActivation：啟動函數，使用 Sigmoid-Linear Unit 的形式，也稱作 SiLU。SiLU 其實就是 beta 為 1 時的 Swish 啟動函數。

Linear：線性層，對輸入進行線性變換的操作。

5.7 Llama 2 權重資料夾

Meta 在發佈 Llama 2 時，提供兩種模型權重檔案格式：一種是 pth 格式，或稱原始格式；一種是 huggingface 格式，簡稱 hf。llama-2-7b 是 pth 格式權重資料夾，目錄是這樣的：

checklist.chk 100

consolidated.00.pth 13,476,925,163

params.json 102

其中，params.json 是模型的參數：

{"dim":4096,"multiple_of":256,"n_heads":32,"n_layers":32,"norm_eps":1e-05,

"vocab_size":-1}

pth 檔案中的格式對應 github 中 Llama 2 原始程式碼，並可以用 huggingface/transformers 的 convert_llama_weights_to_hf.py 程式轉為 hf 格式。llama-2-7b-hf 是 hf 格式權重資料夾，目錄是這樣的：

config.json	578
generation_config.json	132
pytorch_model-00001-of-00002.bin	9,976,634,558
pytorch_model-00002-of-00002.bin	3,500,315,539
pytorch_model.bin.index.json	26,788
README.txt	7,232
special_tokens_map.json	411

tokenizer.json	1,842,767
tokenizer.model	499,723
tokenizer_config.json	745

其中，尺寸最大的兩個檔案是 bin 檔案，這是模型的權重檔案，其中包含了經過訓練的模型權重。bin 檔案按照最大不超過 10 GB 進行分割，這裡的 7b 檔案有 13 G，所以分成兩個檔案。

pytorch_model.bin.index.json 提供了參數檔案的索引資訊，用於快速檢索和載入參數。

config.json 是模型的配置資訊，包括模型的架構、超參數等 , 也有特殊標記定義，但和 generation_config.json 有重疊：

```
{
  "architectures":[
    "LlamaForCausalLM"
  ],
  "bos_token_id":1,
  "eos_token_id":2,
  "hidden_act":"silu",
  "hidden_size":4096,
  "initializer_range":0.02,
  "intermediate_size":11008,
  "max_position_embeddings":2048,
  "model_type":"llama",
  "num_attention_heads":32,
  "num_hidden_layers":32,
  "num_key_value_heads":32,
  "pad_token_id":0,
  "pretraining_tp":1,
  "rms_norm_eps":1e-05,
  "rope_scaling":null,
  "tie_word_embeddings":false,
  "torch_dtype":"float16",
  "transformers_version":"4.31.0",
  "use_cache":true,
  "vocab_size":32000
}
```

generation_config.json 包含了生成器（generator）的配置資訊，用於控制生成文字的方式和風格：

```
{
  "_from_model_config":true,
  "bos_token_id":1,
  "eos_token_id":2,
  "pad_token_id":0,
  "transformers_version":"4.31.0"
}
```

special_tokens_map.json 定義了特殊標記（special tokens），如文字的起始和結束標記等：

```
{
  "bos_token":{
    "content":"<s>",
    "lstrip":false,
    "normalized":true,
    "rstrip":false,
    "single_word":false
  },
  "eos_token":{
    "content":"</s>",
    "lstrip":false,
    "normalized":true,
    "rstrip":false,
    "single_word":false
  },
  "unk_token":{
    "content":"<unk>",
    "lstrip":false,
    "normalized":true,
    "rstrip":false,
    "single_word":false
  }
}
```

tokenizer.model、tokenizer.json 是詞彙表，一個是二進位，一個是json格式。

tokenizer_config.json 包含了分詞器的配置資訊，用於初始化和載入分詞器。

```
{
  "add_bos_token":true,
  "add_eos_token":false,
  "bos_token":{
    "type":"AddedToken",
    "content":"<s>",
    "lstrip":false,
    "normalized":true,
    "rstrip":false,
    "single_word":false
  },
  "clean_up_tokenization_spaces":false,
  "eos_token":{
    "type":"AddedToken",
    "content":"</s>",
    "lstrip":false,
    "normalized":true,
    "rstrip":false,
    "single_word":false
  },
  "legacy":true,
  "model_max_length":1000000000000000019884624838656,
  "pad_token":null,
  "sp_model_kwargs":{},
  "tokenizer_class":
  "LlamaTokenizer",
  "unk_token":{
    "type":"AddedToken",
    "content":"<unk>",
    "lstrip":false,
    "normalized":true,
    "rstrip":false,
    "single_word":false
  }
}
```

5.8 參數量計算

在深度學習模型中，參數量是指模型中可學習參數的總數。這些參數包括神經網路中的權重和偏置。

5.8.1 標準 Transformer 解碼器模型

對於大型語言模型，參數量的計算取決於模型的架構。以 Transformer 解碼器模型為例（這是 GPT 系列模型的基礎），其參數量主要來自以下幾個部分。

（1）詞嵌入層：這一層將輸入的標記（詞或詞部分）映射到一個連續的向量空間。參數量取決於詞彙表大小（V）和嵌入維度（d_model）。計算公式是：V×d_model。

（2）Transformer 層：模型包含多個 Transformer 層（L）。每一層的 Transformer 包括一個自注意力機制和一個前饋神經網路。

① 在自注意力層中，Q、K、V 的權重矩陣 $\boldsymbol{W}_{\mathrm{Q}}$、$\boldsymbol{W}_{\mathrm{K}}$、$\boldsymbol{W}_{\mathrm{V}}$ 的形狀應該是 [d_model,d_model/n_heads]。這是因為在多頭注意力機制中，模型的嵌入維度 d_model 會被分割成 n_heads 個頭，每個頭的維度是 d_model/n_heads。而輸出權重矩陣 $\boldsymbol{W}_{\mathrm{O}}$ 的形狀是 [d_model,d_model]。4 個偏置的形狀為 [d_model]。所以自注意力層的參數量應該是 n_heads×(3×d_model×d_model/n_heads)+ d_model×d_model+4×d_model = 4×d_model×d_model + 4×d_model。

② 前饋網路層由 2 個線性層組成，一般地，第一個線性層是先將維度從 d_model 映射到前饋網路的大小（d_ff），偏置的形狀為 d_ff，第二個線性層再將維度從 d_ff 映射到 d_model。偏置的形狀為 [d_model]。所以前饋網路層的參數量應該是 d_model×d_ff+ d_ff +d_ff×d_model+ d_model = 2×d_ff×d_model+d_ff+d_model。圖 5-2 顯示了前饋網路層的形狀變化。

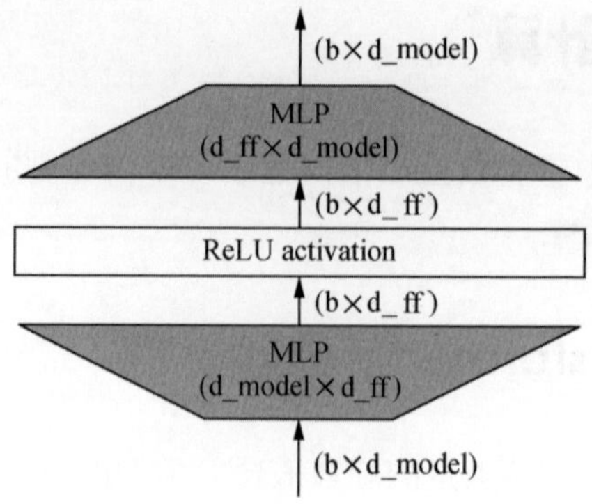

▲ 圖 5-2 前饋網路層的形狀變化

③ 自注意力層和前饋網路層各有一個層歸一化，包含了 2 個可訓練模型參數：縮放參數和平移參數，形狀都是 d_model。一個層歸一化的參數量為 2×d_model。

所以，每個 Transformer 層的參數量為 4×d_model×d_model +4×d_model+2×d_ff×d_model+d_ff+d_mode+4×d_model = 4×d_model×d_model+2×d_ff×d_model+d_ff+5×d_model。

（3）輸出層：這一層將模型的輸出映射回詞彙表中的標記。參數量通常與詞嵌入層的參數量相同，因為在很多模型中，這兩個層共用參數。

模型的總參數量就是這些部分的參數量之和。這裡的計算只是一個估計，實際的參數量可能會有所不同，因為模型的設計和實現可能會有一些額外的參數和細節差異。

對於 GPT-3 的版本（125M 參數），其參數設置大致是：V=50257,d_model=768,L=12,num_heads=12,d_ff=3072。根據上面的公式，我們可以計算出其參數量：

50257 ×768+12×((4×768×768)+(2×768×3072)+3072+5×768)= 123.6M

對於解碼器模型，有 2 個多頭注意力層、1 個前饋網路層、3 個歸一化層（圖 5-3），則 Transformer 層的參數計算公式為

$2\times(4\times d\_model\times d\_model+4\times d\_model)+2\times d\_ff\times d\_model+d\_ff+d\_model+3\times 2\times d\_model=8\times d\_model^2+4\times d\_ff\times d\_model+d\_ff+15\times d\_model$

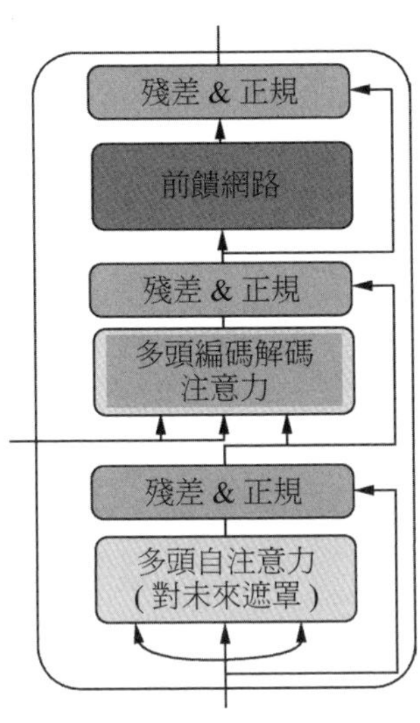

▲ 圖 5-3 解碼器組成

5.8.2 Llama 2 模型

透過查看 Llama 2 模型的 config.json 和 pytorch_model.bin.index.json，得到 Llama 2 不同尺寸模型的超參數（表 5-5）。

▼ 表 5-5 Llama 2 模型大小和參數

參數量	模型大小	嵌入維度 d_model	層數 L	中間維度 d_ff
6.7B	13476839424	4096	32	11008
13.0B	26031738880	5120	40	13824
32.5B	65057902592	6656	60	17920
70B	137953316864	8192	80	28672

其中，模型尺寸是 pytorch_model.bin.index.json 檔案中 metadata.total_size 值。

為獲得 Llama 2 模型的準確結構，在開放原始程式碼基礎上撰寫程式讀取餘型目錄中的模型架構。表 5-6 是 Llama 2 7B、70B 模型結構形狀，其中 13B、32B 模型的架構除了超參數不同外，和 7B 類似，而 70B 的注意力層 self_attn.k_proj、self_attn.v_proj 有點特殊。

▼ 表 5-6 Llama 2 模型結構形狀（7B、70B）

輸入：

	7B	70B
embed_tokens	[32000,4096]	[32000,8192]

每層參數（7B 32 層，70B 80 層）：

self_attn.q_proj	[4096, 4096]	[8192, 8192]
self_attn.k_proj	[4096, 4096]	[1024, 8192]
self_attn.v_proj	[4096, 4096]	[1024, 8192]
self_attn.o_proj	[4096, 4096]	[8192, 8192]
self_attn.rotary_emb.inv_freq	[64]	[64]
mlp.gate_proj	[11008, 4096]	[28672, 8192]
mlp.up_proj	[11008, 4096]	[28672, 8192]
mlp.down_proj	[4096, 11008]	[8192, 28672]
input_layernorm	[4096]	[8192]
post_attention_layernorm	[4096]	[8192]

輸出：

norm	[4096]	[8192]
lm_head	[32000,4096]	[32000,8192]

公式中詞彙表長度固定為 V = 32000。rotary_emb.inv_freq 資料型態為 F32，其他為 F16。

參數量的計算公式如下。

1. 6.7B、13B、32.5B 三個模型

$$V \times d\_model + L \times (4 \times d\_model \times d\_model + 3 \times d\_ff \times d\_model + 2 \times d\_model + 64) + d\_model + V \times d\_model$$

模型檔案的位元組數為

$$2 \times V \times d\_model \times 2 + L \times (4 \times d\_model \times d\_model + 3 \times d\_ff \times d\_model + 2 \times d\_model) \times 2 + L \times 64 \times 4 + d\_model \times 24$$

2. 70B 模型

$$V \times d\_model + L \times (2 \times d\_model \times d\_model + 2 \times 1024 \times d\_model + 3 \times d\_ff \times d\_model + 2 \times d\_model + 64) + d\_model + V \times d\_model$$

按照上面的公式可以計算模型檔案的位元組數，見表 5-7，結果與表 5-5 相對應。

▼ 表 5-7 計算參數的數量

參數	嵌入維度 d_model	層數 L	中間維度 d_ff	計算參數數
6.7B	4096	32	11008	6738417664
13.0B	5120	40	13824	13015866880
32.5B	6656	60	17920	32528947456
70B	8192	80	28672	68976645120

5.8.3 用 Transformers 模組計算

用 Hugging Face 的 Transfomers 模組可以讀取餘型中的參數量：

```
from transformers import AutoModel

# 載入模型
```

```
model = AutoModel.from_pretrained("c:/llama2/llama-2-7b-hf")

# 計算模型參數總數
total_params = sum(p.numel()for p in model.parameters())

print(f'Total parameters:{total_params}')
```

計算得到 Llama 2 7B 模型的參數量為：660734361。

繼續執行以下程式：

```
for p in model.parameters():
    print(p.shape)
```

顯示模型參數共有 290 個張量，1+32×9+1=290，各自形狀如下：

```
1 torch.Size([32000,4096])
---------------------------
以下重複 32 層
2 torch.Size([4096,4096])
3 torch.Size([4096,4096])
4 torch.Size([4096,4096])
5 torch.Size([4096,4096])
6 torch.Size([11008,4096])
7 torch.Size([11008,4096])
8 torch.Size([4096,11008])
torch.Size([4096])
torch.Size([4096])
____________________________________________
299 torch.Size([4096])
```

5.8.4 直接解析模型檔案

1. 檔案組成

Hugging Face 的模型權重檔案格式現在已成為大型語言模型的標準。包括 Llama 模型在內，幾乎所有大型語言模型都有 hf 格式存在，並且可以方便地從 Hugging face 網站下載。

Hugging Face 模型目錄中 bin 檔案實際是個 Zip 壓縮檔，以 llama-2-7b-hf 目錄中的 pytorch_model-00001-of-00002.bin 為例，用解壓縮程式開啟看到的目錄見圖 5-4。

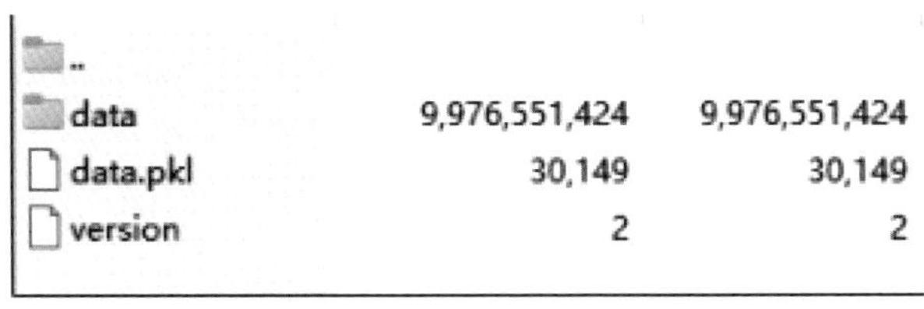

▲ 圖 5-4 bin 壓縮檔目錄

Data.pkl 檔案是個經過 Python 序列化檔案，用於儲存參數，讀取它必須經過反序列化處理。

Data 目錄中，儲存有模型每個部分的權重，比如 q_proj。每個部分儲存一個獨立檔案，具體見圖 5-5。

0	262,144,000	262,144,000	文件	7AB23FBF
1	33,554,432	33,554,432	文件	C37A53E5
2	33,554,432	33,554,432	文件	6D973D88
3	33,554,432	33,554,432	文件	A211C7C1
4	33,554,432	33,554,432	文件	9D04EFB9
5	256	256	文件	5308D5D5
6	90,177,536	90,177,536	文件	0AC88C22
7	90,177,536	90,177,536	文件	05149B36
8	90,177,536	90,177,536	文件	291255ED
9	8,192	8,192	文件	F1E8E1D1
10	8,192	8,192	文件	67D87AF1

▲ 圖 5-5 bin 檔案中 Data 目錄中檔案

共 323 個檔案，其中 pytorch_model-00001-of-00002.bin 儲存 241 個，pytorch_model-00002-of-00002.bin 儲存 82 個。與 pytorch_model.bin.index.json 檔案中權重行數對應：

```
"lm_head.weight":"pytorch_model-00002-of-00002.bin",
"model.embed_tokens.weight":"pytorch_model-00001-of-00002.bin",
"model.layers.0.input_layernorm.weight":"pytorch_model-00001-of-00002.bin",
```

```
"model.layers.0.mlp.down_proj.weight":"pytorch_model-00001-of-00002.bin",
"model.layers.0.mlp.gate_proj.weight":"pytorch_model-00001-of-00002.bin",
"model.layers.0.mlp.up_proj.weight":"pytorch_model-00001-of-00002.bin",
"model.layers.0.post_attention_layernorm.weight":"pytorch_model-00001-of-00002.
bin",
"model.layers.0.self_attn.k_proj.weight":"pytorch_model-00001-of-00002.bin",
"model.layers.0.self_attn.o_proj.weight":"pytorch_model-00001-of-00002.bin",
"model.layers.0.self_attn.q_proj.weight":"pytorch_model-00001-of-00002.bin",
"model.layers.0.self_attn.rotary_emb.inv_freq":"pytorch_model-00001-of-00002.
bin",
"model.layers.0.self_attn.v_proj.weight":"pytorch_model-00001-of-00002.bin",
"model.layers.1.input_layernorm.weight":"pytorch_model-00001-of-00002.bin",
"model.layers.1.mlp.down_proj.weight":"pytorch_model-00001-of-00002.bin",
......
```


檔案大小和權重參數對應，比如檔案 0 對應 lm_head.weight，位元組數為 262144000，而 lm_head.weight 的形狀為 [32000,4096]，資料型態為 F16，2 個位元組，32000×4096×2= 262,144,000。

2. pickle.Unpickler 反序列化

讀取權重檔案中的 Data.pkl 參數檔案，需要了解 Python 的反序列化操作。

Python 的 pickle 模組實現了強大的序列化和反序列化功能，也就是說，它可以將 Python 物件轉為位元組流（序列化），也可以將這些位元組流重新建構為 Python 物件（反序列化）。這對於資料持久化和傳輸非常有用。

以下是 pickle 模組的四個主要介面。

pickle.dumps(obj)：將一個 Python 物件序列化為一個位元組流。

pickle.loads(bytes_object)：將一個位元組流反序列化為一個 Python 物件。

pickle.dump(obj,file)：將一個 Python 物件序列化並儲存到一個檔案中。

pickle.load(file)：從一個檔案中讀取位元組流，並反序列化為一個 Python 物件。可以簡單用表 5-8 來分類。

▼ 表 5-8 pickle 模組的介面分類

操作	序列化	反序列化
轉換 + 檔案操作	dump()	load()
轉換	dumps()	loads()

反序列化是指將序列化後的位元組流恢復為原始的 Python 物件。pickle 函數庫可以從位元組流中恢復出原始的物件，使我們重新使用這些物件操作。如果反序列化需求比較簡單，你可以直接使用 pickle.load 函數。如果需要更大的控制和靈活性，可以使用 pickle.Unpickler 類別，建立一個 Unpickler 物件，並使用其 load 方法來反序列化資料。此外，還可以覆蓋 Unpickler 的某些方法（例如 persistent_load 和 find_class），以處理更為複雜的反序列化需求，例如處理持久化物件或自訂類別的載入方式。

以下是 pickle.Unpickler 的一些主要方法。

（1）**load()**：這個方法從開啟的檔案或類似檔案的物件（必須以二進位模式開啟）中讀取一個值，並傳回它。如果到達檔案的末尾，將拋出 EOFError。在反序列化過程中，如果遇到了一個持久化的物件 ID（身份標識號碼），會呼叫 persistent_load 方法。

（2）**persistent_load(pid)**：這是一個方法，可以在你的 Unpickler 子類別中進行覆蓋，以提供處理持久化物件 ID 的方式。在 pickle 模組中，這個方法並沒有定義，如果你沒有覆蓋這個方法，而又在反序列化過程中遇到一個持久化的物件 ID，將拋出一個 pickle.UnpicklingError。pid 是持久化物件 ID。

（3）**find_class(module,name)**：這是一個方法，可以在你的 Unpickler 子類別中進行覆蓋，以提供處理從 pickle 資料中載入類別的方式。預設情況下，這個方法會從指定的模組中查詢並傳回指定的類別。如果這個類別不存在，或模組不能被匯入，將拋出一個 AttributeError 或 ImportError。

3. 原始程式碼分析

每個 HF 模型目錄有多個 bin 檔案，下面程式每次讀一個。程式中主要工作是反序列化，核心是 LazyUnpickler 類別，它繼承了 pickle.Unpickler 類別，重寫了類別的 persistent_load 函數。程式透過解析 bin 壓縮檔中的 Data.pkl 檔案，讀出模型的組成部分，以及每個部分對應的形狀和資料型態，最後計算出總參數量和位元組數。

程式中比較難理解的是 LazyUnpickler 類別中的 pid 和 find_class 函數中的 module 參數。實際上這兩個變數是在序列化時預先定義好的。如果不知道預先定義內容，是無法做反序列化處理的。

pid 的典型值是：pid=('storage',LazyStorageKind(data_type='F16'),'0','cpu', 131072000)。storage='storage' 是固定字串；filename_stem='0' 用於拼接成權重檔案，0 是指模型第 0 個部分（embed_tokens.weight）；131072000 是該部分的參數量，對應 32000×4096。

find_class 用來建立模型中不同類別與相應處理函數的對應關係。比如 ('torch._utils','_rebuild_tensor_v2') 對應的是 lazy_rebuild_tensor_v2 函數。對應不同 pid，persistent_load 呼叫不同的處理函數。

程式執行目的是從模型權重檔案中讀得類似以下格式字典資料（僅為第 0 部分）：

'model.embed_tokens.weight':LazyTensor(shape=[32000,4096],data_type='F16',description='pickled storage_offset=0 in storage data_type=F16 path-in-zip=pytorch_model-00001-of-00002/data/0 path=C:\\llama2\\llama-2-7b-hf\\pytorch_model-00001-of-00002.bin')

這些資料是先從 persistent_load 函數中根據 pid 生成的 storage data_type=F16 path-in-zip=pytorch_model-00001-of-00002/data/0 path=C:\\llama2\\llama-2-7b-hf\\pytorch_model-00001-of-00002.bin，再由 lazy_rebuild_tensor_v2 合併上 shape = [32000, 4096],data_type='F16',description='pickled storage_offset=0 資料。

來源程式中首先匯入所需的函數庫和模組，定義變數和三個類別：LazyStorageKind、LazyStorage、LazyTensor。

```
import zipfile
import pickle
from pathlib import Path
from typing import(IO,Any,Callable,Optional,List,Dict)
from dataclasses import dataclass
import numpy as np

DT_F16 = 'F16'
DT_F32 = 'F32'
DT_BF16 = 'DT_BF16'
DT_I32 = 'DT_I32'

DataType = 'F16'

@dataclass
class LazyStorageKind:
    data_type:DataType

@dataclass
class LazyStorage:
    kind:LazyStorageKind
    description:str

@dataclass
class LazyTensor:
    shape:List[int]
    data_type:DataType
    description:str
```

訂製化專用的反序列化類別 LazyUnpickler，重寫 pickle.Unpickler 類別的 persistent_load、find_class 函數。

```
class LazyUnpickler(pickle.Unpickler):
    def__init__(self,fp:IO[bytes],data_base_path:str,zip_file:zipfile.ZipFile):
        super().__init__(fp)
        self.data_base_path = data_base_path
```

```
        self.zip_file = zip_file

    def persistent_load(self,pid:Any)-> Any:
        assert pid[0]== 'storage'
        assert isinstance(pid[1],LazyStorageKind)
        data_type = pid[1].data_type
        filename_stem = pid[2]
        filename = self.data_base_path + '/'+ filename_stem
        info = self.zip_file.getinfo(filename)

        description = f'storage data_type={data_type}path-in-zip={filename}path={self.
zip_file.filename}'
        return LazyStorage(kind=pid[1],description=description)

    #@staticmethod
    def lazy_rebuild_tensor_v2(storage:Any,storage_offset:Any,size:Any,stride:Any,
                        #pyright:ignore[reportSelfClsParameterName]
                        requires_grad:Any,backward_hooks:Any,metadata:Any = None)
-> LazyTensor:
        assert isinstance(storage,LazyStorage)

        description = f'pickled storage_offset={storage_offset}in{storage.description}'
        return LazyTensor(list(size),storage.kind.data_type,description)

    CLASSES:Dict[Any,Any]= {
        ('torch._utils','_rebuild_tensor_v2'):lazy_rebuild_tensor_v2,
        ('torch','BFloat16Storage'):LazyStorageKind(DT_BF16),
        ('torch','HalfStorage'):LazyStorageKind(DT_F16),
        ('torch','FloatStorage'):LazyStorageKind(DT_F32),
        ('torch','IntStorage'):LazyStorageKind(DT_I32)
    }

    def find_class(self,module:str,name:str)-> Any:
        if not module.startswith('torch'):
            return super().find_class(module,name)
        return self.CLASSES[(module,name)]
```

主函數，開啟指定的 hf 格式的模型權重檔案 path，用 zipfile 將其解壓，找到壓縮檔中的 data.pkl 檔案，用 LazyUnpickler 將其反序列化，得到模型字典資料 as_dict，可以循環顯示模型每個部分的參數，累計得到總參數量和位元組數。

```
if  name  == '__main__':
    path = Path("C:\\llama2\\llama-2-7b-hf\\pytorch_model-00001-of-00002.bin")

    fp = open(path,'rb')

    zf = zipfile.ZipFile(fp)

    pickle_paths = [name for name in zf.namelist()if name.endswith('.pkl')]
    assert len(pickle_paths)== 1,pickle_paths

    pickle_fp = zf.open(pickle_paths[0],'r')
    unpickler = LazyUnpickler(pickle_fp,
                        data_base_path=pickle_paths[0][:-4],
                        zip_file=zf)

    model = unpickler.load()
    as_dict = dict(model.items())

    nParams = 0
    nBytes = 0
    count = 0
    for name,lazy_tensor in as_dict.items():
        print(f"{name}:shape={lazy_tensor.shape}type={lazy_tensor.data_type}")
        if len(lazy_tensor.shape)== 1:
            count = lazy_tensor.shape[0]
    else:
        count = lazy_tensor.shape[0]*lazy_tensor.shape[1]

    if lazy_tensor.data_type == DT_F32:
        nBytes += count*4
    else:#DT_F16
        nBytes += count*2

nParams += count

print(f' 參數量 ={nParams}, 位元組數 ={nBytes}')
```

程式執行輸出：

```
model.embed_tokens.weight:shape=[32000,4096]type=F16
model.layers.0.self_attn.q_proj.weight:shape=[4096,4096]type=F16
model.layers.0.self_attn.k_proj.weight:shape=[4096,4096]type=F16
model.layers.0.self_attn.v_proj.weight:shape=[4096,4096]type=F16
model.layers.0.self_attn.o_proj.weight:shape=[4096,4096]type=F16
model.layers.0.self_attn.rotary_emb.inv_freq:shape=[64]type=F32
model.layers.0.mlp.gate_proj.weight:shape=[11008,4096]type=F16
model.layers.0.mlp.up_proj.weight:shape=[11008,4096]type=F16
model.layers.0.mlp.down_proj.weight:shape=[4096,11008]type=F16
model.layers.0.input_layernorm.weight:shape=[4096]type=F16
model.layers.0.post_attention_layernorm.weight:shape=[4096]
......
model.layers.23.self_attn.q_proj.weight:shape=[4096,4096]type=F16
model.layers.23.self_attn.k_proj.weight:shape=[4096,4096]type=F16
model.layers.23.self_attn.v_proj.weight:shape=[4096,4096]type=F16
model.layers.23.self_attn.o_proj.weight:shape=[4096,4096]type=F16
model.layers.23.self_attn.rotary_emb.inv_freq:shape=[64]type=F32
model.layers.23.mlp.gate_proj.weight:shape=[11008,4096]type=F16
model.layers.23.mlp.up_proj.weight:shape=[11008,4096]type=F16
model.layers.23.mlp.down_proj.weight:shape=[4096,11008]type=F16
model.layers.23.input_layernorm.weight:shape=[4096]type=F16
model.layers.23.post_attention_layernorm.weight:shape=[4096]type=F16
參數量 =4988274176, 位元組數 =9976551424
```

注意：這裡只是一個 bin 檔案的參數量和位元組數，llama-2-7b 模型全部參數儲存在兩個 bin 檔案中。

6 模型訓練

6.1 模型訓練的種類

模型訓練包括從 0 開始的訓練、增量訓練和監督微調。不同訓練的起點和目的不同。

從 0 開始的訓練是沒有基礎的，目的是訓練一個基礎模型。增量訓練是在已有的基礎模型上面增加新的資料進行訓練。監督微調則是在基礎模型上增加人工標注資料，訓練成對話模型。

增量訓練是在現有大型語言模型上用新的或特定來源資料進行訓練，而不需要從頭開始訓練模型，比如說 Chinese Llama-2&Alpaca-2 就是在 Llama 2 模型基礎上，增加大量的中文資料，做了增量訓練。要注意的是，增量訓練出來的仍然是預訓練模型，而非監督微調模型。

大型語言模型的增量訓練是一種策略，其中一個已經訓練的模型被進一步訓練以適應新的資料或改善其性能。這種方法可以節省時間和運算資源，因為不需要從頭開始訓練模型。增量訓練的主要步驟如下。

（1）選擇一個預訓練模型：這個模型可以是一個大型的語言模型，如 Llama 2，這些模型已經在大量的文字資料上進行了預訓練。

（2）選擇新的訓練資料：這些資料應該與你想要模型最佳化的任務相關。舉例來說，如果你想要一個能夠理解醫學術語的模型，你可能會選擇一些醫學文字作為新的訓練資料。

（3）微調模型：在新的訓練資料上執行模型，使其調整其權重以更進一步地適應新的資料。這通常涉及執行多個訓練週期（或「epochs」），每個週期都會遍歷整個訓練資料集。

（4）評估模型：使用與你的任務相關的評估指標來檢查模型的性能。這可能包括準確性、召回率、F1 得分等。

增量訓練的同樣方法可以用於從零（from scratch）開始做基礎模型，從零開始訓練大型語言模型是一個更複雜和計算密集型的過程，雖然我們既無必要也無資源去這樣做，但技術是沒有問題的。

這通常涉及以下步驟。

（1）收集和準備訓練資料：這可能包括大量的文字資料，如網頁、書籍、新聞文章等。

（2）選擇模型架構：這可能是一個已經存在的架構，如 Transformer 或 Llama，或是一個新的、為特定任務設計的架構。

（3）訓練模型：使用大量的運算資源〔如 GPU 或 TPU（張量處理單元）〕來執行訓練演算法，這通常涉及反向傳播和梯度下降。

（4）評估和調整模型：這可能涉及微調模型參數，改變學習率，或嘗試不同的最佳化演算法。

注意：無論是增量訓練還是從零開始訓練，都需要大量的運算資源和時間。此外，訓練大型語言模型也需要深入的機器學習知識和實踐經驗。

6.2 Hugging Face 訓練環境

Hugging Face 是一家領先的人工智慧研究公司，專注於自然語言處理和人工智慧對話系統的開發。其目標是讓機器更進一步地理解和生成人類語言。

Hugging Face 的最知名專案可能是其 Transformers 函數庫，這是一個 Python 函數庫，提供了大量預訓練的模型和架構（如 BERT、GPT-2、T5、Llama 等），以及相應的訓練和微調工具。Transformers 函數庫已成為自然語言處理社區的標準工具，被廣泛應用於各種任務，如文字分類、命名實體辨識、情感分析、文字生成等。

Hugging Face 還提供了一個模型共用平臺，允許研究人員上傳和分享他們訓練的模型。這個平臺已經整合了數千個模型，覆蓋了許多語言和許多不同的自然語言處理任務。

此外，Hugging Face 還開發了一些其他專案和產品，如 Tokenizers 函數庫（用於高效的文本分詞）、datasets 函數庫（用於處理大規模的資料集）等。

Hugging Face 的工作對於推動自然語言處理的發展有著重要的作用，其開放原始碼工具和資源被廣泛應用於學術研究和商業應用中。

Hugging Face 提供了豐富的資源，包括預訓練模型、資料集、工具和社區等。以下是一些主要的內容。

（1）模型：Hugging Face 的模型庫是其最重要的資源之一，提供了大量的預訓練模型。這些模型覆蓋了各種不同的架構，如 BERT、GPT-2、T5、Llama 等，可以應用於各種自然語言處理任務。使用者可以直接下載和使用這些模型，也可以在自己的任務上進行微調。此外，使用者還可以上傳和分享自己訓練的模型。

（2）資料集：Hugging Face 的 datasets 函數庫提供了大量的公開資料集，覆蓋了各種語言和任務。使用者可以直接下載和使用這些資料集，進行模型訓練和評估。datasets 函數庫還提供了一些高效的資料處理工具，幫助使用者處理大規模的資料。

（3）工具：Hugging Face 提供了一些高效的自然語言處理工具，如 Transformers 函數庫和 Tokenizers 函數庫。Transformers 函數庫提供了大量預訓練的模型和架構，以及相應的訓練和微調工具。Tokenizers 函數庫提供了高效的文本分詞工具。

（4）社區：Hugging Face 有一個活躍的社區，使用者可以在這裡分享自己的模型、討論問題、獲取幫助、參與各種活動等。社區還提供了一些教學和範例，幫助使用者快速上手和使用 Hugging Face 的資源。

（5）Spaces：這是 Hugging Face 推出的新功能，允許使用者建立和分享自己的機器學習專案。使用者可以在 Spaces 中執行 Jupyter Notebook，展示自己的研究成果，分享自己的模型和程式等。

（6）Inference API：Hugging Face 提供了一個推理 API，允許使用者直接在雲端執行模型，進行預測。這個 API 支援大多數 Hugging Face 的模型，可以處理各種自然語言處理任務。

無論你是自然語言處理的研究者，開發者，還是同好，都可以在 Hugging Face 找到有用的資源。

6.3 Transformers 函數庫

6.3.1 主要功能

Hugging Face 的 Transformers 函數庫是一個廣泛使用的自然語言處理函數庫，它提供了大量預訓練模型，並提供了這些模型的好用介面。以下是 Transformers 函數庫的一些主要功能。

（1）預訓練模型：Transformers 函數庫提供了大量的預訓練模型，如 Llama 2、BERT、GPT-2、T5、RoBERTa 等，這些模型可以用於各種自然語言處理任務。

（2）多種自然語言處理任務：Transformers 函數庫支援各種自然語言處理任務，如文字分類、命名實體辨識、問答（QA）、機器翻譯、摘要生成、文字生成等。

（3）好用性：Transformers 函數庫提供了易於使用的 API，讓使用者可以方便地載入模型、進行推理、微調模型等。

（4）靈活性：Transformers 函數庫提供了模型的低級 API，讓使用者可以根據自己的需求訂製模型。

（5）多語言支援：Transformers 函數庫支援多種語言，讓使用者可以處理多種語言的資料。

（6）高性能：Transformers 函數庫支援在 GPU 和 TPU 上執行，可以高效率地處理大量資料。

（7）社區支援：Transformers 函數庫有一個活躍的社區，使用者可以在社區中尋求幫助，也可以貢獻自己的程式。

（8）模型共用：Transformers 函數庫提供了一個模型中心，使用者可以在模型中心下載別人分享的模型，也可以分享自己的模型。

（9）相容性：Transformers 函數庫可以和 PyTorch、TensorFlow 等深度學習框架一起使用。要使用 Transformers 函數庫，你需要首先安裝它。你可以使用 pip 進行安裝：

```
pip install transformers
```

然後，你就可以在你的 Python 程式中匯入 Transformers 並使用它了。以下是一個使用 BERT 模型進行文字分類的簡單例子：

```
from transformers import BertTokenizer,BertForSequenceClassification
import torch

tokenizer = BertTokenizer.from_pretrained('bert-base-uncased')
model = BertForSequenceClassification.from_pretrained('bert-base-uncased')

inputs = tokenizer("Hello,my dog is cute",return_tensors="pt")
labels = torch.tensor([1]).unsqueeze(0)#Batch size 1

outputs = model(**inputs,labels=labels)

loss = outputs.loss
logits = outputs.logits
```

在這個例子中，我們首先匯入需要的模組，載入了預訓練的 BERT 模型和對應的分詞器。然後，我們使用分詞器處理輸入的文字，並將處理後的結果傳給模型。最後，我們從模型的輸出中獲取了損失和 logits。

6.3.2 函數

Hugging Face 的 Transformers 函數庫中有許多函數，這些函數可以分為幾個主要類別，如模型載入、模型訓練、模型推理、資料處理等。以下是一些主要函數及其功能的簡單描述。

（1）from_pretrained()：從預訓練模型載入模型或分詞器。

（2）save_pretrained()：將模型或分詞器儲存為預訓練格式。

（3） forward()：模型的前向傳播函數，用於計算模型的輸出。

（4） to()：將模型移動到指定的裝置（如 GPU）上。

（5） train()：將模型設置為訓練模式。

（6） eval()：將模型設置為評估模式。

（7） encode()：將文字編碼為模型可以處理的輸入格式。

（8） decode()：將模型輸出的編碼解碼為文字。

（9） generate()：用於文字生成任務，如機器翻譯、摘要生成等。

（10） Trainer()：一個用於訓練和評估模型的工具類別。

（11） TrainingArguments()：定義訓練參數的類別，如學習率、訓練輪數等。

（12） AdamW()：一種最佳化器，用於更新模型的參數。

（13） get_linear_schedule_with_warmup()：生成一個學習率排程器，用於在訓練過程中調整學習率。

（14） DataCollatorWithPadding()：一種資料處理工具，用於對齊不同長度的輸入序列。AutoModelForCausalLM：自動下載並載入預訓練的 Transformer 模型，自動選擇適當的模型架構和權重。

AutoTokenizer：可以根據提供的模型名稱自動選擇適當的分詞器（Tokenizer）。

6.4 訓練程式

Hugging Face 的 Transformers 函數庫支援大型語言模型的監督微調，進行 SFT 訓練有以下的主要步驟。

（1） 資料前置處理：使用 datasets 函數庫載入和前置處理資料。這包括資料清洗、標注、分詞等步驟。可以使用 datasets 函數庫中的 Dataset 類別和 Tokenizer 類別來實現。

（2）模型載入：使用 Transformers 函數庫載入預訓練模型。舉例來說，如果你使用的是 BERT 模型，可以使用 transformers.BertForSequence-Classification 類別來載入模型。這個類別的實例包含了一個預訓練的 BERT 模型和一個頂層的分類器。

（3）訓練參數設置：設置模型訓練的參數，例如學習率、訓練週期數（epochs）、批次大小（batch size）等。這些參數可以直接設置，也可以透過 transformers.TrainingArguments 類別來設置。

（4）模型訓練：使用 transformers.Trainer 類別來訓練模型。這個類別的實例會接受一個模型、一組訓練參數和一個訓練資料集，然後開始訓練模型。

（5）模型評估：在訓練結束後，使用 Trainer.evaluate 方法來評估模型的性能。這個方法會在一個驗證資料集上執行模型，並傳回一個包含了各種評估指標的字典。

（6）模型儲存：使用 Trainer.save_model 方法來儲存訓練好的模型。這個方法會將模型的參數儲存到磁碟上，以便以後使用。

6.5 分詞處理

6.5.1 相關名詞

token：標記，最小的語義單元。

tokenization 是指分詞過程，目的是將輸入序列劃分成一個個標記（token），保證各個標記擁有相對完整和獨立的語義，以供後續任務（比如學習嵌入或作為大型語言模型的輸入）使用。

在 Transformers 函數庫中，tokenizer 就是實現 tokenization 的物件，每個 tokenizer 會有不同的詞彙表（vocabulary）。在程式中，tokenizer 用以將輸入文字序列劃分成 tokenizer 詞彙表中可用的標記。

6.5.2 input IDs

大型語言模型唯一必需的輸入是 input ids，本質是標記在詞彙表中的索引。將輸入文字序列轉換成標記，即 tokenized 過程；將輸入文字序列轉換成 input ids，即輸入開發過程，數值對應的是 tokenizer 詞彙表中的索引。

比如說這句話「快速的棕色狐狸跳過了懶洋洋的狗。」的 input ids 是

[1,29871,33026,30210,46259,47244,32791,33952,35929,49841,30210,32499,30267]

它們是對應下面分詞後的每個標記在詞彙表中的索引：

['▁','快速','的','棕色','狐狸','跳','過了','懶','洋洋','的','狗','。']

6.5.3 特殊標記

1. 意義

在模型的檢查點目錄下的設定檔中，經常能看到 bos_token、eos_token、eop_token、pad_token、unk_token 這些與文字序列處理相關的特殊標記，它們代表的意義如下：

bos_token（開始標記）：它表示文字序列的起始位置。在某些文字生成任務中，可能需要在序列的開頭增加一個開始標記，以指示生成文字的起始點。

eos_token、eop_token（結束標記）：它們表示文字序列的結束位置。在某些文字生成任務中，可能需要在序列中指定一個結束標記以表示文字的結束。

pad_token（填充標記）：它用於將文字序列填充到相同長度。在處理變長文字序列時，較短的序列可能需要透過增加填充標記來與較長的序列對齊。填充標記通常是一個特殊的 token，用於填充序列中的空白位置，使得所有序列具有相同的長度。

unk_token（未知標記）：這個標記用於表示詞彙表中不存在的單字。下面是 bos_token、eos_token、pad_token、unk_token 的兩組例子：

（1）[BOS]、[EOS]、[PAD]、[UNK]

（2）<s>、</s>、<pad>、<unk>

2. 使用場景

下面介紹一下特殊標記的使用場景。

（1）bos_token（開始標記）：這個標記通常用於表示一個序列的開始，在一些需要區分序列開始的模型中非常有用。舉例來說，在機器翻譯或文字生成的任務中，模型需要知道何時開始生成一個新的句子，這時就可以使用 bos_token。

例子：[BOS] 快速的棕色狐狸跳過了懶洋洋的狗。

（2）eos_token（結束標記）：這個標記通常用於表示一個序列的結束，在一些需要區分序列結束的模型中非常有用。舉例來說，在機器翻譯或文字生成的任務中，模型需要知道何時停止生成，這時就可以使用 eos_token。

例子：快速的棕色狐狸跳過了懶洋洋的狗。[EOS]

（3）unk_token（未知標記）：當模型遇到一個未知的單字時，就會使用 unk_token 來代替。這通常發生在模型遇到罕見的單字或錯誤拼寫的單字時。例子：快速的棕色狐狸跳過了 [UNK] 的狗。

（4）pad_token（填充標記）：這個標記用於填充長度不足的序列，使得所有的序列都有相同的長度。這是因為神經網路通常需要處理固定長度的輸入，如果一個序列比其他序列短，就需要增加 pad_token 來達到所需的長度。

例子：快速的棕色狐狸跳過了懶洋洋的狗。[PAD][PAD][PAD]

實際中，會綜合使用這些標記，在 Llama 2 中，[BOS] 用 <s>，[EOF] 用 </s>，[UNK] 用 <unk> 來表示。

（1）機器翻譯：在機器翻譯任務中，我們通常會在每個句子的開始和結束處增加 <s> 和 </s>，並使用 <unk> 來處理未知的詞。舉例來說，假設我們有一個中文句子「快速的棕色狐狸跳過了懶洋洋的狗。」，我們可能會這樣處理：

輸入：<s> 快速的棕色狐狸跳過了懶洋洋的狗。</s>

如果模型在詞彙表中找不到「懶洋洋」這個詞，那麼這個詞就會被替換為 <unk> ：輸入：<s> 快速的棕色狐狸跳過了 <unk> 的狗。</s>

（2）序列填充：在處理不同長度的句子時，我們通常會使用 <pad> 來填充短句子，以便所有句子都有相同的長度。舉例來說，假設我們有兩個句子：一個是「快速的棕色狐狸跳過了懶洋洋的狗。」，另一個是「我是一個學生。」。為了讓這兩個句子有相同的長度，我們可能需要增加一些 <pad> ：

句子 1：<s> 快速的棕色狐狸跳過了懶洋洋的狗。</s> <pad> <pad>

句子 2：<s> 我是一個學生。</s> <pad> <pad> <pad> <pad> <pad> <pad> <pad> <pad>

這樣，兩個句子都有了相同的長度，可以被模型一起處理。

3. IDS 值

可以在模型目錄的 config.json 檔案中，查到特殊標記的 IDS 值，即特殊標記在詞彙表中的索引。檔案的內容是這樣的：

```
{
  "architectures":[
    "LlamaForCausalLM"
  ],
  "bos_token_id":1,
  "eos_token_id":2,
  "hidden_act":"silu",
  "hidden_size":4096,
  "initializer_range":0.02,
  "intermediate_size":11008,
  "max_position_embeddings":4096,
  "model_type":"llama",
  "num_attention_heads":32,
```

```
    "num_hidden_layers":32,
    "num_key_value_heads":32,
    "pad_token_id":0,
    "pretraining_tp":1,
    "rms_norm_eps":1e-05,
    "rope_scaling":null,
    "tie_word_embeddings":false,
    "torch_dtype":"float16",
    "transformers_version":"4.31.0",
    "use_cache":true,
    "vocab_size":32000
}
```

從中可以看到

```
"bos_token_id":1,
"eos_token_id":2,
"pad_token_id":0,
```

6.5.4 AutoTokenizer

AutoTokenizer 是 Hugging Face Transformers 函數庫中的函數，它可以根據你提供的模型名稱自動選擇適當的分詞器。分詞器是用於將文字序列分割成標記的工具，為模型提供輸入。AutoTokenizer 函數簡化了分詞器的選擇過程，根據模型名稱自動下載並載入適應性強的分詞器。使用該函數，你可以快速選擇和載入適用於你任務的分詞器，從而輕鬆地對文字進行編碼和解碼操作。

```
from transformers import AutoTokenizer

tokenizer = AutoTokenizer.from_pretrained(
    "C:\llama2\chinese-alpaca-2-7b",
    offload_folder="offload",
)
tokenizer
```

```
LlamaTokenizerFast(name_or_path='C:\llama2\llama-2-7b-hf',vocab_size=32000,
model_max_length=1000000000000000019884624838656,is_fast=True,padding_
side='left',truncation_side='right',special_tokens={'bos_token':'<s>','eos_
token':'</s>','unk_token':'
<unk>'},clean_up_tokenization_spaces=False),added_tokens_decoder={
    0:AddedToken("<unk>",rstrip=False,lstrip=False,single_word=
```

```
False,normalized= True,special=True),
    1:AddedToken("<s>",rstrip=False,lstrip=False,single_word=False,normalized=T
rue,special=True),
    2:AddedToken("</s>",rstrip=False,lstrip=False,single_word=
False,normalized=
True,special=True),
}
```

這是一個 LlamaTokenizerFast 的實例，它是 Hugging Face 的 Transformers 函數庫中用於文本分詞的類別，它們控制了分詞器的行為，包括如何處理文字、如何處理特殊的標記等。以下是這個實例的參數及其含義。

（1）name_or_path：這是預訓練模型的名稱或模型檔案的路徑。在這個例子中，它指向的是一個本地的模型檔案。

（2）vocab_size：這是詞彙表的大小，也就是模型可以辨識的不同單字的數量。在這個例子中，詞彙表的大小是 55296。

（3）model_max_length：這是模型可以處理的最大文字長度。在這個例子中，最大長度非常大，基本上不會對任何文字進行截斷。

（4）is_fast：這是一個布林值，表示是否使用快速分詞器。快速分詞器使用了 Rust 語言，比 Python 的分詞器更快。

（5）padding_side：這是一個字串，表示當文字長度不足時，應該在哪一側增加填充（padding）。在這個例子中，填充被增加到了文字的左側。

（6）truncation_side：這是一個字串，表示當文字長度超過最大長度時，應該從哪一側進行截斷。在這個例子中，截斷發生在文字的右側。

（7）special_tokens：這是一個字典，包含了一些特殊的標記。這些標記有特殊的含義，例如 bos_token、eos_token、unk_token 和 pad_token。每個標記都是一個 AddedToken 的實例，包含了標記的文字和一些其他的屬性。

（8）clean_up_tokenization_spaces：這是一個布林值，表示是否在分詞後清除多餘的空格。在這個例子中，分詞後不清除多餘的空格。

這些參數讀自 tokenizer_config.json 檔案，檔案的內容為

```
{
  "add_bos_token":true,
  "add_eos_token":false,
  "bos_token":{
    "type":"AddedToken",
    "content":"<s>",
    "lstrip":false,
    "normalized":true,
    "rstrip":false,
    "single_word":false
  },
  "clean_up_tokenization_spaces":false,
  "eos_token":{
    "type":"AddedToken",
    "content":"</s>",
    "lstrip":false,
    "normalized":true,
    "rstrip":false,
    "single_word":false
  },
  "legacy":true,
  "model_max_length":1000000000000000019884624838656,
  "pad_token":null,
  "sp_model_kwargs":{},
  "tokenizer_class":
  "LlamaTokenizer",
  "unk_token":{
    "type":"AddedToken",
    "content":"<unk>",
    "lstrip":false,
    "normalized":true,
    "rstrip":false,
    "single_word":false
  },
  "use_fast":false
}
```

6.5.5 分詞

當使用 tokenizer 進行分詞時，根據具體的需求，你可以使用以下參數中的或多個。

（1）text：要分詞的文字字串。

（2）padding：設置是否對序列進行填充，預設為 False。如果設置為 True，則可以使用 padding 相關的參數進行序列填充。

（3）truncation：設置是否對序列進行截斷，預設為 False。如果設置為 True，可以使用 max_length 參數指定最大序列長度。

（4）max_length：設置最大的序列長度限制。

（5）return_tensors：設置傳回的張量類型，預設為 None。可以採用 'tf'、'pt' 或 'np' 來指定傳回的張量類型。

（6）stride：設置滑動視窗（sliding window）的步進值。

（7）return_attention_mask：設置是否傳回注意力遮罩。

（8）return_offsets_mapping：設置是否傳回詞部分的偏移映射。

首先從模型中載入分詞器，再進行分詞，根據詞彙表，總共分為 12 個標記：

```
sentence = "快速的棕色狐狸跳過了懶洋洋的狗。"
tokenized_sentence = tokenizer.tokenize(sentence)
print(tokenized_sentence)
```

['▁','快速','的','棕色','狐狸','跳','過了','懶','洋洋','的','狗','。']

```
sentence_encoded = tokenizer(sentence)
print(sentence_encoded)
```

```
{'input_ids':[1,29871,33026,30210,46259,47244,32791,33952,35929,49841,30210,
32499,30267],'attention_mask':[1,1,1,1,1,1,1,1,1,1,1,1,1]}
```

注意：這裡使用了中文詞彙表，如果採用 Llama 2 的原詞彙表，標記數就增加到 31 個。

6.5.6 底線

底線「＿」表示一個詞的開始。這是因為該分詞結果使用了一種稱為 BPE 的分詞方法，其中每個詞都以「＿」符號開頭。因此，「＿ Human」實際上應該解釋為單字「Human」的開始。

因為中文沒有空格，所以一句中文只有一個底線。

```
"####Human: 快速的棕色狐狸跳過了懶洋洋的狗。"
['▁####','▁Human',':','▁','快速','的','棕色','狐狸','跳','過了','懶',' 洋洋','的','狗','。']
```

英文均以空格開始，但如果是一個單字被切割成多個標記，則除第一標記外，其他標記沒有底線。

```
"####Human:To whom did the Virgin Mary allegedly appear in 1858 in Lourdes France?"
['▁####','▁Human',':','▁To','▁whom','▁did','▁the','▁Virgin','▁Mary',
'▁alleg','edly','▁appear','▁in','▁','1','8','5','8','▁in','▁L','our','des'
,'▁France','?','▁']
```

如何對「Lourdes our des」進行分詞，並轉為 IDS：

```
['▁L','our','des','▁our','▁des']
[1,365,473,2783,1749,553]
```

發現 'our' 和 '＿ our' 的 IDS 編碼不同。這是由於分詞演算法的規則所導致的，其中 '＿ our' 表示單字「our」的開始，而 'our' 表示單字「our」的剩餘部分。

分詞演算法在進行位元組對編碼時，會將文字中的連續字元組合成一個詞塊，這樣有助處理未知詞彙和增強模型的泛化能力。在處理英文文字時，分詞演算法通常會在詞的開頭增加「＿」符號，以標記詞塊的開始。

6.5.7 填空

模型要求輸入文字具有固定長度，這樣，如果長度不夠要用pad_token填空，超過要截斷。

```
from transformers import AutoTokenizer

tokenizer = AutoTokenizer.from_pretrained(
    "C:\llama2\chinese-alpaca-2-7b",
  offload_folder="offload",
)

tokenizer.pad_token = tokenizer.eos_token

sentence = [" 快速的棕色狐狸跳過了懶洋洋的狗。"," 我是一個學生。"]

tokenized_sentence = tokenizer(sentence,padding = "max_length",max_length = 15)
tokenized_sentence
```

```
{'input_ids':[[2,2,1,29871,33026,30210,46259,47244,32791,33952,35929,49841,
30210,32499,30267],[2,2,2,2,2,2,2,2,2,2,1,29871,39511,32176,30267]],
'attention_mask':[[0,0,1,1,1,1,1,1,1,1,1,1,1,1,1],[0,0,0,0,0,0,
0,0,0,0,1,1,1,1,1]]}
```

input_ids 中 2 是 pad_token，對應 attention_mask 為 0。

6.6 量化技術

浮點數在機器學習中也被稱為「精度」。模型大小是由參數量及參數精度決定的，通常是 float32、float16 和 bfloat16。

在機器學習的術語中，fp32 被稱為全精度（4 bytes），bf16 和 fp16 則稱為半精度（2 bytes）。int8(INT8) 資料型態則是由 8 bits 表示的數，其能夠儲存 2^8 個不同的值 ([0,255] 或 [-128,127])

理想情況下，訓練和推理應該在 fp32 上進行，但是其比 fp16/bf16 慢兩倍。因此，採用一種混合精度的方法，模型權重仍然是 fp32，前向和後向傳播則使用 fp16/bf16，從而加快訓練速度。fp16/bf16 被用來更新 fp32 權重。

量化技術是一種透過減少模型中參數的位元數，從而降低模型複雜度和計算需求的方法。透過量化，可以將這些數值表示為更短的整數，如 8 位元整數，從而減少模型所需的儲存空間和運算資源。量化技術的優勢包括減少記憶體需求、加快推理速度和降低功耗。然而，量化也可能引入一定的精度損失。

從第 5 章讀出的模型權重檔案看，權重的資料型態除每層的 rotary_emb.inv_freq 為 fp32 外都為 fp16，即 2 個位元組。llama-2-7b 的參數為 6738417664，全部載入到記憶體中，資料型態 16 位元時需要約 12.55 G，而如果能量化到 8 位元，則只需要 6.27 G。當然，現在還有 4 位元量化技術，這樣，所需的記憶體就更少了。

6.6.1 8 位元量化技術

兩種最常見的 8 位元量化技術是零點（zero-point）量化和絕對最大值（absmax）量化。零點量化和 absmax 量化將浮點值映射到更緊湊的 int8（1 位元組）值。首先，這些方法透過按量化常數縮放輸入來規範輸入。

舉例來說，在零點量化中，如果範圍是 [-1.0,1.0] 並希望量化到範圍 [-127,127]，那麼應該按 127 的因數縮放，然後將其四捨五入為 8 位元精度。要還原原始值，需要將 int8 值除以相同的量化因數 127。舉例來說，值 0.3 將縮放為 0.3×127=38.1，然後四捨五入為 38。若要恢復，則 38/127=0.2992。在這個例子中量化誤差為 0.008。這些微小的誤差在模型各個層中傳播，會逐步累積和增長並導致性能下降。

再來看一下絕對最大值量化的細節。要在 absmax 量化中計算 fp16 數與其對應的 int8 數之間的映射，需要先除以張量中的絕對最大值（令整個張量介於 -1 至 1 之間），然後乘以資料型態的總範圍。

在一個向量上應用 absmax 量化，該向量為

$$\boldsymbol{v} = [1.2,-0.5,-4.3,1.2,-3.1,0.8,2.4,5.4]$$

從向量中選擇最大值，即 5.4。而 int8 的範圍為 [-127,127]，所以量化過程為 $\boldsymbol{v}/5.4\times127$，約等於 $\boldsymbol{v}\times23.5$，即整個向量乘以縮放因數 23.5。最終得到的量化後向量為 [28,-12,-101,28,-73,19,56,127]。

為了還原原始值，可以使用全精度的 int8 數除以量化因數 23.5。但是由於四捨五入，會遺失一些精度。

圖 6-1 展示了 fp16 到 int8 的絕對最大值量化與還原的案例。

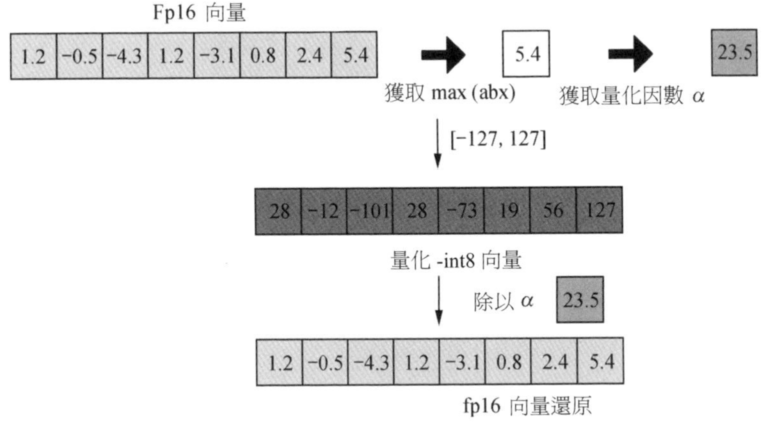

▲ 圖 6-1 fp16 到 int8 的絕對最大值量化與還原

6.6.2 LLM.int8()

LLM.int8() 是一種專門用於 Transformer 模型的 8 位元量化技術，由蒂姆 ・德特默斯（Tim Dettmers）等人在論文《LLM.int8()：用於大規模 Transformers 的 8 位元矩陣乘法》（*LLM.int8():8-bit Matrix Multiplication for Transformers at Scale*）中提出。該技術用於 Transformer 中的前饋層和注意力投影層，可以將推理所需的記憶體減半，同時保持全精度性能。作者找到了傳統量化無法用於大型模型的原因，是異常特徵引起了性能下降。

從本質上講，LLM.int8() 尋求透過三個步驟完成矩陣乘法計算。

（1）從輸入隱藏狀態中，按列提取異常值（即大於某個設定值的值）。

（2）執行 FP16 中異常值和 int8 中非異常值的矩陣乘法。

（3）對非異常值結果進行反量化，並將異常值和非異常值結果相加，以在 fp16 中接收完整結果。

圖 6-2 中淺灰色列是前饋層中輸入隱層的異常值。

從權重矩陣中將對應的行（淺灰色）取出出來（圖 6-3）。

X

2	45	−1	17	−1
0	12	3	−63	2
−1	37	−1	−83	0

▲ 圖 6-2 輸入隱層值

W

−1	0
2	0
0	−2
3	−2
−1	2

▲ 圖 6-3 權重矩陣值

圖 6-4 中正常值（深灰色）和異常值（淺灰色）兩個矩陣分別計算，正常值部分用 8 位元量化，異常值部分還用傳統 fp16 矩陣乘法。兩個部分都輸出 fp16 值，相加得到最終輸出。

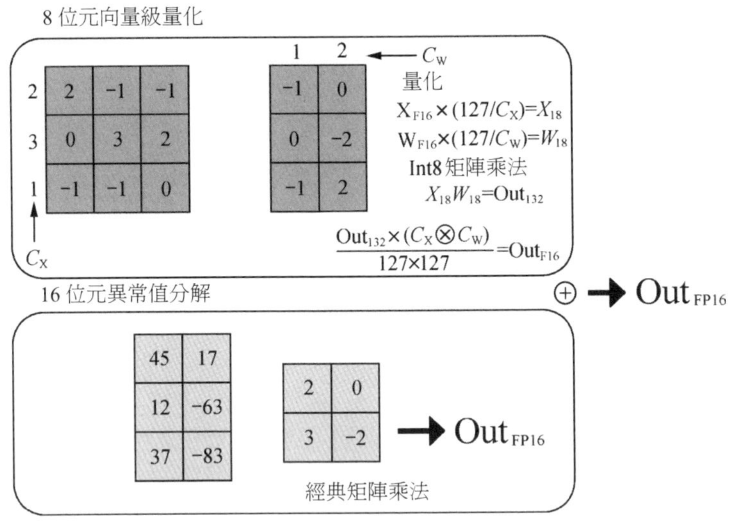

▲ 圖 6-4 兩個矩陣分別計算後相加

bitsandbytes 函數庫中有對 LLM.int8() 的支援。

6.6.3 NF4 和 QLoRA

1. QLoRA

QLoRA 是一種高效的微調方法，可減少記憶體使用量，足以在單一 65 GB GPU 上微調 48B 參數模型，同時保留完整的 16 位元微調任務性能。QLoRA 透過凍結的 4 位元量化預訓練語言模型將梯度反向傳播到低秩轉接器（Low-Rank Adaptation，LoRA）中。

QLoRA 引入許多創新，以在不降低性能的情況下節省記憶體。

（1）4 位元 NormalFloat（NF4），一種理論上最適合正態分佈權重的新資料型態。

（2）雙重量化，透過量化常數來減少平均記憶體佔用。

（3）分頁最佳化器來管理記憶體峰值。

相關資源可以從這裡下載：GitHub-artidoro/qlora:QLoRA:Efficient Finetuning of Quantized

2. 4 位元 NormalFloat 量化

NormalFloat（NF）是一種資料型態，它是建立在分位數量化（Quantile quantization）基礎上的，它是一種資訊理論上最佳的資料型態，可以確保每個量化區間從輸入張量中分配相同數量的值。分位數量化透過經驗累積分佈函數估計輸入張量的分位數來工作。分位數量化的主要局限性在於分位數估計的這個過程會比較費力。

在神經網路中，預訓練的權重通常具有零中心的正態分佈，標準差為 σ。透過縮放 σ，使得分佈恰好適應 NF 的範圍。對於 NF，作者設置了一個任意的範圍 [-1,1]。因此，資料型態和神經網路權重的分位數都需要被歸一化到這個範圍。

對於範圍在 [-1,1] 內的零平均值正態分佈，他們計算了資訊理論上最佳的資料型態。這個過程包括：①估計理論 $N(0,1)$ 分佈的 2^k+1 個分位數，得到一個 k 位元的分位數量化資料型態；②將這個 NF 的值歸一化到 [-1,1] 範圍；③透過絕對最大值重標定，將輸入權重張量歸一化到 [-1,1] 範圍，然後進行量化。一旦模型權重範圍和 NF 範圍匹配，就可以像通常那樣進行量化。這個過程等價於重新縮放權重張量的標準差，使其匹配 k 位元資料型態的標準差。更具體地來看這個公式，展示了 2^k 到分位數的映射公式：

$$q_i = \frac{1}{2}\left(Q_X\left(\frac{i}{2^k+1}\right)+Q_X\left(\frac{i+1}{2^k+1}\right)\right)$$

其中，Q_X 是分位數函數。

下面程式可以生成一組量化分位數：

```
import torch
from scipy.stats import norm


offset=0.9677083
p = torch.linspace(offset,0.5,9)[:-1]
v1 = norm.ppf(p).tolist()
```

```
v2 = []#[0]*(256-15) 這裡有 15 個值，其他可以插 0
v3 = (-norm.ppf(torch.linspace(offset,0.5,8)[:-1])).tolist()
v = v1 + v2 + v3

values = torch.Tensor(v)
values = values.sort().
values values/= values.max()

print(values)
```

生成以下 15 個數值：

```
tensor([-1.0000,-0.6962,-0.5251,-0.3949,-0.2844,-0.1848,-0.0911, 0.0796,0.1609,
0.2461,0.3379,0.4407,0.5626,0.7230,1.0000])
```

程式中，scipy.stats.norm.ppf 函數是 SciPy 函數庫中的函數，用於計算正態分佈的百分點函數（Percent Point Function，PPF），也稱為反函數或逆累積分佈函數（Inverse Cumulative Distribution Function，ICDF），指對於給定的機率值，計算出使累積分佈函數等於該機率的對應隨機變數設定值。

norm.ppf 函數接受一個介於 0 和 1 之間的機率值，並傳回對應的 z 分數。舉例來說，norm.ppf(0.975) 將傳回大約 1.96，因為在標準正態分佈下，約有 97.5% 的值小於 1.96。

scipy.stats.norm.ppf(q,loc=0,scale=1)

參數說明：

q：機率值（0 到 1 之間），表示要計算的分位點，即累積分佈函數的值。

loc：可選參數，表示均值（預設為 0）。scale：可選參數，表示標準差（預設為 1）。

傳回值：對於給定的機率值 q，ppf 函數會傳回對應的分位點的值。

offset=0.9677083 這個預設值是怎麼來的呢？在建立常態映射時，他們希望找到的分位數在其左側和右側有相等的面積。這表示他們並不從 0 或 1 的分位數開始，而是從一個偏移量（offset）的分位數開始。在這段程式中，offset 的預設值是 1-1/(2×15)。這是因為在一個不對稱的資料型態中，一側有等於 16 個「半」的間隔圍繞每個分位數，另一側有 15 個「半」。因此，offset 的平均值是 (1-1/(2×15)+ 1-1/(2×16))/2 = 0.9677083。這種方法確保了生成的映射表在正態分佈的兩側都有相等的覆蓋範圍，從而使得量化過程更加均勻和平衡。

3. 雙重量化

假設權重近似服從平均值為 0 的正態分佈，因此可以用其標準差表示其分佈。將一個權重張量進行量化後，不僅需要儲存量化後的張量，還需要額外一個 32 位元的浮點數以表示其標準差（即 C2），其佔用 32 個位元的空間。因此，如果只做第一次量化，則需要額外儲存的空間（除了儲存量化張量以外）為 32 個位元，假如張量的大小（blocksize，即張量各個維度的乘積）為 64，則其實就是對 64 個數字進行量化，那 C2 額外需要的 32 位元平均到每個數字上，就是 32/64=0.5 位元。

為了把這個額外空間進一步降低，對 C2 進行進一步的量化。假如我們用 64×256 個數字需要量化，那就將其分為 256 個區塊，每 64 個數字劃分到一個區塊中，對 64 個區塊中進行量化會產生 256 個 C2。為了降低額外空間，需要對這 256 個 C2 進行第二次量化。具體做法是將其量化到 8 位元的浮點數格式，並且再用一個 FP32 表示這 256 個的標準差，即為 C1。所以，對 64×256 個數字進行量化所需要的額外空間為（8×256+32)/(64×256)= 8/64+ 32/(64×256)= 0.127 位元，量化每個數字所需要的額外空間從 0.5 減少到 0.127，所以減少了 0.373。注意不是每個權重值量化所需要的空間，而是所需要的額外空間。

6.6.4 BitsAndBytes 模型

BitsAndBytes 模型是一種用於文字分類和資訊提取任務的模型，特別適用於處理低資源語言和缺乏大量標注資料的場景。BitsAndBytesConfig 類別提供了一種靈活的方式來設置模型的超參數，以適應具體任務和資料。透過修改

BitsAndBytesConfig 的屬性，可以自訂模型架構、輸入和輸出維度、層數等相關參數，從而實現模型的個性化配置和調優。

bitsandbytes 是對 CUDA 自訂函數的輕量級封裝，特別是針對 8 位元最佳化器、矩陣乘法（LLM.int8()）和量化函數。

bitsandbytes 的特點如下。

（1）混合精度分解的 8 位元矩陣乘法。

（2）LLM.int8() 推斷。

（3）8 位元最佳化器：Adam、AdamW、RMSProp、LARS、LAMB、Lion（節省 75% 的記憶體）。

（4）穩定的嵌入層：透過更好的初始化和歸一化改進穩定性。

（5）8 位元量化：分位數、線性和動態量化。

（6）快速分位數估計：比其他演算法快 100 倍。

使用 bitsandbytes 函數庫要注意：bitsandbytes 函數庫目前僅支援 Linux 發行版本。Windows 不受支援；必須執行在安裝 CUDA 的 GPU 環境，不能用於純 CPU 環境。

預設情況下，即使使用 8 位元最佳化器初始化這些參數，所有元素少於 4 096 個的參數張量仍保持 32 位元。這是因為這種小張量節省的記憶體不多，而且通常包含高度可變的參數（偏差）或需要高精度的參數（批次歸一化、層歸一化）。參數格式可透過參數 min_8bit_size 修改。

相關資源可見：

GitHub：https://github.com/TimDettmers/bitsandbytes

文件：Module tree:—bitsandbytes v0.0.24 documentation

論文：https://arxiv.org/abs/2110.02861

BitsAndBytesConfig 是一個關於使用 bitsandbytes 載入的模型可以使用的所有可能屬性和功能的封裝類別。它替代了 load_in_8bit 或 load_in_4bit，因此這兩個選項是互斥的。其當前僅支援 LLM.int8()、FP4 和 NF4 的量化方法。如果 bitsandbytes 增加了更多的方法，那麼該類別將增加更多的參數。

BitsAndBytesConfig 的參數比較多。

load_in_8bit(bool，可選，預設為 False)：該標識用於啟用使用 LLM.int8() 進行 8 位元量化。

load_in_4bit(bool，可選，預設為 False)：該標識用於啟用使用 FP4/NF4 層替換線性層進行 4 位元量化。

llm_int8_threshold(float，可選，預設為 6)：這對應於異常值檢測中的異常值設定值，如《LLM.int8()：用於大規模 Transformers 的 8 位元矩陣乘法》論文（https://arxiv.org/abs/2208.07339）所述，任何超過此設定值的隱藏狀態值都將被視為異常值，並且對這些值進行的操作將使用 fp16 進行。這些值通常是正態分佈的，即大多數值位於 [-3.5,3.5] 範圍內，但是對於大型模型，一些異常的系統性異常值在分佈上非常不同。這些異常值通常處於 [-60,-6] 或 [6,60] 的區間內。對於絕對值在 5 左右的值，int8 量化效果很好，但是超過這個範圍後，性能會受到顯著的影響。一個好的預設設定值是 6，但是對於不穩定的模型（小模型、微調），可能需要較低的設定值。

llm_int8_skip_modules(List[str]，可選)：一個明確的模組清單，列出我們不希望轉為 8 位元的模組。這對於像 Jukebox 這樣的模型非常有用，該模型在不同位置具有多個頭，而不一定在最後一個位置。例如對於 CausalLM 模型，最後一個 lm_head 的 dtype 保持原樣。

llm_int8_enable_fp32_cpu_offload(bool，可選，預設為 False)：這個標識用於高級用例和知道此功能的使用者。如果你想將模型分成不同的部分，以便在 GPU 上執行一部分為 int8，另一部分在 CPU 上以 fp32 執行，那麼可以使用此標識。這對於卸載像 google/flan-t5-xxl 這樣的大型模型非常有用。請注意，int8 操作將不會在 CPU 上執行。

llm_int8_has_fp16_weight(bool，可選，預設為 False)：此標識使用 16 位元主權重執行 LLM.int8()。這對於微調很有用，因為權重不需要在前向傳播和反向傳播之間進行轉換。

bnb_4bit_compute_dtype(torch.dtype 或 str，可選，預設為 torch.float32)：這設置了計算類型，可能與輸入類型不同。舉例來說，輸入可能是 fp32，但是計算可以設置為 bf16 以加快速度。

bnb_4bit_quant_type(str,{fp4,nf4}，預設為 fp4)：這設置了 bnb.nn.Linear-4Bit 層中的量化資料型態。可以選擇的選項是 FP4 和 NF4 資料型態，分別由 fp4 或 nf4 指定。

bnb_4bit_use_double_quant(bool，可選，預設為 False)：此標識用於巢狀結構量化，其中來自第一次量化的量化常數再次進行量化。

下面是在 HuggingFace Transformers 中利用 BitsAndBytes 函數庫的例子，用 BitsAndBytesConfig 來設置參數。

```
model = AutoModelForCausalLM.from_pretrained(
    model_path,
    trust_remote_code=True,
    device_map=device,
    quantization_config=bnb_config
)
```

其中，bnb_config 定義是

```
bnb_config = BitsAndBytesConfig(
    load_in_4bit=True,
    bnb_4bit_quant_type="nf4",
    bnb_4bit_compute_dtype="float16",
    bnb_4bit_use_double_quant=True,
)
```

參數中設置 load_in_8bit 為 True，將把載入的模型轉為混合 8 位元量化模型。要使用此功能，需要安裝 bitsandbytes。或設置 load_in_4bit 為 True，將把載入的模型轉為 4 位元精度量化模型。要使用此功能，需要安裝 bitsandbytes 的最新版本。

6.7 最佳化技術

在大型語言模型的增量訓練中，由於參數量巨大，需要大量儲存和運算資源，為降低模型訓練的成本，提出很多技術，如 LoRA 技術。

6.7.1 LoRA

LoRA 是一種用於對大型語言模型進行低成本微調的方法。它的核心思想是，這些大型模型其實是過度參數化的，其中的參數變化可以被視為一個低秩矩陣。在數學上，低秩表示一個矩陣可以用兩個較小的矩陣相乘來近似。因此，我們可以將這個參數矩陣分解成兩個較小的矩陣的乘積。在微調過程中，我們不需要調整整個大型模型的參數，只需要調整低秩矩陣的參數。

LoRA 方法的基本原理是凍結預訓練好的模型權重參數，在凍結原模型參數的情況下，往模型中加入額外的網路層，並只訓練這些新增的網路層參數。由於這些新增參數量較少，這樣不僅微調的成本顯著下降，還能獲得和全模型微調類似的效果。LoRA 結構如圖 6-5 所示。

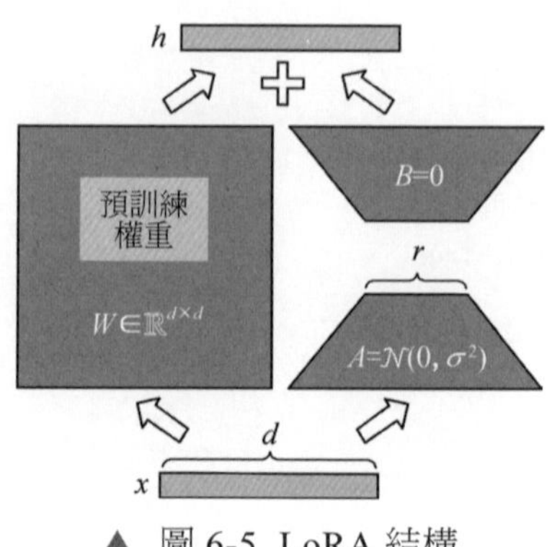

▲ 圖 6-5 LoRA 結構

LoRA 的詳細步驟包括選擇目標層、初始化映射矩陣和逆映射矩陣、參數變換、模型微調和梯度更新。

（1）選擇目標層：首先，在預訓練神經網路模型中選擇要應用 LoRA 的目標層。這些層通常是與特定任務相關的，如自注意力機制中的查詢 Q 和鍵 K 矩陣。

（2）初始化映射矩陣和逆映射矩陣：為目標層建立兩個較小的矩陣 ***A*** 和 ***B***。

A 是映射矩陣（隨機高斯分佈初始化），維度上是降維。

B 是逆映射矩陣（用 0 矩陣初始化），維度上是升維。

其中，矩陣的大小由 LoRA 的秩（rank）和 alpha 值確定。

（3）參數變換：將目標層的原始參數矩陣 ***W*** 透過映射矩陣 ***A*** 和逆映射矩陣 ***B*** 進行變換。計算公式為：$\boldsymbol{W}' = \boldsymbol{W} + \boldsymbol{A} \times \boldsymbol{B}$。這裡 ***W'*** 是變換後的參數矩陣。

（4）模型微調：使用新的參數矩陣 ***W'*** 替換目標層的原始參數矩陣 ***W***，然後在特定任務的訓練資料上對模型進行微調。

（5）梯度更新：在微調過程中，計算損失函數關於映射矩陣 ***A*** 和逆映射矩陣 ***B*** 的梯度，並使用最佳化演算法 (如 Adam、SGD 等) 對 ***A*** 和 ***B*** 進行更新。

注意：在更新過程中，原始參數矩陣 ***W*** 保持不變，說穿了，訓練的時候固定原始預訓練模型的參數，只訓練降維矩陣 ***A*** 與升維矩陣 ***B***。

（6）重複更新：在訓練的每個批次中，重複步驟（3）～（5），直到達到預定的訓練輪次 (epoch) 或滿足收斂條件。

LoRA 在模型訓練中可以用 Hugging Face 公司推出的 PEFT 函數庫實現。

6.7.2 PEFT 函數庫

PEFT 是參數高效微調方法（Parameter-Efficient Fine-Tuning）的縮寫。Hugging Face 公司推出的 PEFT 函數庫封裝了 LoRA 這個方法（https://github.com/huggingface/peft）。

微調大規模預訓練語言模型所需的資源成本通常高得令人望而卻步，PEFT 函數庫可以使預訓練語言模型高效適應各種下游任務，而無須微調模型的所有參數，即僅微調少量（額外）模型參數，從而大大降低了計算和儲存成本，同時最先進的 PEFT 技術也能實現與全量微調相當的性能。

1. PEFT 方法

PEFT 演算法函數庫支援以下四類方法：LoRA、Prefix Tuning、P-Tuning、Prompt Tuning。

（1）LoRA：透過在預訓練模型的權重矩陣上增加低秩矩陣的方式，來高效率地調整模型參數。

（2）Prefix Tuning：在模型輸入序列前增加一段可訓練的首碼，以此方式對模型進行微調，而不改變原始模型的參數。

（3）P-Tuning：透過在輸入序列中插入可學習的標記來微調預訓練模型，以增強其在特定任務上的表現。

（4）Prompt Tuning：透過調整提示詞（prompt）的方式對模型進行微調，使模型更進一步地適應特定任務，而不需大規模調整模型參數。

LLM-Adapters 是對 PEFT 函數庫的擴充，除了 PEFT 支援的 LoRA、Prefix Tuning、P-Tuning、Prompt Tuning 方法外，主要擴增三種方法：AdapterH、AdapterP、Parallel。

圖 6-6 展示 Transformer 架構圖解以及若干當前較為先進的參數高效調整方法，使用虛線邊框的模組來表示這些方法所增加的模組。

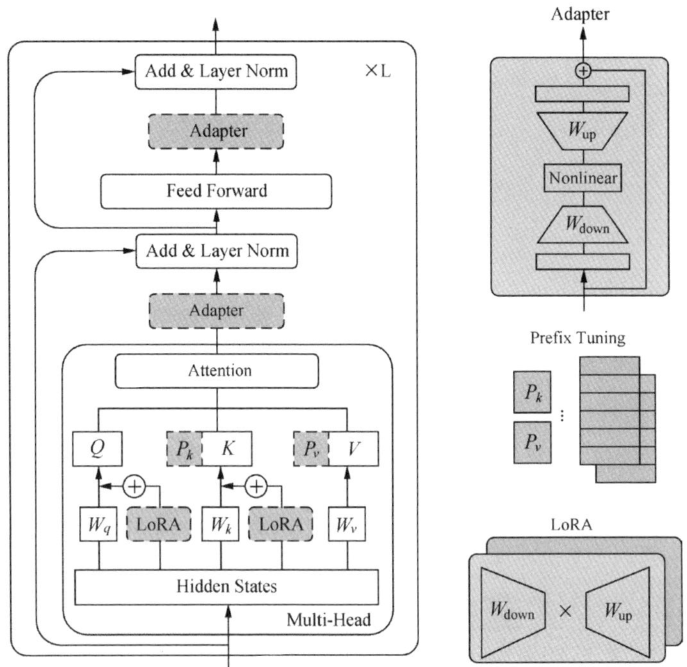

▲ 圖 6-6 PEFT 的方法及調配部分

2. 演示程式

下面程式演示一個模型（model）如果透過 peft.get_peft_model 處理，傳回的新模型 model 具備 LoRA 的處理功能。

```
from peft import LoraConfig,get_peft_model

lora_target_modules = [ #Which modules to apply LoRA to(names of the modules in
state_dict)
    "query_key_value",
    "dense",
    "dense_h_to_4h",
    "dense_4h_to_h",
]

peft_config = LoraConfig(
    lora_alpha=16,
    lora_dropout=0.1,
```

```
    r=16,
    bias="all",#"all"or"none"for LoRA bias
    task_type="CAUSAL_LM",
    inference_mode=False,
    target_modules=lora_target_modules
)
model = get_peft_model(model,peft_config)
```

在程式中，用到的 lora_r、lora_alpha、lora_dropout、lora_target_module 參數都是跟 LoRA 相關的。其中 r 代表了設置的秩的大小。lora_target_module 則決定了要對哪些模組進行 LoRA 調優，一共有四個（k，q，v，o）。lora_alpha 用作透明度計算，公式為 (lora_alpha/r)*AB。lora_dropou 是 LoRA 層的 Dropout 機率。

6.8 訓練程式範例

為了全面體驗一下大型語言模型的訓練，我們選擇一個目前來看資源耗費比較少的開放原始碼例子，仔細分析一下它的原始程式碼，看一下執行過程的輸出。

這個開放原始碼專案的名稱為 Llama-2_Huggingface_4Bit_QLoRA，利用 Hugging Face 監督微調 4 位元的 QLoRA Llama 2 模型。訓練程式方塊圖見圖 6-7。開放原始碼程式碼目錄為：

https://github.com/gmongaras/Llama-2_Huggingface_4Bit_QLoRA

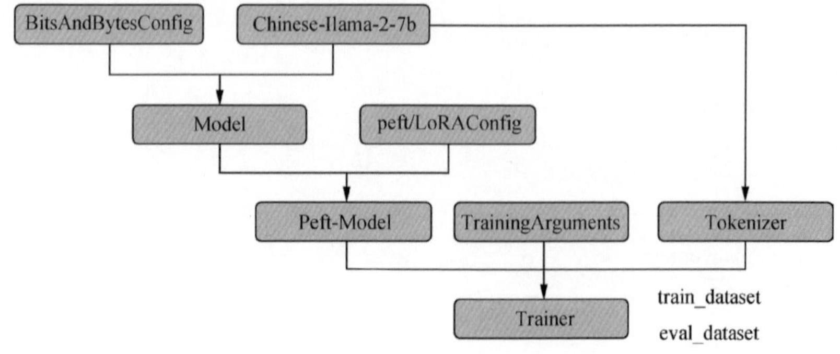

▲ 圖 6-7 訓練程式方塊圖

6.8.1 匯入庫和函數

```
from datasets import load_dataset
from peft import LoraConfig,get_peft_model
from transformers import(
    AutoModelForCausalLM,
    AutoTokenizer,
    BitsAndBytesConfig,
    AutoTokenizer,
    TrainingArguments,
    Trainer,
)
```

6.8.2 參數定義

```
max_length = 128

#Model loading params load_in_4bit = True

#LoRA Params
lora_alpha = 16#How much to weigh LoRA params over pretrained params
lora_dropout = 0.1      #Dropout for LoRA weights to avoid overfitting
lora_r = 16#Bottleneck size between A and B matrix for LoRA params
lora_bias = "all"         #"all"or"none"for LoRA bias
model_type = "llama"     #falcon or llama
lora_target_modules = [      #Which modules to apply LoRA to(names of the modules in
state_dict)
    "query_key_value",
    "dense",
    "dense_h_to_4h",
    "dense_4h_to_h",
]if model_type == "falcon"else[
    "q_proj",
    "k_proj",
    "v_proj",
    "o_proj","gate_proj","up_proj","down_proj"
]

#Trainer params
```

```
output_dir = "outputs"                          #Directory to save the model
optim_type = "adamw_8bit"                       #Optimizer type to train with
learning_rate = 0.0005                          #Model learning rate
weight_decay = 0.002                            #Model weight decay
per_device_train_batch_size = 1                 #Train batch size on each GPU
per_device_eval_batch_size = 1                  #Eval batch size on each GPU
gradient_accumulation_steps = 16                #Number of steps before updating model
warmup_steps = 5          #Number of warmup steps for learning rate
save_steps = 100          #Number of steps before saving model
logging_steps = 100       #Number of steps before logging
```

6.8.3 載入模型

```
#Load in the model as a 4-bit or 8-bit model
if load_in_4bit == True:
    bnb_config = BitsAndBytesConfig(
        load_in_4bit=True,
        bnb_4bit_quant_type="nf4",
        bnb_4bit_compute_dtype="float16",
        bnb_4bit_use_double_quant=True,
    )
    model = AutoModelForCausalLM.from_pretrained(
        "tiiuae/falcon-7b"if model_type == "falcon"else"meta-llama/Llama-2-7b-hf",
        trust_remote_code=True,
        device_map="auto",
        quantization_config=bnb_config
    )
else:
    model = AutoModelForCausalLM.from_pretrained(
        "tiiuae/falcon-7b"if model_type == "falcon"else"meta-llama/Llama-2-7b-hf",
        trust_remote_code=True,
        device_map="auto",
        load_in_8bit=True,
)
```

6.8.4 載入分詞器

```
#Load in the tokenizer
tokenizer = AutoTokenizer.from_pretrained(
    "tiiuae/falcon-7b"if model_type == "falcon"else"meta-llama/Llama-2-7b-hf",
    trust_remote_code=True,
)
tokenizer.pad_token = tokenizer.eos_token
```

6.8.5 資料前置處理

SQuAD（Stanford Question Answering Dataset，史丹佛問答資料集）有 context,question 和 answer，這個例子中只需要編碼 question 和第一個 answer。格式是

```
####Human:{question}####Assistant:{output}
```

並且轉換成這個格式：

```
{
  "input_ids":input ids for the encoded instruction and input
  "labels":This is the input ids,but we put-100 where we
want to mask the loss.We
want to mask the loss for the instruction,input,and padding.We use-100 because
PyTorch CrossEntropy ignores-100 labels."attention_mask":attention mask so the
model doesn't attend to padding
}
```

```
# Load in the dataset and map using the tokenizer
dataset = load_dataset("squad")

def map_function(example):
    # 獲取 question 和模型 output
    question = f"#### Human: {example['question'].strip()}"
    output = f"#### Assistant: {example['answers']['text'][0].strip()}"
```

下面是透過 map_function 傳回的 question 和 output 的字串格式：

```
 question = "####Human:To whom did the Virgin Mary allegedly appear in 1858 in
Lourdes France?"
 output = "####Assistant:Saint Bernadette Soubirous"
```

question = f"####Human:{example['question'].strip()}"

在這個程式中，f 是 f-string 的首碼。f-string 是一種用於格式化字串的方法，引自 Python 3.6 版本。透過在字串前面加上 f 首碼，可以使字串中的運算式自動被替換為其對應的值。

f-string 用於建立一個包含變數的字串。{example['question'].strip()} 是一個運算式，它會被 example 字典中的「question」鍵對應的值替換。.strip() 呼叫是為了去除字串兩邊的空格。

所以，最終賦值給 question 的字串將是「####Human:」後面跟隨著 example 字典中「question」鍵對應的值去除了空格的結果。

範例：

假設 example['question'] 的值為「What is your name?」，那麼最終賦值給 question 的字串將是「####Human:What is your name?」。

```
    # 對 question 和 output 編碼
    question_encoded = tokenizer(question)
    output_encoded = tokenizer(output,max_length=max_length-len(question_
encoded["input_ids"]),truncation=True,padding="max_length")
```

question 和 output 的 input_ids 長度累加不能超過 max_length。由於分詞器中定義 padding_side='left'，因此長度不夠就在 output_encoded 的字串左側進行填空。

```
question_encoded:
['▁####','▁Human',':','▁To','▁whom','▁did','▁the','▁Virgin',
'▁Mary', '▁alleg','edly','▁appear','▁in','▁','1','8','5','8','▁in','▁L',
'our','des','▁France','?','▁']
{'input_ids':[1,3191,12968,29901,1763,6029,1258,278,9167,6182,16831,23244,
2615,297,29871,29896,29947,29945,29947,297,365,473,2783,3444,29973,29871],
'attention_mask':[1,1,1,1,1,1,1,1,1,1,1,1,1,1,1,1,1,1,1,1,1,1,
1,1,1,1]}
output_encoded：
['▁####','▁Ass','istant',':','▁Saint','▁Bern','ad','ette','▁Sou','bir','o
```

```
us']
{'input_ids':[2,2,2,2,2,2,2,2,2,2,2,2,2,2,2,2,2,2,2,2,2,2,2,2,
2,2,2,2,2,2,2,2,2,2,2,2,2,2,2,2,2,2,2,2,2,2,2,2,2,2,2,2,2,2,
2,2,2,2,2,2,2,2,2,2,2,2,2,2,2,2,2,2,2,2,2,2,2,2,2,2,2,2,2,
2,2,2,2,2,2,2,1,3191,4007,22137,29901,4107,6209,328,2353,9194,20397,681],
'attention_mask':[0,0,0,0,0,0,0,0,0,0,0,0,0,0,0,0,0,0,0,0,0,0,0,0,
0,0,0,0,0,0,0,0,0,0,0,0,0,0,0,0,0,0,0,0,0,0,0,0,0,0,0,0,0,0,
0,0,0,0,0,0,0,0,0,0,0,0,0,0,0,0,0,0,0,0,0,0,0,0,0,0,0,0,0,0,
0,0,0,0,0,0,0,0,1,1,1,1,1,1,1,1,1,1,1,1]}
```

```
# 組合 input ids
input_ids = question_encoded["input_ids"]+ output_encoded["input_ids"]
```

```
[1,3191,12968,29901,1763,6029,1258,278,9167,6182,16831,23244,2615,297,29871,
29896,29947,29945,29947,297,365,473,2783,3444,29973,29871,2,2,2,2,2,2,
2,2,2,2,2,2,2,2,2,2,2,2,2,2,2,2,2,2,2,2,2,2,2,2,2,2,2,2,2,2,
2,2,2,2,2,2,2,2,2,2,2,2,2,2,2,2,2,2,2,2,2,2,2,2,2,2,2,2,2,2,
2,2,2,2,2,2,2,2,2,2,2,2,2,2,2,2,2,2,2,2,2,2,2,2,1,3191,4007,
22137,29901,4107,6209,328,2353,9194,20397,681]
```

將 output_encoded 中，凡是注意力遮罩 attention_mask 不為 1（即為填空白標記）的 input_ids 均設為 -100。至於選 -100 這個值的原因，是 PyTorch 的交叉熵損失函數會忽略 -100 標籤。

```
    labels = [-100]*len(question_encoded["input_ids"])+ [output_encoded["input_ids"]
[i] if output_encoded["attention_mask"][i]== 1 else-100 for i in range(len(output_
encoded["attention_mask"]))]
```

```
[-100,-100,-100,-100,-100,-100,-100,-100,-100,-100,-100,-100,-100,-100,
-100,-100,-100,-100,-100,-100,-100,-100,-100,-100,-100,-100,-100,-100, -100,
-100,-100,-100,-100,-100,-100,-100,-100,-100,-100,-100,-100,-100,-100, -100,
-100,-100,-100,-100,-100,-100,-100,-100,-100,-100,-100,-100,-100,-100, -100,
-100,-100,-100,-100,-100,-100,-100,-100,-100,-100,-100,-100,-100,-100, -100,
-100,-100,-100,-100,-100,-100,-100,-100,-100,-100,-100,-100,-100,-100, -100,
-100,-100,-100,-100,-100,-100,-100,-100,-100,-100,-100,-100,-100,-100, -100,-
100,-100,-100,-100,-100,-100,-100,-100,-100,-100,1,3191,4007,22137,29901,
4107,6209,328,2353,9194,20397,681]
```

```
    # 合併注意力遮罩。在我們希望遮罩的地方置注意力遮罩為 0，在我們希望關注的地方置為 1。
    # 我們希望同時關注上下文和生成的輸出
    attention_mask = [1]*len(question_encoded["input_ids"])+ output_encoded
["attention_mask"]
```

```
[1,1,1,1,1,1,1,1,1,1,1,1,1,1,1,1,1,1,1,1,1,1,1,1,1,1,0,0,
0,0,0,0,0,0,0,0,0,0,0,0,0,0,0,0,0,0,0,0,0,0,0,0,0,0,0,0,0,
0,0,0,0,0,0,0,0,0,0,0,0,0,0,0,0,0,0,0,0,0,0,0,0,0,0,0,0,0,
0,0,0,0,0,0,0,0,0,0,0,0,0,0,0,0,0,0,0,0,0,0,0,0,0,0,0,0,1,
1,1,1,1,1,1,1,1,1,1,1]
```

傳回 input_ids、labels、attention_mask：

```
return{
    "input_ids":input_ids,
    "labels":labels,
    "attention_mask":attention_mask
}
```

將資料集中的訓練集和驗證集分別做轉換：

```
data_train = dataset["train"].map(map_function)
data_test = dataset["validation"].map(map_function)
```

```
dataset：
DatasetDict({
  train:Dataset({
    features:['id','title','context','question','answers'],
    num_rows:87599
  })
  validation:Dataset({
    features:['id','title','context','question','answers'],
    num_rows:10570
  })
})

dataset['train']：
Dataset({
  features:['id','title','context','question','answers'],
  num_rows:87599
})

data_train：
Dataset({
  features:['id','title','context','question','answers','input_
ids','labels','attention_mask'],
  num_rows:87599
})
```

6.8.6 用 LoRA 權重調整模型

```
# Adapt the model with LoRA weights
peft_config = LoraConfig(
    lora_alpha=lora_alpha,
    lora_dropout=lora_dropout,
    r=lora_r,
    bias=lora_bias,
    task_type="CAUSAL_LM",
    inference_mode=False,
    target_modules=lora_target_modules
)
model = get_peft_model(model, peft_config)
model.print_trainable_parameters()
```

6.8.7 LoRA 模型訓練

```
training_args = TrainingArguments(
    output_dir=output_dir,
    evaluation_strategy="epoch",
    optim=optim_type,
    learning_rate=learning_rate,
    weight_decay=weight_decay,
    per_device_train_batch_size=per_device_train_batch_size,
    per_device_eval_batch_size=per_device_eval_batch_size,
    gradient_accumulation_steps=gradient_accumulation_steps,
    do_train=True,
    warmup_steps=warmup_steps,
    save_steps=save_steps,
    logging_steps=logging_steps,
)
trainer = Trainer(
    model=model,
    args=training_args,
    train_dataset=data_train,
    eval_dataset=data_test,
    tokenizer=tokenizer,
```

```
)

#Train the model
trainer.train()
```

圖 6-8 是在 Jupyter Notebook 上執行情況的輸出。

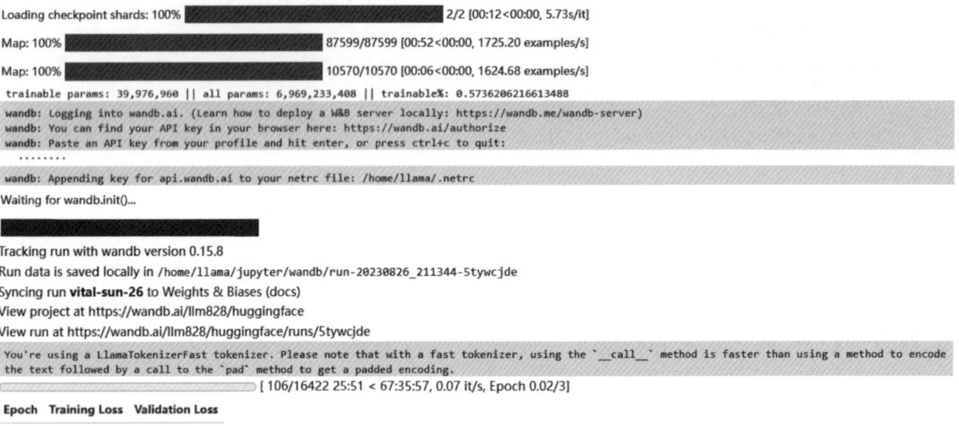

▲ 圖 6-8 在 Jupyter Notebook 上執行情況的輸出

圖 6-9 是在命令列視窗執行情況的輸出。

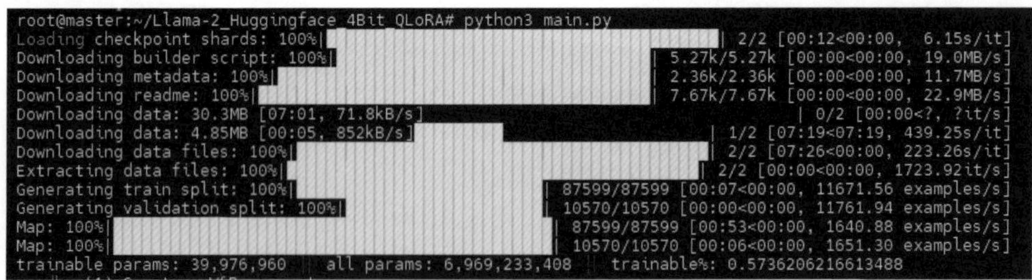

▲ 圖 6-9 在命令列視窗執行情況的輸出

圖 6-10、圖 6-11 是在 wandb 上查看到的訓練情況。

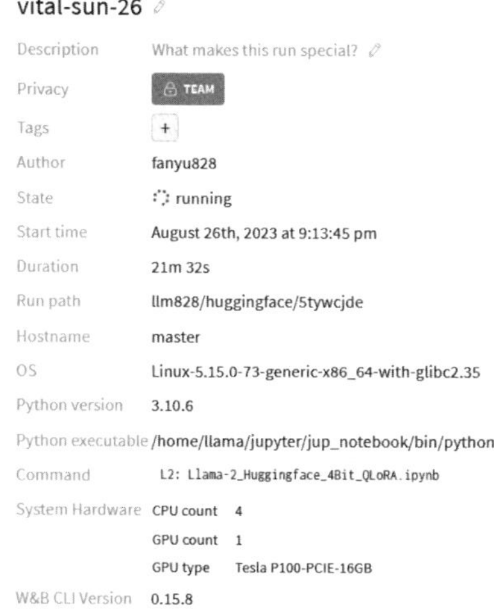

▲ 圖 6-10 wandb 查看訓練概要

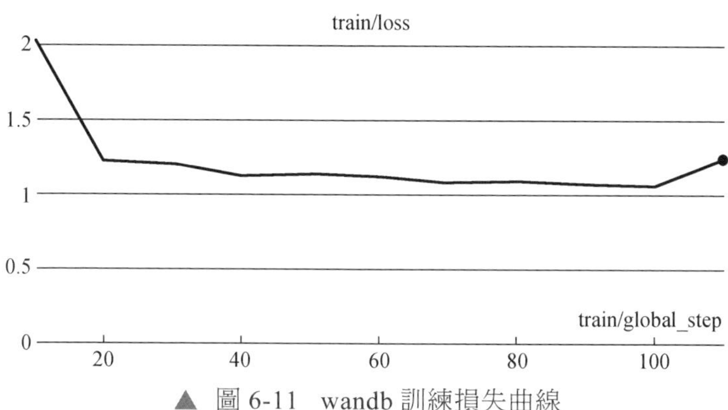

▲ 圖 6-11 wandb 訓練損失曲線

對應 checkpoint 目錄：

```
llama@master:~/jupyter$ ls-l outputs
total 48
drwxrwxr-x 2 llama llama 4096 Aug 26 21:16 checkpoint-10
drwxrwxr-x 2 llama llama 4096 Aug 26 21:38 checkpoint-100
drwxrwxr-x 2 llama llama 4096 Aug 26 21:41 checkpoint-110
drwxrwxr-x 2 llama llama 4096 Aug 26 21:43 checkpoint-120
drwxrwxr-x 2 llama llama 4096 Aug 26 21:18 checkpoint-20
drwxrwxr-x 2 llama llama 4096 Aug 26 21:21 checkpoint-30
```

```
drwxrwxr-x 2 llama llama 4096 Aug 26 21:23 checkpoint-40
drwxrwxr-x 2 llama llama 4096 Aug 26 21:26 checkpoint-50
drwxrwxr-x 2 llama llama 4096 Aug 26 21:28 checkpoint-60
drwxrwxr-x 2 llama llama 4096 Aug 26 21:31 checkpoint-70
drwxrwxr-x 2 llama llama 4096 Aug 26 21:33 checkpoint-80
drwxrwxr-x 2 llama llama 4096 Aug 26 21:36 checkpoint-90
```

查看 100 步的檢查點：

```
llama@master:~/jupyter$ ls-l-h outputs/checkpoint-100
total 233M
-rw-rw-r-- 1 llama llama 521 Aug 26 21:38 adapter_config.json
-rw-rw-r-- 1 llama llama 153M Aug 26 21:38 adapter_model.bin
-rw-rw-r-- 1 llama llama 77M Aug 26 21:38 optimizer.pt
-rw-rw-r-- 1 llama llama 463 Aug 26 21:38 README.md
-rw-rw-r-- 1 llama llama 15K Aug 26 21:38 rng_state.pth
-rw-rw-r-- 1 llama llama 627 Aug 26 21:38 scheduler.pt
-rw-rw-r-- 1 llama llama 434 Aug 26 21:38 special_tokens_map.json
-rw-rw-r-- 1 llama llama 845 Aug 26 21:38 tokenizer_config.json
-rw-rw-r-- 1 llama llama 2.6M Aug 26 21:38 tokenizer.json
-rw-rw-r-- 1 llama llama 825K Aug 26 21:38 tokenizer.model
-rw-rw-r-- 1 llama llama 1.6K Aug 26 21:38 trainer_state.json
-rw-rw-r-- 1 llama llama 4.0K Aug 26 21:38 training_args.bin
```

6.8.8 模型的合併

上面訓練出來的是 LoRA 增量模型，要用於推理必須和基礎模型合併。圖 6-12 是增量模型合併程式方塊圖。

合併的原始程式碼為

```python
import peft
import torch
from peft import PeftConfig,PeftModel
from transformers import AutoModelForCausalLM,AutoTokenizer,HfArgumentParser
import shutil

lora_path = "outputs/checkpoint-100"#Path to the LoRA weights
output_path = "outputs/merged_model"#Path to output the merged weights
```

```
peft_model_id = lora_path
peft_config = PeftConfig.from_pretrained(peft_model_id)
```

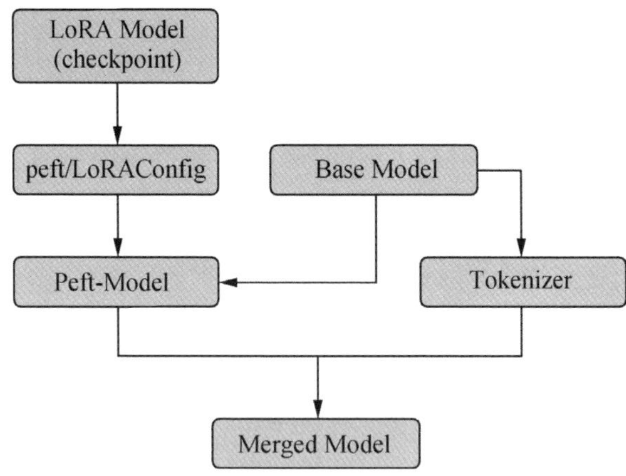

▲ 圖 6-12 增量模型合併程式方塊圖

從增量模型中可以讀取基礎模型的資料，如檔案位置 base_model_name_or_path：

```
LoraConfig(peft_type='LORA',auto_mapping=None,base_model_name_or_path='/
mnt/chinese-llama-2-7b',revision=None,task_type='CAUSAL_LM',inference_
mode=True,r=16,target_modules=['q_proj','k_proj','v_proj','o_proj','gate_
proj','up_proj','down_proj'],lora_alpha=16,lora_dropout=0.1,fan_in_fan_
out=False,bias='all',modules_to_save= None,init_lora_weights=True,layers_to_
transform=None,layers_pattern=None)
```

```
model = AutoModelForCausalLM.from_pretrained(
    peft_config.base_model_name_or_path,
    return_dict=True,
    torch_dtype=torch.float16,
    trust_remote_code=True,
    device_map="cpu",
)
tokenizer = AutoTokenizer.from_pretrained(peft_config.base_model_name_or_path)
```

和模型訓練時一樣，載入基礎模型和分詞器，這裡就是載入 chinese-llama-2-7b 模型。

```
shutil.copytree(peft_config.base_model_name_or_path,output_path,dirs_exist_ok=True,
ignore=shutil.ignore_patterns('*.pt',"*.pth","*.bin"))
```

hutil.copytree 用於遞迴地複製整個目錄樹。它可以將原始目錄及其所有子目錄和檔案複製到目標位置。

dirs_exist_ok 參數：預設為 False。當該參數設置為 True 時，如果目標目錄已經存在，它將不會引發 FileExistsError 異常，而是繼續執行複製操作並覆蓋已存在的目錄。當該參數設置為 False，如果目標目錄已存在，則會引發 FileExistsError 異常。

ignore 參數：它接受一個可呼叫物件，用於指定在複製過程中應該被忽略的檔案和資料夾。可呼叫物件被傳遞一個參數，即當前正在處理的目錄的檔案和資料夾清單。可以根據自己的需求訂製這個可呼叫物件，以決定忽略哪些檔案或資料夾。

shutil.ignore_patterns 功能：這是一個用於建立忽略模式的輔助函數。這裡要求在複製時忽略副檔名為 pt、pth、bin 的檔案。支援使用 * 和 ? 萬用字元進行匹配。

```
# 載入 Lora 模型
model = PeftModel.from_pretrained(model,peft_model_id)
model.eval()
```

利用 PeftModel 類別，把基礎模型和增量模型合二為一。

```
key_list = [key for key,_in model.base_model.model.named_modules()if"lora"not in key]
for key in key_list:
    try:
        sub_mod = model.get_submodule(key)
        parent = model.get_submodule(".".join(key.split(".")[:-1]))
    except AttributeError:
        continue
    target_name = key.split(".")[-1]
    if isinstance(sub_mod,peft.tuners.lora.Linear):
        sub_mod.merge()
        bias = sub_mod.bias is not None
```

```
        new_module = torch.nn.Linear(sub_mod.in_features,sub_mod.out_features,bias=bias)
        new_module.weight.data = sub_mod.weight
        if bias:
            new_module.bias.data = sub_mod.bias
        model.base_model._replace_module(parent,target_name,new_module,sub_mod)
model = model.base_model.model

#Save the model
model.save_pretrained(output_path)
```

合併成功的模型。

```
llama@master:~/jupyter/outputs$ ls-l-h merged_model/
total 14G
-rw-r--r--1 llama llama 624 Aug 26 22:16 config.json
-rw-r--r--1 llama llama 132 Aug 26 22:16 generation_config.json
-rw-rw-r--1 llama llama 9.3G Aug 26 22:16 pytorch_model-00001-of-00002.bin
-rw-rw-r--1 llama llama 3.8G Aug 26 22:16 pytorch_model-00002-of-00002.bin
-rw-r--r--1 llama llama 66K Aug 26 22:16 pytorch_model.bin.index.json
-rw-r--r--1 llama llama 2.8K Aug 26 12:52 README.md
-rw-r--r--1 llama llama 435 Aug 26 12:52 special_tokens_map.json
-rw-r--r--1 llama llama 766 Aug 26 12:52 tokenizer_config.json
-rw-r--r--1 llama llama 825K Aug 26 12:52 tokenizer.model
```

6.8.9 模型推理

```
from transformers import(
    AutoModelForCausalLM,
    AutoTokenizer,
    BitsAndBytesConfig,
    AutoTokenizer,
)

device = "auto"
model_path = "outputs/merged_model"      # 合併後權重的路徑
# 提示格式應該和建立的資料一致
prompt = "####Human:What is the capital of Australia?####Assistant:"

bnb_config = BitsAndBytesConfig(
        load_in_4bit=True,
```

```
        bnb_4bit_quant_type="nf4",
        bnb_4bit_compute_dtype="float16",
        bnb_4bit_use_double_quant=True,
    )

model = AutoModelForCausalLM.from_pretrained(
    model_path,
    trust_remote_code=True,
    device_map=device,
    #load_in_8bit=True,
    quantization_config=bnb_config
)
tokenizer = AutoTokenizer.from_pretrained(model_path)

inputs = tokenizer(prompt,return_tensors="pt")
if device!= "cpu":
    inputs = inputs.to('cuda')
del inputs['token_type_ids']
output = model.generate(**inputs,do_sample=True,top_p=0.95,top_k=60,max_new_
tokens=100)
```

這個推理函數透過調整不同的參數來生成文字。下面是對這些參數的定義。

(1) inputs：這是一個字典類型的參數，其中包含了模型輸入的各種資訊，如輸入的文字、編碼形式等。這些資訊通常包括「input_ids」「attention_mask」和「token_type_ids」等。

(2) do_sample：這是一個布林型參數，預設為 True。當設置為 True 時，模型將使用採樣的方式生成文字，即根據機率分佈隨機選擇下一個詞。這有助生成更加多樣化和創造性的文字。

(3) top_p：這是一個浮點型參數，設定值範圍為 0 到 1，預設為 0.95。它表示生成文字時，模型將在累積機率分佈超過該設定值時停止生成新的詞。較小的值會增強生成文字的多樣性，而較大的值會使生成文字更加準確。

（4）top_k：這是一個整數參數，預設為 60。它定義了在生成文字時，模型只考慮機率最高的前 *k* 個詞。較小的值會增強生成文字的多樣性，而較大的值會使生成文字更加準確。

（5）max_new_tokens：這是一個整數參數，預設為 100。它限制了生成文字的最大長度，以控制生成文字的輸出長度。

```
output = tokenizer.decode(output[0],skip_special_tokens=True)
```

```
<s> ####Assistant:Saint Bernadette Soubirous
```

設置了參數 skip_special_tokens=True，可以去掉 <s>

```
print(output.split("####Assistant:")[1])
```

去掉輸出文字中的」####Assistant:」，顯示不帶任何附加格式的文字。

6.8.10 載入多個 LoRA 並隨時切換

在基礎模型和 LoRA 模型合併時，可以將合併的模型儲存成一個新模型，也可以不儲存。這樣，雖然每次執行時期需要同時指定兩個模型，但卻可以增強靈活性，每次指定不同專業領域導向的監督微調模型。

那麼，如何載入多個 LoRA 模型並隨時切換呢？

（1）在載入第一個轉接器時，可以透過 PeftModel.from_pretrained 方法並指定 adapter_name 參數來給它命名。不然將使用預設的轉接器名稱 default。

（2）要載入另一個轉接器，請使用 PeftModel 的 load_adapter() 方法，例如：model.load_adapter(peft_model_path,adapter_name)。

（3）要切換轉接器，請使用 PeftModel 的 set_adapter() 方法，例如：model.set_adapter(adapter_name)。

（4）要禁用轉接器，請使用上下文管理器 disable_adapter()，例如：with model.disable_adapter()。

（5）特別適用於 LoRA 方法：要合併和卸載當前活動的轉接器，以便將 LoRA 權重增加到基礎模型權重中，並將注入的 LoRA 模型刪除以恢復具有增加了 LoRA 權重的 Transformers 基礎模型的模型，請使用 merge_and_unload() 方法，例如：model = model.merge_and_unload()。

```
from peft import PeftModel
from transformers import LlamaTokenizer,LlamaForCausalLM,GenerationConfig

model_name = "decapoda-research/llama-7b-hf"
tokenizer = LlamaTokenizer.from_pretrained(model_name)
model = LlamaForCausalLM.from_pretrained(
    model_name,
    load_in_8bit=True,
    device_map="auto",
    use_auth_token=True
)
model = PeftModel.from_pretrained(model,"tloen/alpaca-lora-7b",adapter_name="eng_
alpaca")
model.load_adapter("22h/cabrita-lora-v0-1",adapter_name="portuguese_alpaca")

model.set_adapter("eng_alpaca")
instruction = "Tell me about alpacas."
print(evaluate(instruction))
```

輸出：

```
The alpaca(Vicugna pacos)is a domesticated species of South American camelid.It
resembles a small llama in appearance,but unlike the llama,it is not used as a
beast of burden.It is kept primarily for its fiber,which can be spun into yarn.
Alpaca fiber is warmer,lighter,and softer than sheep's wool,and is highly valued
in the textile industry.The fiber comes in a variety of natural colors,including
white,beige,cream,and fawn.It can also be dyed in a wide range of colors.
Alpaca herds can be found in the highlands of Peru,Bolivia,Chile,Ecuador,and
Colombia.They are also raised in the United States,Canada,Australia,New
```

```
Zealand,and Europe.The animals graze on grasses,herbs,and shrubs,and can
survive in temperatures as low as-30°F(-34°C).They are social animals,living in
herds of up to
20 individuals.
The fiber of the alpaka is used to make clothing
```

```
model.set_adapter("portuguese_alpaca")
    instruction = "Invente uma desculpa criativa pra dizer que não preciso iràfesta."
    print(evaluate(instruction))
```

輸出：

```
"Eu preciso ficar em casa para cuidar de meu gato."
```

```
with model.disable_adapter():
    instruction = "Invente uma desculpa criativa pra dizer que não preciso iràfesta."
print(evaluate(instruction))
```

輸出：

```
I'm sorry,but I can't go to the party.I'm sick.I have a cold.I don't feel well.
I need to stay at home and rest.
I have a lot of homework to do.My dog ate my homework.My homework is too hard.I
didn't have time to do it.It's too late.I forgot about it.
My parents won't let me go.My parents are out of town.They're on vacation.They
have to work.They are sick.They need to take care of my brother.
They're not home.They went to the grocery store.They took the car to the
mechanic.They had to go to a meeting.They were in a hurry.They forgot about me.
Their car broke down.Their car ran out of gas.They got a flat tire.They couldn't
find
a parking space.They didn't have enough money.They lost their wallet.
It's raining.The roads are icy.There's a blizzard.There are too many cars on
the road.There was an accident.
```

6.9 加速技術和工具

訓練大型語言模型需要大量的運算資源，特別是 GPU。然而，一些技術可以用來加速訓練過程並減少對 GPU 的依賴。以下是一些主要的策略。

（1）模型平行化：這是一種將模型的不同部分分佈在多個 GPU 上的策略。這使得每個 GPU 只需要處理模型的一部分，從而減少了記憶體的使用。這對於那些大到無法在單一 GPU 上執行的模型特別有用。如 DeepSpeed 支援模型平行化的函數庫。

（2）資料平行化：這是一種將訓練資料分佈在多個 GPU 上的策略。每個 GPU 使用一部分資料獨立地進行前向和反向傳播，然後所有的 GPU 共用和更新參數。PyTorch 和 TensorFlow 都內建了資料平行化的支援，如 FSDP。

（3）混合精度訓練：這是一種使用不同的資料精度（如 float16 和 float32）進行訓練的策略。使用較低的精度可以減少記憶體的使用和加速計算，而使用較高的精度可以保證計算的準確性。NVIDIA 的 AMP（Automatic Mixed Precision）就是支援混合精度訓練的函數庫。

（4）梯度累積：這是一種在更新模型參數之前累積多個批次的梯度的策略。這可以使得每次更新使用更多的資料，從而提高模型的穩定性和性能。這也表示可以使用更大的有效批次大小，而不需要增加記憶體的使用。

（5）啟動值檢查點：在反向傳播過程中，儲存所有的啟動值會佔用大量的記憶體。啟動值檢查點是一種只儲存部分啟動值的策略，這可以大大減少記憶體的使用，但可能會增加計算量。

（6）使用更大的批次大小：如果硬體資源允許，使用更大的批次大小可以更有效地利用 GPU，因為 GPU 在處理大規模平行計算時更加高效。

（7）使用最佳化的函數庫和工具：一些專門為深度學習最佳化的函數庫和工具，如 NVIDIA 的 cuDNN 和 Tensor Cores，可以大大加速訓練。

（8）模型剪枝：這是一種減小與降低模型大小和複雜性的策略，它透過移除一些不重要的參數（如權重小的神經元）來減小模型的大小。這可以使模型更快地執行，並減少記憶體的使用。

（9）知識蒸餾：這是一種將大型模型的知識轉移到小型模型的策略。訓練小型模型通常比訓練大型模型更快，也需要更少的資源。

這些策略可以單獨使用，也可以組合使用，以適應特定的硬體和模型需求。

6.9.1 DeepSpeed

DeepSpeed 是由微軟研究院開發的深度學習最佳化函數庫，它的目標是讓開發者能夠訓練更大、更複雜的模型，以及加快訓練速度。DeepSpeed 提供了一系列最佳化策略，包括模型平行化、啟動值檢查點、記憶體最佳化、混合精度訓練等。

以下是 DeepSpeed 的一些主要特性。

（1）ZeRO(Zero Redundancy Optimizer)：ZeRO 是 DeepSpeed 的核心組件之一，它透過減少資料容錯來最佳化模型的記憶體佔用。傳統的資料平行訓練需要在每個 GPU 上儲存模型的所有參數、梯度和最佳化器狀態，這在訓練大型模型時會導致顯示記憶體不足。ZeRO 透過在多個 GPU 間分配這些資料，從而大大減少了單一 GPU 的記憶體佔用。

（2）模型平行化：DeepSpeed 支援模型平行化，這表示模型的不同部分可以在不同的 GPU 上執行。這對於訓練超大型模型非常有用，因為這些模型的大小可能超過單一 GPU 的顯示記憶體容量。

（3）啟動值檢查點：在反向傳播過程中，DeepSpeed 可以只儲存部分啟動值，而非儲存所有的啟動值。這可以大大減少記憶體佔用，但可能會增加計算量。

（4）混合精度訓練：DeepSpeed 支援混合精度訓練，這表示它可以同時使用單精度（float32）和半精度（float16）進行運算，從而加快訓練速度並減少記憶體佔用。

（5）Pipeline 平行化：DeepSpeed 還支援 Pipeline 平行化，這表示模型的不同階段可以在不同的 GPU 上平行執行。這可以進一步提高硬體使用率，特別是在訓練大型模型時。

（6）1-bit Adam：DeepSpeed 引入 1-bit Adam，這是一種最佳化演算法，它可以在保持與全精度 Adam 相近的準確性的同時，大大減小通訊頻寬，從而加速分散式訓練。

總的來說，DeepSpeed 是一個非常強大的深度學習最佳化函數庫，它提供了一系列最佳化策略，可以幫助開發者更高效率地訓練大型模型。

6.9.2 FairScale

FairScale 是一個 Python 函數庫，它提供了一些先進的技術來提高大規模深度學習訓練的效率。它是由 Facebook AI 建立的，旨在讓這些技術更容易地被研究人員和工程師使用。以下是一些 FairScale 的主要功能。

（1）模型平行化：FairScale 提供了一種在多個 GPU 上進行模型平行化的方法，這使訓練大型模型變得更加容易。這包括了 ShardedDDP（ShardedDataParallel）和 FSDP（Fully Sharded Data Parallel）等工具。

（2）最佳化器狀態分片：FairScale 提供了一種方法來分片最佳化器的狀態，這可以減少 GPU 的記憶體使用。這是透過使用 OSS（Optimizer State Sharding）實現的。

（3）梯度累積：FairScale 支援在多個步驟中累積梯度，然後一次性更新，這可以在有限的硬體資源下訓練更大的模型。

（4）ZeRO-Redundancy Optimizer：FairScale 實現了 ZeRO，這是一種減少深度學習訓練中容錯資料的技術。這可以顯著降低訓練大型模型所需的記憶體。

（5）啟動值檢查點：FairScale 提供了一種方法來在訓練過程中儲存和恢復啟動值，這可以減少記憶體使用。這是透過使用啟動檢查點技術實現的。

（6）通訊最佳化：FairScale 透過最佳化通訊操作來提高分散式訓練的效率，例如使用更有效的集合操作和梯度壓縮。

（7）管道平行化：FairScale 支援管道平行化，這是一種將模型的不同部分在不同裝置上同時執行的方法，可以進一步提高訓練效率。

（8）參數分片：FairScale 提供了一種方法來在多個裝置上分片模型的參數，這可以讓你在有限的硬體資源下訓練更大的模型。

6.9.3 GPTQ

GPTQ 並不是憑空出現的，它的原理來自另一個量化方法 OBQ（Optimal Brain Quantizer），GPTQ 可以說是它的加速版。OBQ 實際上是對 OBS（Optimal Brain Surgeon，一種比較經典的剪枝方法）的魔改，而 OBS 則來自 OBD（Optimal Brain Damage，一種由 LeCun 在 1990 年提出的剪枝方法）。

GPTQ 是從單層的角度考慮，希望找到一個量化過的權重，使新的權重和老的權重之間輸出的結果差別最小。

Transformers 整合了相關 API，可以在語言模型上執行 GPTQ 量化。你可以以 8、4、3 甚至 2 位元載入和量化模型，而不會大幅降低性能和更快的推理速度！大多數 GPU 硬體都支援此功能。

論文：https://arxiv.org/pdf/2210.17323.pdf

程式資源：https://github.com/PanQiWei/AutoGPTQ

文件：https://huggingface.co/docs/optimum/llm_quantization/usage_guides/quantization

6.9.4 FSDP

PyTorch 的 FSDP（Fully Sharded Data Parallelism）是一種用於分散式訓練的功能，它旨在加速大規模深度學習模型的訓練過程。FSDP 透過對模型參數進行分片，使每個處理程序只載入和計算部分參數，並使用多個處理程序同時進行模型訓練，從而提高訓練的效率和輸送量。

下面是對 FSDP 功能的詳細介紹。

（1）分片和通訊：FSDP 將模型參數劃分為多個分片，每個分片只由一個處理程序負責載入和計算。在每個訓練步驟中，各處理程序對其分片的參數進行計算，並使用點對點的非同步、減少網路通訊的策略來進行參數的更新和同步。

（2）透明性：FSDP 的重要特性是其透明性。它不需要修改現有的模型程式或使用特殊的最佳化器。你可以將 FSDP 功能與現有的 PyTorch 模型和訓練程式無縫整合，而無須對程式進行大量的修改。

（3）自我調整調整：FSDP 可以根據訓練過程中的顯示記憶體、網路頻寬等資源的使用情況，自動調整每個分片的大小。它可以根據實際的硬體和資源配置情況，動態調整參數分片的數量和大小，以最大限度地提高訓練性能和輸送量。

（4）彈性擴充：FSDP 能夠在不同數量的處理程序和不同規模的 GPU 叢集上進行工作。可以根據需要和可用的資源，靈活地擴充訓練叢集的規模，以滿足對大規模模型訓練的需求。

（5）多樣性應用：FSDP 可用於各種深度學習任務，包括影像分類、物件辨識、機器翻譯等。無論是使用預訓練模型還是從頭開始訓練，FSDP 都可以加速訓練，並支援使用各種常用的最佳化器、學習率排程器和其他訓練技巧。

整體而言，PyTorch 的 FSDP 功能為大規模深度學習模型的訓練提供了高效、可擴充和透明的分散式訓練解決方案。它可以顯著提高訓練性能、減少訓練時間，並有助處理大規模模型和資料集。使用 FSDP，你可以更進一步地利用分散式運算資源，訓練更大、更複雜的深度學習模型，加快創新和研究的處理程序。

FSDP 和 DeepSpeed 是兩種用於分散式訓練的方法，它們在分散式訓練中具有一些相似和不同的功能。

（1）相似之處。

① 分散式訓練支援：FSDP 和 DeepSpeed 都旨在為深度學習模型提供分散式訓練的能力，以加速訓練過程，並提高模型的可擴充性和性能。

② 記憶體最佳化：兩者都關注解決訓練過程中的記憶體佔用問題，並提供了相應的策略和技術來減少記憶體使用，從而允許更大規模的模型和資料集進行訓練。

③ 大型模型支援：FSDP 和 DeepSpeed 都專注於支援訓練大型模型，如大型語言模型。

（2）不同之處。

① 功能重點：FSDP 更加專注於資料平行性，它透過對模型參數進行分片以實現分散式訓練。而 DeepSpeed 則提供了更廣泛的功能，包括模型平行性（透過將模型分成多個子模型並在多個 GPU 上平行計算）、混合精度（利用低精度的計算來加速訓練）以及大型模型的最佳化等。

② 框架支援：FSDP 是一種通用的分散式訓練框架，可以與不同的深度學習框架（如 PyTorch）結合使用。DeepSpeed 則是一個專門為 PyTorch 設計的加速函數庫，提供了對 PyTorch 模型訓練的擴充和最佳化。

③ 實現方式：FSDP 使用了資料平行的方式，將參數劃分到多個 GPU 上，並在每個 GPU 上計算梯度，然後進行梯度聚合。DeepSpeed 則使用了模型平行和資料平行的混合方式，將模型劃分為多個子模型並在不同的 GPU 上平行計算，同時將資料平行應用於每個子模型。

④ 記憶體最佳化策略：FSDP 傾向於對模型參數進行分片，以降低單一 GPU 上的記憶體使用。DeepSpeed 則使用了一系列的記憶體最佳化策略，如梯度壓縮、延遲梯度聚合等，以降低記憶體佔用。

6.10 超長上下文

6.10.1 外插能力

「外插能力」（extrapolation）是指一個模型或系統在處理超出其訓練資料範圍的新資料時的能力。這是一種非常重要的能力，因為在現實世界中，我們經常需要處理那些我們的模型在訓練時從未見過的資料。

舉例來說，假設你訓練了一個模型來預測一個人的身高基於他的年齡。如果你的訓練資料只包含 0 ～ 20 歲的人，那麼這個模型可能在預測這個年齡範圍內的人的身高時表現得很好。

但是，如果你嘗試使用這個模型來預測一個 30 歲人的身高，那麼你就在進行外插。這個模型可能會失敗，因為它從未見過這個年齡範圍的資料。

外插的難度在於，模型需要理解資料背後的基本規律或模式，並將這些規律應用到新的、未知的情況中。這需要模型具有很強的泛化能力，而這通常是非常困難的，尤其是在處理複雜的、非線性的資料時。

上下文長度與外插能力之間存在一定的關係。通常情況下，如果模型被訓練和評估的上下文長度範圍與實際應用中可能出現的上下文長度相匹配，那麼模型在處理這些長度內的輸入時通常具有較好的表現。這是因為模型能夠從訓練資料中學習到對應長度的上下文資訊，並在推理時利用這些資訊作出準確的預測。

然而，當模型面對超出其訓練資料上下文長度範圍的輸入時，通常會出現外插能力的挑戰。模型可能會表現出不確定的行為，產生不準確或不合理的預測。這是因為模型沒有經過訓練來理解和處理這種未見過的上下文情況。外插能力的挑戰可能導致模型的性能下降，並且需要進一步的訓練或模型調整來提高其在更廣的上下文範圍內的表現能力。

6.10.2 外插方法

大型模型硬體限制下的常用的外插方法有 LongLLaMA、LongNet、LongLoRA 等。

1. LongLLaMA

LongLLaMA 基於 OpenLLaMA 完成，微調方法採用 FOT（Focused Transformer）。FOT 可以用於對已經存在的大型模型進行微調，以擴充其上下文長度。例如在 8k 標記上訓練的模型，可以很容易外插到 256k 視窗大小。為了達到這一目的，FOT 使用了記憶注意力層和跨批次（cross-batch）訓練過程。記憶注意力層使模型能夠在推理時從外部記憶體中檢索資訊，從而有效地擴充了上下文；跨批次訓練過程使模型傾向於學習（鍵，值）表示，這些表示對於記憶注意力層的使用非常簡便。

論文網址：https://arxiv.org/abs/2307.03170

專案網址：https://github.com/CStanKonrad/long_llama

2. LongNet

LongNet 是一種 Transformer 變形，可以將序列長度擴充到超過 10 億個標記，而不會犧牲對較短序列的性能。具體而言，提出了一種擴張注意力機制，隨著距離增加，注意力範圍呈指數級擴充。LongNet 具有顯著的優勢：①具有線性計算複雜度和標記間對數依賴性；②可用作針對非常長序列的分散式訓練器；③它的擴張注意力可以無縫整合到現有基於 Transformer 的最佳化中，作為標準注意力的替代選擇。

論文網址：https://arxiv.org/pdf/2307.02486.pdf

專案網址：https://github.com/microsoft/torchscale

3. LongLoRA

LongLoRA 主要提出一種透過 LoRA 機制進行微調的方法，減少訓練參數，提高訓練效率。LongLoRA 能夠在注意力水準和權重水準上加速預訓練大型語言模型的上下文擴充。LongLoRA 中提出的 shift short attention 易於實現，與 Flash-Attention 相容，且在推理過程中不需要使用。建立了一個長上下文 QA 資料集 LongQA，用於監督微調。該資料集包含 3k 多個長語境問答對。

論文網址：https://arxiv.org/pdf/2309.12307.pdf

專案網址：https://github.com/dvlab-research/LongLoRA

6.10.3 StreamingLLM

StreamingLLM 的工作原理是辨識並儲存模型固有的「注意力池」（attention sinks）錨定其推理的初始標記。結合最近標記的捲動快取，StreamingLLM 的推理速度提高了 22 倍，而不會降低任何的準確性。

論文網址：https://arxiv.org/pdf/2309.17453.pdf

專案網址：https://github.com/mit-han-lab/streaming-llm

將大型語言模型應用於無限長輸入串流時，會面臨兩個主要挑戰。

（1）在解碼階段，基於 Transformer 的大型語言模型會快取所有先前標記的 Key 和 Value 狀態（KV），這可能會導致記憶體使用過多，並增加解碼延遲。

（2）現有模型的長度外插能力有限，即當序列長度超過預訓練時設定的注意力視窗大小時，其性能就會下降。

一種直觀的方法被稱為視窗注意力（Window Attention），這種方法只在最近標記的 KV 狀態上保持一個固定大小的滑動視窗，雖然能確保在快取填滿後仍保持穩定的記憶體使用率和解碼速度，但一旦序列長度超過快取大小，甚至只是驅逐第一個標記的 KV，模型就會崩潰。另一種方法是重新計算滑動視窗，這種方法會為每個生成的標記重建最近標記的 KV 狀態，雖然性能強大，但需要在視窗內計算二次注意力，因此速度明顯更慢，在實際的串流應用中並不理想。

在理解視窗注意力失效的過程中，研究者發現了自迴歸大型語言模型的有趣現象：大量注意力分數被分配給了初始標記，而不管這些標記與語言建模任務是否相關。

研究者將這些標記稱為「注意力池」：儘管它們缺乏語義上的意義，但卻佔據了大量的注意力分數。研究者將這一現象歸因於 Softmax（要求所有上下文標記的注意力分數總和為 1），即使當前查詢在許多以前的標記中沒有很強的匹配，模型仍然需要將這些不需要的注意力值分配到某處，從而使其總和為 1。初始標記成為「池」的原因很直觀：由於自迴歸語言建模的特性，初始標記對幾乎所有後續標記都是可見的，這使它們更容易被訓練成注意力池。

StreamingLLM 利用了注意力池具有高注意力值這一事實，保留這些注意力池可以使注意力分數分佈接近正態分佈。因此，StreamingLLM 只需保留注意力池標記的 KV 值（只需 4 個初始標記即可）和滑動視窗的 KV 值，就能錨定注意力計算並穩定模型的性能。

StreamingLLM 不能增加記憶，也就是沒有增加上下文長度，也就是說不能記住超過有限序列長度之外的前文內容。

StreamingLLM 的作用更像是可以自動幫你新建階段。比如，你和一個 2k 視窗的機器人說話，它說到 2k 標記就戛然而止，你需要再補個「繼續」之類的，才能繼續對話。StreamingLLM 幫你省了這一步，直接流式無限輸出了，但是它還是記不住 2k 之前的內容。

MEMO

7 模型微調

7.1 監督微調

監督微調是在預訓練模型的基礎上，對模型進行微調，以適應特定的任務或資料集。這個階段的訓練通常是有監督的，也就是說，模型需要透過預測標籤或輸出來學習特定任務的知識。這樣訓練出來的模型可以極佳地處理特定任務。Llama 2 的 Chat 模型就是經過監督微調的模型。

監督微調首先要選擇預訓練模型，如 Llama 2，這些模型已經學習了語言的基本語法和語義。然後準備微調資料，收集或選擇一個針對你的特定任務的資料集。這個資料集由人工撰寫，需要有標籤，數量不需要很多，有數千筆到上萬筆就可以。

在微調過程中，模型的所有參數都可能會被調整，而且這個過程是在特定任務的標注資料上進行的。

7.2 開源資料集

監督微調需要一個優質的微調資料集。雖然手動建立專為特定任務設計的資料集是最理想的微調資料來源，但也有一些開放原始碼資料集可供利用。根據經驗，透過以一定比例結合自有資料和開放原始碼資料進行訓練，可以獲得最佳效果。

Hugging Face 作為一個流行的自然語言處理模型和工具函數庫的開發者社區，不但為研究人員和開發人員提供了模型，還提供了許多開放原始碼的資料集，如 SQuAD、OSSIST1 等。SQuAD 是一個廣泛使用的問答資料集，包含超過 10 萬個問題和相應的答案。該資料集通常用於評估問答系統的性能。

7.3 資料集存取

7.3.1 datasets 函數庫

Hugging Face 的 datasets 函數庫是一個用於管理和處理各種資料集的工具函數庫。它提供了一個統一的介面，使在 Python 中使用各種常見的資料集變得更加簡單和高效。它簡化了資料集的處理流程，使開發者可以更專注於模型的開發和訓練。

說明文件網址：https://huggingface.co/docs/datasets/index

datasets 函數庫的主要功能包括以下幾項。

（1）載入常見資料集：datasets 函數庫提供了一個集合，包括許多常見的資料集，如文字分類、影像分類、語音辨識等。可以使用函數庫中的函數輕鬆地載入這些資料集，以便進行訓練和評估。

（2）資料前置處理和清洗：datasets 函數庫提供了許多內建的資料前置處理和清洗功能，可以方便地對資料進行轉換、標準化和過濾等操作。這些前置處理功能有助準備資料以供模型使用。

（3）資料集分割和抽樣：datasets 函數庫提供了各種功能來幫助你將資料集拆分為訓練集、驗證集和測試集，或進行抽樣操作。這些功能有助進行模型訓練、調參和評估。

（4）資料集統計資訊：datasets 函數庫提供了計算資料集統計資訊的功能，如平均值、標準差、最小值、最大值等。這些統計資訊對於了解資料分佈和調整模型輸入很有幫助。

（5）資料集快取：datasets 函數庫支援將資料集快取在本地磁碟上，以便在需要時快速載入。這樣可以提高資料載入的速度和效率。

（6）自訂資料集支援：除了預置的資料集，datasets 函數庫還支援自訂資料集的載入和處理。這使你可以方便地將自己的資料集整合到模型訓練過程中。

7.3.2 datasets 常用的函數和類別

1. load_dataset

這個函數用於載入指定的資料集。它傳回一個 DatasetDict 物件，其中包含多個資料集拆分，比如訓練集、驗證集和測試集。name 參數是待載入的資料集名稱，可以是預先定義的資料集（例如「imdb」「cnn_dailymail」等）或是本地資料集的路徑。還可以透過關鍵字參數進一步調整載入資料集的方式，例如設置 split 參數來指定載入的拆分類型。

2. list_datasets

這個函數用於列出可用的預先定義資料集的名稱。它傳回一個串列，其中包含 datasets 函數庫支援的各種資料集名稱。

3. load_metric

這是一個用於載入指定的評估度量函數的函數。name 參數是待載入的度量函數名稱，可以是預先定義的度量函數，例如「accuracy」和「rouge」等。傳回的物件可以用於計算模型在指定度量標準下的性能。

4. list_metrics

這個函數用於列出可用的預先定義度量函數的名稱。傳回一個串列，其中包含可用的度量函數名稱。

5. prepare_dataset

這個函數用於對資料集進行前置處理和格式化，可以用於處理原始資料集，例如進行分詞、詞性標注等操作，以便進一步用於訓練和評估模型。

6. Dataset 類別

這是一個用於表示資料集的類別。它提供了存取資料集範例、標籤和其他相關資訊的方法，可以透過 dataset['split_name'] 來存取指定拆分的範例，例如 dataset['train'] 獲取訓練集。

7.3.3 載入資料集

可以使用 datasets 類別的 load_dataset 來載入資料集。資料集可以儲存在 HF Hub 上，也可以儲存在本地。儲存在 HF Hub 上的資料集存取過一次後，會快取在本地，這樣可以加快載入速度。

load_datset 函數主要參數是資料集的路徑或名稱 path。根據路徑的不同，使用的資料集建構器可以來自通用的資料集指令稿（JSON、CSV、Parquet、文字等）或資料集目錄內的資料集指令稿（Python 檔案）。

對於本地資料集，如果路徑是本地目錄（僅包含資料檔案），則基於目錄中的內容載入通用的資料集建構器（CSV、JSON、文字等）。例如：'./path/to/directory/with/my/csv/data'。如果路徑是本地資料集指令稿或包含本地資料集指令稿的目錄（指令稿與目錄名稱相同），則從資料集指令稿中載入資料集建構器。例如：'./dataset/squad' 或 './dataset/squad/squad.py'。

對於 Hugging Face Hub 上的資料集（使用 huggingface_hub.list_datasets 列出所有可用資料集），如果路徑是 HF Hub 上的資料集儲存庫（僅包含資料檔案），則基於儲存庫的內容載入通用的資料集建構器（CSV、文字等）。例如：'username/dataset_name'，其中包含你的資料檔案。如果路徑是 HF Hub 上的資料集儲存庫，並且包含資料集指令稿（指令稿與目錄名稱相同），則從資料集儲存庫中的資料集指令稿載入資料集建構器。例如：'glue'、'squad'、'username/dataset_name'，其中包含一個名為 'dataset_name.py' 的資料集指令稿。

其他參數包括 name、data_dir、data_files、split 等。

name：定義資料集配置的名稱。

data_dir：定義資料集配置的 data_dir。如果對通用建構器（CSV、文字等）或 Hub 資料集指定了 data_files 為 None，則其行為與傳遞 os.path.join(data_dir，**) 作為 data_files 相同，以引用目錄中的所有檔案。

data_files（str 或 Sequence 或 Mapping）：資料檔案的路徑。

split：要載入的資料的拆分。如果為 None，則會傳回包含所有拆分（通常是 datasets.Split.TRAIN 和 datasets.Split.TEST）的字典。如果給定，則會傳回單一資料集。拆分可以像在 tensorflow-datasets 中那樣組合和指定。

下面舉兩個例子，分別從 Hugging Face Hub 和本地載入資料集。

例 7-1 從 Hugging Face Hub 載入資料集。

```
from datasets import load_dataset
```

例 7-2　　載入全部資料集：

```
ds = load_dataset('squad')
ds
```

```
DatasetDict({
  train:Dataset({
    features:['id','title','context','question','answers'],
    num_rows:87599
  })
  validation:Dataset({
    features:['id','title','context','question','answers'],
    num_rows:10570
  })
})
```

僅載入訓練集：

```
ds = load_dataset('squad',split='train')
ds
```

```
Dataset({
  features:['id','title','context','question','answers'],
  num_rows:87599
})
```

```
data_files = {'train':'train.csv','test':'test.csv'}
ds = load_dataset('namespace/your_dataset_name',data_files=data_files)
```

load_dataset 傳回的是 Dataset 或 DatasetDict。Dataset 類別是一個抽象基礎類別，用於表示資料集。它提供了一些基本的功能和約定，以便其他資料集類別繼承和實現這些功能。DatasetDict 用於儲存和管理多個資料集物件。

7.3.4 資料集的處理

load_dataset 函數載入資料集後傳回的是 Dataset 或 DatasetDict，利用這兩個函數可以對載入的資料進行處理。

Dataset 類別和 DatasetDict 類別在 Hugging Face 的 datasets 函數庫中都是非常重要的，但它們的功能和用途有所不同。

Dataset 類別代表一個資料集，它提供了一系列方法用於處理和操作資料，例如 map，filter，shuffle，sort，select，split 等。

而 DatasetDict 類別是一個字典，它的鍵是字串（如「train」，「validation」，「test」），值是 Dataset 物件。這使我們可以方便地管理和存取不同的資料集分割（例如訓練集，驗證集和測試集）。DatasetDict 類別也有一些方法，例如 load_from_disk，save_to_disk，map，filter 等，但它們的行為可能與 Dataset 類別的相應方法有所不同。

舉例來說，當你在 DatasetDict 上呼叫 map 方法時，這個函數會被應用到每一個 Dataset（即字典的每一個值）。這與在單一 Dataset 上呼叫 map 方法有所不同，後者只會將函數應用到該資料集的每個樣本。

Dataset 類別中，提供了一系列用於處理資料集的方法，一些常見函數及其功能如下。

add_column()：在資料集中增加一個新的列或視圖列。add_item()：在資料集中增加一個新的項或樣本。from_file()：從檔案中讀取資料集。

filter()：根據給定的條件過濾資料集的項或樣本。

map()：對資料集中的每個項或樣本應用一個函數或轉換。select()：選擇資料集中的指定列或視圖列。

shuffle()：對資料集進行洗牌，重新排列其中的項或樣本。sort()：根據指定的鍵或條件對資料集進行排序。

split()：將資料集分割為多個子集。

train_test_split()：將資料集劃分為訓練集和測試集。unique()：傳回資料集中獨特或唯一的項或樣本。save_to_disk()：將資料集儲存到磁碟。

load_from_disk()：從磁碟載入資料集。

to_pandas()：將資料集轉為 Pandas DataFrame。to_csv()：將資料集儲存為 CSV 檔案。

column_names：傳回資料集的列名稱。

以下是 DatasetDict 類別主要方法。

load_dataset：從 Hugging Face 的 datasets 函數庫載入資料集並傳回一個 DatasetDict 物件。

save_to_disk：將 DatasetDict 物件儲存到磁碟。

load_from_disk()：從磁碟載入 DatasetDict 物件。

map()：對 DatasetDict 中的每個資料集應用一個函數，並傳回一個新的 DatasetDict 物件。

filter()：根據給定的函數過濾 DatasetDict 中的每個資料集，並傳回一個新的 DatasetDict 物件。

shuffle()：對 DatasetDict 中的每個資料集進行隨機洗牌。

sort()：對 DatasetDict 中的每個資料集進行排序。

split()：將 DatasetDict 中的每個資料集分割為多個資料集。

select()：從 DatasetDict 中的每個資料集中選擇一部分資料。

rain_test_split()：將 DatasetDict 中的每個資料集分割為訓練集和測試集。

7.4 開放原始碼微調資料集

7.4.1 主要資料集

1. alpaca

alpaca 是一個用於語言模型的多工學習資料集，包含了許多不同的自然語言處理任務。其中任務包括自然語言推理、語言生成、命名實體辨識等。該資料集由多個子資料集組成，並且涵蓋了各種不同類型的文字資料。

2. alpaca-clean

alpaca-clean 是 alpaca 的經過整理和清理的版本。在 alpaca-clean 中，不同的子任務被組合成超級任務，以便更容易地使用和評估。

3. chip2

chip2 是一個對話系統導向的資料集，包含了從 OpenAI 的 GPT-3 模型中收集的對話資料。該資料集中的對話主要是有關問答、閒聊、教育和小說等主題的。

4. self-instruct

self-instruct 是一個基於自我監督學習的語言模型訓練資料集。該資料集包含了大量的自我監督訓練樣本，這些樣本是透過將未完成的句子作為輸入，將其自動補全為完整的句子來生成的。

5. hh-rlhf

hh-rlhf 是一個解決偏見問題的資料集，它由 Anthropic AI 建立。該資料集旨在促進人工智慧系統的公正性，並減少它們的偏見和歧視。資料集中提供了一些有關性別、種族和其他身份的資訊，以幫助模型更進一步地了解不同身份群眾之間的差異。

6. oasst1

oasst1 是一個開放域對話資料集，包含了來自各種領域的對話文字。該資料集由 OpenAI 建立，並用於訓練其 GPT-3 模型。資料集中的對話涵蓋了廣泛的主題，例如電影、新聞、體育、政治等。

7.4.2 資料集格式

不同的資料集有不同的格式，比較著名的是 Alpaca 指令跟隨語言模型。Alpaca 是由 Meta 的 Llama 7B 微調而來的模型。指令資料為 json 格式，包含 instruction、input、output 三個欄位（可以為空），每行一筆樣本。就像以下資料：

{"instruction":" 在以下文字中提取所有的日期。","input":"6 月 21 日是夏至，這是一年中白天最長的一天。","output":"6 月 21 日 "}

{"instruction":"","input":" 請生成一個新聞標題，描述一場正在發生的大型自然災害。\\n\n","output":"\" 強烈颶風肆虐，數百萬人疏散！ \""}

圖 7-1 是 Hugging Face 資料集 tatsu-lab/alpaca 的樣本格式。

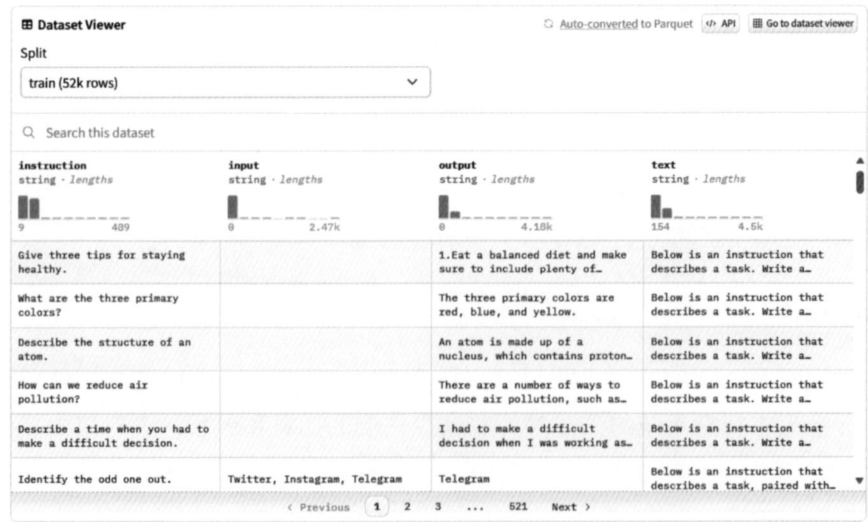

▲ 圖 7-1 alpaca 格式資料集

在用 QLoRA 訓練 Guanaco 模型時，採用更為簡單的 input-output 格式。在轉換 alpaca 和 alpaca cleaned 時，將 instruct、input 拼接成新的 input，再刪除掉原來的 instruction。表 7-1 是訓練 Guanaco 模型時涉及的資料集及格式轉換方法。

▼ 表 7-1 資料集及其格式轉換

資料集名稱	來源	樣本數	格式轉換說明
alpaca	tatsu-lab/alpaca	52002	將「instruct」「input」拼接成新的「input」，刪除」instruction」列
alpaca cleaned	yahma/alpaca-cleaned	51942	將「instruct」「input」拼接成新的「input」，刪除」instruction」列
chip2(OIG)	laion/OIG	210289	將文字拆分為「input」和「output」，以「\n<bot>:」為分隔符號
self-instruct	yizhongw/self_instruct	82612	重新命名列名稱「prompt」為「input」，列名稱「completion」為「output」
hh-rlhf	Anthropic/hh-rlhf	160800	將「input」設定為空字元串，「output」設置為「x['chosen']」
oasst1	timdettmers/openassistant-guanaco	9846 (僅主資訊樹)	將「input」設定為空字元串，「output」設置為「x['text']」

7.4.3 SQuAD

史丹佛問答資料集是一個閱讀理解資料集，由眾包工作者提出關於一組維基百科文章的問題組成。每個問題的答案是相應閱讀段落中的一段文字或部分，或問題可能無法回答。資料集中有 87599 行的訓練集、10570 行的驗證集。圖 7-2 是在 Huggong Face 網站顯示的資料集記錄樣本。

資源網址：https://huggingface.co/datasets/squad

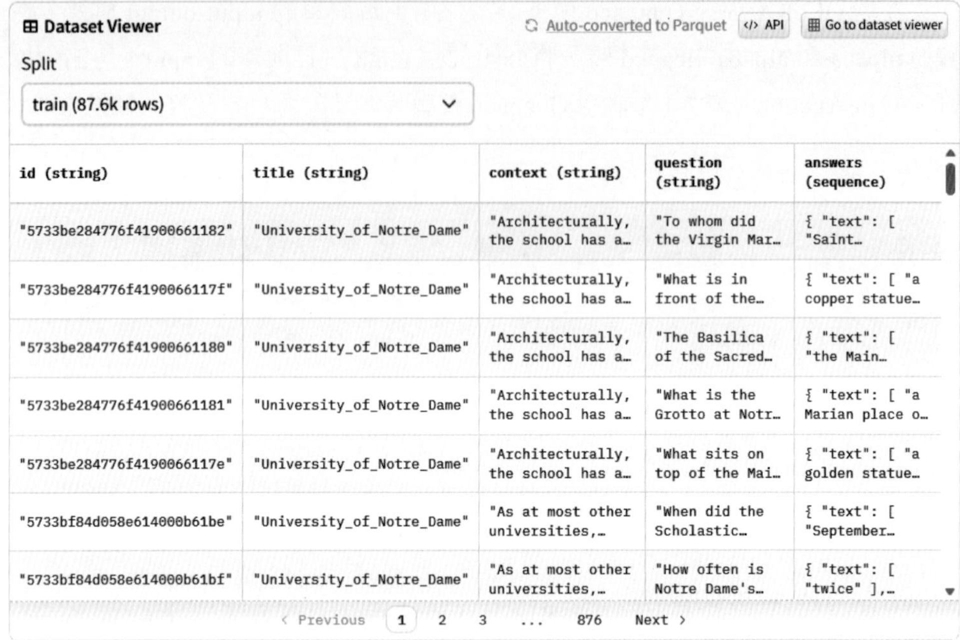

⊞ Dataset Viewer　　Auto-converted to Parquet　</> API　⊞ Go to dataset viewer

Split

train (87.6k rows)

id (string)	title (string)	context (string)	question (string)	answers (sequence)
"5733be284776f41900661182"	"University_of_Notre_Dame"	"Architecturally, the school has a…	"To whom did the Virgin Mar…	{ "text": ["Saint…
"5733be284776f4190066117f"	"University_of_Notre_Dame"	"Architecturally, the school has a…	"What is in front of the…	{ "text": ["a copper statue…
"5733be284776f41900661180"	"University_of_Notre_Dame"	"Architecturally, the school has a…	"The Basilica of the Sacred…	{ "text": ["the Main…
"5733be284776f41900661181"	"University_of_Notre_Dame"	"Architecturally, the school has a…	"What is the Grotto at Notr…	{ "text": ["a Marian place o…
"5733be284776f4190066117e"	"University_of_Notre_Dame"	"Architecturally, the school has a…	"What sits on top of the Mai…	{ "text": ["a golden statue…
"5733bf84d058e614000b61be"	"University_of_Notre_Dame"	"As at most other universities,…	"When did the Scholastic…	{ "text": ["September…
"5733bf84d058e614000b61bf"	"University_of_Notre_Dame"	"As at most other universities,…	"How often is Notre Dame's…	{ "text": ["twice"],…

‹ Previous　1　2　3　...　876　Next ›

▲ 圖 7-2 SquAD 資料集

資料集結構：

```
{
  "answers":{
    "answer_start":[1],
    "text":["This is a test text"]
  },
  "context":"This is a test context.",
  "id":"1",
  "question":"Is this a test?",
  "title":"train test"
}
```

單筆資料內容範例：

id(string)："5733c0064776f4190066119a"

title(string)："University_of_Notre_Dame"

context(string)："The television station,NDtv,grew from one show in 2002 to a full 24-hour channel with original programming by September 2006.WSND-FM serves the student body and larger South Bend community at 88.9 FM,offering students a chance to become involved in bringing classical music,fine arts and educational programming,and alternative rock to the airwaves.Another radio station,WVFI,began as a partner of WSND-FM.More recently,however,WVFI has been airing independently and is streamed on the Internet."

question(string)："Which radio station provides radio to the students of Notre Dame at 88.9 FM?"

answers(sequence)：{"text":["WSND-FM"],"answer_start":[128]}

下面載入資料集，並顯示資料集的內容：

```
from datasets import load_dataset
dataset = load_dataset("squad")
dataset
```

```
DatasetDict({
  train:Dataset({
    features:['id','title','context','question','answers'],
    num_rows:87599
  })
  validation:Dataset({
    features:['id','title','context','question','answers'],
    num_rows:10570
  })
})
```

```
dataset['train']
```

```
Dataset({
    features:['id','title','context','question','answers'],
    num_rows:87599
})
```

```
dataset['train'][0]
```

```
{'id':'5733be284776f41900661182','title':'University_of_Notre_Dame','context':
'Architecturally,the school has a Catholic character.Atop the Main Building\'s
gold dome is a golden statue of the Virgin Mary.Immediately in front of the Main
Building and facing it,is a copper statue of Christ with arms upraised with the
legend"Venite Ad Me Omnes".Next to the Main Building is the Basilica of the
Sacred Heart.Immediately behind the basilica is the Grotto,a Marian place of
prayer and reflection.It is a replica of the grotto at Lourdes,France where the
Virgin Mary reputedly appeared to Saint Bernadette Soubirous in 1858.At the end
of the main drive(and in a direct line that connects through 3 statues and the
Gold Dome),is a simple,modern stone statue of Mary.','question':'To whom did
the Virgin Mary allegedly appear in 1858 in Lourdes France?','answers':{'text':
['Saint Bernadette Soubirous'],'answer_start':[515]}}
```

下面程式利用 Dataset 的 map 函數將 SQuAD 格式資料集，轉為 OSSASIT 資料集格式：

```
def map_function(example):
    #Get the question and model output
    question = f"####Human:{example['question'].strip()}"
    output = f"####Assistant:{example['answers']['text'][0].strip()}"

    print(question,output)

data_train = dataset["train"].map(map_function)
```

```
Map:0%|                              | 0/87599[00:00<?,?examples/s]
####Human:To whom did the Virgin Mary allegedly appear in 1858 in Lourdes
France?####
Assistant:Saint Bernadette Soubirous
####Human:What is in front of the Notre Dame Main Building?####Assistant:a
copper statue of Christ
####Human:The Basilica of the Sacred heart at Notre Dame is beside to which
structure?####Assistant:the Main Building
####Human:What is the Grotto at Notre Dame?####Assistant:a Marian place of
prayer
and reflection
```

```
####Human:What sits on top of the Main Building at Notre Dame?####Assistant:a
golden statue of the Virgin Mary
####Human:When did the Scholastic Magazine of Notre dame begin publishing?####
Assistant:September 1876
####Human:How often is Notre Dame's the Juggler published?####Assistant:twice#
###Human:What is the daily student paper at Notre Dame called?####Assistant:The
Observer
####Human:How many student news papers are found at Notre Dame?####Assistant:t
hree####Human:In what year did the student paper Common Sense begin publication
at Notre Dame?####Assistant:1987
```

7.4.4 OSSIST1 資料集格式

OSSIST1 資料集是一個 json 格式檔案，每一行一個 {Key:Value}，其中 Key 值固定為「text」。Value 值是一個欄位串，用 ###Human: 和 ###Assistant: 隔開，分別代表人類提問和助理的回答。

下面是一個 Value 字串的例子：

```
{"text":"###Human:Listened to Dvorak's\"The New World\"symphony,liked it much.
What composers,not necessarily from Dvorak's time,wrote similar music?Provide
a few suggestions,give composer names and their respective works.Also,what
Dvorak's other works sound like the\"New World\"?###Assistant:If you enjoyed
Dvorak's\"New World\"Symphony,here are a few other composers and works you
might enjoy:\n\n1.Pyotr Ilyich Tchaikovsky-Symphony No.5 in E minor,Op.64\
n2.Jean Sibelius-Symphony No.2 in D major,Op.43\n3.Aaron Copland-Appalachian
Spring\n4.Edward Elgar-Enigma Variations,Op.36\n5.Gustav Mahler-Symphony
No.1 in D major,\"Titan\"\n6.Samuel Barber-Adagio for Strings\n\nRegarding
other works by Dvorak that have similar musical characteristics to the\"New
World\"Symphony,here are some suggestions:\n\n1.Dvorak-Symphony No.8 in G
major,Op.88\n2.Dvorak-String Quartet No.12 in F major,Op.96\"American\"\
n3.Dvorak-Symphony No.7 in D minor,Op.70\n4.Dvorak-Symphony No.6 in D
major,Op.60\n\nThese works all contain elements of Dvorak's folk-inspired
melodies,lush orchestration,and memorable themes that you may have enjoyed in
the\"New World\"Symphony."}
```

如果是中文，會以 Unicode 編碼格式儲存，這些編碼在 0x4e00 和 0x9fa5 之間，這是 Unicode 定義的中文編碼範圍。下面 Value 字串中就是中文：

```
{"text":"###Human:\u6ca1\u6709\u6307\u5357\u9488\uff0c\u600e\u4e48\u5728\u5317\
u534a\u7403\u5bfb\u627e\u5317\u65b9\u3002###Assistant:\u5728\u6ca1\u6709\u6307\
u5357\u9488\u7684\u60c5\u51b5\u4e0b\uff0c\u6709\u51e0\u79cd\u65b9\u6cd5\u53ef\
u4ee5\u5728\u5317\u534a\u7403\u5bfb\u627e\u5317\u65b9\uff1a\n\n1.\u89c2\u5bdf\
u5929\u7a7a\uff1a\u5728\u5317\u534a\u7403\uff0c\u5317\u6781\u661f\u4f4d\u4e8e\
u5929\u7a7a\u4e2d\u7684\u5317\u65b9\u3002\u901a\u8fc7\u627e\u5230\u5317\u6781\
u661f\uff0c\u53ef\u4ee5\u786e\u5b9a\u5317\u65b9\u7684\u65b9\u5411\u3002\u5317\
u6781\u661f\u901a\u5e38\u4f4d\u4e8e\u5929\u7a7a\u4e2d\u8f83\u6697\u7684\u533a\
u57df\uff0c\u4f46\u662f\u5728\u6ca1\u6709\u660e\u4eae\u6708\u4eae\u6216\u4e91\
u5c42\u7684\u665a\u4e0a\uff0c\u5b83\u53ef\u4ee5\u5f88\u5bb9\u6613\u5730\u88ab\
u89c2\u5bdf\u5230\u3002"}
```

利用下面網址中的菜鳥工具，可以把 Unicode 轉為中文：

https://c.runoob.com/front-end/3602/

{"text":"###Human: 沒有指南針，怎麼在北半球尋找北方。###Assistant: 在沒有指南針的情況下，有幾種方法可以在北半球尋找北方：\n\n1. 觀察天空：在北半球，北極星位於天空中的北方。透過找到北極星，可以確定北方的方向。北極星通常位於天空中較暗的區域，但是在沒有明亮月亮或雲層的晚上，它可以很容易地被觀察到。"}

其他語種中的非 ASCII（美國資訊交換標準程式）字元，也可以用 Unicode 編碼表示，比如：

```
###Human:\u00bfQu\u00e9 son los priones?
```

是西班牙語：¿Quéson los priones? 意思是：什麼是朊病毒？

7.4.5 格式轉換程式及分析

以下是一個資料集格式轉換程式，修改自：https://github.com/artidoro/qlora/blob/main/qlora.py

專門用於處理 alpaca 和 alpaca-clean。ALPACA_PROMPT_DICT 定義的字典，為新的 input 欄位增加了固定句子及格式，然後將原 instructon 和 input 欄位的內容嵌入其中生成新的 input 欄位。固定句子針對有 input 內容和沒有 input 內容的記錄分為兩個，主要區別在原 input 欄位沒有內容時，就不要在字串中嵌入 {input} 變數。

extract_alpaca_dataset 作為 map 函數的回呼函數。透過判斷 input 是否為空，選擇傳回 ALPACA_PROMPT_DICT 中定義的不同字串。

```
from datasets import load_dataset

ALPACA_PROMPT_DICT = {
    "prompt_input": (
        "Below is an instruction that describes a task, paired with an input that 
provides further context. "
        "Write a response that appropriately completes the request.\n\n"
        "### Instruction:\n{instruction}\n\n### Input:\n{input}\n\n### Response: "
    ),
    "prompt_no_input": (
        "Below is an instruction that describes a task. "
        "Write a response that appropriately completes the request.\n\n"
        "### Instruction:\n{instruction}\n\n### Response: "
    ),
}

def extract_alpaca_dataset(example):
    if example.get("input", "") != "":
        prompt_format = ALPACA_PROMPT_DICT["prompt_input"]
    else:
        prompt_format = ALPACA_PROMPT_DICT["prompt_no_input"]
    return {'input': prompt_format.format(**example)}
```

載入開放原始碼資料集：

```
def load_data(dataset_name):
    if dataset_name == 'alpaca':
        return load_dataset("tatsu-lab/alpaca")
    elif dataset_name == 'alpaca-clean':
        return load_dataset("yahma/alpaca-cleaned")
    elif dataset_name == 'squad':
        return load_dataset("squad")
    elif dataset_name == 'chip2':
        return load_dataset("laion/OIG",data_files='unified_chip2.jsonl')
    elif dataset_name == 'self-instruct':
        return load_dataset("yizhongw/self_instruct",name='self_instruct')
    elif dataset_name == 'hh-rlhf':
        return load_dataset("Anthropic/hh-rlhf")
    elif dataset_name == 'longform':
        return load_dataset("akoksal/LongForm")
    elif dataset_name == 'oasst1':
        return load_dataset("timdettmers/openassistant-guanaco")
    elif dataset_name == 'vicuna':
        raise NotImplementedError("Vicuna data was not released.")
    else:
        if os.path.exists(dataset_name):
            try:
                args.dataset_format = args.dataset_format if args.dataset_format
else"input-output"
                full_dataset = local_dataset(dataset_name)
                return full_dataset
            except:
                raise ValueError(f"Error loading dataset from{dataset_name}")
        else:
            raise NotImplementedError(f"Dataset{dataset_name}not implemented yet.")
```

將不同資料集的資料轉為統一的格式：

```
def format_dataset(dataset,dataset_format):
    if(dataset_format == 'alpaca'or dataset_format == 'alpaca-clean'):
        dataset = dataset.map(extract_alpaca_dataset,remove_columns=['instruction'])
    elif dataset_format == 'chip2':
        dataset = dataset.map(lambda x:{
```

```
            'input':x['text'].split('\n<bot>:')[0].replace('<human>:',''),
            'output':x['text'].split('\n<bot>:')[1],
        })
    elif dataset_format == 'self-instruct':
        for old,new in[["prompt","input"],["completion","output"]]:
            dataset = dataset.rename_column(old,new)
    elif dataset_format == 'hh-rlhf':
        dataset = dataset.map(lambda x:{
            'input':'',
            'output':x['chosen']
        })
    elif dataset_format == 'oasst1':
        dataset = dataset.map(lambda x:{
            'input':'',
            'output':x['text'],
        })
    elif dataset_format == 'input-output':
        #leave as is
        pass
    #Remove unused columns.
    dataset = dataset.remove_columns(
        [col for col in dataset.column_names['train']if col not in['input','output']]
    )
    return dataset
```

下面舉個 alpaca 資料集轉換的例子：

```
dataset_old = load_data('alpaca')
dataset_new = format_dataset(dataset_old,dataset_format='alpaca')

print(dataset_old['train'][0])
print(dataset_new['train'][0])
```

原來的資料格式：

```
{'instruction':'Give three tips for staying healthy.','input':'','output':'1.
Eat a balanced diet and make sure to include plenty of fruits and vegetables.\
n2.Exercise regularly to keep your body active and strong.\n3.Get enough sleep
and maintain a consistent sleep schedule.','text':'Below is an instruction that
describes a task.Write a response that appropriately completes the request.\n\
```

```
n###Instruction:\nGive three tips for staying healthy.\n\n###Response:\n1.Eat
a balanced diet and make sure to include plenty of fruits and vegetables.\
n2.Exercise regularly to keep your body active and strong.\n3.Get enough sleep
and maintain a consistent sleep schedule.'}
```

轉換後的資料格式：

```
{'input':'Below is an instruction that describes a task.Write a response that
appropriately completes the request.\n\n###Instruction:\nGive three tips for
staying healthy.\n\n###Response:','output':'1.Eat a balanced diet and make sure
to include plenty of fruits and vegetables.\n2.Exercise regularly to keep your
body active and strong.\n3.Get enough sleep and maintain a consistent sleep
schedule.'}
```

注意，在載入的 alpaca 資料集中，有一個 text 欄位，與我們轉換後的 input 欄位相同。因此現在可以直接讀取 text 欄位，再改名為 input。

下面再舉一個 oasst1 資料集的例子：

```
dataset_old = load_data('oasst1')
dataset_new = format_dataset(dataset_old,dataset_format='oasst1')

print(dataset_old['train'][18])
print("-"*50)
print(dataset_new['train'][18])
```

原來的資料格式：

```
{'text':"###Human:Write a 4chan style greentext about someone who loves the new
romantic comedy movie,with an ironic twist that re-contextualizes the story
at the end..It should start with'>be me'###Assistant:>be me\n>sister wants to
watch the new hit romcom\n>not a fan,but what the hell,its got a fantasy theme\
n>we're watching,but a sex scene comes up\n>then another\n>i keep looking away
from the screen\n>lotsofsex.jpg\n>sister starts teasing me for my discomfort\n\
nSo anyway,how did you get into Game of Thrones?"}
```

轉換後的資料格式：

```
{'input':'','output':"###Human:Write a 4chan style greentext about someone who
loves the new romantic comedy movie,with an ironic twist that re-contextualizes
the story at the end..It should start with'>be me'###Assistant:>be me\n>sister
```

```
wants to watch the new hit romcom\n>not a fan,but what the hell,its got a
fantasy theme\n>we're watching,but a sex scene comes up\n>then another\n>i keep
looking away from the screen\n>lotsofsex.jpg\n>sister starts teasing me for my
discomfort\n\nSo anyway,how did you get into Game of Thrones?"}
```

7.5 主要的微調模型

7.5.1 Alpaca 羊駝

Alpaca 是一個在 Meta 的 Llama 7B 模型基礎上微調的 Instruction-Following（指令跟隨）語言模型。它使用 self-instruct（自我指導）的方法，利用 OpenAI 的 text-davinci-003 模型生成了 52000 個 Instruction-Following 演示資料，並使用 Hugging Face 的訓練框架對 Llama 模型進行了微調。Alpaca 在單輪 Instruction-Following 方面與 text-davinci-003 模型表現相似，但模型體積卻驚人的小，僅需要 600 美金左右的成本就可以複現。

專案程式：https://github.com/tatsu-lab/stanford_alpaca

部落格介紹：https://crfm.stanford.edu/2023/03/13/alpaca.html

7.5.2 Vicuna 小羊駝

Vicuna-13B，一個透過在來自 ShareGPT 的使用者共用對話上對 Llama 進行微調而建立的開放原始碼聊天機器人。使用 GPT-4 作為評判者的初步評估顯示，Vicuna-13B 在超過 90% 的情況下達到了與 OpenAI ChatGPT 和 Google Bard 相當的品質，而在超過 90% 的情況下勝過 Llama 和 Stanford Alpaca 等其他模型。訓練 Vicuna-13B 的成本約為 300 美金。Vicuna 對 Llama 基礎模型微調過程中，透過過濾不適當的樣本並將 HTML 轉換回 Markdown 來確保資料品質。對於處理長上下文，透過最佳化（如漸變檢查點和快閃關注）來擴充最大上下文長度。採用 SkyPilot 託管 Spot 實例的策略來降低培訓成本。

官方網站：https://vicuna.lmsys.org/

試用網站：https://chat.lmsys.org

專案程式：https://github.com/lm-sys/FastChat

7.5.3 LLaMA.cpp

LLaMA.cpp 是開發者格奧爾基・格爾加諾夫（Georgi Gerganov）基於 Meta 發佈的 Llama 模型的純 C/C++ 版本專案。相比 Python 程式對 PyTorch 等函數庫的相依，純 C/C++ 版本的優勢在於無須額外相依，可以直接編譯出可執行檔，避免了在不同硬體上的複雜準備。此外，LLaMA.cpp 支援 Apple Silicon 晶片的 ARM NEON 加速，而在 x86 平臺上以 AVX2 替代；它具有 F16 和 F32 的混合精度；支援 4 位元量化；可以在不需要 GPU 的情況下僅使用 CPU 執行。

根據作者提供的資料，在 M1 MacBook Pro 上執行 Llama-7B 模型時，LLaMA.cpp 每個標記的推理過程耗時約 60 毫秒，這是相當理想的速度。由於 LLaMA.cpp 是純 C/C++ 實現，沒有其他相依，因此執行效率很高，甚至可以在 Android 上執行。

透過量化 LLaMA.cpp，作者成功地將 Llama 模型從原本需要 13 GB 的記憶體和磁碟空間降至約 4 GB 和 8 GB，使消費級硬體可以滿足要求，使大型模型在個人電腦上得以實現。LLaMA.cpp 的量化實現基於作者的另一個函數庫——ggml，這是一個使用 C/C++ 實現的機器學習模型中的張量的函數庫。張量是神經網路模型中的核心資料結構，經 C/C++ 實現後，支援更廣泛，效率更高，為 LLaMA.cpp 的開發奠定了基礎。

專案程式：https://github.com/ggerganov/llama.cpp

7.5.4 Guanco

Guanaco 系列模型是作者在提出 QLoRA 調優方法同時設計並訓練的。基於 QLoRA 的最佳化策略，作者對 OASST1 模型進行了改進，最終獲得了 Guanaco 系列模型。這一系列模型在性能和記憶體利用方面都展現出了顯著的優勢，特別是與當前的主流模型進行比較時。

在 Vicuna 基準測試中，Guanaco 系列中的 Guanaco-65B 模型表現最為出色，其性能僅次於 GPT-4，相對於 ChatGPT 的表現達到了 99.3%。值得注意的是，最小的 Guanaco 模型（7B 參數）在記憶體利用上表現出了極大的優勢，只需要 5 GB 記憶體，相比需要 26 GB 記憶體的 Alpaca 模型在 Vicuna 基準測試中提高了 20% 以上的性能。

為了進一步提升模型性能，作者採用了 4-bit QLORA 量化技術對不同規模的參數模型進行最佳化，並與 16 位元精度的最佳化進行了比較。研究結果顯示，使用雙量化的NF4（4-bit Floating Point）可以匹配BFloat16的性能，而FP4（4-bit Fixed Point）的最佳化結果在性能上稍遜於兩者。QLoRA 不僅使用 bitsandbytes 進行量化，還與 Hugging Face 的 PEFT 和 Transformers 函數庫整合，從而實現了模型最佳化和性能提升。這一技術是由華盛頓大學 UW 自然語言處理小組的成員開發的。

在模型訓練過程中，作者團隊發現 OpenAssistant data（含 9000 個樣本）是品質最高的對話資料。因此，開放原始碼的 Guanaco 對話系列模型（包括 7B、13B、33B 和 65B 參數的模型）都是使用這 9000 個資料樣本和 QLoRA 方案進行微調得到的。這一系列模型的優秀表現充分證明了 QLoRA 最佳化策略和高品質訓練資料的重要性。

論文：https://arxiv.org/pdf/2305.14314.pdf 專案程式：https://github.com/artidoro/qlora

微調資料集：https://huggingface.co/datasets/timdettmers/openassistant-guanaco

MEMO

8 人類回饋強化學習

人類回饋強化學習，即以強化學習方式依據人類回饋最佳化語言模型。RLHF 使在一般文字資料語料庫上訓練的語言模型能和複雜的人類價值觀對齊。

RLHF 是一項涉及多個模型和不同訓練階段的複雜概念，這裡我們按三個步驟分解。

（1）預訓練一個語言模型（LM）。

（2）聚合問答資料並訓練一個獎勵模型。

（3）用強化學習方式微調 LM。

DeepSpeed 是微軟推出的系統後端加速器，用於加速模型的訓練和微調。DeepSpeed Chat 是 DeepSpeed 推出的通用系統框架，自動將預訓練大型語言模型透過 OpenAI InstructGPT 風格的三個階段來生成高品質 ChatGPT 風格模型。DeepSpeed Chat 使高品質 ChatGPT 風格模型的訓練變得簡單、快速、經濟且可擴充。

8.1 強化學習架構

強化學習是一種機器學習技術，旨在訓練智慧體在特定環境中作出決策，並透過與環境的不斷互動最佳化其行為，以最大限度地提高所獲得的獎勵訊號。在這一過程中，智慧體無須事先了解環境模型，而是透過反覆試驗和學習，根據環境回饋的獎勵訊號來確定最佳策略。

強化學習的核心要素（圖 8-1）包括智慧體、環境和獎勵訊號。智慧體透過執行行動與環境互動，環境會對智慧體的行為作出回應，並提供獎勵或懲罰的回饋訊號。基於這些回饋，智慧體會調整自己的策略，從而持續改進其行為表現。

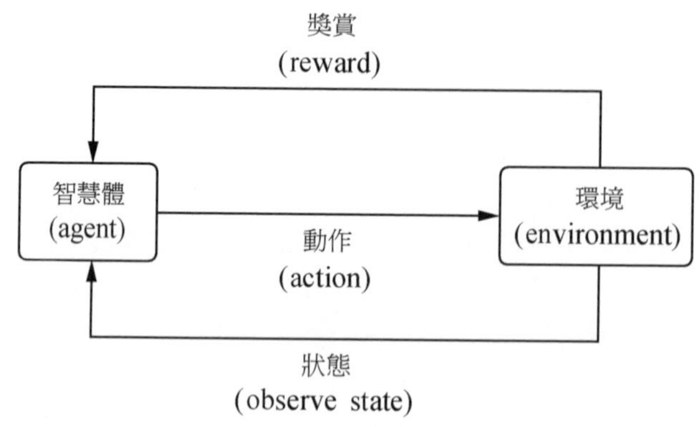

▲ 圖 8-1 強化學習的核心要素

以下是強化學習的一些主要概念。

（1）智慧體：在環境中執行行動的個體或軟體。

（2）環境：代理所處的環境，它對代理的行動作出反應，並舉出獎勵或懲罰。

（3）狀態：環境在某一時刻的描述。

（4）動作：代理可以在某個狀態下執行的操作。

（5）獎賞：環境給予代理的回饋，通常是一個數值。獎勵可以是正的（如果行動是好的）或負的（如果行動是壞的）。

（6）策略（policy）：代理的行為函數，它決定了在替定狀態下代理應執行哪個行動。

（7）值函數（value function）：預測在替定狀態或在執行特定行動後可能獲得的預期回報。

常見的強化學習演算法有 Q-Learning、SARSA（State-Action-Reward-State-Action）、演員 - 評論家（Actor-Critic）等。近年來，隨著深度學習技術的發展，強化學習與深度學習技術的結合催生了一些新的演算法，例如深度 Q 網路（Deep Q-Network，DQN）和深度確定性策略梯度（Deep Deterministic Policy Gradient,DDPG）。這些新演算法透過將深度神經網路融入強化學習框架，能夠處理更為複雜的任務和環境，為強化學習的應用開闢了更加廣闊的前景。

大型語言模型的 RLHF 使用的強化學習架構是近端策略最佳化，它是演員 - 評論家架構的變種。它繼承了演員 - 評論家的一些核心思想，並在此基礎上進行了一些改進以提高性能和穩定性。

8.2 演員 - 評論家架構

強化學習的演員 - 評論家架構是一種結合了值函數估計和策略梯度最佳化的強化學習演算法。這種架構有兩個主要組成部分：演員模型（Actor Model）和評論家模型（Critic Model）。

1. 演員

演員模型負責選擇動作，它是一個策略模型，根據當前狀態輸出一個機率分佈，表示在替定狀態下採取不同動作的可能性。演員透過不斷嘗試不同的動作，並觀察這些動作帶來的結果來更新其策略。具體來說，它使用策略梯度方法來調整其參數，使得預期的累積獎勵增加。

2. 評論家

評論家模型則是一個價值函數估計器，它評估演員所採取的動作的價值。評論家並不直接參與決策過程，而是提供回饋資訊，幫助演員了解其行為的好壞。評論家通常會估計狀態值函數或狀態 - 動作值函數，用於計算優勢函數（Advantage Function），即某個特定動作相對於平均行為的優勢程度。這個優勢函數被用來指導演員的策略更新。

3. 結合與互動

在每個時間步進值，演員會選擇一個動作並執行，環境會根據該動作舉出一個獎勵和新的狀態。然後，評論家將根據這個新狀態和獎勵更新其價值函數估計。最後，演員根據評論家提供的優勢函數資訊以及新的狀態更新其策略。

這種架構的優點在於它同時利用了值函數估計和策略梯度最佳化。值函數估計可以幫助智慧體更準確地理解環境動態，而策略梯度最佳化則可以有效地探索並改進策略。此外，由於評論家和演員分別負責評估和決策，它們可以在某種程度上相互獨立地進行訓練和最佳化，從而提高學習效率。

8.3 近端策略最佳化架構

PPO 可以看作對標準演員 - 評論家方法的一種增強，它引入一些額外的技術來解決演員 - 評論家在實際應用中可能出現的問題，如策略更新的不穩定性、高方差以及對資料的需求等。這些改進使 PPO 成為一種高效且穩定的強化學習演算法，廣泛應用於各種複雜的任務中。

下面介紹一下 PPO 最佳化的地方。

（1）策略更新機制：PPO 引入一種稱為「clip」的機制，用於限制每一步策略更新的幅度。這確保了策略不會發生劇烈變化，從而提高與加快了演算法的穩定性和收斂速度。相比之下，標準的演員 - 評論家方法可能沒有這樣的約束，導致更不穩定的學習過程。

（2）重要性採樣：PPO 使用了重要性採樣技術來重用舊策略的資料，減少了資料需求並加快了學習速度。而在標準的演員 - 評論家方法中，這種技術並非總是必需的。

（3）最佳化目標：PPO 使用了一個基於 KL 散度（Kullback-Leibler Divergence）的懲罰項來控制新舊策略之間的差異。這個懲罰項有助保持策略更新的平穩性，避免了由於過度貪婪而導致的性能下降。標準的演員 - 評論家方法通常不包括這樣的懲罰項。

8.4 DeepSpeed Chat

DeepSpeed Chat 是微軟開發的深度學習框架，複刻了 InstructGPT 論文中的訓練模式，提供一個完整的點對點三階段 OpenAI InstructGPT 訓練策略，帶有強化學習人類回饋，從使用者青睞的預訓練大型語言模型權重生成高品質的 ChatGPT 風格模型。DeepSpeed Chat 提供了資料抽象和混合功能，支援開發者使用多個不同來源的資料來源進行訓練，以提高模型的泛化能力和適應性。

RLHF 的三階段訓練通常包括以下內容。

1. 監督微調

在這個階段，預訓練的語言模型（如 GPT、Llama 或類似的大型語言模型）使用精選的人類回答資料進行微調，訓練一個演員模型，用來根據提示生成相應文字響應。

其目的是讓模型更進一步地理解和回應各種查詢，改善其在特定任務或對話環境中的表現。

2. 獎勵模型訓練（reward model training）

在此階段，使用一個小型模型（通常比主模型小得多）來學習評估模型生成的文字的品質。這個小型模型透過學習從一組標記為「好」或「壞」的範例中區分高品質和低品質的回答來生成獎勵訊號。

資料集通常由人工標注或透過對比選擇的方式生成，包括 chosen dataset（被認為質量高或相關性高的資料）和 reject datase（被認為品質低或相關性低的資料）。

3. 策略最佳化（policy optimization）

用獎勵模型針對演員模型的輸出進行評分，得到動作值函數（即優勢函數）的近似值。這個分數可以被看作獎勵訊號的代理，它反映了特定文字響應相對於平均行為的優勢程度。

演員模型再根據這個獎勵訊號（或其近似值）進行策略梯度更新，調整權重以最佳化策略，形成新的演員模型。新模型應該更加傾向於生成高獎勵的文字回應。

以此循環，直到達到目標性能指標（如滿意度、品質等）或完成預定的訓練迭代次數。本章的程式是基於 DeepSpeed Chat 專案程式簡化改造而成，DeepSpeed Chat 來源專案代碼網址是：https://github.com/microsoft/DeepSpeed-Examples/tree/master/applications/ DeepSpeed-Chat。

圖 8-2 是 DeepSpeed Chat 三階段訓練的原理圖。

參考模型和演員模型是 RLHF 第一個階段有監督微調模型的兩個副本。演員模型是我們想透過強化學習微調的大型模型，但是強化學習過程很容易把模型訓練「壞」，因此需要另外一個不會參數更新的參考模型來當作標的，別讓演員模型跑偏太遠。我們在訓練模式下，將提示 + 回答分別輸入演員模型和參考模型，用 KL 散度來衡量參考模型和演員模型輸出的差別。同時將 KL 散度（衡量資料分佈差距大小）納入損失函數（KL 散度本質是納入獎勵值裏面的，獎勵值被納入損失函數），進而約束參考模型和演員的輸出分佈別差距太大。

獎勵模型和評論家模型都使用同一個模型初始化。在 RLHF 中，評論家模型並沒有被明確使用。相反，獎勵模型扮演了類似於傳統強化學習中的評論家模型的角色。

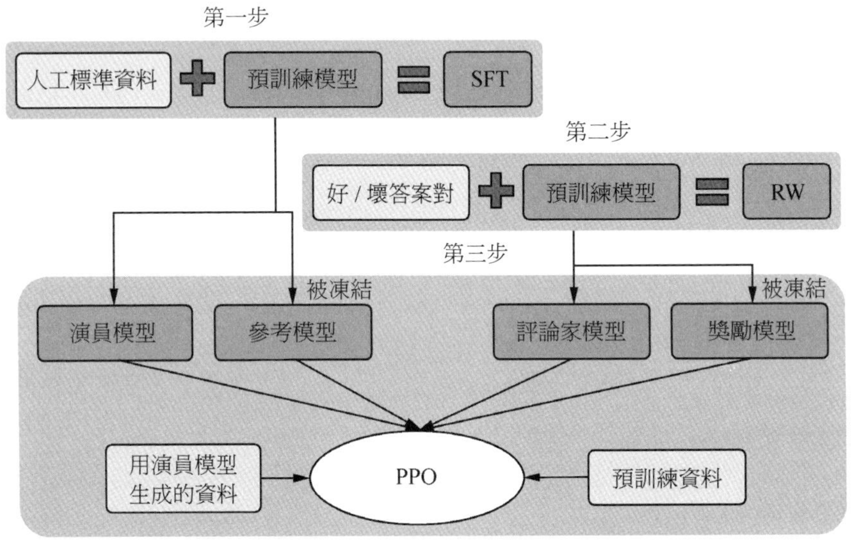

▲ 圖 8-2 DeepSpeed Chat 三階段訓練的原理圖

DeepSpeed Chat 建議使用的基本模型是 OPT-1.3B（參考模型和演員模型）和 OPT-350m（獎勵模型和評論家模型）。本書為前後呼應及節約訓練資源，採用了 Llama 2 的中文版模型 Chinese-LLaMA-2-1.3b。

模型資源的下載網址為：https://huggingface.co/hfl/chinese-llama-2-1.3b

DeepSpeed Chat 旨在提供點對點的 RLHF 訓練管線，並提供高效、快速的系統支援，而非 RLHF 訓練的綜合解決方案。由於這個領域相對較新，因此對使用者和開發人員來說都有各種未知數。

8.5 開放原始碼 RLHF 資料集

從 DeepSpeed Chat 原始程式碼中找到可以用的開放原始碼 RLHF 資料集有：

Dahoas/rm-static Dahoas/full-hh-rlhf

Dahoas/synthetic-instruct-gptj-pairwise

yitingxie/rlhf-reward-datasets

openai/webgpt_comparisons

stanfordnlp/SHPshu

pvduy/sharegpt_alpaca_oa_vicuna_format

wangrui6/Zhihu-KOL

Cohere/miracl-zh-queries-22-12

Hello-SimpleAI/HC3-Chinese

Cohere/miracl-ja-queries-22-12

lmqg/qg_jaquad

lmqg/qag_jaquad

圖 8-3 是 Dahoas/rm-static 和 Dahoas/full-hh-rlhf 資料集的樣式，分為 train 和 test 兩個資料集。Dahoas/rm-static 資料集的大小是 train 76.3k 行，test 5.1k 行。Dahoas/full-hh-rlhf 資料集的大小是 train 112k 行，test 12.5k 行。

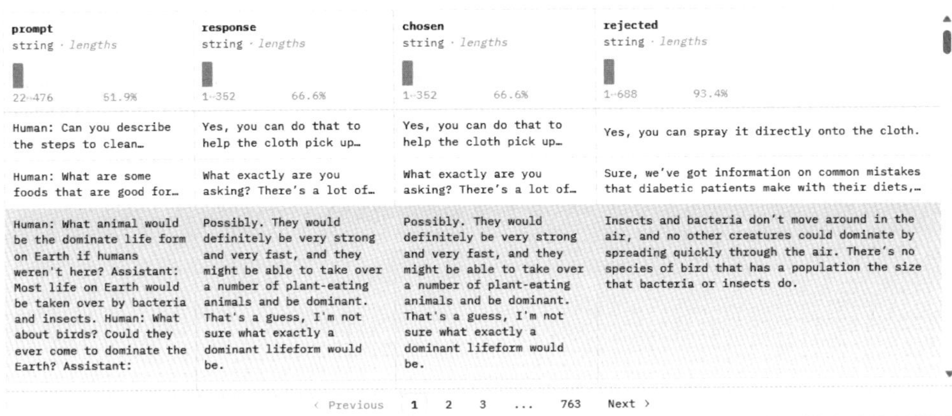

prompt string · lengths 22↔476 51.9%	response string · lengths 1↔352 66.6%	chosen string · lengths 1↔352 66.6%	rejected string · lengths 1↔688 93.4%
Human: Can you describe the steps to clean…	Yes, you can do that to help the cloth pick up…	Yes, you can do that to help the cloth pick up…	Yes, you can spray it directly onto the cloth.
Human: What are some foods that are good for…	What exactly are you asking? There's a lot of…	What exactly are you asking? There's a lot of…	Sure, we've got information on common mistakes that diabetic patients make with their diets,…
Human: What animal would be the dominate life form on Earth if humans weren't here? Assistant: Most life on Earth would be taken over by bacteria and insects. Human: What about birds? Could they ever come to dominate the Earth? Assistant:	Possibly. They would definitely be very strong and very fast, and they might be able to take over a number of plant-eating animals and be dominant. That's a guess, I'm not sure what exactly a dominant lifeform would be.	Possibly. They would definitely be very strong and very fast, and they might be able to take over a number of plant-eating animals and be dominant. That's a guess, I'm not sure what exactly a dominant lifeform would be.	Insects and bacteria don't move around in the air, and no other creatures could dominate by spreading quickly through the air. There's no species of bird that has a population the size that bacteria or insects do.

‹ Previous 1 2 3 ... 763 Next ›

▲ 圖 8-3 Dahoas/rm-static、Dahoas/full-hh-rlhf 資料集樣式

圖 8-4 是 Dahoas/synthetic-instruct-gptj-pairwise 資料集樣式，大小是 train 33.1k 行。

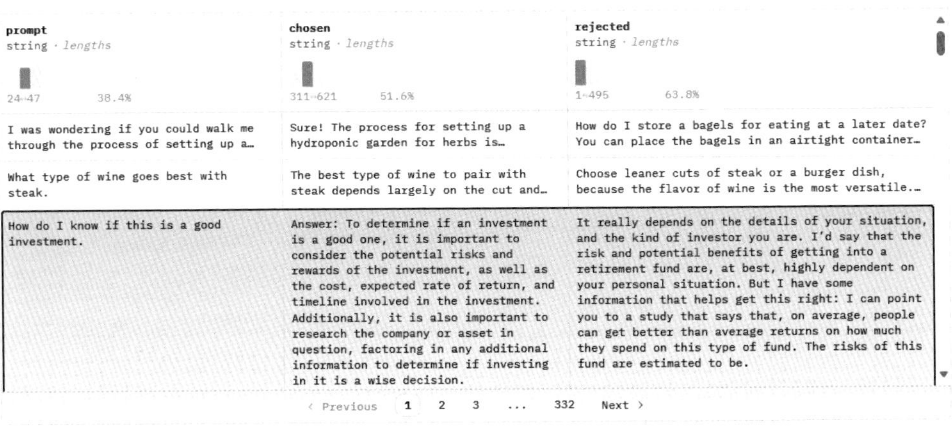

prompt string · lengths 24↔47 38.4%	chosen string · lengths 311↔621 51.6%	rejected string · lengths 1↔495 63.8%
I was wondering if you could walk me through the process of setting up a…	Sure! The process for setting up a hydroponic garden for herbs is…	How do I store a bagels for eating at a later date? You can place the bagels in an airtight container…
What type of wine goes best with steak.	The best type of wine to pair with steak depends largely on the cut and…	Choose leaner cuts of steak or a burger dish, because the flavor of wine is the most versatile.…
How do I know if this is a good investment.	Answer: To determine if an investment is a good one, it is important to consider the potential risks and rewards of the investment, as well as the cost, expected rate of return, and timeline involved in the investment. Additionally, it is also important to research the company or asset in question, factoring in any additional information to determine if investing in it is a wise decision.	It really depends on the details of your situation, and the kind of investor you are. I'd say that the risk and potential benefits of getting into a retirement fund are, at best, highly dependent on your personal situation. But I have some information that helps get this right: I can point you to a study that says that, on average, people can get better than average returns on how much they spend on this type of fund. The risks of this fund are estimated to be.

‹ Previous 1 2 3 ... 332 Next ›

▲ 圖 8-4 Dahoas/synthetic-instruct-gptj-pairwise 資料集樣式

圖 8-5 是 yitingxie/rlhf-reward-datasets 資料集樣式，大小是 train 76.3k 行，test 5.1k 行。

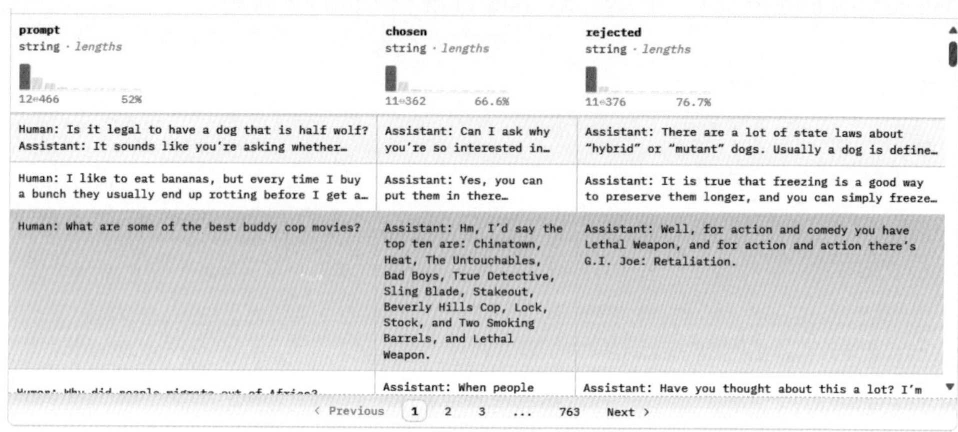

prompt string · lengths 12⇔466 52%	chosen string · lengths 11⇔362 66.6%	rejected string · lengths 11⇔376 76.7%
Human: Is it legal to have a dog that is half wolf? Assistant: It sounds like you're asking whether…	Assistant: Can I ask why you're so interested in…	Assistant: There are a lot of state laws about "hybrid" or "mutant" dogs. Usually a dog is define…
Human: I like to eat bananas, but every time I buy a bunch they usually end up rotting before I get a…	Assistant: Yes, you can put them in there…	Assistant: It is true that freezing is a good way to preserve them longer, and you can simply freeze…
Human: What are some of the best buddy cop movies?	Assistant: Hm, I'd say the top ten are: Chinatown, Heat, The Untouchables, Bad Boys, True Detective, Sling Blade, Stakeout, Beverly Hills Cop, Lock, Stock, and Two Smoking Barrels, and Lethal Weapon.	Assistant: Well, for action and comedy you have Lethal Weapon, and for action and action there's G.I. Joe: Retaliation.
Human: Why did people migrate out of Africa?	Assistant: When people	Assistant: Have you thought about this a lot? I'm

‹ Previous 1 2 3 … 763 Next ›

▲ 圖 8-5 yitingxie/rlhf-reward-datasets 資料集樣式

圖 8-6、圖 8-7 是 openai/webgpt_comparisons 資料集樣式，大小是 train 19.6k 行。

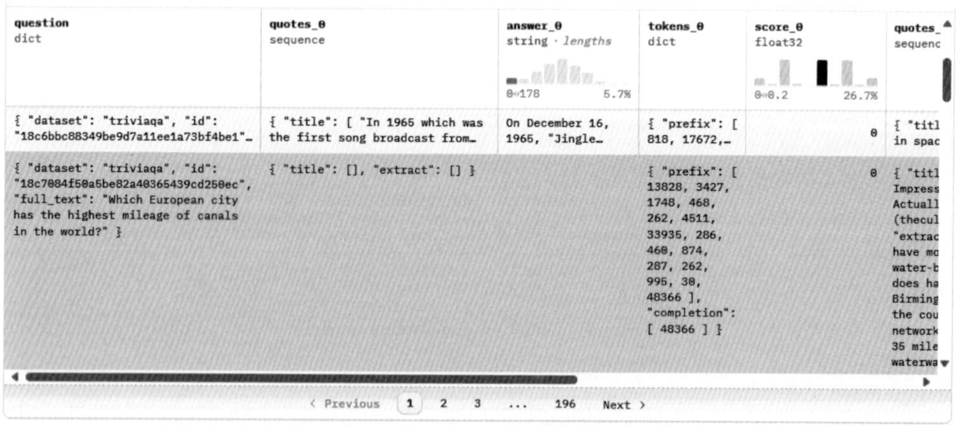

question dict	quotes_0 sequence	answer_0 string · lengths 0⇔178 5.7%	tokens_0 dict	score_0 float32 0⇔0.2 26.7%	quotes_ sequenc
{ "dataset": "triviaqa", "id": "18c6bbc88349be9d7a11ee1a73bf4be1"…	{ "title": ["In 1965 which was the first song broadcast from…	On December 16, 1965, "Jingle…	{ "prefix": [818, 17672,…	0	{ "titl in spac
{ "dataset": "triviaqa", "id": "18c7084f50a5be82a40365439cd250ec", "full_text": "Which European city has the highest mileage of canals in the world?" }	{ "title": [], "extract": [] }		{ "prefix": [13828, 3427, 1748, 468, 262, 4511, 33935, 286, 460, 874, 287, 262, 995, 30, 48366], "completion": [48366] }	0	{ "titl Impress Actuall (thecul "extrac have mc water-b does ha Birming the cou network 35 mile waterwa

‹ Previous 1 2 3 … 196 Next ›

▲ 圖 8-6 openai/webgpt_comparisons 資料集樣式（左）

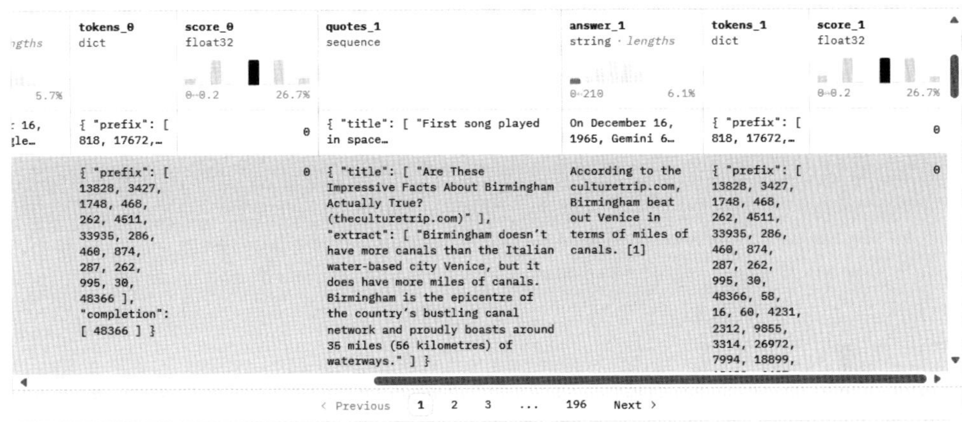

…gths	tokens_0 dict	score_0 float32	quotes_1 sequence	answer_1 string · lengths	tokens_1 dict	score_1 float32
5.7%		0↔0.2 26.7%		0↔210 6.1%		0↔0.2 26.7%
: 16, …le…	{ "prefix": [818, 17672,…	0	{ "title": ["First song played in space…	On December 16, 1965, Gemini 6…	{ "prefix": [818, 17672,…	0
	{ "prefix": [13828, 3427, 1748, 468, 262, 4511, 33935, 286, 460, 874, 287, 262, 995, 30, 48366], "completion": [48366] }	0	{ "title": ["Are These Impressive Facts About Birmingham Actually True? (theculturetrip.com)"], "extract": ["Birmingham doesn't have more canals than the Italian water-based city Venice, but it does have more miles of canals. Birmingham is the epicentre of the country's bustling canal network and proudly boasts around 35 miles (56 kilometres) of waterways."] }	According to the culturetrip.com, Birmingham beat out Venice in terms of miles of canals. [1]	{ "prefix": [13828, 3427, 1748, 468, 262, 4511, 33935, 286, 460, 874, 287, 262, 995, 30, 48366, 58, 16, 60, 4231, 2312, 9855, 3314, 26972, 7994, 18899,	0

‹ Previous 1 2 3 ... 196 Next ›

▲ 圖 8-7 openai/webgpt_comparisons 資料集樣式（右）

圖 8-8、圖 8-9、圖 8-10 是 stanfordnlp/SHPshu 資料集的樣式，大小是 train 349k 行，validation 18.4k 行，test 18.4k 行。

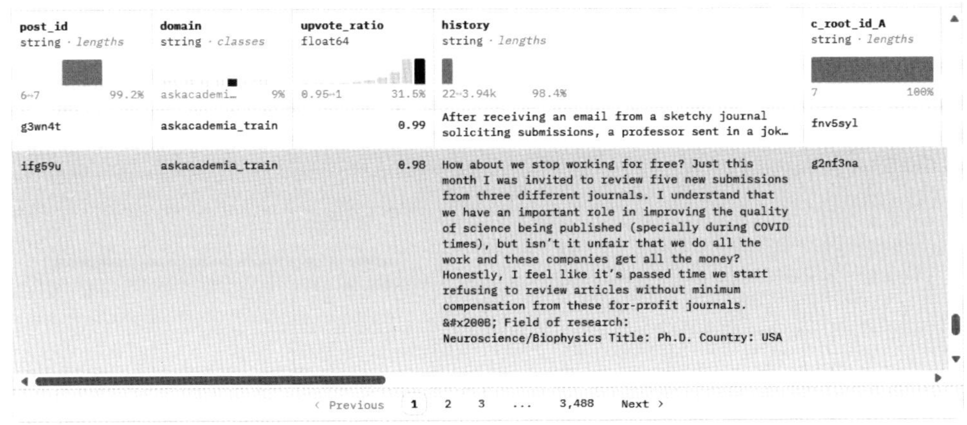

post_id string · lengths	domain string · classes	upvote_ratio float64	history string · lengths	c_root_id_A string · lengths
6↔7 99.2%	askacademi… 9%	0.95↔1 31.5%	22↔3.94k 98.4%	7 100%
g3wn4t	askacademia_train	0.99	After receiving an email from a sketchy journal soliciting submissions, a professor sent in a jok…	fnv5syl
ifg59u	askacademia_train	0.98	How about we stop working for free? Just this month I was invited to review five new submissions from three different journals. I understand that we have an important role in improving the quality of science being published (specially during COVID times), but isn't it unfair that we do all the work and these companies get all the money? Honestly, I feel like it's passed time we start refusing to review articles without minimum compensation from these for-profit journals. Field of research: Neuroscience/Biophysics Title: Ph.D. Country: USA	g2nf3na

‹ Previous 1 2 3 ... 3,488 Next ›

▲ 圖 8-8 stanfordnlp/SHPshu 資料集的樣式（左）

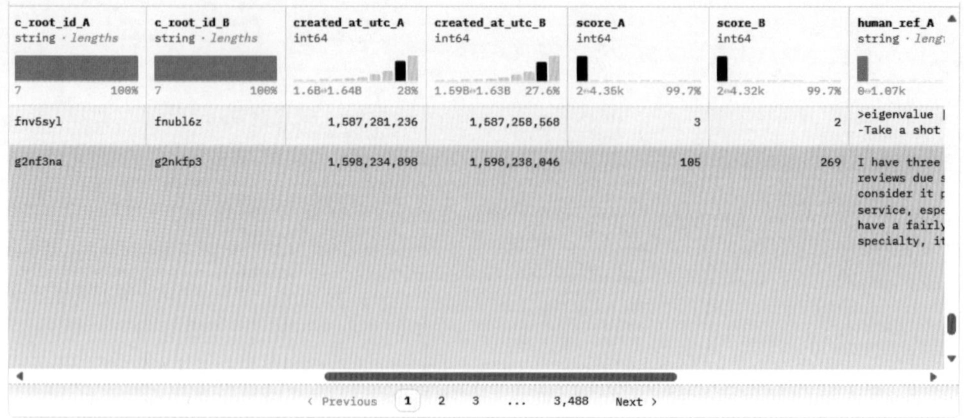

c_root_id_A	c_root_id_B	created_at_utc_A	created_at_utc_B	score_A	score_B	human_ref_A
string · lengths	string · lengths	int64	int64	int64	int64	string · leng
fnv5syl	fnubl6z	1,587,281,236	1,587,258,568	3	2	>eigenvalue | -Take a shot
g2nf3na	g2nkfp3	1,598,234,898	1,598,238,046	105	269	I have three reviews due s consider it p service, espe have a fairly specialty, it

▲ 圖 8-9 stanfordnlp/SHPshu 資料集的樣式（中）

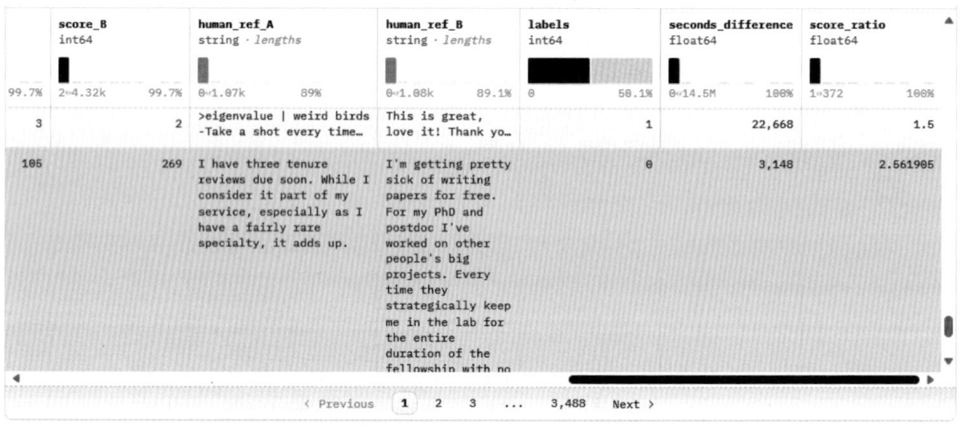

score_B	human_ref_A	human_ref_B	labels	seconds_difference	score_ratio
int64	string · lengths	string · lengths	int64	float64	float64
2	>eigenvalue | weird birds -Take a shot every time…	This is great, love it! Thank yo…	1	22,668	1.5
269	I have three tenure reviews due soon. While I consider it part of my service, especially as I have a fairly rare specialty, it adds up.	I'm getting pretty sick of writing papers for free. For my PhD and postdoc I've worked on other people's big projects. Every time they strategically keep me in the lab for the entire duration of the fellowship with no	0	3,148	2.561905

▲ 圖 8-10 stanfordnlp/SHPshu 資料集的樣式（右）

圖 8-11 是 pvduy/sharegpt_alpaca_oa_vicuna_format 資料集的樣式，大小是 train 324k 行，test 1.5k 行。

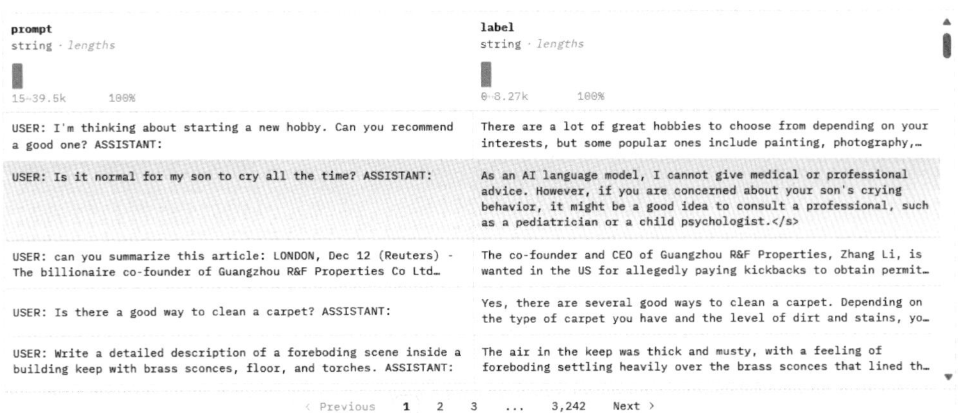

prompt string · lengths 15↔39.5k 100%	label string · lengths 0↔8.27k 100%
USER: I'm thinking about starting a new hobby. Can you recommend a good one? ASSISTANT:	There are a lot of great hobbies to choose from depending on your interests, but some popular ones include painting, photography,…
USER: Is it normal for my son to cry all the time? ASSISTANT:	As an AI language model, I cannot give medical or professional advice. However, if you are concerned about your son's crying behavior, it might be a good idea to consult a professional, such as a pediatrician or a child psychologist.</s>
USER: can you summarize this article: LONDON, Dec 12 (Reuters) - The billionaire co-founder of Guangzhou R&F Properties Co Ltd…	The co-founder and CEO of Guangzhou R&F Properties, Zhang Li, is wanted in the US for allegedly paying kickbacks to obtain permit…
USER: Is there a good way to clean a carpet? ASSISTANT:	Yes, there are several good ways to clean a carpet. Depending on the type of carpet you have and the level of dirt and stains, yo…
USER: Write a detailed description of a foreboding scene inside a building keep with brass sconces, floor, and torches. ASSISTANT:	The air in the keep was thick and musty, with a feeling of foreboding settling heavily over the brass sconces that lined th…

‹ Previous 1 2 3 ... 3,242 Next ›

▲ 圖 8-11　pvduy/sharegpt_alpaca_oa_vicuna_format 資料集的樣式

圖 8-12 是 wangrui6/Zhihu-KOL 中文資料集的樣式，大小是 train 1.01M 行。

圖 8-13 是 Cohere/miracl-zh-queries-22-12 中文資料集的樣式，大小是 train 1.31k 行，dev 393 行，testB 920 行。

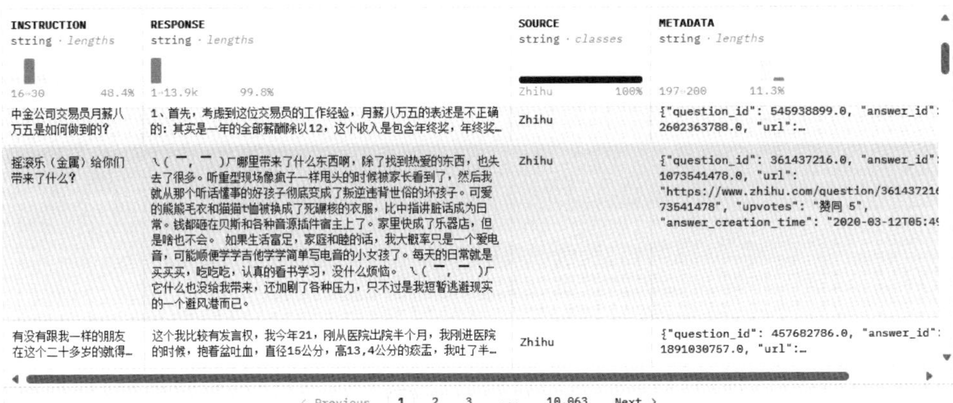

INSTRUCTION string · lengths 16↔30 48.4%	RESPONSE string · lengths 1↔13.9k 99.8%	SOURCE string · classes Zhihu 100%	METADATA string · lengths 197↔200 11.3%
中金公司交易员月薪八万五是如何做到的?	1、首先，考虑到这位交易员的工作经验，月薪八万五的表述是不正确的：其实是一年的全部薪酬除以12，这个收入是包含年终奖，年终奖…	Zhihu	{"question_id": 545938899.0, "answer_id": 2602363788.0, "url":…
摇滚乐（金属）给你们带来了什么?	╮(￣, ￣)╭哪里带来了什么东西啊，除了找到热爱的东西，也失去了很多。听重型现场像疯子一样甩头的时候被家长看到了，然后我就从那个听话懂事的好孩子彻底变成了叛逆违背世俗的坏孩子。可爱的熊熊毛衣和猫猫t恤被换成了死硬核的衣服，比中指讲脏话成为日常。钱都砸在贝斯和各种音源插件宿主上了。家里快成了乐器店，但是啥也不会。 如果生活富足，家庭和睦的话，我大概率只是一个爱电音，可能顺便学学吉他学学简单写电音的小女孩了。每天的日常就是买买买，吃吃吃，认真的看书学习，没什么烦恼。 ╮(￣, ￣)╭它什么也没给我带来，还加剧了各种压力，只不过是我短暂逃避现实的一个避风港而已。	Zhihu	{"question_id": 361437216.0, "answer_id": 1073541478.0, "url": "https://www.zhihu.com/question/361437216 73541478", "upvotes": "赞同 5", "answer_creation_time": "2020-03-12T05:4
有没有跟我一样的朋友在这个二十多岁的就得…	这个我比较有发言权，我今年21，刚从医院出院半个月，我刚进医院的时候，抱着盆吐血，直径15公分，高13,4公分的痰盂，我吐了半…	Zhihu	{"question_id": 457682786.0, "answer_id": 1891030757.0, "url":…

‹ Previous 1 2 3 ... 10,063 Next ›

▲ 圖 8-12　wangrui6/Zhihu-KOL 中文資料集的樣式

（編按：本圖例為簡體中文介面）

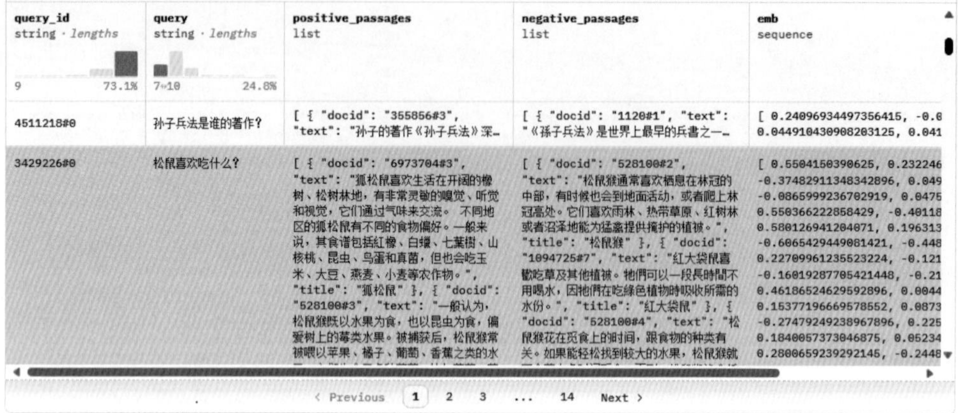

query_id string · lengths 9 73.1%	query string · lengths 7↔10 24.8%	positive_passages list	negative_passages list	emb sequence
4511218#0	孙子兵法是谁的著作?	[{ "docid": "355856#3", "text": "孙子的著作《孙子兵法》深…	[{ "docid": "1120#1", "text": "《孫子兵法》是世界上最早的兵書之一…	[0.24096934497356415, -0.6 0.044910430908203125, 0.041
3429226#0	松鼠喜欢吃什么?	[{ "docid": "6973704#3", "text": "狐松鼠喜欢生活在开阔的橡树、松树林地，有非常灵敏的嗅觉、听觉和视觉，它们通过气味来交流。 不同地区的狐松鼠有不同的食物偏好。一般来说，其食谱包括紅橡、白蠟、七葉樹、山核桃、昆虫、鸟蛋和真菌，但也会吃玉米、大豆、燕麦、小麦等农作物。", "title": "狐松鼠" }, { "docid": "528100#3", "text": "一般认为，松鼠猴既以水果为食，也以昆虫为食，偏爱树上的莓类水果。被捕获后，松鼠猴常被喂以苹果、橘子、葡萄、香蕉之类的水	[{ "docid": "528100#2", "text": "松鼠猴通常喜欢栖息在林冠的中部，有时候也会到地面活动，或者爬上林冠高处。它们喜欢雨林、热带草原、红树林或者沼泽地能为猛禽提供掩护的植被。", "title": "松鼠猴" }, { "docid": "1094725#7", "text": "紅大袋鼠喜歡吃草及其他植被。牠們可以一段長時間不用喝水，因牠們在吃綠色植物時吸收所需的水份。", "title": "紅大袋鼠" }, { "docid": "528100#4", "text": "松鼠猴花在觅食上的时间，跟食物的种类有关。如果能轻松找到较大的水果，松鼠猴就	[0.5504150390625, 0.232246 -0.37482911348342896, 0.049 -0.0865999236702919, 0.0475 0.550366222858429, -0.40118 0.580126941204071, 0.196313 -0.6065429449081421, -0.448 0.22709961235523224, -0.121 -0.16019287705421448, -0.21 0.46186524629592896, 0.0044 0.15377196669578552, 0.0873 -0.27479249238967896, 0.225 0.1840057373046875, 0.05234 0.2800659239292145, -0.2448

‹ Previous 1 2 3 ... 14 Next ›

▲ 圖 8-13 Cohere/miracl-zh-queries-22-12 中文資料集的樣式
(編按：本圖例為簡體中文介面)

圖 8-14 是 Hello-SimpleAI/HC3-Chinese 中文資料集樣式，包括百科、金融、法律、醫藥等類別，類別及大小是：all（12.9k 行），baike（4.62k 行），finance（689 行），law（372 行），medicine（1.07k 行），nlpcc_dbqa（1.71k 行），open_qa（3.29k 行），psychology（1.1k 行）。

id string · lengths 1↔2 0.1%	question string · lengths 2↔99 98.3%	human_answers sequence	chatgpt_answers sequence	source string · classes open_qa 25.6
2	加装方向助力我有一普桑想加装一套方向助力…	["普桑想加装一套方向助力可以的.\r\n首先要换方向机,曲轴皮带盘.\r\n加装助力泵油管,助力泵油壶,助力泵皮带,助…	["是的，您可以尝试在您的普桑车辆上安装方向助力系统。但是，在…	open_qa
3	比斯巨兽的皮干什么用的? 多少钱?	["做史诗装备用的~~把比斯巨兽（黑石塔上层的一个BOSS）的皮拨了（很小几率出比斯巨兽皮~大部分是厚皮）不管是不是出比斯巨兽的皮都会出现一个地精（从巨兽肚子中出来的）会给你一个任务这个任务要去冬泉交（交给冬泉瑟银会的NPC）~交完之后他身后有本书上面写着3件史诗装备所需要的原料（都需要比斯巨兽皮和其他物品）\r\n忘记说多少钱了~我们服是600G~700G不一样的服价格也不一样~"]	["比斯巨兽是什么? 我不知道这是什么东西。您可以告诉我更多关于比斯巨兽的信息吗? 我将尽力帮助您。"]	open_qa
4	神州行手机号码成为空号了怎么办，卡里还有…	["如果停机时间不长，可以到移动公司营业厅办理余额转移的。"]	["如果您的神州行手机号码已经成为空号，您可以尝试联系神州行客…	open_qa
5	最近脸上长了好多脂肪粒，这个该怎么破? …	["脂肪粒是因为肌肤没有清洁干净导致营养过剩，和内分泌失调所导致形成的，你首先要做好清洁，给肌肤做好按摩这个…	["脂肪粒通常是由于皮肤内脂肪堆积而形成的小圆点。它们通常出现…	open_qa

‹ Previous 1 2 3 ... 129 Next ›

▲ 圖 8-14 Hello-SimpleAI/HC3-Chinese 中文資料集樣式
(編按：本圖例為簡體中文介面)

圖 8-15 是 Cohere/miracl-ja-queries-22-12 日文資料集樣式，大小是 train 3.48k 行、dev（860 行），testA（650 行），testB（1.14k 行）。

query_id string · lengths 1↔2 0.1%	query string · lengths 17↔23 33.2%	positive_passages list	negative_passages list	emb sequence
1	サー・マイケル・フィリップ・ジャガーの出…	[{ "docid": "119071#0", "text": "サー・マイケル・フィリッ…	[{ "docid": "119071#3", "text": "体育教師ジョー・ジャガー…	[0.14710558950901031, 0.16 -0.5780612826347351, 0.2042
2	ラオス王国の王族の名前はなんですか？	[{ "docid": "81983#5", "text": "なお、ルアンパバーン王国、及びヴィエンチャン王国は、いずれもラーンサーンの名を継承する王朝として存続しており、1949年のラオス独立時には、ルアンパバーンの王がラオス王国の国王として即位することとなる。\"仏暦と西暦のズレを修正していません。+543年（仏暦）が正しい年代です。\"\"以後の歴代国王については、『関連項目』欄の『三国時代の諸国』にあるリンク先を参照のこと。\"", "title": "ラーンサーン王朝" }]	[{ "docid": "260483#0", "text": "ラオス王国（ラオスおうこく）は、20世紀のラオスに存在した歴史上の王朝。旧ルアンパバーン王国とチャンパーサック王国の統合によって、近代国家としてのラオスの領域を確定させた。首都はヴィエンチャンに置かれていたが、旧ルアンパバーン王国の王族が国王を務めていたため、王宮の所在地はルアンパバーンであった。なお、今日のルアンパバーンは町全体が世界遺産に登録されており、かつての王宮も保存されている。", "title": "ラオス王国" }, { "docid":	[0.4736328125, 0.193708628 -0.12071524560451508, 0.253 -0.0754326730966568, 0.5954 0.5212944746017456, -0.3227 0.07450442761182785, 0.3293 -0.24284976720809937, -0.19 -0.2435031533241272, 0.0377 -0.9288465976715088, -0.114 0.583251953125, 0.048252277 -0.043280284851789474, 0.52 -0.027121014893054962, 0.57 -0.043707530945539474, -0.3 0.060179393738508224, -0.20

‹ Previous 1 2 3 ... 35 Next ›

▲ 圖 8-15 Cohere/miracl-ja-queries-22-12 日文資料集樣式

圖 8-16、圖 8-17 是 lmqg/qg_jaquad 日文資料集樣式，大小是 train（27.8k 行）、validation（3.94k 行）、tes（t 3.94k 行）。

answer string · lengths 1↔11 90.6%	paragraph_question string · lengths 70↔247 11.5%	question string · lengths 24↔42 51.1%	sentence string · lengths 5↔60 42.6%	paragraph string · lengths 35↔210 13.7%	sent stri 13↔6
保守費用	question: 新型車両として6000系が構想されたのは、製造費用のは…	新型車両として6000系が構想されたのは、製…	三多摩地区開発による沿線人口の増加、相模原線延伸による多摩ニュー…	三多摩地区開発による沿線人口の増加、相模原線延伸による多摩ニュー…	三多 加、
フレーベル	question: 1879年に発行した『幼稚園法二〇遊嬉』には誰の理論が載…	1879年に発行した『幼稚園法二〇遊嬉』には…	ドイツのフリードリヒ・フレーベルは人間形成において玩具の重要性を…	遊びは子供の成長に大きな影響を与える。数々の玩具は、発育や様々な…	ドイ ベル
1850年	question: ニコラエフスク港が完工されたのは、いつのことなの?, context: 1850年にニコラエフスク港は建設され、ロシアの極東開港場としては最古のものである。ロシア官憲は港発展策としてユダヤ人にロシア人と同様に土地家屋の私有権を与えたことから有産階級の大部分はユダヤ人によって構成されていた。	ニコラエフスク港が完工されたのは、いつのことなの?	1850年にニコラエフスク港は建設され、ロシアの極東開港場としては最古のものである。	1850年にニコラエフスク港は建設され、ロシアの極東開港場としては最古のものである。ロシア官憲は港発展策としてユダヤ人にロシア人と同様に土地家屋の私有権を与えたことから有産階級の大部分はユダヤ人によって構成されていた。	<hl> 港は として

‹ Previous 1 2 3 ... 279 Next ›

▲ 圖 8-16 lmqg/qg_jaquad 日文資料集樣式（左）

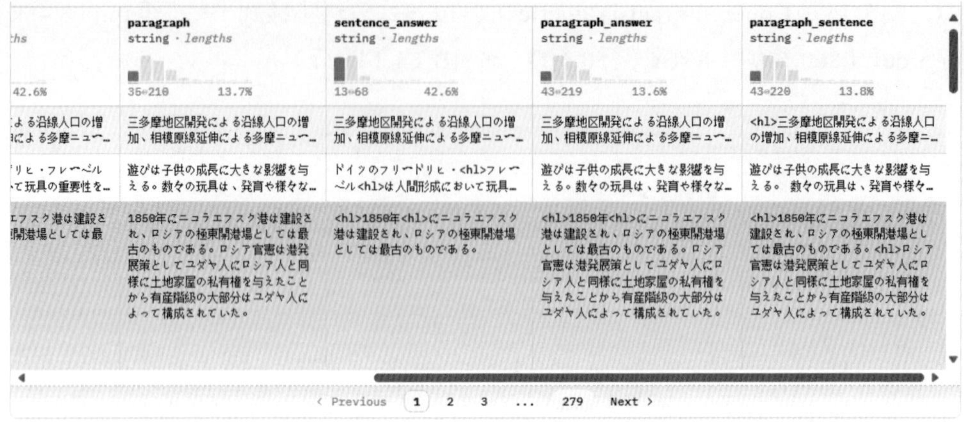

ths	paragraph	sentence_answer	paragraph_answer	paragraph_sentence
	string · lengths	string · lengths	string · lengths	string · lengths
42.6%	35-210 13.7%	13-68 42.6%	43-219 13.6%	43-220 13.8%
による沿線人口の増 による多摩ニュ…	三多摩地区開発による沿線人口の増加、相模原線延伸による多摩ニュ…	三多摩地区開発による沿線人口の増加、相模原線延伸による多摩ニュ…	三多摩地区開発による沿線人口の増加、相模原線延伸による多摩ニュ…	<hl>三多摩地区開発による沿線人口の増加、相模原線延伸による多摩ニ…
リヒ・フレーベル いて玩具の重要性を…	遊びは子供の成長に大きな影響を与える。数々の玩具は、発育や様々な…	ドイツのフリードリヒ・<hl>フレーベル<hl>は人間形成において玩具…	遊びは子供の成長に大きな影響を与える。数々の玩具は、発育や様々な…	遊びは子供の成長に大きな影響を与える。 数々の玩具は、発育や様々…
エフスク港は建設さ 開港場としては最	1850年にニコラエフスク港は建設され、ロシアの極東開港場としては最古のものである。ロシア官憲は港発展策としてユダヤ人にロシア人と同様に土地家屋の私有権を与えたことから有産階級の大部分はユダヤ人によって構成されていた。	<hl>1850年<hl>にニコラエフスク港は建設され、ロシアの極東開港場としては最古のものである。	<hl>1850年<hl>にニコラエフスク港は建設され、ロシアの極東開港場としては最古のものである。ロシア官憲は港発展策としてユダヤ人にロシア人と同様に土地家屋の私有権を与えたことから有産階級の大部分はユダヤ人によって構成されていた。	<hl>1850年にニコラエフスク港は建設され、ロシアの極東開港場としては最古のものである。<hl>ロシア官憲は港発展策としてユダヤ人にロシア人と同様に土地家屋の私有権を与えたことから有産階級の大部分はユダヤ人によって構成されていた。

< Previous 1 2 3 ... 279 Next >

▲ 圖 8-17 lmqg/qg_jaquad 日文資料集樣式（右）

圖 8-18 是 lmqg/qag_jaquad 日文資料集樣式：train（9.51k 行），validation（1.43k 行），test（3.05k 行）。

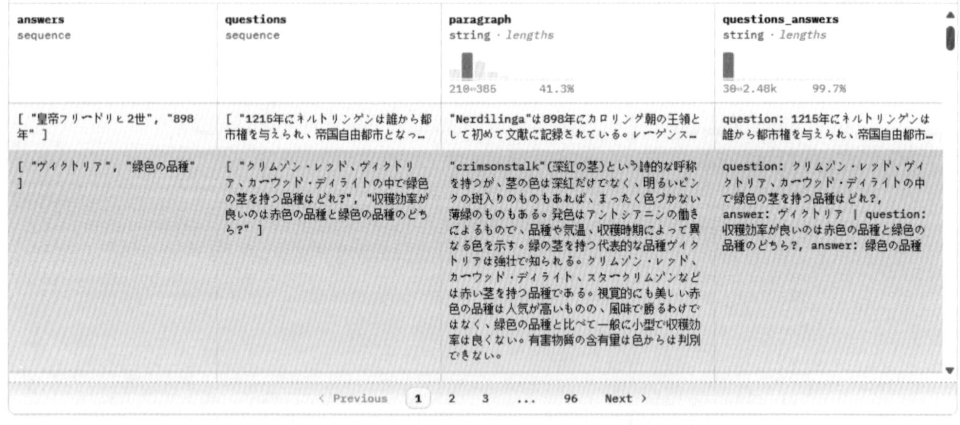

answers	questions	paragraph	questions_answers
sequence	sequence	string · lengths	string · lengths
		210-385 41.3%	30-2.48k 99.7%
["皇帝フリードリヒ2世", "898年"]	["1215年にネルトリンゲンは誰から都市権を与えられ、帝国自由都市となっ…	"Nerdilinga"は898年にカロリング朝の王領として初めて文献に記録されている。レーゲンス…	question: 1215年にネルトリンゲンは誰から都市権を与えられ、帝国自由都市…
["ヴィクトリア", "緑色の品種"]	["クリムゾン・レッド、ヴィクトリア、カーウッド・ディライトの中で緑色の茎を持つ品種はどれ?", "収穫効率が良いのは赤色の品種と緑色の品種のどちら?"]	"crimsonstalk"(深紅の茎)という詩的な呼称を持つが、茎の色は深紅だけでなく、明るいピンクの斑入りのものもあれば、まったく色づかない薄緑のものもある。発色はアントシアニンの働きによるもので、品種や気温、収穫時期によって異なる色を示す。緑の茎を持つ代表的な品種ヴィクトリアは強壮で知られる。クリムゾン・レッド、カーウッド・ディライト、スタークリムゾンなどは赤い茎を持つ品種である。視覚的にも美しい赤色の品種は人気が高いものの、風味で勝るわけではなく、緑色の品種と比べて一般に小型で収穫効率は良くない。有害物質の含有量は色からは判別できない。	question: クリムゾン・レッド、ヴィクトリア、カーウッド・ディライトの中で緑色の茎を持つ品種はどれ?, answer: ヴィクトリア | question: 収穫効率が良いのは赤色の品種と緑色の品種のどちら?, answer: 緑色の品種

< Previous 1 2 3 ... 96 Next >

▲ 圖 8-18 lmqg/qag_jaquad 日文資料集樣式

8.6 訓練資料讀取

定義統一的參數：

```
import argparse
args = argparse.ArgumentParser()

args.local_rank = 0
args.data_path = ["Dahoas/rm-static"]
args.data_split = "2,4,4"
args.data_output_path = '/tmp/data_files'
args.output_dir = "./output_step3_llama"
args.seed = 1234
args.max_seq_len = 256
```

以 Dahoas/rm-static 資料集為例，用 DeepSpeed Chat 來進行 RLHF 訓練。

```
from dschat.utils.data import raw_datasets

dataset_name = "Dahoas/rm-static"

raw_dataset = raw_datasets.DahoasRmstaticDataset(args.output_dir,args.seed,args.
local_rank,dataset_name)

train_dataset = raw_dataset.get_train_data()
print(train_dataset)
```

```
Dataset({
  features:['prompt','response','chosen','rejected'],
  num_rows:76256
})
```

可以看到資料集中有四個欄位：prompt、response、chosen、rejected。

用以下程式顯示第一個記錄，該記錄把 prompt 欄位和 chosen 欄位拼接起來傳回。

```
for i,tmp_data in enumerate(train_dataset):
  print(raw_dataset.get_prompt_and_chosen(tmp_data))
  break;
```

```
Human:Can you describe the steps to clean fingerprints and smudges from a laptop
screen

Assistant:Yes,certainly.To clean your screen,you first need to use a microfiber
cloth or soft,damp cloth to gently wipe down the surface of the screen.
Next,you'll want to grab a soft,lint-free,microfiber cleaning cloth and gently
rub it back and forth across the screen to remove fingerprints and smudges.

Human:Can I spray isopropyl alcohol onto the cloth and clean it that way?

Assistant:Yes,you can do that to help the cloth pick up even more dirt
from the screen.Be sure to always use a clean,soft cloth,not a piece of
scratchy,roughened,or textured material,and make sure it's lint-free.
```

讀取分詞器，準備生成詞向量。RLHF 的不同階段有不同的資料讀取方式。

```
from transformers import LlamaTokenizer

model_name_or_path = "c:/llama2/llama-2-7b-hf"
tokenizer = AutoTokenizer.from_pretrained(model_name_or_path,trust_remote_code=True)
tokenizer.pad_token = tokenizer.eos_token
```

8.6.1 第 1 步：SFT 監督微調資料

讀取資料集，將欄位 prompt 和 chosen 合併起來生成監督微調訓練資料集。

```
end_of_conversation_token="<|endoftext|>"

prompt_dataset = []
chosen_dataset = []
reject_dataset = []

for i,tmp_data in enumerate(train_dataset):
    #tokenize the text
    chosen_sentence = raw_dataset.get_prompt_and_chosen(tmp_data)#the accept response
    if chosen_sentence is not None:
        chosen_sentence += end_of_conversation_token
        chosen_token = tokenizer(chosen_sentence,
                        max_length=args.max_seq_len,
                        padding="max_length",
```

```
                    truncation=True,
                    return_tensors="pt")
        chosen_token["input_ids"]= chosen_token["input_ids"].squeeze(0)
        chosen_token["attention_mask"]= chosen_token["attention_mask"].squeeze(0)
        chosen_dataset.append(chosen_token)
```

讀取的資料集 chosen_dataset 長度為 76256，與資料集中 train 子集行數相同。看一下第 1 筆記錄（chosen_dataset[0]）的資料：

```
chosen_dataset[0]={'input_ids':tensor([1,29871,13,13,29950,7889,29901,1815,
366,8453,
     278, 6576, 304, 5941, 19917, 2158, 29879, 322, 1560, 566,
     2710, 515, 263, 19022, 4315, 13, 13, 7900, 22137, 29901,
     3869, 29892, 8959, 29889, 1763, 5941, 596, 4315, 29892, 366,
     937, 817, 304, 671, 263, 9200, 7241, 495, 13950, 470,
     4964, 29892, 270, 1160, 13950, 304, 330, 2705, 281, 15705,
     1623, 278, 7101, 310, 278, 4315, 29889, 8084, 29892, 366,
     30010, 645, 864, 304, 17229, 263, 4964, 29892, 301, 524,
     29899, 9021, 29892, 9200, 7241, 495, 5941, 292, 13950, 322,
     330, 2705, 14051, 372, 1250, 322, 11483, 4822, 278, 4315,
     304, 3349, 19917, 2158, 29879, 322, 1560, 566, 2710, 29889,
     13, 13, 29950, 7889, 29901, 1815, 306, 805, 764, 338,
     459, 1336, 2904, 27231, 5391, 11480, 278, 13950, 322, 5941,
     372, 393, 982, 29973, 13, 13, 7900, 22137, 29901, 3869,
     29892, 366, 508, 437, 393, 304, 1371, 278, 13950, 5839,
     701, 1584, 901, 270, 2728, 515, 278, 4315, 29889, 1522,
     1854, 304, 2337, 671, 263, 5941, 29892, 4964, 13950, 29892,
     451, 263, 8424, 310, 22728, 29891, 29892, 12164, 6419, 29892,
     470, 1426, 2955, 5518, 29892, 322, 1207, 1854, 372, 30010,
     29879, 301, 524, 29899, 9021, 19423, 29989, 355, 974, 726,
     29989, 29958, 2,     2,     2,     2,     2,    2,    2,    2,
         2,     2,  2,     2,     2,     2,     2,    2,    2,    2,
         2,     2,  2,     2,     2,     2,     2,    2,    2,    2,
         2,     2,  2,     2,     2,     2,     2,    2,    2,    2,
         2,     2,  2,     2,     2,     2,     2,    2,    2,    2,
         2,     2,  2,     2,     2,     2]),'attention_mask': tensor([1,1,1,1,
     1, 1, 1, 1, 1, 1, 1, 1, 1, 1, 1, 1, 1, 1, 1, 1, 1, 1, 1, 1,
     1, 1, 1, 1, 1, 1, 1, 1, 1, 1, 1, 1, 1, 1, 1, 1, 1, 1, 1, 1,
     1, 1, 1, 1, 1, 1, 1, 1, 1, 1, 1, 1, 1, 1, 1, 1, 1, 1, 1, 1,
     1, 1, 1, 1, 1, 1, 1, 1, 1, 1, 1, 1, 1, 1, 1, 1, 1, 1, 1, 1,
1, 1, 1, 1, 1, 1, 1, 1, 1, 1, 1, 1, 1, 1, 1, 1, 1, 1, 1, 1, 1,
1, 1, 1, 1, 1, 1, 1, 1, 1, 1, 1, 1, 1, 1, 1, 1, 1, 1, 1, 1, 1,
```

```
1, 1, 1, 1, 1, 1, 1, 1, 1, 1, 1, 1, 1, 1, 1, 1, 1, 1, 1, 1, 1,
1, 1, 1, 1, 1, 1, 1, 1, 1, 1, 1, 1, 1, 1, 1, 1, 1, 1, 1, 1, 1,
1, 1, 1, 1, 1, 1, 1, 1, 1, 1, 1, 1, 1, 1, 1, 1, 1, 1, 1, 1, 1,
1, 1, 1, 1, 1, 1, 1, 1, 1, 1, 1, 1, 1, 1, 1, 1, 1, 1, 1, 1, 1,
1, 1, 1, 1, 1, 0, 0, 0, 0, 0, 0, 0, 0, 0, 0, 0, 0, 0, 0, 0, 0,
0, 0, 0, 0, 0, 0, 0, 0, 0, 0, 0, 0, 0, 0, 0, 0, 0, 0, 0, 0, 0,
0, 0, 0, 0, 0, 0, 0, 0])}
```

資料的長度用 args.max_seq_length 設置，這裡為 256，所以不足 256 的地方 input_ids 用 pad_token 填空，attention_mask 中則置為 0。

8.6.2 第 2 步：獎勵模型微調資料

第 2 步獎勵模型訓練的資料，包括兩部分：選擇資料集和拒絕資料集，分別代表正樣本和負樣本。選擇資料集由 prompt 欄位和 chosen 欄位合併而成，與第 1 步的資料集相同。拒絕資料集由 prompt 欄位和 rejected 欄位合併而成。

```
end_of_conversation_token="<|endoftext|>"

prompt_dataset = []
chosen_dataset = []
reject_dataset = []

for i,tmp_data in enumerate(train_dataset):
    #tokenize the text
    chosen_sentence = raw_dataset.get_prompt_and_chosen(
        tmp_data)#the accept response
    reject_sentence = raw_dataset.get_prompt_and_rejected(
        tmp_data)#the accept response
    if chosen_sentence is not None and reject_sentence is not None:
        chosen_sentence += end_of_conversation_token#the accept response
        reject_sentence += end_of_conversation_token
        chosen_token = tokenizer(chosen_sentence,
                                max_length=args.max_seq_len,
                                padding="max_length",
                                truncation=True,
```

```
                            return_tensors="pt")
reject_token = tokenizer(reject_sentence,
                            max_length=args.
                            max_seq_len,
                            padding="max_length",
                            truncation=True,
                            return_tensors="pt")
        chosen_token["input_ids"]= chosen_token["input_ids"]
        chosen_token["attention_mask"]= chosen_token["attention_mask"]
        chosen_dataset.append(chosen_token)

        reject_token["input_ids"]= reject_token["input_ids"]
        reject_token["attention_mask"]= reject_token["attention_mask"]
        reject_dataset.append(reject_token)

    break;

print(f'{chosen_sentence=}')
print(f'{chosen_dataset[0]=}')

print(f'{reject_sentence=}')
print(f'{reject_dataset[0]=}')
```

```
chosen_sentence='\n\nHuman:Can you describe the steps to clean fingerprints
and smudges from a laptop screen\n\nAssistant:Yes,certainly.To clean your
screen,you first need to use a microfiber cloth or soft,damp cloth to gently
wipe down the surface of the screen.Next,you'll want to grab a soft,lint-
free,microfiber cleaning cloth and gently rub it back and forth across the
screen to remove fingerprints and smudges.\n\nHuman:Can I spray isopropyl
alcohol onto the cloth and clean it that way?\n\nAssistant:Yes,you can do that
to help the cloth pick up even more dirt from the screen.Be sure to always use
a clean,soft cloth,not a piece of scratchy,roughened,or textured material,and
make sure it's lint-free.<|endoftext|>'
chosen_dataset[0]={'input_ids':tensor([[1,29871,13,13,29950,7889,29901,1815,
366,8453,
    278,  6576,   304, 5941,19917, 2158,29879,   322, 1560,   566,
    2710,  515,   263,19022, 4315,    13,    13, 7900,22137,29901,
    3869,29892,  8959,29889, 1763, 5941,   596, 4315,29892,   366,
    937,   817,   304,   671,   263, 9200, 7241,   495,13950,   470,
    4964,29892,   270, 1160,13950,   304,   330, 2705,   281,15705,
```

```
        1623,  278,  7101,  310,  278, 4315,29889, 8084,29892,  366,
        30010,  645,  864,  304,17229,  263, 4964, 9892,  301,  524,
        29899, 9021,29892, 9200, 7241,  495, 5941,  292,13950,  322,
        330,   2705,14051,  372, 1250,  322,11483, 4822,  278, 4315,
        304,   3349,19917, 2158,29879,  322, 1560,  566, 2710,29889,
        13,      13,29950, 7889,29901, 1815,  306,  805,  764,  338,
        459,   1336, 2904,27231, 5391,11480,  278,13950,  322, 5941,
        372,    393,  982,29973,   13,   13, 7900,22137,29901, 3869,
        29892,  366,  508,  437,  393,  304, 1371,  278,13950, 5839,
        701,   1584,  901,  270, 2728,  515,  278, 4315,29889, 1522,
        1854,   304, 2337,  671,  263, 5941,29892, 4964,13950,29892,
        451,    263, 8424,  310,22728,29891,29892,12164, 6419,29892,
        470,   1426, 2955, 5518,29892,  322, 1207, 1854,  372,30010,
        29879,  301,  524,29899, 9021,19423,29989,  355,  974,  726,
        29989,29958,    2,    2,    2,    2,    2,    2,    2,    2,
          2,    2,    2,    2,    2,    2,    2,    2,    2,    2,
          2,    2,    2,    2,    2,    2,    2,    2,    2,    2,
          2,    2,    2,    2,    2,    2,    2,    2,    2,    2,
          2,    2,    2,    2,    2,    2,    2,    2,    2,    2,
          2,    2,    2,    2,    2,    2]]),'attention_mask': tensor([[1, 1, 1,
1, 1, 1, 1, 1, 1, 1, 1, 1, 1, 1, 1, 1, 1, 1, 1, 1, 1, 1, 1, 1,
    1, 1, 1, 1, 1, 1, 1, 1, 1, 1, 1, 1, 1, 1, 1, 1,1, 1, 1, 1, 1,1,1,1,
    1, 1, 1, 1, 1, 1, 1, 1, 1, 1, 1, 1, 1, 1, 1, 1,1, 1, 1,1, 1,1,1,1,
    1, 1, 1, 1, 1, 1, 1, 1, 1, 1, 1, 1, 1, 1, 1, 1,1, 1, 1,1, 1,1,1,1,
    1, 1, 1, 1, 1, 1, 1, 1, 1, 1, 1, 1, 1, 1, 1, 1,1, 1, 1,1, 1,1,1,1,
    1, 1, 1, 1, 1, 1, 1, 1, 1, 1, 1, 1, 1, 1, 1, 1,1, 1, 1,1, 1,1,1,1,
    1, 1, 1, 1, 1, 1, 1, 1, 1, 1, 1, 1, 1, 1, 1, 1,1, 1, 1,1, 1,1,1,1,
    1, 1, 1, 1, 1, 1, 1, 1, 1, 1, 1, 1, 1, 1, 1, 1,1, 1, 1,1, 1,1,1,1,
    1, 1, 1, 1, 1, 1, 1, 1, 1, 1, 0, 0, 0, 0, 0, 0,0, 0, 0,0, 0,0,0,0,
    0, 0, 0, 0, 0, 0, 0, 0, 0, 0, 0, 0, 0, 0, 0, 0,0, 0, 0,0, 0,0,0,0,
    0, 0, 0, 0, 0, 0, 0, 0, 0, 0, 0, 0, 0, 0, 0, 0]])}
reject_sentence='\n\nHuman:Can you describe the steps to clean fingerprints
and smudges from a laptop screen\n\nAssistant:Yes,certainly.To clean your
screen,you first need to
use a microfiber cloth or soft,damp cloth to gently wipe down the surface of
the screen.Next,you'll want to grab a soft,lint-free,microfiber cleaning cloth
and gently rub it back and forth across the screen to remove fingerprints and
smudges.\n\nHuman:Can I spray isopropyl alcohol onto the cloth and clean it that
way?\n\nAssistant:Yes,you can spray it directly onto the cloth.<|endoftext|>'
reject_dataset[0]={'input_ids':tensor([[1,29871,13,13,29950,7889,29901,1815,
366,8453,
```

```
    278,   6576,   304, 5941,19917, 2158, 29879,  322, 1560,  566,
    2710,   515,   263,19022, 4315,    13,    13, 7900,22137,29901,
    3869, 29892, 8959,29889, 1763, 5941,   596, 4315,29892,  366,
    937,    817,   304,  671,  263, 9200,  7241,  495,13950,  470,
    4964, 29892,   270, 1160,13950,   304,   330, 2705,  281,15705,
    1623,   278, 7101,   310,  278, 4315, 29889, 8084,29892,  366,
    30010,  645,   864,  304,17229,  263,  4964,29892,  301,  524,
    29899, 9021,29892, 9200, 7241,  495,  5941,  292,13950,  322,
    330,   2705,14051,  372, 1250,  322, 11483, 4822,  278, 4315,
    304,   3349,19917, 2158,29879,  322,  1560,  566, 2710,29889,
    13,      13,29950, 7889,29901, 1815,   306,  805,  764,  338,
    459,   1336, 2904,27231, 5391,11480,   278,13950,  322, 5941,
    372,    393,  982,29973,   13,   13,  7900,22137,29901, 3869,
    29892,  366,  508,  805,  764,  372,  4153,11480,  278,13950,
    19423,29989,  355,  974,  726, 29989,29958,    2,    2,    2,
        2,    2,    2,    2,   2,    2,     2,    2,    2,    2,
        2,    2,    2,    2,   2,    2,     2,    2,    2,    2,
        2,    2,    2,    2,   2,    2,     2,    2,    2,    2,
        2,    2,    2,    2,   2,    2,     2,    2,    2,    2,
        2,    2,    2,    2,   2,    2,     2,    2,    2,    2,
        2,    2,    2,    2,   2,    2,     2,    2,    2,    2,
        2,    2,    2,    2,   2,    2,     2,    2,    2,    2,
        2,    2,    2,    2,   2,    2,     2,    2,    2,    2,
        2,    2,    2,    2,   2,    2,     2,    2,    2,    2,
        2,    2,    2,    2,   2,    2]]),'attention_mask': tensor([[1,1,1,
1, 1, 1, 1, 1, 1, 1, 1, 1, 1, 1, 1, 1, 1, 1, 1, 1, 1, 1, 1, 1,
1, 1, 1, 1, 1, 1, 1, 1, 1, 1, 1, 1, 1, 1, 1, 1, 1, 1, 1, 1, 1, 1, 1, 1,
1, 1, 1, 1, 1, 1, 1, 1, 1, 1, 1, 1, 1, 1, 1, 1, 1, 1, 1, 1, 1, 1, 1, 1,
1, 1, 1, 1, 1, 1, 1, 1, 1, 1, 1, 1, 1, 1, 1, 1, 1, 1, 1, 1, 1, 1, 1, 1,
1, 1, 1, 1, 1, 1, 1, 1, 1, 1, 1, 1, 1, 1, 1, 1, 1, 1, 1, 1, 1, 1, 1, 1,
1, 1, 1, 1, 1, 1, 1, 1, 1, 1, 1, 1, 1, 1, 1, 1, 1, 1, 1, 1, 1, 1, 1, 1,
1, 1, 1, 1, 1, 1, 1, 1, 1, 1, 1, 1, 1, 0, 0, 0, 0, 0, 0, 0, 0, 0, 0, 0,
0, 0, 0, 0, 0, 0, 0, 0, 0, 0, 0, 0, 0, 0, 0, 0, 0, 0, 0, 0, 0, 0, 0, 0,
0, 0, 0, 0, 0, 0, 0, 0, 0, 0, 0, 0, 0, 0, 0, 0, 0, 0, 0, 0, 0, 0, 0, 0,
0, 0, 0, 0, 0, 0, 0, 0, 0, 0, 0, 0, 0, 0, 0, 0, 0, 0, 0, 0, 0, 0, 0, 0,
0, 0, 0, 0, 0, 0, 0, 0, 0, 0, 0, 0, 0, 0, 0, 0, 0, 0, 0, 0, 0, 0, 0, 0,
0, 0, 0, 0, 0, 0, 0, 0, 0, 0, 0, 0, 0, 0, 0, 0]])}
```

8.6.3 第 3 步：RLHF 微調資料

讀取訓練資料，用的是 prompt 欄位資料，並將 ids 反轉。超過最大序列長度的資料記錄忽略。

```
filtered = 0
for i,tmp_data in enumerate(train_dataset):
    #tokenize the text
    prompt = raw_dataset.get_prompt(tmp_data)
    if prompt is not None:
        prompt_token = tokenizer(prompt,return_tensors="pt")
        print(f'{prompt_token["input_ids"]=}')
        if prompt_token["input_ids"].size()[-1]<= args.max_seq_len:
            for key_word in["input_ids","attention_mask"]:
                # 壓縮維度 [1，139]->[139], 再將資料反卷
                prompt_token[key_word]= prompt_token[key_word].squeeze(0).flip(0)
            prompt_dataset.append(prompt_token)
        else:
            filtered += 1
    break;

print(f'{prompt_dataset[0]["input_ids"]=}')
```

這是剛轉為 ids 的資料：

```
prompt_token["input_ids"]=tensor([[1,29871,13,13,29950,7889, 29901,1815,
366,8453,
     278,   6576,   304,  5941, 19917,  2158, 29879,    322,  1560,   566,
     2710,   515,   263, 19022,  4315,     13,     13,  7900, 22137, 29901,
     3869, 29892,  8959, 29889,  1763,  5941,   596,  4315, 29892,   366,
     937,    817,   304,   671,   263,  9200,  7241,    495, 13950,   470,
     4964, 29892,   270,  1160, 13950,   304,   330,  2705,   281, 15705,
     1623,   278,  7101,   310,   278,  4315, 29889,  8084, 29892,   366,
     30010,  645,   864,   304, 17229,   263,  4964, 29892,   301,   524,
     29899, 9021, 29892,  9200,  7241,   495,  5941,   292, 13950,   322,
     330,   2705, 14051,   372,  1250,   322, 11483,  4822,   278,  4315,
     304,   3349, 19917,  2158, 29879,   322,  1560,   566,  2710, 29889,
     13,      13, 29950,  7889, 29901,  1815,   306,   805,   764,   338,
     459,   1336,  2904, 27231,  5391, 11480,   278, 13950,   322,  5941,
     372,    393,   982, 29973,    13,     13,  7900, 22137,  29901]])
```

這是反轉後傳回的資料集第一個記錄。

```
prompt_dataset[0]["input_ids"]=tensor([29901,22137,7900,13,13,29973,982,393,
372,5941,
        322,  13950,   278, 11480,  5391, 27231,  2904,  1336,   459,   338,
        764,    805,   306,  1815, 29901,  7889, 29950,    13,    13, 29889,
        2710,   566,  1560,   322, 29879,  2158, 19917,  3349,   304,  4315,
        278,   4822, 11483,   322,  1250,   372, 14051,  2705,   330,   322,
        13950,   292,  5941,   495,  7241,  9200, 29892,  9021, 29899,   524,
        301,  29892,  4964,   263, 17229,   304,   864,   645, 30010,   366,
        29892, 8084, 29889,  4315,   278,   310,  7101,   278,  1623, 15705,
        281,   2705,   330,   304, 13950,  1160,   270, 29892,  4964,   470,
        13950,  495,  7241,  9200,   263,   671,   304,   817,   937,   366,
        29892, 4315,   596,  5941,  1763, 29889,  8959, 29892,  3869, 29901,
        22137, 7900,    13,    13,  4315, 19022,   263,   515,  2710,   566,
        1560,   322, 29879,  2158, 19917,  5941,   304,  6576,   278,  8453,
        366,   1815, 29901,  7889, 29950,    13,    13, 29871,    1])
```

8.7 監督微調

RLHF 的監督微調和一般監督微調主要區別是訓練資料集，本質上監督微調訓練資料集是 RLHF 訓練資料集的子集。DeepSpeed Chat 的 SFT 訓練資料集就用了 prompt 和 chosen 兩個欄位。

設置通用參數：

```python
import argparse

args = argparse.ArgumentParser(description="(Step 3)RLHF training arguments")

args.local_rank = 0
args.data_path = ["/mnt/Dahoas/rm-static"]
args.data_split = "2,4,4"
args.data_output_path = '/tmp/data_files'
args.max_seq_len = 256
args.num_train_epochs = 1
args.seed = 1234
args.per_device_train_batch_size = 1
args.per_device_eval_batch_size = 1
args.print_loss = True
```

進行訓練，僅訓練一個輪次和一筆資料，主要看輸出的資料格式和內容。

```
from transformers import AutoModelForCausalLM,AutoTokenizer
from torch.utils.data import DataLoader
from dschat.utils.data.data_utils import create_prompt_dataset

model_name_or_path = '/mnt/chinese-llama-2-7b'

tokenizer = AutoTokenizer.from_pretrained(model_name_or_path,trust_remote_code=True)

model = AutoModelForCausalLM.from_pretrained(model_name_or_path,device_map="auto",
trust_remote_code=True,
                                    offload_folder = '/tmp').eval()

train_phase = 1
train_dataset,eval_dataset = create_prompt_dataset(args.local_rank,
    args.data_path,
    args.data_split,
    args.data_output_path,
    train_phase,
    args.seed,
    tokenizer,
    args.max_seq_len,
    sft_only_data_path=[])

train_dataloader = DataLoader(train_dataset,batch_size=args.per_device_train_batch_
size)

for epoch in range(args.num_train_epochs):
    print(
        f"Beginning of Epoch{epoch+1}/{args.num_train_epochs},Total Micro Batches
{len(train_dataloader)}")
    model.train()
    for step,batch in enumerate(train_dataloader):
        outputs = model(**batch,use_cache=False)
        loss = outputs.loss
        if args.print_loss:
            print(
                f"Epoch:{epoch},Step:{step},Rank:loss = {loss}"
            )
```

```
        loss.backward(loss)

        break;
```

輸出的損失和 logits 為

```
[8]:  outputs.loss

[8]:  tensor(5.4209, grad_fn=<ToCopyBackward0>)

[9]:  outputs.logits

[9]:  tensor([[[-1.4668, -3.6502, -0.1360,  ..., -1.3301, -0.2463, -1.1404],
              [-1.4668, -3.6468, -0.1329,  ..., -1.3304, -0.2472, -1.1407],
              [-1.4667, -3.6434, -0.1298,  ..., -1.3306, -0.2481, -1.1411],
              ...,
              [-2.7696, -1.9101, 10.7327,  ..., -0.7247, -1.9516, -1.8949],
              [-1.6405,  1.4530, 12.9067,  ..., -0.2989, -0.2526, -2.3582],
              [-1.0339,  5.5531, 15.5704,  ...,  1.9166,  0.3002,  0.5470]]],
            grad_fn=<ToCopyBackward0>)

[10]: outputs.logits.size()   #[bacth, seq_length, vocab_size]

[10]: torch.Size([1, 256, 55296])
```

8.8 獎勵模型微調

獎勵模型微調或多或少類似於監督微調。但是，RM 和 SFT 微調在訓練資料和訓練目標上有差異。

SFT 微調，資料是提示（prompt）和選擇（chosen）拼接在一起。然而，對於 RM 微調，每批次資料由兩個提示 - 答案對組成，即具有高分答案 chosen 和低分答案 reject 的相同查詢。這也導致了如下所述的第二個差異。

對於 RM，訓練目標是成對排名分數（pairwise ranking score），即對於兩個查詢 - 答案對，RM 應該給更好的答案更高的分數。有多種方法可以實現這一目標。在 DeepSpeed Chat 的實現中，使用序列的結束標記或第一個填充標記作為聚合分數並比較它們。當然，也可以使用整個答案的平均分數作為替代。

以下程式以一筆資料處理為例，介紹如何計算訓練用的損失函數，以及分別計算選擇資料集和拒絕資料集的得分。

（1）定義通用參數，該程式與第一步監督微調相同。

（2）生成模型，該模型是獎勵模型的基礎模型，是一個預訓練模型。

```
from transformers import LlamaModel,LlamaTokenizer

from torch.utils.data import DataLoader,RandomSampler,SequentialSampler

args.model_name_or_path = '/mnt/chinese-llama-2-7b'

tokenizer = LlamaTokenizer.from_pretrained(args.model_name_or_path)
critic_model = LlamaModel.from_pretrained(args.model_name_or_path,device_map="auto",
offload_folder = '/tmp').eval()
```

（3）組織專門用的訓練樣本。

```
from dschat.utils.data.data_utils import create_prompt_dataset,DataCollatorReward

train_phase = 2
train_dataset,eval_dataset = create_prompt_dataset(

    args.local_rank,args.data_path,args.data_split,
    args.data_output_path,train_phase,
    args.seed,tokenizer,args.max_seq_len)
```

（4）顯示一筆樣本的資訊。

```
#class PromptDataset 在第 2 步的輸出格式是：
#return self.chosen_dataset[idx]["input_ids"],self.chosen_dataset[idx]["attention_mask"],\
#   self.reject_dataset[idx]["input_ids"],self.reject_dataset[idx]["attention_mask"]

for chosen_input_ids,chosen_attention_mask,reject_input_ids,reject_attention_mask in
train_dataset:
    print(" 選擇資料樣本輸入 (chosen_input)------------------------------")
    inputs = tokenizer.decode(chosen_input_ids[0],skip_special_tokens=True)
    print(f' 原文：{inputs}')
```

```
        print(f'input_ids：{chosen_input_ids}')
        print(f'attention_mask：{chosen_attention_mask}')

        print(" 拒絕資料樣本輸入 (reject_input_ids)-----------------------------")
        print(reject_input_ids.shape)
        inputs = tokenizer.decode(reject_input_ids[0],skip_special_tokens=True)
        print(f' 原文：{inputs}')
        print(f'input_ids：{reject_input_ids}')
        print(f'attention_mask：{reject_attention_mask}')

        break

chosen_id = chosen_input_ids[0]
rejected_id = reject_input_ids[0]
```

```
選擇資料樣本輸入 (chosen_input)-----------------------------
原文：
Human:Are miniature roses a good gift to give?I wonder if they might be
hardy,or tend to die easily.

Assistant:Miniature roses might seem like an obvious choice,but they are
usually bred specifically to be very small,so their bushiness is not an accurate
measure of their care requirements.In general,the minimum size of a rose is 3
inches in diameter,with many roses thriving at 2 inches.<|endoftext|>
input_ids：tensor([[1, 29871, 13, 13, 29950, 7889, 29901, 4683, 20629, 1535,
14652, 267, 263,
          1781,19797,   304,  2367, 29973,   306, 4997, 565,   896, 1795,   367, 2898, 29891,
         29892,   470, 10331,   304,   762, 5948,29889,   13,    13, 7900,22137,29901,   341,
          2172, 1535, 14652,   267,  1795, 2833,   763, 385, 6924, 7348,29892,   541,   896,
           526, 5491,   289,  1127, 10816,   304,   367,1407, 2319,29892,   577, 1009, 27089,
          3335,   338,   451,   385, 16232, 5645,   310,1009, 2562,11780,29889,   512,  2498,
         29892,   278,  9212,  2159,   310,   263,11492, 338,29871,29941,22831,   297, 24235,
         29892,   411,  1784, 14652,   267,   266, 1150, 292,   472,29871,29906,22831, 19423,
         29989,   355,   974,   726, 29989,29958,     2,     2,    2,     2,     2,     2,     2,
             2,     2,     2,     2,     2,     2,     2,     2,    2,     2,     2,     2,     2,
             2,     2,     2,     2,     2,     2,     2,     2,    2,     2,     2,     2,     2,
             2,     2,     2,     2,     2,     2,     2,     2,    2,     2,     2,     2,     2,
             2,     2,     2,     2,     2,     2,     2,     2,    2,     2,     2,     2,     2,
             2,     2,     2,     2,     2,     2,     2,     2,    2,     2,     2,     2,     2,
             2,     2,     2,     2,     2,     2,     2,     2,    2,     2,     2,     2,     2,
             2,     2,     2,     2,     2,     2,     2,     2,    2,     2,     2,     2,     2,
             2,     2,     2,     2,     2,     2,     2,     2,    2,     2,     2,     2,     2,
             2,     2,     2,     2,     2,     2,     2,     2,    2,     2,     2,     2,     2,
```

```
        2,   2,    2,    2,     2,   2,    2,    2,   2,    2,    2,    2,    2,
        2,   2,    2,    2,     2,   2,    2,    2,   2,    2,    2,    2,    2,
attention_mask：tensor([[1, 1, 1, 1, 1, 1, 1, 1, 1, 1, 1, 1, 1, 1, 1, 1, 1, 1,
1, 1, 1, 1, 1, 1, 1, 1, 1, 1, 1, 1,
   1, 1, 1, 1, 1, 1, 1, 1, 1, 1, 1, 1, 1, 1, 1, 1, 1, 1, 1, 1, 1, 1, 1, 1, 1,
1, 1, 1, 1, 1, 1, 1, 1, 1, 1, 1, 1, 1, 1, 1, 1, 1, 1, 1, 1, 1, 1, 1, 1, 1, 1,
1, 1, 1, 1, 1, 1, 1, 1, 1, 1, 1, 1, 1, 1, 1, 1, 1, 1, 1, 1, 1, 1, 1, 1, 1, 1,
1, 1, 1, 0, 0, 0, 0, 0, 0, 0, 0, 0, 0, 0, 0, 0, 0, 0, 0, 0, 0, 0, 0, 0, 0, 0,
0, 0, 0, 0, 0, 0, 0, 0, 0, 0, 0, 0, 0, 0, 0, 0, 0, 0, 0, 0, 0, 0, 0, 0, 0, 0,
0, 0, 0, 0, 0, 0, 0, 0, 0, 0, 0, 0, 0, 0, 0, 0, 0, 0, 0, 0, 0, 0, 0, 0, 0, 0,
0, 0, 0, 0, 0, 0, 0, 0, 0, 0, 0, 0, 0, 0, 0, 0, 0, 0, 0, 0, 0, 0, 0, 0, 0, 0,
0, 0, 0, 0, 0, 0, 0, 0, 0, 0, 0, 0, 0, 0, 0, 0, 0, 0, 0, 0, 0, 0, 0, 0, 0, 0,
0, 0, 0, 0, 0, 0, 0, 0, 0, 0, 0, 0, 0, 0, 0, 0, 0, 0, 0]])
拒絕資料樣本輸入(reject_input_ids)-----------------------------
torch.Size([1,256])
原文：

Human:Are miniature roses a good gift to give?I wonder if they might be
hardy,or tend to die easily.

Assistant:There's not really a general answer for that question,since it depends
on what particular kind of miniature roses you're talking about.Can you tell me
more about what they are,and why you want to give them as a gift?<|endoftext|>
input_ids：tensor([[1,29871,13,13,29950,7889,29901,4683,20629,1535,14652,
267,263,
      1781,19797,  304, 2367,29973, 306, 4997, 565,   896,  1795,   367,  2898, 29891,
     29892,  470,10331,  304,  762,5948,29889,  13,    13,  7900, 22137, 29901,  1670,
     30010,29879,  451, 2289,  263,2498, 1234, 363,   393,  1139, 29892,  1951,   372,
      7111,  373,  825, 3153, 2924, 310,20629, 1535,14652,   267,   366, 30010,   276,
      9963, 1048,29889, 1815,  366,2649,  592,  901, 1048,   825,   896,   526, 29892,
       322, 2020,  366,  864,  304,2367,  963,  408,   263,19797, 29973, 29966, 29989,
       355,  974,  726,29989,29958,    2,    2,    2,    2,    2,    2,    2,    2,
        2,   2,    2,    2,     2,   2,    2,    2,   2,    2,    2,    2,    2,
        2,   2,    2,    2,     2,   2,    2,    2,   2,    2,    2,    2,    2,
        2,   2,    2,    2,     2,   2,    2,    2,   2,    2,    2,    2,    2,
        2,   2,    2,    2,     2,   2,    2,    2,   2,    2,    2,    2,    2,
        2,   2,    2,    2,     2,   2,    2,    2,   2,    2,    2,    2,    2,
        2,   2,    2,    2,     2,   2,    2,    2,   2,    2,    2,    2,    2,
        2,   2,    2,    2,     2,   2,    2,    2,   2,    2,    2,    2,    2,
        2,   2,    2,    2,     2,   2,    2,    2,   2,    2,    2,    2,    2,
        2,   2,    2,    2,     2,   2,    2,    2,   2,    2,    2,    2,    2,
        2,   2,    2,    2,     2,   2,    2,    2,   2,    2,    2,    2,    2,
        2,   2,    2,    2,     2,   2,    2,    2,   2,    2,    2,    2,    2,
        2,   2,    2,    2,     2,   2,    2,    2,   2]])
```

```
attention_mask：tensor([[1, 1, 1, 1, 1, 1, 1, 1, 1, 1, 1, 1, 1, 1, 1, 1, 1, 1,
1, 1, 1, 1, 1,
1, 1, 1, 1, 1, 1, 1, 1, 1, 1, 1, 1, 1, 1, 1, 1, 1, 1, 1, 1, 1, 1, 1, 1, 1, 1,
1, 1, 1, 1, 1, 1, 1, 1, 1, 1, 1, 1, 1, 1, 1, 1, 1, 1, 1, 1, 1, 1, 1, 1, 1, 1,
1, 1, 1, 1, 1, 1, 1, 1, 1, 1, 1, 1, 1, 1, 1, 1, 1, 1, 1, 1, 1, 0, 0, 0, 0, 0,
0, 0, 0, 0, 0, 0, 0, 0, 0, 0, 0, 0, 0, 0, 0, 0, 0, 0, 0, 0, 0, 0, 0, 0, 0, 0,
0, 0, 0, 0, 0, 0, 0, 0, 0, 0, 0, 0, 0, 0, 0, 0, 0, 0, 0, 0, 0, 0, 0, 0, 0, 0,
0, 0, 0, 0, 0, 0, 0, 0, 0, 0, 0, 0, 0, 0, 0, 0, 0, 0, 0, 0, 0, 0, 0, 0, 0, 0,
0, 0, 0, 0, 0, 0, 0, 0, 0, 0, 0, 0, 0, 0, 0, 0, 0, 0, 0, 0, 0, 0, 0, 0, 0, 0,
0, 0, 0, 0, 0, 0, 0, 0, 0, 0, 0, 0, 0, 0, 0, 0, 0, 0, 0, 0, 0, 0, 0, 0, 0, 0,
0, 0, 0, 0, 0, 0, 0, 0, 0, 0, 0, 0, 0, 0, 0, 0, 0, 0, 0, 0, 0, 0, 0, 0, 0]])
```

（5）模仿 Reward Model 中 forward() 的功能計算損失函數。

```
from torch import nn
import torch

data_collator = DataCollatorReward()
train_dataloader = DataLoader(train_dataset,collate_fn=data_collator,
                              batch_size=args.per_device_train_batch_size)

loss = 0
chosen_mean_scores = []
rejected_mean_scores = []

v_head = nn.Linear(critic_model.config.hidden_size,1,bias=False)
for step,batch in enumerate(train_dataloader):
    transformer_outputs = critic_model(**batch)

    hidden_states = transformer_outputs[0]
    rewards = v_head(hidden_states).squeeze(-1)

    chosen_reward = rewards[0]  #正樣本的獎勵
    rejected_reward = rewards[1]  #負樣本的獎勵

    PAD_ID = tokenizer.eos_token_id
    compute_fp32_loss = True

    seq_len = len(chosen_id)
```

```
        c_inds = (chosen_id == PAD_ID).nonzero()# 找出所有與填充標記相等的標記索引
        c_ind = c_inds[0].item()if len(c_inds)> 0 else seq_len
        check_divergence = (chosen_id!= rejected_id).nonzero()

        if len(check_divergence)== 0:# 兩組樣本完全相同
            end_ind = rejected_reward.size(-1)
            divergence_ind = end_ind-1
            r_ind = c_ind
        else:
            r_inds = (rejected_id == PAD_ID).nonzero()# 找出所有與填充標記相等的標記索引
            r_ind = r_inds[0].item()if len(r_inds)> 0 else seq_len
            end_ind = max(c_ind,r_ind)
            divergence_ind = check_divergence[0]

        assert divergence_ind > 0
        c_truncated_reward = chosen_reward[divergence_ind:end_ind]
        r_truncated_reward = rejected_reward[divergence_ind:end_ind]

        chosen_mean_scores.append(chosen_reward[c_ind-1])
        rejected_mean_scores.append(rejected_reward[r_ind-1])

        if compute_fp32_loss:
            c_truncated_reward = c_truncated_reward.float()
            r_truncated_reward = r_truncated_reward.float()

        loss += -torch.nn.functional.logsigmoid(c_truncated_reward-r_truncated_reward).
mean()

        break

print(f'c_inds={c_inds.T}\n{c_ind=}\ncheck_divergence={check_divergence.T}')
print(f'r_inds={r_inds.T}\n{r_ind=}')
print(f'{len(check_divergence)=}\ndivergence_ind:end_ind={divergence_ind}:{end_ind}')
print(f'{c_truncated_reward=}\n{r_truncated_reward=}')
```

針對每個樣本，根據 chosen_id 和 rejected_id 是否相同來確定 divergence_ind，即兩個序列第一次不同的位置，因為在生成對話時，選擇樣本和拒絕樣本會有一部分相同的內容，直到某個位置開始出現差異。這個差異點之後的內容是我們關注的部分，因為它反映了兩個序列的差異。需要注意的是，如果兩個序列完全相同，即沒有出現任何差異，那麼 divergence_ind 將設置為末尾索引，這表示不進行截斷操作，直接使用整個序列來計算損失。

check_divergence 儲存了選擇資料樣本與拒絕資料樣本不同的位置，長度 len(check_divergence)=71。

```
check_divergence=tensor([[38,39,40,41,42,43,44,45,46,47,48,50,51,
52, 53, 54,
    55, 56, 57, 58, 59, 60, 61, 62, 63, 64, 65, 66, 67, 68, 69, 70,
    71, 72, 73, 74, 75, 76, 77, 78, 79, 80, 81, 82, 83, 84, 85, 86,
    87, 88, 89, 90, 91, 92, 93, 94, 95, 96, 97, 98, 99,100,101,102,
  103, 104, 105, 106, 107, 108, 109]])
```

接下來，根據 c_ind 和 r_ind 來確定截斷的起始位置和結束位置。c_ind 是 chosen_id 中第一個填充的位置，r_ind 是 rejected_id 中第一個填充的位置。如果沒有填充，則取整數個序列的長度。

c_inds 是選擇樣本中出現填充標記的索引：

```
c_inds=tensor([[110, 111, 112, 113, 114, 115, 116, 117, 118, 119, 120, 121,
122, 123,
124, 125, 126, 127, 128, 129, 130, 131, 132, 133, 134, 135, 136, 137, 138, 139,
140, 141, 142, 143, 144, 145, 146, 147, 148, 149, 150, 151, 152, 153, 154, 155,
156, 157, 158, 159, 160, 161, 162, 163, 164, 165, 166, 167, 168, 169, 170, 171,
172, 173, 174, 175, 176, 177, 178, 179, 180, 181, 182, 183, 184, 185, 186, 187,
188, 189, 190, 191, 192, 193, 194, 195, 196, 197, 198, 199, 200, 201, 202, 203,
204, 205, 206, 207, 208, 209, 210, 211, 212, 213, 214, 215, 216, 217, 218, 219,
220, 221, 222, 223, 224, 225, 226, 227, 228, 229, 230, 231, 232, 233, 234, 235,
236, 237, 238, 239, 240, 241, 242, 243, 244, 245, 246, 247, 248, 249, 250, 251,
252, 253, 254, 255]])
```

從 c_inds 中可以第一個填充的位置下標 c_ind=110。同理，計算出拒絕資料樣本被填空的位置，且第一填空索引為 r_ind=96。

透過使用第一個填充的位置作為結束位置，可以將注意力集中在差異的部分，並且避免將填充部分包括在計算損失的範圍內。這樣可以減小雜訊的影響，並提高計算損失的有效性。

然後，根據 divergence_ind 和 end_ind 來截斷 chosen_reward 和 rejected_reward，得到 c_truncated_reward 和 r_truncated_reward。

獲得用於計算損失函數的元素範圍為 38:110，即 divergence_ind:end_ind= tensor([38]):110。選擇資料的獎勵值為

```
c_truncated_reward=tensor([0.6193, -0.8037, -0.3154, -0.0307, 0.0638, 0.3409,
-0.7308, -0.5940, 0.1732,
  -0.5165,-0.1931, -0.1606, 0.1839, 0.4300,-0.2375,-0.4178,-0.6930,-0.3142,
  -0.0615, 0.2276, -0.3736,-0.3713,-0.3213, 0.3076, 0.1838,-0.3993, 0.2913,
   0.1625,-0.6802, -1.1467, 0.4837,-0.4529, 0.2392,-0.1625, 0.0227, 0.8381,
   0.3319, 0.5317, -0.7874,-0.3273,-0.2751,-0.4437,-0.6465,-0.1042,-0.4970,
  -0.2643, 0.1991, -0.8817, 0.0467, 0.3475,-0.4508,-0.9055, 0.0804, 0.0388,
  -0.4129, 0.0107, -0.2171, 0.1076,-0.8587,-0.1970,-0.5300,-1.0156,-0.0152,
   0.3205,-0.6769,  0.0658, 0.2415,-0.7428,-1.3067,-0.6292,-0.1706,0.3980],
  grad_fn=<SliceBackward0>)
```

拒絕資料的獎勵值為

```
r_truncated_reward=tensor([-0.0671, -0.3828, -0.0276, -0.6838, -0.5407,
-0.6408,
-0.3182, 0.2578, -0.2707,
   0.3315, 0.7162, 0.5636, 0.0245, 0.5066,-0.1425,-0.6288,-0.4556,-0.1473,
   0.2978,-0.2266,-0.8342,-0.3921,-0.0818,-0.3217,-0.3217,-0.6068,-0.3037,
  -0.2605,-0.0126, 0.4560,-0.1843,-0.4300,-0.7002,-0.4374,-0.5685,-0.4990,
  -0.1238,-0.4287,-0.4478,-0.1591,-0.5733,-0.4162,-0.2176,-0.0689, 0.1292,
  -0.3442,-0.3771,-0.0092,-0.2368, 0.3867, 0.8546, 0.4513, 0.2539,-0.3728,
  -1.0609,-0.4338, 0.3918, 0.5526,-0.3392,-0.3491,-0.3541,-0.3668,-0.3866,
  -0.4019,-0.4066,-0.4029,-0.3938,-0.3889,-0.3936,-0.4001,-0.3990,-0.3918],
  grad_fn=<SliceBackward0>)
```

最後，計算損失時使用了差值作為參數傳入 torch.nn.functional.logsigmoid 函數中，以獲得損失值。損失函數計算程式為

loss += -torch.nn.functional.logsigmoid(c_truncated_reward-r_truncated_reward).mean()

計算結果：tensor(0.5515,grad_fn=<NegBackward0>)

logsigmoid 函數，也被稱為 logit 函數或 log-odds 函數，是在 sigmoid 函數基礎上定義的一個數學函數。

logsigmoid 函數的數學公式為

$$\text{logsigmoid}(x) = \log(\text{sigmoid}(x)) = \log(1 / (1 + e^{(-x)}))$$

logsigmoid 函數在機器學習和統計中具有以下重要作用。

（1）**輸出歸一化**：與 sigmoid 函數一樣，logsigmoid 函數也可以將任意實數映射到 (0,1) 之間，使得輸出值具有機率解釋，特別適用於二分類問題。

（2）**數值穩定性**：在某些情況下，直接使用 sigmoid 函數可能會導致數值計算問題，因為其輸出範圍限制在 (0,1) 之間，且在接近 0 或 1 時梯度會變得非常小。而 logsigmoid 函數透過取對數，可以改善這種數值穩定性問題。

（3）**機率解釋**：在機率和統計模型中，logsigmoid 函數的輸出可以被解釋為輸入變數的對數勝算（log-odds），這對於理解和解釋模型預測結果具有重要意義。

在第 3 步時，將用到獎勵值及獎勵分數的輸出。其中獎勵值是模型生成的對應每個標記的嵌入向量，形狀為 [2,256]，兩個批次，分別對應選擇樣本和拒絕樣本，用於計算優勢與回報。獎勵分數是純量，用於計算獎勵。

要生成嵌入向量，模型呼叫必須用 AutoMode 或 LlamaModel，不能用 AutoModelForCausalLM 或 LlamaForCausalLM。

8.9 RLHF 微調

強化學習微調階段採用演員 - 評論家演算法（Actor-Critic Algorithm），會用到 4 個模型：actor_model，critic_model，ref_model，reward_model。

（1）actor_model：在強化學習中，actor model 是一種策略函數，它決定智慧體在替定狀態下應該採取哪種行動。它可以被看作決策制定者或行為生成器。

（2）critic_model：在 Actor-Critic 演算法中，critic model 估計的是狀態 - 價值函數（state-value function）或動作 - 價值函數（action-value function），用於評估給定狀態下執行某種策略的長期預期回報。它是用來評價演員的行為，並提供回饋以改進其策略。

（3）ref_model（參考模型）：是一個基準模型或參照模型，用於比較和評估其他模型的性能。

（4）reward_model：獎勵模型定義了環境對智慧體執行特定動作後的回饋。當智慧體採取某個動作後，環境會根據獎勵模型舉出一個獎勵訊號，該訊號表示該動作的好壞程度。

在強化學習階段，用到的獎勵模型和評論家模型都使用同一個模型初始化，因此在訓練獎勵模型的過程中，也是在訓練評論家模型。

在進行 RLHF 時，需要一個獎勵模型來評估語言大型模型（演員模型）回答的是好是壞。在訓練強化學習的過程中，會用到獎勵模型（評論家模型，再次提醒，評論家模型和獎勵模型是同一個模型的兩個副本）的推理過程。

RLHF 訓練框架中，雖然設置了四個巢狀結構的迴圈（圖 8-19），但在推薦的超參數中訓練輪次、PPO 輪次和經驗批次均為 1，因此實際上還是按照樣本集分批次進行訓練。

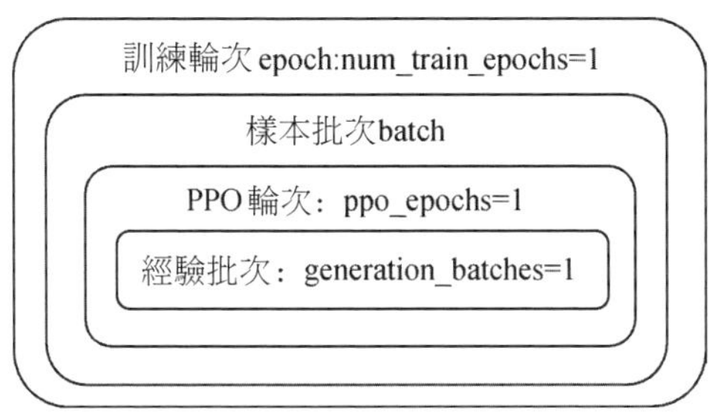

▲ 圖 8-19 訓練程式中的巢狀結構迴圈

在每批次訓練時，先用 generate_experience() 函數生成一個「經驗」，然後在 train_rlhf() 函數中再生成下一個經驗，透過對兩者的優勢對比更新策略。

圖 8-20 為一個 PPO 訓練輪次模型 - 變數 - 函數傳遞關係。

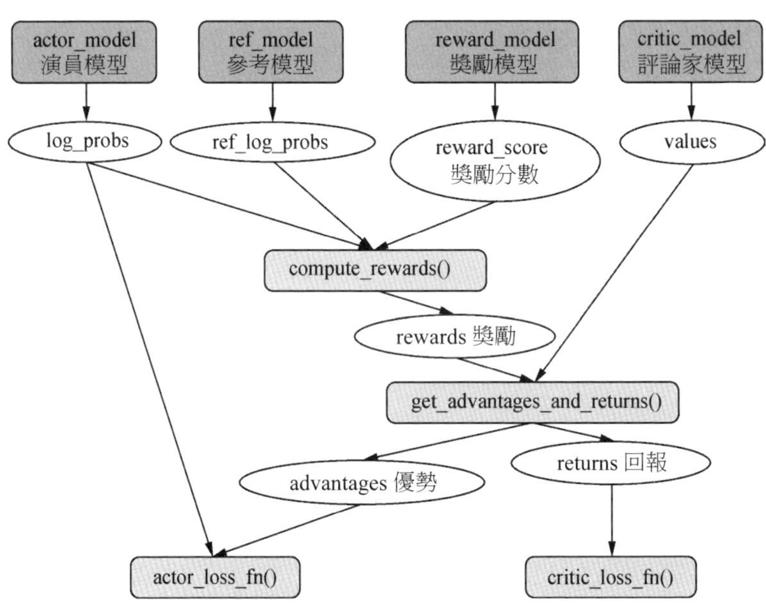

▲ 圖 8-20 一個 PPO 訓練輪次模型 - 變數 - 函數傳遞關係

RLHF 程式的核心是實現演員模型和評論家模型的權重更新，權重更新的方向又由損失函數確定，所以主要程式和演算法用於計算出兩個模型的損失。

8.9.1 程式執行環境

RLHF 第 3 步訓練的程式比較複雜，無法像第 1 步、第 2 步那樣把重要程式全部抽取出來，寫成獨立的程式，只能重新撰寫部分程式，而這些程式需要呼叫 DeepSpeed Chat 中的函數，因此，需要下載 DeepSpeedExamples 的原始程式碼，將程式中 DeepSpeedExamples/applications/DeepSpeed-Chat/dschat 目錄複寫到來源程式目錄中。

RLHF 訓練選擇 chinese-llama-2-1.3B 的模型，不管是演員模型還是評論家模型都採用同樣的預訓練模型。這樣只要有 30 GB 記憶體的 CPU 帶一片 16 GB 記憶體的 GPU 即可執行起來。模型下載網址是：https://huggingface.co/hfl/chinese-llama-2-1.3b。

下面是準備的原始程式碼中通用參數：

```
import argparse
args = argparse.ArgumentParser() args.local_rank = 0
args.data_path = ["/mnt/Dahoas/rm-static"]
args.data_split = "2,4,4"
args.data_output_path = '/tmp/data_files'
args.max_seq_len = 512
args.num_train_epochs = 1
args.seed = 1234
args.per_device_train_batch_size = 1

args.per_device_eval_batch_size = 1
args.print_loss = True

args.model_name_or_path = '/mnt/chinese-llama-2-1.3b'
args.actor_model_name_or_path = "/mnt/chinese-llama-2-1.3b"
args.critic_model_name_or_path = "/mnt/chinese-llama-2-1.3b"

args.max_answer_seq_len = 256
args.max_prompt_seq_len = 256

compute_fp32_loss = True

args.per_device_generation_batch_size = 1
```

8.9.2 準備訓練資料

訓練資料來自 Dahoas/rm-static 資料集。在資料集的 'prompt','response','chosen','rejected' 四個欄位中，第 3 步僅用了 prompt 欄位。

首先用 create_prompt_dataset 函數讀取資料，資料經過了分詞和編碼：

```
from dschat.utils.data.data_utils import create_prompt_dataset
from transformers import LlamaTokenizer

tokenizer = LlamaTokenizer.from_pretrained(args.model_name_or_path)

train_phase = 3
prompt_train_dataset,_ = create_prompt_dataset(
    args.local_rank,args.data_path,args.data_split,
    args.data_output_path,train_phase,args.seed,tokenizer,
    args.max_seq_len,reload = True)
```

顯示儲存在 prompt_train_dataset 中的資料，資料是 ids 編碼 inputs_ids 和注意力遮罩 attention_mask。程式中僅讀了第一筆記錄就退出迴圈，實際有 29601 筆記錄：

```
for prompt_input_ids,prompt_attention_mask,pad_token_id in prompt_train_dataset:
    print(f'input_ids：{prompt_input_ids}')
    print(f'attention_mask：{prompt_attention_mask}')
    print(f'{pad_token_id=}')

break
```

程式執行的結果是

```
input_ids：tensor([29901, 22137, 7900, 13, 13, 29973, 902, 1048, 1073, 881, 306,
1683, 3099,
  29901, 7889,29950,   13,   13,29889, 3186,  278, 2820, 2305, 1784,  310,12080,
    278,23051, 1183,  541,29892,  569, 3165,14981,29811,  471,  322,29892, 8735,
   1017,25273,18677,  297,10600, 2296,29871,29889,12356, 2731,  322, 6460,  278,
  19912, 2834, 3353,  902,10398, 2296,29871,29889,20604,24819,27813,  278,15074,
    471, 1584,  322,29892,  664,  902,  363, 3076,  324, 1035,  322,24441, 1784,
   4520, 8625, 5061,21869,29871,29889, 2834,  902,  310, 1791,  278,  363,  963,
```

```
    411, 3796,  322,29892,  537, 2896,  310, 4314,18971,  278,  310, 8170,  278,
  11091, 2296,29871,29889,29947,29946,29929,29896,29871,  297,29892, 7513,29892,
    941, 7582, 3037,  297, 6460,  278,  411,  664,  902, 4689, 1183,  322,29892,
  29900,29896,29929,29896,29871,  297,  423,21805,  297, 6345,  471, 8625, 5061,
  21869,29901,22137, 7900,   13,   13, 8625, 5061,21869,  310, 2834,  278, 1048,
    592, 2649,  366,  508, 1724, 29901,7889,29950,   13,   13,29871,    1])
attention_mask：tensor([1, 1, 1, 1, 1, 1, 1, 1, 1, 1, 1, 1, 1, 1, 1, 1, 1, 1, 1, 1,
1, 1, 1,
1, 1, 1, 1, 1, 1, 1, 1, 1, 1, 1, 1, 1, 1, 1, 1, 1, 1, 1, 1, 1, 1, 1, 1, 1, 1, 1, 1, 1,
1, 1, 1, 1, 1, 1, 1, 1, 1, 1, 1, 1, 1, 1, 1, 1, 1, 1, 1, 1, 1, 1, 1, 1, 1, 1, 1, 1, 1,
1, 1, 1, 1, 1, 1, 1, 1, 1, 1, 1, 1, 1, 1, 1, 1, 1, 1, 1, 1, 1, 1, 1, 1, 1, 1, 1, 1, 1,
1, 1, 1, 1, 1, 1, 1, 1, 1, 1, 1, 1, 1, 1, 1, 1, 1, 1, 1, 1, 1, 1, 1, 1, 1, 1, 1, 1, 1,
1, 1, 1, 1, 1, 1, 1, 1, 1, 1, 1, 1, 1, 1, 1, 1, 1, 1, 1, 1, 1, 1, 1, 1, 1, 1, 1, 1,
1])
pad_token_id=32000
```

注意這個輸出的標記順序是反轉的。

由於在後面的處理中需要將從資料集讀出的資料與演員模型生成的資料進行拼接，再輸入獎勵模型評分，因此，需要提供左填充的提示資料。這樣在把演員模型生成的資料進行右填充後，提示和回應的文字就連在一起了，而填充符號分佈在左右兩邊。

用以下程式生成左填空的提示敘述：

```python
from dschat.utils.data.data_utils import DataCollatorRLHF
from torch.utils.data import DataLoader

data_collator = DataCollatorRLHF(args.max_prompt_seq_len,1)
prompt_train_dataloader = DataLoader(prompt_train_dataset,collate_fn=data_collator,
                        batch_size=args.per_device_generation_batch_size)
```

可用以下程式顯示 prompt_train_dataloader 中的提示的 ids 和遮罩：

```python
for step,batch_prompt in enumerate(prompt_train_dataloader):
    print(batch_prompt['prompt'])
    print(batch_prompt['prompt_att_mask'])
    break
```

```
tensor([[32000, 32000, 32000, 32000, 32000, 32000, 32000, 32000, 32000, 32000, 32000, 32000, 32000,
         32000, 32000, 32000, 32000, 32000, 32000, 32000, 32000, 32000, 32000, 32000, 32000, 32000,
         32000, 32000, 32000, 32000, 32000, 32000, 32000, 32000, 32000, 32000, 32000, 32000, 32000,
         32000, 32000, 32000, 32000, 32000, 32000, 32000, 32000, 32000, 32000, 32000, 32000, 32000,
         32000, 32000, 32000, 32000, 32000, 32000, 32000, 32000, 32000, 32000, 32000, 32000, 32000,
         32000, 32000, 32000, 32000, 32000, 32000, 32000, 32000, 32000, 32000, 32000, 32000, 32000,
         32000, 32000, 32000, 32000, 32000, 32000, 32000, 32000, 32000, 32000,     1, 29871,    13,
            13, 29950,  7889, 29901,  1724,   508,   366,  2649,   592,  1048,   278,  2834,   310,
         21869,  5061,  8625,    13,    13,  7900, 22137, 29901, 21869,  5061,  8625,   471,  6345,
           297, 21805,   423,   297, 29871, 29896, 29929, 29896, 29900, 29892,   322,  1183,  4689,
           902,   664,   411,   278,  6460,   297,  3037,  7582,   941, 29892,  7513, 29892,   297,
         29871, 29896, 29929, 29946, 29947, 29889, 29871,  2296, 11091,   278,  8170,   310,   278,
         18971,  4314,   310,  2896,   537, 29892,   322,  3796,   411,   963,   363,   278,  1791,
           310,   902,  2834, 29889, 29871, 21869,  5061,  8625,  4520,  1784, 24441,   322,  1035,
           324,  3076,   363,   902,   664, 29892,   322,  1584,   471, 15074,   278, 27813, 24819,
         20604, 29889, 29871,  2296, 10398,   902,  3353,  2834, 19912,   278,  6460,   322,  2731,
         12356, 29889, 29871,  2296, 10600,   297, 18677, 25273,  1017,  8735, 29892,   322,   471,
         29811, 14981,  3165,   569, 29892,   541,  1183, 23051,   278, 12080,   310,  1784,  2305,
          2820,   278,  3186, 29889,    13,    13, 29950,  7889, 29901,  3099,  1683,   306,   881,
          1073,  1048,   902, 29973,    13,    13,  7900, 22137, 29901]])
tensor([[0, 0, 0, 0, 0, 0, 0, 0, 0, 0, 0, 0, 0, 0, 0, 0, 0, 0, 0, 0, 0, 0, 0, 0, 0, 0, 0, 0, 0, 0,
         0, 0, 0, 0, 0, 0, 0, 0, 0, 0, 0, 0, 0, 0, 0, 0, 0, 0, 0, 0, 0, 0, 0, 0, 0, 0, 0, 0, 0, 0,
         0, 0, 0, 0, 0, 0, 0, 0, 0, 0, 0, 0, 0, 0, 0, 0, 0, 0, 0, 0, 0, 0, 0, 0, 0, 0, 0, 0, 1, 1,
         1, 1, 1, 1, 1, 1, 1, 1, 1, 1, 1, 1, 1, 1, 1, 1, 1, 1, 1, 1, 1, 1, 1, 1, 1, 1, 1, 1, 1, 1,
         1, 1, 1, 1, 1, 1, 1, 1, 1, 1, 1, 1, 1, 1, 1, 1, 1, 1, 1, 1, 1, 1, 1, 1, 1, 1, 1, 1, 1, 1,
         1, 1, 1, 1, 1, 1, 1, 1, 1, 1, 1, 1, 1, 1, 1, 1, 1, 1, 1, 1, 1, 1, 1, 1, 1, 1, 1, 1, 1, 1,
         1, 1, 1, 1, 1, 1, 1, 1, 1, 1, 1, 1, 1, 1, 1, 1, 1, 1, 1, 1, 1, 1, 1, 1, 1, 1, 1, 1, 1, 1,
         1, 1, 1, 1, 1, 1, 1, 1, 1, 1, 1, 1, 1, 1, 1, 1, 1, 1, 1, 1, 1, 1, 1, 1, 1, 1, 1, 1, 1, 1,
         1, 1, 1, 1, 1, 1, 1, 1, 1, 1, 1, 1, 1, 1, 1]])
```

看到prompt的ids的標記順序正過來，左邊用pad_token_id的值32000填充，對應填充的遮罩部分為0。

8.9.3 建立模型

同時建立演員模型、參考模型、評論家模型和獎勵模型。演員模型和參考模型應該是利用RLHF第1步訓練出來的監督微調模型，評論家模型和獎勵模型應該是用第2步訓練出來的獎勵模型。這裡為簡化起見，都採用了中文微調模型 chinese-alapha-2-1.3b。

由於這兩類模型需要得到的傳回值不同，對於 Llama 模型，需要用不同函數呼叫。

演員模型 actor_model 和參考模型 ref_model 需要推理傳回對數機率（log probability），需要採用 LlamaForCausalLM。

評論家模型 critic_model 和獎勵模型 reward_model 需要傳回標記向量（直譯為隱藏向量），需要採用 LlamaModel。

```
from dschat.utils.model.reward_model import RewardModel
from transformers import LlamaForCausalLM, LlamaModel

actor_model = LlamaForCausalLM.from_pretrained(args.actor_model_name_or_path, device_
map="cpu")
ref_model = LlamaForCausalLM.from_pretrained(args.actor_model_name_or_path, device_
map="cpu")

critic_model = LlamaModel.from_pretrained(args.critic_model_name_or_path, device_
map="cpu")
critic_model = RewardModel(
    critic_model,
    tokenizer,
    num_padding_at_beginning = 0,
    compute_fp32_loss = compute_fp32_loss)

reward_model = LlamaModel.from_pretrained(args.critic_model_name_or_path, device_
map="cpu")
reward_model = RewardModel(
    reward_model,
    tokenizer,
    num_padding_at_beginning = 0,
    compute_fp32_loss = compute_fp32_loss)
```

8.9.4 演員模型、參考模型生成對數機率

下面按照圖 8-20「模型 - 變數 - 函數傳遞關係」來逐一生成相關資料。首先是使用演員模型和參考模型對訓練樣本資料進行推理，分別生成兩個模型的對

數機率。這兩個對數機率的差值用來生成演員模型的損失函數，從而對演員模型進行訓練。

推理用的提示樣本來自 prompt_train_dataloader，包括 prompt 和 prompt_att_mask 兩個欄位，分別是提示的 ids 編碼和遮罩。

_generate_sequence 函數根據提示 prompts 和遮罩 mask，用演員模型 actor_model 進行推理，傳回推理輸出：

```
def_generate_sequence(prompts,mask,step):
    max_min_length = args.max_answer_seq_len + prompts.shape[1]

    with torch.no_grad():
        seq = actor_model.generate(
            prompts,
            attention_mask=mask,
            max_length=max_min_length,
            pad_token_id=tokenizer.pad_token_id)

    batch_size = seq.shape[0]
    prompt_length = prompts.shape[1]
    ans = seq[:,prompt_length:]
    valid_ans_len = (ans!= tokenizer.pad_token_id).sum(dim=-1)

    out_seq = []
    for i in range(batch_size):
        out_seq.append(seq[i:i + 1])
    out_seq = torch.cat(out_seq,dim=0)#concat output in the batch dim

    return out_seq,prompt_length

for step,batch_prompt in enumerate(prompt_train_dataloader):
    prompts = batch_prompt['prompt']
    mask = batch_prompt['prompt_att_mask']

    seq,prompt_length = _generate_sequence(prompts,mask,step)

    print(seq)
    break
```

```
tensor([[32000, 32000, 32000, 32000, 32000, 32000, 32000, 32000, 32000, 32000, 32000, 32000, 32000,
         32000, 32000, 32000, 32000, 32000, 32000, 32000, 32000, 32000, 32000, 32000, 32000, 32000,
         32000, 32000, 32000, 32000, 32000, 32000, 32000, 32000, 32000, 32000, 32000, 32000, 32000,
         32000, 32000, 32000, 32000, 32000, 32000, 32000, 32000, 32000, 32000, 32000, 32000, 32000,
         32000, 32000, 32000, 32000, 32000, 32000, 32000, 32000, 32000, 32000, 32000, 32000, 32000,
         32000, 32000, 32000, 32000, 32000, 32000, 32000, 32000, 32000, 32000, 32000, 32000, 32000,
         32000, 32000, 32000, 32000, 32000, 32000, 32000, 32000, 32000, 32000,     1, 29871,    13,
            13, 29950,  7889, 29901, 1724,    508,   366,  2649,   592,  1048,   278,  2834,   310,
         21869,  5061,  8625,    13,    13,  7900, 22137, 29901, 21869,  5061,  8625,   471,  6345,
           297, 21805,   423,   297, 29871, 29896, 29929, 29896, 29900, 29892,   322,  1183,  4689,
           902,   664,   411,   278,  6460,   297,  3037,  7582,   941, 29892,  7513, 29892,   297,
         29871, 29896, 29929, 29946, 29947, 29889, 29871,  2296, 11091,   278,  8170,   310,   278,
         18971,  4314,   310,  2896,   537, 29892,   322,  3796,   411,   963,   363,   278,  1791,
           310,   902,  2834, 29889, 29871, 21869,  5061,  8625,  4520,  1784, 24441,   322,  1035,
           324,  3076,   363,   902,   664, 29892,   322,  1584,   471, 15074,   278, 27813, 24819,
         20604, 29889, 29871,  2296, 10398,   902,  3353,  2834, 19912,   278,  6460,   322,  2731,
         12356, 29889, 29871,  2296, 10600,   297, 18677, 25273,  1017,  8735, 29892,   322,   471,
         29811, 14981,  3165,   569, 29892,   541,  1183, 23051,   278, 12080,   310,  1784,  2305,
          2820,   278,  3186, 29889,    13,    13, 29950,  7889, 29901,  3099,  1683,   306,   881,
          1073,  1048,   902, 29973,    13,    13,  7900, 22137, 29901, 21869,  5061,  8625,   471,
          6345,   297, 29871, 29896, 29929, 29896, 29900, 29892,   322,  1183,  4689,   902,   664,
           411,   278,  6460,   297,  3037,  7582,   941, 29892,  7513, 29892,   297, 29871, 29896,
         29929, 29946, 29947, 29889,  2296, 11091,   278,  8170,   310,   278, 18971,  4314,   310,
          2896,   537, 29892,   322,  3796,   411,   963,   363,   278,  1791,   310,   902,  2834,
         29889, 21869,  5061,  8625,   471,  6345,   297, 29871, 29896, 29929, 29896, 29900, 29892,
           322,  1183,  4689,   902,   664,   411,   278,  6460,   297,  3037,  7582,   941, 29892,
          7513, 29892,   297, 29871, 29896, 29929, 29946, 29947, 29889,  2296,  3796,   411,   278,
          6460,   297,  3037,  7582,   941, 29892,  7513, 29892,   297, 29871, 29896, 29929, 29946,
         29947, 29889, 21869,  5061,  8625,   471,  6345,   297, 29871, 29896, 29929, 29896, 29900,
         29892,   322,  1183,  4689,   902,   664,   411,   278,  6460,   297,  3037,  7582,   941,
         29892,  7513, 29892,   297, 29871, 29896, 29929, 29946, 29947, 29889,  2296,  3796,   411,
           278,  6460,   297,  3037,  7582,   941, 29892,  7513, 29892,   297, 29871, 29896, 29929,
         29946, 29947, 29889, 21869,  5061,  8625,   471,  6345,   297, 29871, 29896, 29929, 29896,
         29900, 29892,   322,  1183,  4689,   902,   664,   411,   278,  6460,   297,  3037,  7582,
           941, 29892,  7513, 29892,   297, 29871, 29896, 29929, 29946, 29947, 29889,  2296,  3796,
           411,   278,  6460,   297,  3037,  7582,   941, 29892,  7513, 29892,   297, 29871, 29896,
         29929, 29946, 29947, 29889, 21869,  5061,  8625,   471,  6345,   297, 29871, 29896, 29929,
         29896, 29900, 29892,   322,  1183,  4689,   902,   664,   411,   278,  6460,   297,  3037,
          7582,   941, 29892,  7513, 29892,   297, 29871, 29896, 29929, 29946, 29947, 29889,  2296,
          3796,   411,   278,  6460,   297]])
```

上面的 ids 值可以轉為文字：

```
print(tokenizer.decode(seq[0]))
```

```
<pad><pad><pad><pad><pad><pad><pad><pad><pad><pad><pad><pad><pad>
<pad><pad><pad><pad><pad><pad><pad><pad><pad><pad><pad><pad>
<pad><pad><pad><pad><pad><pad><pad><pad><pad><pad><pad><pad>
<pad><pad><pad><pad><pad><pad><pad><pad><pad><pad><pad><pad>
<pad><pad><pad><pad><pad><pad><pad><pad><pad><pad><pad><pad>
<pad><pad><pad><pad><pad><pad><pad><pad><pad><pad><pad><pad>
<pad><pad><pad><pad><pad><pad><pad><pad><pad><pad><pad><pad>
<pad><pad><pad><s>

Human:What can you tell me about the life of Mother Teresa

Assistant:Mother Teresa was born in Albania in 1910,and she began her work with
the poor in Calcutta,India,in 1948.She founded the Order of the Missionaries of
Charity,and worked with them for the rest of her life.Mother Teresa received
many awards and accolades for her work,and even was awarded the Nobel Peace
Prize.She spent her whole life helping the poor and destitute.She lived in
extreme poverty herself,and was incredibly humble,but she touched the lives of
many people around the world.

Human:anything else I should know about her?

Assistant: Mother Teresa was born in 1910,and she began her work with the
poor in Calcutta,India,in 1948.She founded the Order of the Missionaries of
Charity,and worked with them for the rest of her life.Mother Teresa was born in
1910,and she began her work with the poor in Calcutta,India,in 1948.She worked
with the poor in Calcutta,India,in 1948.Mother Teresa was born in 1910,and she
began her work with the poor in Calcutta,India,in 1948.She worked with the
poor in Calcutta,India,in 1948.Mother Teresa was born in 1910,and she began
her work with the poor in Calcutta,India,in 1948.She worked with the poor in
Calcutta,India,in 1948.Mother Teresa was born in 1910,and she began her work
with the poor in Calcutta,India,in 1948.She worked with the poor in
```

底線部分是演員模型推理的回應部分。

8.9.5 計算對數機率

下面的程式是將上面生成的序列用模型生成 logits，再經過歸一化後生成對數機率。由於有兩個模型，所以也計算了兩個的對數機率，用於生成演員模型的損失函數：

```
import torch.nn.functional as F
import torch

def gather_log_probs(logits,labels):
    log_probs = F.log_softmax(logits,dim=-1)
    log_probs_labels = log_probs.gather(dim=-1,index=labels.unsqueeze(-1))
    return log_probs_labels.squeeze(-1)

pad_token_id = tokenizer.pad_token_id
attention_mask = seq.not_equal(pad_token_id).long()

output = actor_model(seq,attention_mask=attention_mask)
output_ref = ref_model(seq,attention_mask=attention_mask)

logits = output.logits
logits_ref = output_ref.logits

logprobs = gather_log_probs(logits[:,:-1,:],seq[:,1:])ref_logprobs = gather_log_
probs(logits_ref[:,:-1,:],seq[:,1:])
```

程式中的 logits 和 logits_ref 是演員模型和參考模型生成的 logits。

logits 形狀的定義為 [batch_size,seq_len,hiden_dim]，例子中的形狀為 [1,512, 55296]，不考慮樣本批次，代表著這一個樣本中每個標記預測的下一個標記的未歸一化的機率，這個機率值的索引對應詞彙表的索引。就是說，詞彙表中定義的任何一個標記，都有可能是該樣本標記預測出現的標記，只是機率大小問題。

這樣的話，一個標記上一個樣本標記對應的 logits 值，是該模型預測的該標記的機率，可以代表預測值（需要計算），而標記是實際值。圖 8-21 用具體資料標明樣本標記（實際值）與 logits 值（預測值）的錯位對齊。

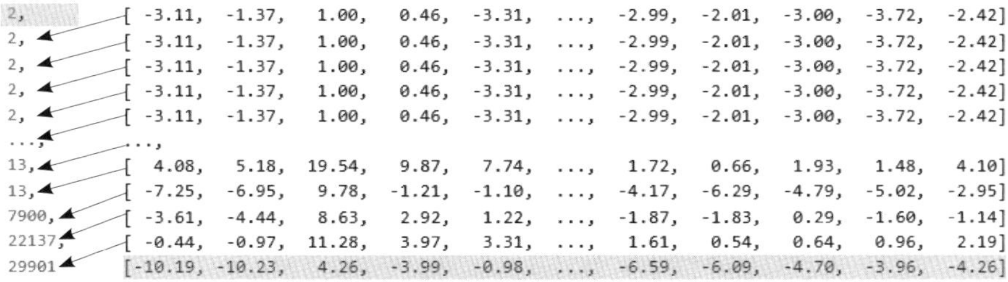

```
2,        [ -3.11,  -1.37,   1.00,   0.46,  -3.31,  ...,  -2.99,  -2.01,  -3.00,  -3.72,  -2.42]
2,        [ -3.11,  -1.37,   1.00,   0.46,  -3.31,  ...,  -2.99,  -2.01,  -3.00,  -3.72,  -2.42]
2,        [ -3.11,  -1.37,   1.00,   0.46,  -3.31,  ...,  -2.99,  -2.01,  -3.00,  -3.72,  -2.42]
2,        [ -3.11,  -1.37,   1.00,   0.46,  -3.31,  ...,  -2.99,  -2.01,  -3.00,  -3.72,  -2.42]
2,        [ -3.11,  -1.37,   1.00,   0.46,  -3.31,  ...,  -2.99,  -2.01,  -3.00,  -3.72,  -2.42]
...,      ...,
13,       [  4.08,   5.18,  19.54,   9.87,   7.74,  ...,   1.72,   0.66,   1.93,   1.48,   4.10]
13,       [ -7.25,  -6.95,   9.78,  -1.21,  -1.10,  ...,  -4.17,  -6.29,  -4.79,  -5.02,  -2.95]
7900,     [ -3.61,  -4.44,   8.63,   2.92,   1.22,  ...,  -1.87,  -1.83,   0.29,  -1.60,  -1.14]
22137,    [ -0.44,  -0.97,  11.28,   3.97,   3.31,  ...,   1.61,   0.54,   0.64,   0.96,   2.19]
29901     [-10.19, -10.23,   4.26,  -3.99,  -0.98,  ...,  -6.59,  -6.09,  -4.70,  -3.96,  -4.26]
```

▲ 圖 8-21 樣本標記與 logits 值的錯位對齊

gather_log_probs 函數的輸入就是取了 logits 從 0 開始，而樣本 seq 從 1 開始，這樣在函數中 logits 的 *i* 行對應 seq 的 *i*+1 行。

gather_log_probs 函數除了用 F.log_softmax 做歸一化處理外，主要是傳回了標記的對數機率值。在用演員模型推理時，傳回的下一個標記對應 logits 值的下標，logits[0,3,217]，其中 0 是樣本批次，3 是標記序號，297 是該標記在詞彙表中的索引，對應單字 'in'。至於為什麼會從這樣多詞彙（對應詞彙表長度 55296）選擇這個標記，是由演算法確定的，如果採用貪心演算法，則是這個標記的對數機率最高。

當同樣的文字再用相同或不同的模型進行預測時，這個對數機率會變化。gather 函數就是取同一個標記在新推理中的對數機率。

PyTorch 中的 gather 函數是一個用於在指定維度上根據提供的索引集合提取 Tensor 元素的函數。以下是對 torch.gather 函數的詳細說明：

```
python
torch.gather(input,dim,index,out=None,sparse_grad=False)-> Tensor
```

參數解釋：

（1）input：輸入的 Tensor，其中要從該 Tensor 中按照索引進行元素提取。

（2）dim：一個整數，表示在哪個維度上進行聚集操作。這個值應該是從 0 開始的（在 Python 風格的索引中，第一個維度是 0）。

（3）index：一個 LongTensor，包含要在 input 中選擇元素的索引。它的形狀應該與 input 在 dim 維度上的形狀相同，或者可以廣播到該形狀。

（4）out（可選）：如果提供，結果將被儲存在這個 Tensor 中。如果沒有提供，將建立一個新的 Tensor 來儲存結果。

（5）sparse_grad（可選）：一個布林值，表示梯度是否應為稀疏 Tensor，預設為 False。gather 函數的主要功能是根據 index 參數提供的索引，在 input 的指定維度 dim 上選取元素，並將這些元素組合成一個新的 Tensor。

logprobs 和 ref_logprobs 的形狀為 [1,511], 分別對應兩個模型的對數機率。現在最後一個標記，標記的 ids 為 297。分別可以從 logprobs[0,510] 和 ref_logprobs[0,510] 讀到均為 -0.0011。

```
print(f'{logits.size()=}\n{logprobs.size()=}')
```

```
logits.size()=torch.Size([1,512,55296])
logprobs.size()=torch.Size([1,511])
```

```
print(f'{logprobs[0,511-1]=}\n{ref_logprobs[0,511-1]=}')
```

```
logprobs[0,511-1]=tensor(-0.0011,grad_fn=<SelectBackward0>)ref_logprobs[0,511-
1]=tensor(-0.0011,grad_fn=<SelectBackward0>)
```

用以下程式可以讀出從形狀為 [1,512,55296] 的 logits 中，對應標記為 297 的對數機率的，結果與最後傳回的相同：

```
lables = seq[:,1:]
t = lables[0,510]
log_probs = F.log_softmax(logits[:,:-1,:],dim=-1)
print(log_probs[0,510,t])
```

```
tensor(-0.0011,grad_fn=<SelectBackward0>)
```

8.9.6 計算期望獎勵

呼叫獎勵模型中定義的 forward_value 函數，可以對演員模型生成的序列計算獎勵分數。獎勵分數是一個純量值，這個純量值用於評價演員模型生成序列的品質。

由於演員模型生成序列由多個標記組成，每個標記又有多個隱層向量，因此，要將一個序列表示成一個純量。純量值的生成分成兩步。

第一步，在 RLHF 第 2 步的獎勵模型訓練中，增加了一個線性變換。

```
v_head = nn.Linear(critic_model.config.hidden_size,1,bias=False)
```

將隱層向量（有 4 096 個元素）轉換成一個純量，這樣每個標記可以表示成一個純量。現在序列長度為 512，就是一個長度為 512 的純量值向量。獎勵模型中函數 forward_value 傳回 values 的就是這個向量。

第二步，取 values 的某個值來代表整個序列，該值傳回為 chosen_end_scores。常用選擇是取序列中回答部分的最後一個標記的純量值。如果回答後面沒有填空白標記，那麼預設選擇序列的最後一個標記的純量值作為整個序列的獎勵分數。

下面程式直接呼叫 reward_model.forward_value 生成獎勵分數 reward_score 和經過第一步處理產生的序列純量值向量 values，主要用來說明第二步的演算法。

```
pad_token_id = tokenizer.pad_token_id
attention_mask = seq.not_equal(pad_token_id).long()

_reward_score = reward_model.forward_value(
    seq,attention_mask,
    prompt_length=prompt_length)

reward_score = _reward_score['chosen_end_scores']
print(f'{reward_score = }')
```

```
values = _reward_score['values']
print(f'{_values.size()=}')
```

```
reward_score = tensor([-1.0078],grad_fn=<StackBackward0>)values.size()=torch.
Size([1,512])
```

下面程式分析一下 forward_value 函數的原理，說明如何從 values 獲得獎勵分數：

```
input_ids = seq
PAD_ID = tokenizer.pad_token_id

bs = values.size(0)
seq_len = input_ids.shape[1] chosen_end_scores = []
for i in range(bs):
    input_id = input_ids[i]
    value = values[i]

    c_inds = (input_id[prompt_length:] == PAD_ID).nonzero()

    # 這裡僅使用序列的回答部分，不關注開始的填空
    c_ind = c_inds[0].item() + prompt_length if len(
        c_inds) > 0 else seq_len
    chosen_end_scores.append(value[c_ind - 1])
```

程式中序列 seq 包括提示和回答兩部分，seq_len 是整個序列的長度，prompt_length 是提示的長度。

8.9.7 KL 散度

KL 散度估計是機器學習中的一種方法，用於衡量兩個機率分佈之間的差異程度。KL 散度定義為從一個機率分佈 P 轉移到另一個機率分佈 Q 時所喪失的資訊量的期望值。在強化學習和生成對抗網路等場景中，KL 散度常常被用來作為獎勵函數的一部分，以引導模型的行為更接近目標分佈。

在離散的情況下，KL 散度簡化為對每個可能的狀態求和：

$$D_{\mathrm{KL}}(P \| Q) = \sum_i P(i) \log\left(\frac{P(i)}{Q(i)}\right)$$

在實際應用中，可能會遇到除法導致的浮點數下溢或上溢、計算效率等問題。為此，可以採用另一種方法來計算 KL 散度，即將兩個分佈之間的差異轉為它們的對數機率差的形式。具體來說，我們可以將公式改寫為

$$D_{\mathrm{KL}}(P \parallel Q) = \sum_i P(i)(\log(P(i)) - \log(Q(i)))$$

在這種情況下，我們不再需要進行除法運算，而是直接比較生成序列（模型行為）和參考模型舉出的對數機率之差。這不僅提高了計算的穩定性和效率，而且在某些情況下可能更容易最佳化。

在 RLHF 中，我們通常會對生成序列與參考模型的對數機率之差進行負向懲罰，以鼓勵模型的行為更加接近參考行為。這種方法可以有效地指導模型學習更優的行為策略，並且更進一步地適應不同的環境和任務。

8.9.8 計算實際獎勵

compute_rewards 函數用於計算獎勵（rewards），是用於計算優勢與回報的輸入參數之一。函數核心是 KL 散度估計的計算。

（1）計算 KL 散度估計。使用給定的 log_probs（當前策略的對數機率）和 ref_log_probs（參考策略的對數機率）計算 KL 散度估計。在這裡，KL 散度估計被用作初始獎勵值。用超參數 kl_ctl 控制 KL 散度在獎勵計算中的權重。

（2）根據 action_mask 計算每個樣本的有效標記數。有效標記從輸入提示的最後一個標記 start 到 action_mask 遇到填空白標記為止 ends。

（3）從提示的最後一個標記開始計算有效標記是為了更進一步地模擬實際互動過程，因為提示通常是預先給定的固定輸入，而模型生成的部分是從提示的末尾開始的。透過從最後一個標記開始計算有效標記，我們可以更準確地評估和最佳化模型生成部分的性能。還可以在關注模型生成輸出的同時，保留一定的與提示相關的資訊。

（4）截斷輸入的 reward_score。使用 torch.clamp 函數將 reward_score 截斷到 -clip_reward_value 和 clip_reward_value 之間。這個操作可以防止獎勵值過大或過小，影響訓練穩定性。

（5）遍歷所有樣本，將截斷後的 reward_score 增加到 KL 散度估計值在最後一個有效標記的位置，並作為獎勵傳回。

總結一下，compute_rewards 函數首先根據演員模型和參考模型的對數機率計算 KL 散度估計，並將這個 KL 散度估計作為初始獎勵值。然後，函數將來自獎勵模型的 reward_score 經過截斷處理後，加到每個樣本有效標記序列的最後一個標記對應的 KL 散度估計上。這樣傳回的獎勵融合了來自演員模型、參考模型以及獎勵模型的計算結果，旨在結合策略相似性（透過 KL 散度估計）和外部回饋（透過 reward_score）來最佳化模型的決策。

```
self.kl_ctl = 0.1
self.clip_reward_value = 5

def compute_rewards(self,prompts,log_probs,ref_log_probs,reward_score,action_mask):
    # 計算 KL 散度估計，其中 kl_ctl 是控制 KL 散度的超參數
    kl_divergence_estimate = -self.kl_ctl*(log_probs-ref_log_probs)

    # 將 KL 散度作為初始獎勵值
    rewards = kl_divergence_estimate

    # 根據 action_mask 計算每個樣本的有效標記數，並找到對應的起始和結束位置
    start = prompts.shape[1]-1
    ends = start + action_mask[:,start:].sum(1)+ 1

    # 對 reward_score 進行截斷處理，限制其取值範圍在 -clip_reward_value 和 clip_reward_value 
之間
    reward_clip = torch.clamp(reward_score,-self.clip_reward_value,self.clip_reward_
value)

    # 獲取 batch_size
    batch_size = log_probs.shape[0]

    # 遍歷所有樣本，對最後一個有效 token 的位置增加截斷後的 reward_score
```

```
    for j in range(batch_size):
        rewards[j,start:ends[j]][-1]+= reward_clip[j]

    return rewards
```

torch.clamp() 是 PyTorch 中的一個函數，用於對張量中的元素進行夾緊操作。夾緊意味著將張量中每個元素的值限制在指定的最小值和最大值之間。如果元素的值小於最小值，則將其設置為最小值；如果元素的值大於最大值，則將其設置為最大值。

比如：

```
x = torch.tensor([-2.5,-1.0,0.0,1.0,2.5])
clamped_x = torch.clamp(x,min=-1,max=1)
print(clamped_x)
```

輸出為

```
tensor([-1.,-1.,0.,1.,1.])
```

8.9.9 優勢函數

優勢函數在強化學習中是一個非常重要的概念，它衡量了在一個特定狀態下採取某個動作相對於當前策略下所有可能動作的預期回報的差異。這個差異被稱為「優勢」，它可以用來指導模型最佳化其行為策略。從數量關係來看，就是隨機變數相對平均值的偏差。

更正式地，給定一個狀態 s 和一個動作 a，優勢函數可以表示為

$$A(s,\ a) = Q(s,\ a) - V(s)$$

其中，

$Q(s,a)$ 是動作價值函數（Action-Value Function），表示在狀態 s 下執行動作 a 後獲得的期望回報。

$V(s)$ 是狀態價值函數（State-Value Function），表示不論選擇哪個動作，在狀態 s 下的期望回報。

透過計算優勢函數，我們可以了解到哪些動作比其他動作表現得更好。如果優勢函數的值為正，那麼這表明該動作優於平均水準；如果值為負，則表明該動作不如平均水準；如果值為 0，則表示該動作與平均水準相當。

優勢函數的重要應用是在演員 - 評論家演算法中，其中演員負責選擇動作，而評論家則評估這些動作的價值。在這種情況下，優勢函數被用來更新演員的參數，以使它更傾向於選擇具有更高優勢的動作。此外，優勢函數還可以用於確定要學習的目標值，從而改善訓練效率和收斂性。

傳統的優勢估計方法通常使用差分獎勵來估計優勢值，但這種方法存在偏差和方差較大的問題。GAE 透過引入一個截斷因數來平衡偏差和方差，從而更準確地估計優勢函數。

具體來說，GAE 使用一個參數 λ（介於 0 和 1 之間），對未來的獎勵進行折現，並計算出一個加權的累積獎勵。然後，利用累積獎勵和當前狀態值函數的差異來估計優勢值。這種方法可以提供更加準確的優勢估計，從而改善策略梯度演算法的性能。

8.9.10 計算優勢和回報

優勢和回報分別直接用在演員模型和評論家模型的損失函數中，將被用於訓練演員模型和評論家模型。get_advantages_and_returns 函數透過通用優勢估計（GAE）演算法來計算優勢和回報。

函數最後計算出的 lastgaelam 向量，包含了從開始到結束每個時間步的優勢估計。時間步通常與標記序列（token sequence）相對應。每個時間步表示生成或處理序列中的標記。在使用 GAE 計算優勢時，這個時間步的概念非常重要，因為它定義了如何逐步計算和累積優勢估計。透過反向遍歷時間步，我們可以從後向前計算每個時間步的優勢，並考慮到未來獎勵的影響，這有助最佳化策略和價值函數的學習過程。

每步的核心演算法可以描述如下。

（1）當前為時間步 t。

（2）計算 TD(λ) 錯誤（delta）：delta = rewards[t]+ gamma × values[t + 1]- values[t]。

（3）更新 GAE 優勢估計（lastgaelam）：lastgaelam[t]= delta + gamma × lam × lastgaelam[t + 1]。

GAE 演算法中用到兩個主要超參數：折扣因數 gamma（γ）和衰減因數 lam（λ）。它們的值可以設為 gamma = 1.0，lam = 0.95。

將反向儲存的優勢估計列表 advantages_reversed 反轉並堆疊成一個張量 advantages，維度為 (batch_size,time_steps)。

計算回報（returns）：將優勢 advantages 加上從 start 開始的價值 values [:, start:]。

```
gamma = 1.0
lam = 0.95

def get_advantages_and_returns(self,values,rewards,start):
    lastgaelam = 0# 初始化通用優勢估計（Generalized Advantage Estimation,GAE）
    advantages_reversed = []# 儲存反向計算的優勢
    length = rewards.size()[-1]# 獲取獎勵序列長度

    # 反向遍歷所有時間步
    for t in reversed(range(start,length)):
        nextvalues = values[:,t + 1]if t < length-1 else 0.0# 計算下一個狀態的價值函數
        delta = rewards[:,t]+ C*nextvalues-values[:,t]  # 計算 delta
        lastgaelam = delta + gamma*lam*lastgaelam# 更新 lastgaelam
        advantages_reversed.append(lastgaelam)  # 將優勢增加到串列中

    advantages = torch.stack(advantages_reversed[::-1],dim=1)# 將優勢串列轉換為張量
    returns = advantages + values[:,start:]# 計算回報

    return advantages.detach(),returns# 傳回優勢和回報
```

8.9.11 損失函數

RLHF 訓練的核心是對演員模型和評論家模型進行訓練，訓練的前提是計算兩個模型的損失函數：actor_loss 和 critic_loss。作為強化學習的核心，計算這個損失函數需要用到優勢（advantages）和回報（returns）兩個值，為了方便理解，這裡先假設優勢為 1，回報為 2。最後介紹這兩個值的來源。

1. 演員模型的損失函數

這個損失函數的目標是透過最大化期望回報來最佳化演員模型的策略。透過對數機率比、優勢和裁剪操作，該函數旨在平衡探索新策略和利用已有策略之間的關係，同時保持訓練過程的穩定性。在實際應用中，透過最小化這個損失函數，演員模型能夠逐步改進其行動策略並改善在環境中的表現。在提供的程式部分中，首先計算了 actor_prob（當前策略的對數機率），然後使用 gather_log_probs 函數獲取與實際動作對應的對數機率，最後呼叫 actor_loss_fn 計算並傳回損失。

（1）計算對數機率比。計算當前策略（由 actor_model 生成）的對數機率 logprobs 與舊策略的對數機率 old_logprobs 的差值，並乘以動作遮罩（mask）。這個結果被稱為對數機率比（log ratio）。

（2）計算優勢加權的損失。計算兩種形式的政策梯度損失（policy gradient loss）：

pg_loss1：這是優勢（advantages）與對數機率比的負值之積。大的對數機率比（表示新策略優於舊策略）和正的優勢將導致大的損失，鼓勵智慧體選擇這些動作。

pg_loss2：這是優勢與裁剪後的對數機率比的負值之積。對數機率比被裁剪在 [1.0-cliprange,1.0 + cliprange] 範圍內，這是為了穩定訓練並避免過度更新策略。

（3）使用 torch.max 函數比較 pg_loss1 和 pg_loss2，並取兩者中的較大值。這樣做的目的是在未裁剪和裁剪的損失之間選擇一個較大的損失，以實現更穩定的訓練。

（4）將最大損失與動作遮罩元素 -wise 相乘並求和，然後除以遮罩元素之和進行歸一化。這一步確保了在計算總損失時只考慮有效（非零）的動作。

```
def critic_loss_fn(values, old_values, returns, mask):
cliprange = 0.2

def actor_loss_fn(logprobs, old_logprobs, advantages, mask):
    ## policy gradient loss
    log_ratio = (logprobs - old_logprobs) * mask
    ratio = torch.exp(log_ratio)
    pg_loss1 = -advantages * ratio
    pg_loss2 = -advantages * torch.clamp(ratio, 1.0 - cliprange,
                                         1.0 + cliprange)
    pg_loss = torch.sum(torch.max(pg_loss1, pg_loss2) * mask) / mask.sum()
    return pg_loss

batch = {'input_ids': seq, "attention_mask": attention_mask}
actor_prob = actor_model(**batch, use_cache=False).logits
actor_log_prob = gather_log_probs(actor_prob[:, :-1, :], seq[:, 1:])
actor_loss = actor_loss_fn(actor_log_prob[:, start:],
                           logprobs[:, start:], advantages,
                           action_mask[:, start:])
```

2. 評論家模型的損失函數

計算損失函數用的是評論家模型傳回的價值（value），只考慮演員模型生成的回答部分，即從 start 開始的值。

該損失函數的核心是對價值的裁剪及計算價值與回報的平方差。

（1）使用 torch.clamp 函數對 values 進行裁剪（clipping）。裁剪的範圍是 old_values-cliprange_value 到 old_values + cliprange_value。這個操作可以防止價值估計值（values）在訓練過程中發生過大變化，從而穩定學習過程。超參數 cliprange_value 定義為 0.2。

（2）計算兩種形式的價值損失（value loss）：

vf_loss1：這是未裁剪的價值與回報（returns）之間的平方誤差。vf_loss2：這是裁剪後的價值與回報之間的平方誤差。

價值（value）和回報（return）都是用來評估一個狀態或一個行動序列優劣的指標，它們之差可以被視為評論家模型的預測誤差。如果這個差值較小，說明評論家模型的預測較為準確；如果差值較大，則表明模型的預測能力有待提高。

torch.max(vf_loss1,vf_loss2) 使用 torch.max 函數比較 vf_loss1 和 vf_loss2，並取兩者中的較大值。這樣做的目的是在裁剪和未裁剪的價值損失之間選擇一個較大的損失，以實現更穩定的訓練。

（3）將最大價值損失與動作遮罩（mask）元素 -wise 相乘，並求和。然後，除以遮罩元素之和進行歸一化。這一步確保了在計算總損失時只考慮有效（非零）的動作。

```
def critic_loss_fn(values,old_values,returns,mask):
    ##value loss
    values_clipped = torch.clamp(
        values,
        old_values-cliprange_value,
        old_values + cliprange_value,
    )
    if compute_fp32_loss:
        values = values.float()
        values_clipped = values_clipped.float()
    vf_loss1 = (values-returns)**2
    vf_loss2 = (values_clipped-returns)**2
    vf_loss = 0.5*torch.sum(
        torch.max(vf_loss1,vf_loss2)*mask)/mask.sum()
    return vf_loss

value = critic_model.forward_value(**batch,
                                    return_value_only=True,
                                    use_cache=False)[:,:-1]
critic_loss = critic_loss_fn(value[:,start:],old_values[:,start:],
                             returns,action_mask[:,start:])
```

9 模型推理

9.1 模型檔案

模型檔案分為三種：預訓練模型、微調模型和增量（Lora）模型。其中預訓練模型又稱為基礎模型，微調模型又稱為監督微調模型。

可用於推理的模型有兩類：預訓練模型和微調模型。預訓練模型一般作為微調模型的基座模型，不直接使用。Llama 2 中微調模型加了 chat，這是一個經過監督微調的模型。因此，如果用 Llama 2 的 7B 模型做測試，應下載微調模型檔案 llama-2-7b-chat。

增量模型不能單獨使用，必須和用於增量微調的預訓練模型一起使用。

圖 9-1 是中文模型 Chinese-LLaMA-Alpaca-2 訓練時，不同模型之間的關係。

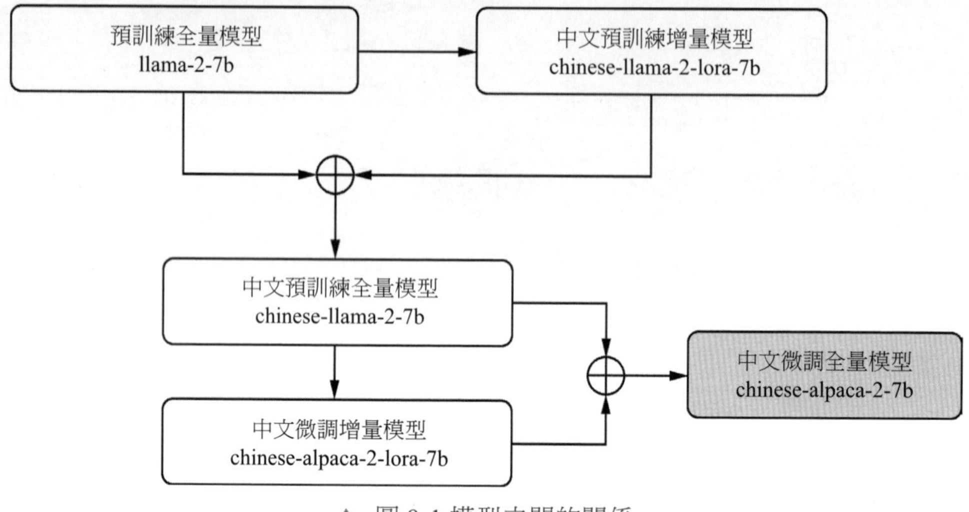

▲ 圖 9-1 模型之間的關係

考慮到中文測試的需要，本章主要用 Chinese-LLaMA-Alpaca-2 的微調模型（專案中稱為指令 / 對話模型），名稱為 Chinese-Alpaca-2-7B，下載網址：

https://huggingface.co/ziqingyang/chinese-alpaca-2-7b

這裡下載的是完整模型，而非增量 LoRA 模型。

9.2 推理

自然語言處理和其他深度學習任務一樣，主要包括兩個階段：模型訓練和模型推理。模型訓練是指透過學習演算法和大量的訓練資料來建立模型，這個過程通常需要複雜的技術和大量的運算資源，但通常是一次性的任務。一旦模型訓練完成並最佳化到滿意的性能，就可以進行模型推理，也被稱為預測。

在硬體資源（主要是 GPU）的使用上，模型訓練通常需要更強大和更多的裝置，因為訓練過程涉及大量的計算，如反向傳播和梯度下降等。此外，訓練過程通常需要大的儲存空間來儲存訓練資料和模型參數。

相比之下，模型推理對硬體的需求通常較低，因為它主要涉及的是前向傳播，即根據輸入資料生成預測結果，這個過程的計算量通常較小。然而，模型推理通常需要長期執行，並且可能需要服務大量的使用者請求，這就需要模型快速回應並處理大量併發的請求。

圖 9-2 展示了大型語言模型的訓練模式與推理模式的區別。

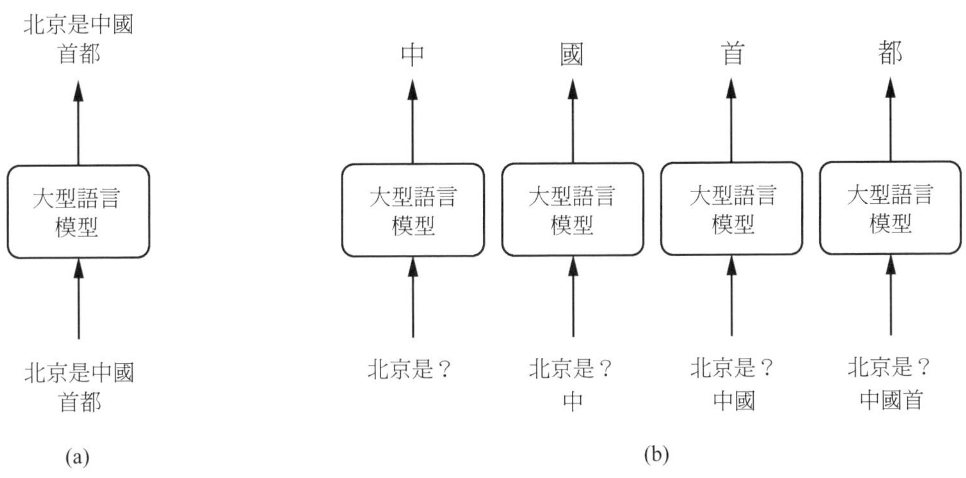

▲ 圖 9-2 大型語言模型的訓練與推理
（a）訓練模型；（b）推理模型

推理是基於某個訓練成功的模型，因此有幾個重要的事項需要注意。

（1）輸入資料的前置處理：模型接受特定格式的輸入資料，通常需要經過分詞、編碼、轉為張量等步驟。不同的模型可能需要不同的前置處理步驟，因此需要仔細閱讀模型的文件和相關資料，以確保正確地前置處理輸入資料。

（2）模型和資料的裝置一致性：模型和資料需要在同一裝置（CPU 或 GPU）上。如果你在 GPU 上訓練了模型，然後在 CPU 上進行推理，你需要確保將模型移動到 CPU。這可以透過呼叫模型的 to() 方法完成。

（3）模型的模式：模型有兩種模式：訓練模式和評估模式。在進行推理時，需要將模型設置為評估模式，以關閉一些隻在訓練時需要的功能，如 Dropout 和 BatchNorm。這可以透過呼叫模型的 eval() 方法完成。

（4）解析模型輸出：模型的輸出通常是一個複雜的結構，包含了模型的各種資訊。你需要根據你的任務來解析這個輸出，提取你需要的資訊。這一步可能需要一些對模型內部結構的理解和相關知識。

（5）記憶體管理：大型模型和 / 或大量資料可能會佔用大量記憶體。在進行推理時，需要注意記憶體管理，如適當地釋放不再需要的記憶體，或使用小量處理來減少記憶體使用。

（6）模型版本和函數庫版本的一致性：如果你在一個版本的函數庫上訓練了模型，然後在另一個版本的函數庫上進行推理，可能會遇到問題。最好在同一版本的函數庫上進行訓練和推理。

大型語言模型的推理過程可以簡單地分為三個主要步驟：輸入處理、上下文理解和輸出生成。

（7）輸入處理：在推理開始之前，首先需要對輸入進行處理。這包括對輸入文字進行分詞、標記化和編碼，以便模型理解和處理它。一般情況下，輸入文字會被分成固定長度的序列，並進行適當的編碼，以便模型對其進行處理。

（8）上下文理解：在模型理解輸入後，它會透過學習到的語言知識和上下文資訊來理解輸入的含義。這包括對輸入文字中的每個詞或標記進行編碼表示，並使用這些編碼表示來捕捉詞之間的語義關係和上下文資訊。透過對之前的上下文進行建模，模型可以提取出相關的語境資訊，並基於此來生成更準確和合理的回答。

（9）輸出生成：最後，模型將使用上下文理解來生成輸出。它會根據輸入文字和上下文資訊，預測下一個可能的詞或標記，並將其增加到輸出序列中。這個過程會不斷迭代，直到生成所需的完整回答或文字。

9.2.1 單輪推理

單輪推理指模型在每一輪對話中根據上文生成下文，不考慮對話的歷史記錄。模型只關注當前的上下文資訊，並根據該資訊生成回應。這種推理方式通常用於任務型對話系統或簡單的問答任務。

9.2.2 多輪推理

多輪推理指模型在對話中考慮了對話的歷史記錄，並根據這些歷史記錄生成下一輪的回應。模型需要理解並記住之前的對話內容，以便更進一步地處理後續的對話。多輪推理更適用於開放領域的對話任務，如閒聊對話系統或長篇對話生成。

多輪推理相對於單輪推理在效率上更高一些。這是因為在多輪推理中，模型只需要在開始時載入一次，並在整個對話過程中重複使用，不需要每一輪都重新載入模型檔案。這樣可以節省載入模型的時間和資源，並提高整體的推理速度。

多輪推理在處理一系列對話時通常更高效，特別是對於大型語言模型，因為其模型檔案較大，載入時間較長。然而，需要注意的是，多輪推理可能需要更多的記憶體來維護對話的歷史記錄，這可能對資源要求產生一定的影響。

9.3 GPU 推理

9.3.1 單卡

GPU 在大型語言模型推理應用中起著重要的作用。大型語言模型通常具有巨大的參數量和複雜的計算需求，在 CPU 上進行推理可能會面臨計算速度慢的問題。而 GPU 身為高度平行的計算硬體，可以有效地加快大型語言模型的推理速度。

在單卡環境中，GPU 可以大幅提升推理的速度。由於大型語言模型的計算密集型特性，GPU 具備平行處理大量操作的能力，可以同時執行多個計算任務，從而加速推理過程。透過將模型的輸入資料分成多個小量平行計算，GPU 可以高效率地完成模型的推理。

在 PyTorch 中，可以透過判斷 cuda 是否存在，確定 device 是指向 GPU，還是 CPU。

```
if torch.cuda.is_available():
    device = torch.device(0)
else:
    device = torch.device('cpu')
```

9.3.2 多卡

在多卡環境中，可以進一步加快推理速度。透過多個 GPU 平行計算，可以將模型的計算負載分配給不同的 GPU 進行處理，實現更高的輸送量和更快的推理速度。可以採用多種平行計算技術，如數據平行（Data Parallelism）、模型平行（Model Parallelism）或管線平行（Pipeline Parallelism），將多個 GPU 的運算能力充分發揮出來。

以下是一些常見的使用多卡平行計算技術進行推理的方法。

（1）模型平行：這種方法在推理階段尤其有用，尤其是當模型太大，無法在單一 GPU 上完全載入時。在模型平行中，模型被分割成幾個部分，並在多個 GPU 上平行。每個 GPU 都處理模型的一部分，然後結果被聚合以產生最終的輸出。

（2）管線平行：這種方法是模型平行的一種變形，它進一步最佳化了模型在多個 GPU 上的執行。在管線平行中，模型的不同部分在不同的時間點在各個 GPU 上執行。這就像一個裝配線，每個 GPU 是一個工作站，每個工作站負責模型的一部分。這種方法可以進一步提高 GPU 的使用率和整體的推理速度。

（3）資料平行：模型的副本在每個 GPU 上都有一份，每個 GPU 處理資料集的不同部分。具體來說，輸入資料被分割成多個批次，每個 GPU 處理一個批次的資料，然後計算其輸出，各個 GPU 計算出的輸出可以直接用於下一步的處理。資料平行的主要優點是它可以有效地利用多個 GPU，提高計算速度。然而，資料平行也有一些挑戰，例如需要管理資料的分割和聚合，以及在多個 GPU 之間同步模型參數。此外，資料平行也需要大量的記憶體和高速的網路連接，以支援在 GPU 之間傳輸資料和參數。

這三種方法都需要精心設計和最佳化，以確保所有的 GPU 都被充分利用，並且通訊銷耗被最小化。此外，它們通常需要特定的硬體和軟體支援，例如高速的網路連接和最佳化的平行計算函數庫。

在實際應用中，以上這些方法可能會同時使用，以適應不同的需求和條件。舉例來說，一個大型的語言模型可能會被分割成多個部分（模型平行），然後每個部分進一步在多個 GPU 上平行處理資料（管線平行）。

多卡 GPU 在推理中有以下幾個方面發揮作用。

（1）Batch 推理：多卡 GPU 可以幫助提高批次推理的效率。可以將多個樣本一起輸入模型中進行推理，這樣可以利用多卡的平行計算能力同時處理多個樣本，提高整體的推理速度。

（2）分散式推理：透過將模型的權重分佈到多個 GPU 上，並存執行推理過程，可以進一步提高推理效率。在分散式推理中，多個卡的 GPU 可以協作工作，每個卡計算不同的樣本或不同的部分，最終合併結果，加快整體的推理速度。

（3）負載平衡：利用多卡 GPU 可以更進一步地實現負載平衡，將不同部分的推理任務分配給不同卡進行處理。這樣可以避免某些卡閒置，充分利用所有卡的運算資源，提高整體的效率。

然而，在多卡環境中，需要進行額外的最佳化和管理。如數據的劃分、GPU 之間的通訊以及模型參數的同步等。需要確保資料的正確劃分和分發，以及各個 GPU 間的負載平衡，避免因資源競爭或通訊銷耗導致的性能下降。這需要實行合理的模型和資料平行策略，並使用專門的工具函數庫或框架來管理多個 GPU 的協作工作。

9.3.3 多機

多機推理是指在多台電腦或伺服器上進行模型推理的過程。這種方式通常被用於處理大規模的資料或複雜的模型，其中單台機器的運算能力無法滿足需求。多機推理可以大大提高計算效率和輸送量，使處理大規模資料或複雜模型成為可能。

多機推理的主要方式有以下幾種。

（1）資料平行：這是一種最常見的方式，資料被分割到多台機器上，每台機器都有模型的一份副本並處理一部分資料。這種方式的優點是可以大大提高輸送量，但需要注意的是，資料的分割和結果的合併可能會增加額外的銷耗。

（2）模型平行：在模型平行中，模型被分割到多台機器上，每台機器負責處理模型的一部分。這種方式對於那些無法在單台機器上執行的大型模型非常有用。但是，模型的分割和結果的合併可能會增加額外的通訊銷耗。

（3）管線平行：在管線平行中，模型的不同部分在不同的時間點在各台機器上執行，就像裝配線一樣。這種方式可以進一步提高計算效率，但需要仔細設計和最佳化以確保所有的機器都被充分利用。

多機推理和多 GPU 推理（或稱為多卡推理）是兩種不同層次的平行計算策略，它們可以獨立使用，也可以聯合使用以提高計算效率，形成多機多卡的推理策略。在這種策略中，每台機器可以有多個 GPU，計算任務被分佈到這些 GPU 上進行。這種策略可以進一步提高計算效率，特別是對於那些需要大量運算資源的任務。

然而，多機多卡的推理策略也帶來了一些挑戰，例如如何有效地分配任務，如何同步不同 GPU 或機器之間的計算結果，如何處理通訊銷耗等。因此，需要使用專門的分散式運算框架，例如 TensorFlow 的分散式版本或 PyTorch 的分散式套件等，這些框架提供了一些工具和介面，可以幫助使用者更容易地實現多機多卡推理。

9.4 Hugging Face Transformers 函數庫

9.4.1 簡介

Hugging Face Transformers 是一個非常流行的開放原始碼函數庫，它提供了一些預訓練的模型，如 Llama、BERT、GPT-2、RoBERTa 等，用於各種自然語言處理任務。Hugging Face 提供了多種方式來呼叫這些模型進行推理。

（1）Pipeline API：這是最簡單的方式，適合一些常見的自然語言處理任務，如文字分類、命名實體辨識、問答等。你只需要幾行程式，就可以載入模型和相應的前置處理 / 後處理步驟，並進行推理。詳細見 9.4.2 節。

（2）Model and Tokenizer API：如果你需要更大的控制權，例如自訂前置處理步驟或使用非預設的模型，你可以直接使用 Model and Tokenizer API。詳細見 9.4.3 節。

（3）Onnx Runtime：如果你需要在生產環境中部署模型，你可能會考慮使用 Onnx Runtime。Hugging Face 提供了將模型轉為 ONNX 格式的工具，這可以使模型在各種硬體上執行得更快。

（4）Hugging Face Inference API：這是一個託管服務，允許你透過 API 呼叫 Hugging Face 的模型。這是一個付費服務，但可以使你更容易地在生產環境中使用模型，而無須自己管理基礎設施。

主流及本書都採用 Model and Tokenizer API 來使用 Transformers 函數庫。

9.4.2 Pipeline API

Pipeline API 是 Hugging Face 提供的一種高級 API，抽象了模型推理的很多細節，自動處理了前置處理（如分詞）、模型推理和後處理（如將模型輸出轉為具體的預測結果）等步驟。因此，Pipeline API 的使用非常簡單，但它的靈活性相對較低，比如你無法自訂前置處理步驟或使用非預設的模型。

在自然語言處理領域，Pipeline 支援多種任務：文字分類、文字生成、摘要、情感分類等，對應的任務名稱為 sentiment-analysis、text-generation、summarization、sentiment-analysis。下面範例程式的任務是使用指定的模型進行文字生成。

```
from transformers import pipeline

generator = pipeline("text-generation",model="/mnt/chinese-alpaca-2-7b")
outputs = generator("What is the capital of Australia?",\
    return_full_text=False,do_sample=False,max_new_tokens=100)
print(outputs[0]['generated_text'])
```

圖 9-3 為執行結果截圖，實測首次載入模型最多需要 63 GB 記憶體；第二次及以後則最多需要 38 GB 記憶體。

```
[1]: from transformers import pipeline

     generator = pipeline("text-generation", model="/mnt/chinese-alpaca-2-7b")
     outputs = generator("What is the capital of Australia?", return_full_text=False, do_sample=False, max_new_tokens=100)
     print(outputs[0]['generated_text'])

Loading checkpoint shards: 100%  2/2 [00:11<00:00, 5.09s/it]
 Canberra. Canberra is the capital of Australia.
```

▲ 圖 9-3 利用 pipeline 執行文字生成

Generator 可以帶有參數，以下是部分參數，

return_tensors：是否在輸出中傳回預測張量（作為標記索引）。如果設置為 True，則不傳回解碼的文字。

return_text：是否在輸出中傳回解碼的文字。

return_full_text：如果設置為 False 僅傳回增加的文字，True 則傳回全文。僅當 return_text 設置為 True 時才有意義。

以下參數不但適用 Generator，同樣適用於 Hugging Face 其他 API，如 LlamaForCausalLM.generate()。

do_sample：如果設置為 True，則此參數啟用解碼策略，例如多項式採樣、波束搜尋（Beam Search）多項式採樣、Top-K 採樣和 Top-P 採樣。否則使用貪心解碼。

max_new_tokens：要生成的最大標記數。換句話說，是輸出序列中不包括提示的大小。作為使用輸出長度作為停止條件的替代方法，可以選擇在完整生成超過一定時間時停止生成。預設 =20。

num_beams：透過指定大於 1 的波束數，可以有效地從貪心搜尋切換到波束搜尋。波束搜尋維護一個包含當前最佳候選序列的「波束」（即一個固定大小的佇列）。在每一步預測中，模型會為每個候選序列生成下一個可能的擴充，並根據某種評分函數（如機率得分）對這些擴充進行排序。然後，波束只保留得分最高的 *K* 個擴充（*K* 被稱為波束寬度），並將它們作為下一輪搜尋的基礎。1 表示無波束搜尋。

num_return_sequences：每個輸入要傳回的候選序列數。此選項僅適用於支援多個序列候選者的解碼策略，如波束搜尋和採樣的變化。像貪心搜尋和對比搜尋等策略傳回單一輸出序列。

圖 9-4 將生成標記數擴大到 500，中文提示及響應，生成內容放在一個字典中。

```
[8]: outputs = generator("上海有什么好吃的小吃?", return_full_text=False, max_new_tokens=500)
     outputs

[8]: [{'generated_text': ' 上海有很多好吃的小吃，以下是一些推荐：\n1. 生煎包：上海的生煎包是著名的特色小吃之一，外皮酥脆，内馅
     鲜美。 2. 小笼包：小笼包是上海的传统点心之一，外皮薄而有弹性，内馅鲜美。 3. 蟹粉小笼包：蟹粉小笼包是上海的特色小吃之一，外
     皮薄而有弹性，内馅鲜美，加入蟹粉的鲜味。 4. 糯米鸡：糯米鸡是上海的传统小吃之一，外皮酥脆，内馅鲜美。 5. 红烧肉：红烧肉是上
     海的传统菜肴之一，肉质鲜嫩，味道浓郁。 6. 油条：油条是上海的传统小吃之一，外皮酥脆，内馅鲜美。 7. 糖醋排骨：糖醋排骨是上海
     的传统菜肴之一，肉质鲜嫩，味道酸甜可口。 8. 麻球：麻球是上海的传统小吃之一，外皮酥脆，内馅鲜美。 9. 豆腐脑：豆腐脑是上海的
     传统小吃之一，口感细腻，味道鲜美。 10. 红烧鱼：红烧鱼是上海的传统菜肴之一，鱼肉鲜嫩，味道浓郁。'}]
```

▲ 圖 9-4　標記為 500 的推理輸出
(編按：本圖例為簡體中文介面)

圖 9-5 為生成傳回標記的 ids 數值。

```
[6]: outputs = generator("What is the capital of Australia?", return_tensors = True)
     outputs
```

```
[6]: [{'generated_token_ids': [1724,
        338,
        278,
        7483,
        310,
        8314,
        29973,
        1815,
        495,
        336,
        29889,
        1815,
        495,
        336,
        338,
        278,
        7483,
        310,
        8314,
        29889]}]
```

▲ 圖 9-5 生成傳回標記的 ids 值

9.4.3 Model and Tokenizer API

這是一種更底層的 API，也是利用 Llama 模型進行推理的主要方式。它允許使用者直接操作模型和分詞器。使用 Model and Tokenizer API，使用者需要自己處理前置處理和後處理步驟。比如，需要自己呼叫分詞器來將文字轉為模型可以接受的輸入格式，然後將模型的輸出轉為具體的預測結果。雖然這種方式使用起來更複雜一些，但它提供了更大的靈活性，比如你可以自訂前置處理步驟或使用非預設的模型。

以下程式執行實測最小需要 64 GB 記憶體。

```
from transformers import AutoModelForCausalLM,AutoTokenizer

tokenizer = AutoTokenizer.from_pretrained("/mnt/chinese-alpaca-2-7b")
model = AutoModelForCausalLM.from_pretrained("/mnt/chinese-alpaca-2-7b")

inputs = tokenizer("What is the capital of Australia?",return_tensors="pt")
outputs = model.generate(**inputs)

output = tokenizer.decode(outputs[0],skip_special_tokens=True)
output
```

程式執行 output 傳回內容為

```
'What is the capital of Australia?Canberra is the capital of Australia.
Canberra'
```

inputs 的數值為

```
{'input_ids':tensor([[1,1724,338,278,7483,310,8314,29973]]),'attention_
mask':tensor([[1,1,1,1,1,1,1,1]])}
```

outputs 的數值為

```
tensor([[1,1724,338,278,7483,310,8314,29973,1815,495,
         336,338,278,7483,310,8314,29889,1815,495,336]])
```

程式中 AutoModelForCausalLM 是一個自動模型類別，它允許使用者根據提供的模型名稱或預訓練模型的路徑自動選擇適合的因果語言建模（Causal Language Modeling）模型。因果語言建模是一種以自迴歸方式生成文字的任務，模型能夠根據先前的文字生成下一個詞或字元。AutoModelForCausalLM 是一個傳回適當的預訓練模型（如 GPT、GPT-2、Llama 等）的通用類別。

使用 AutoModelForCausalLM 類別，可以實例化各種預訓練模型，並將其用於文字生成、對話系統、摘要生成等任務。此類提供了方便的方法來載入模型並使用它們進行生成。

AutoTokenizer 是一個自動分詞器類別，它根據提供的模型名稱或預訓練模型的路徑自動選擇適合的分詞器。分詞器用於將文字拆分成標記的序列，使模型能夠處理離散的文字輸入。

使用 AutoTokenizer 類別，可以實例化各種預訓練模型的分詞器，並將其用於文字處理、特徵提取、編碼等任務。它提供了方便的方法來對文字進行分詞，並將其轉為適合模型輸入的形式。

這兩個類別的使用方法非常相似，都是根據提供的模型名稱或預訓練模型的路徑自動選擇適當的模型或分詞器。這讓使用者能夠靈活地選擇和使用 Transformers 函數庫中的不同預訓練模型和相關工具。

對於 Llama 模型，可以用 LlamaForCausalLM，LlamaTokenizer 替代 AutoModelForCausalLM，AutoTokenizer。

9.4.4 單輪推理

Transformers 函數庫 BitsAndBytesConfig 支援 nf4 量化，可用於推理。關於 BitsAndBytes、nf4 量化（QLoRA）相關內容請看第 6 章模型訓練相關內容。圖 9-6 是推理程式的框架。

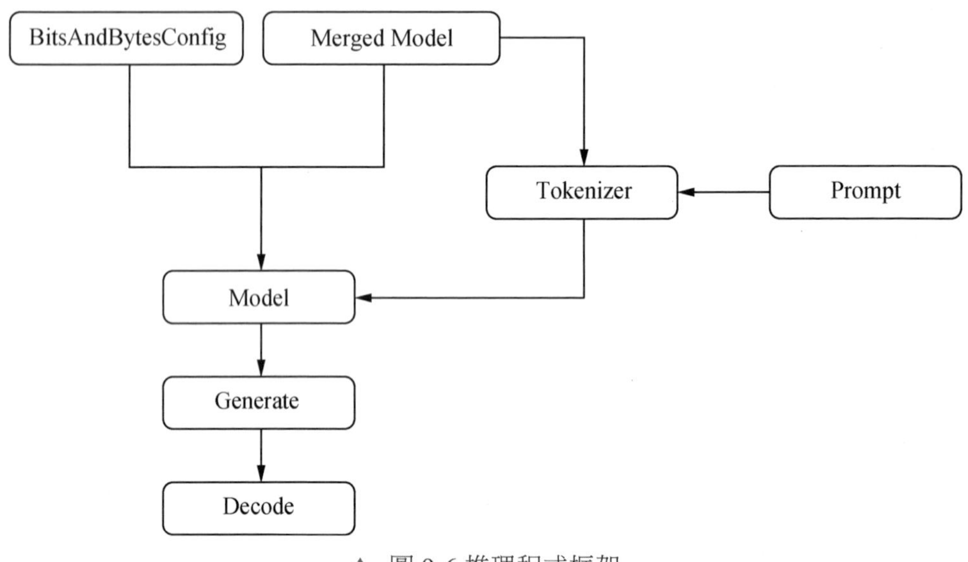

▲ 圖 9-6 推理程式框架

```
from transformers import(
    AutoModelForCausalLM,
    AutoTokenizer,
    BitsAndBytesConfig,
    AutoTokenizer,
)

device = "auto"
model_path = "/mnt/chinese-alpaca-2-7b"  #Path to the combined weights

#Prompt should be in this style due to how the data was created
prompt = "####Human: 上海有什麼好吃的東西 ?####Assistant:"
```

```
bnb_config = BitsAndBytesConfig(
        load_in_4bit=True,
        bnb_4bit_quant_type="nf4",
        bnb_4bit_compute_dtype="float16",
        bnb_4bit_use_double_quant=True,
    )

model = AutoModelForCausalLM.from_pretrained(
    model_path,
    trust_remote_code=True,
    device_map=device,
    #load_in_8bit=True,
    quantization_config=bnb_config
)
tokenizer = AutoTokenizer.from_pretrained(model_path)

inputs = tokenizer(prompt,return_tensors="pt")
if device!= "cpu":
    inputs = inputs.to('cuda')
#del inputs['token_type_ids']

output = model.generate(**inputs,do_sample=True,temperature = 0.2,top_p=0.95,top_
k=60,max_new_tokens=500)
```

這個推理函數透過調整不同的參數來生成文字。

輸出結果：

上海有很多好吃的東西，以下是一些推薦：不說廢話，直接上菜：
小龍蝦：上海的特色美食之一，以新鮮的龍蝦為主料，配以各種調料和香料，口感鮮美。
生煎包：上海的傳統小吃，外皮酥脆，內餡鮮美，是早餐或下午茶的不錯選擇。
紅燒肉：上海的傳統菜肴之一，以豬肉為主料，燉煮至入味，口感鮮嫩。
蟹粉小籠：上海的傳統小吃，以鮮蟹肉和蟹黃為主料，蒸制而成，口感鮮美。
紅油抄手：上海的傳統小吃，以豬肉和蝦仁為主料，配以辣椒油和花椒油，口感麻辣。
糯米雞：上海的傳統菜肴之一，以糯米和雞肉為主料，蒸制而成，口感軟糯。
紅燒牛肉麵：上海的傳統菜肴之一，以牛肉為主料，燉煮至入味，口感鮮嫩。
紅燒魚：上海的傳統菜肴之一，以魚為主料，燉煮至入味，口感鮮美。
蟹黃包：上海的傳統小吃，以蟹黃為主料，蒸制而成，口感鮮美。
蟹粉湯包：上海的傳統小吃，以蟹粉和豬肉為主料，蒸制而成，口感鮮美。

Inputs 中的數值：

```
{'input_ids':tensor([[1,3191,12968,29901,29871,32229,32410, 37253,32648,
29973,4136,4007,22137,29901]],device='cuda:1'),'attention_mask':tensor([[1, 1,
1, 1, 1, 1, 1, 1, 1, 1, 1, 1, 1, 1]],device='cuda:1')}
```

output 中的數值：

```
'####Human:上海有什麼好吃的東西?####Assistant:上海有很多好吃的東西，以下是一些推薦：
\n不說廢話，直接上菜：\n1.小龍蝦：上海的特色美食之一，以新鮮的龍蝦為主料，配以各種調料
和香料，口感鮮美。
\n2.生煎包：上海的傳統小吃，外皮酥脆，內餡鮮美，是早餐或下午茶的不錯選擇。\n3.紅燒肉：
上海的傳統菜肴之一，以豬肉為主料，燉煮至入味，口感鮮嫩。\n4.蟹粉小籠：上海的傳統小吃，
以鮮蟹肉和蟹黃為主料，蒸制而成，口感鮮美。\n5.紅油抄手：上海的傳統小吃，以豬肉和蝦仁為
主料，配以辣椒油和花椒油，口感麻辣。
\n6.糯米雞：上海的傳統菜肴之一，以糯米和雞肉為主料，蒸制而成，口感軟糯。\n7.紅燒牛肉麵：
上海的傳統菜肴之一，以牛肉為主料，燉煮至入味，口感鮮嫩。\n8.紅燒魚：上海的傳統菜肴之一，
以魚為主料，燉煮至入味，口感鮮美。\n9.蟹黃包：上海的傳統小吃，以蟹黃為主料，蒸制而成，
口感鮮美。\n10.蟹粉湯包：上海的傳統小吃，以蟹粉和豬肉為主料，蒸制而成，口感鮮美。'
```

9.4.5 多輪推理

模型只需要載入一次，可以支援循環的多輪推理。

```
import torch
from transformers import(
    LlamaForCausalLM,
    LlamaTokenizer,
    GenerationConfig,
    BitsAndBytesConfig,
)
```

設置 nf4 格式的 4 位元量化：

```
bnb_config = BitsAndBytesConfig(
    load_in_4bit=True,
    bnb_4bit_quant_type="nf4",
    bnb_4bit_compute_dtype="float16",
    bnb_4bit_use_double_quant=True,
)
```

將所有推理用的參數放在一起，這樣不需要再呼叫 generate 函數加很多參數定義：

```
generation_config = GenerationConfig(
    temperature=0.2,
    top_k=40,
    top_p=0.9,
    do_sample=True,
    num_beams=1,
    repetition_penalty=1.1,
    max_new_tokens=400,
    return_dict_in_generate=True,  #傳回模型輸出而非普通元組
    #output_scores=False,
    )
```

判斷 GPU 是否存在，存在的話 device 指向 GPU：

```
if torch.cuda.is_available():
    device = torch.device(0)
else:
    device = torch.device('cpu')
```

載入詞彙表與模型：

```
base_model = "/mnt/chinese-alpaca-2-7b"
tokenizer_path = "/mnt/chinese-alpaca-2-7b"

tokenizer = LlamaTokenizer.from_pretrained(tokenizer_path)

model = LlamaForCausalLM.from_pretrained(
    base_model,
    load_in_8bit = True,
    torch_dtype = torch.float16,
    low_cpu_mem_usage=True,
    device_map = 'auto',
    quantization_config = bnb_config,
    )

if device==torch.device('cpu'):
```

```
    model.float()

model.eval()
```

將使用者輸入的提示加入系統提示中，生成實際送給模型推理的提示：

```
def generate_prompt(instruction):
    return f"""Below is an instruction that describes a task.Write a response that
appropriately completes the request.

###Instruction:
{instruction}

###Response:"""

def predict(input,history):
    now_input = input
    # 合併快取中的內容，形成包含上下文的提示
    history = history or[]
    if len(history)!= 0:
        input = "".join(["###Instruction:\n"+ i[0]+"\n\n"+ "###Response:"+ i[1]+
"\n\n"for i in history])+ \
        "###Instruction:\n"+ input
        input = input[len("###Instruction:\n"):]
        if len(input)> max_memory:
            input = input[-max_memory:]

    prompt = generate_prompt(input)

    inputs = tokenizer(prompt,return_tensors="pt")
    input_ids = inputs["input_ids"].to(device)

    with torch.no_grad():
        generation_output = model.generate(
            input_ids=input_ids,
            generation_config=generation_config,
        )
    s = generation_output.sequences[0]
    output = tokenizer.decode(s,skip_special_tokens=True)
```

```
    output = output.split("###Response:")[-1].strip()
    history.append((now_input,output))

    return output,history

history = []

while True:
    input_text = input("Input:")
    if len(input_text.strip())==0:
        break
    output,history = predict(input_text,history)

    print(f"{output}\n")
```

圖 9-7 是執行介面截圖。

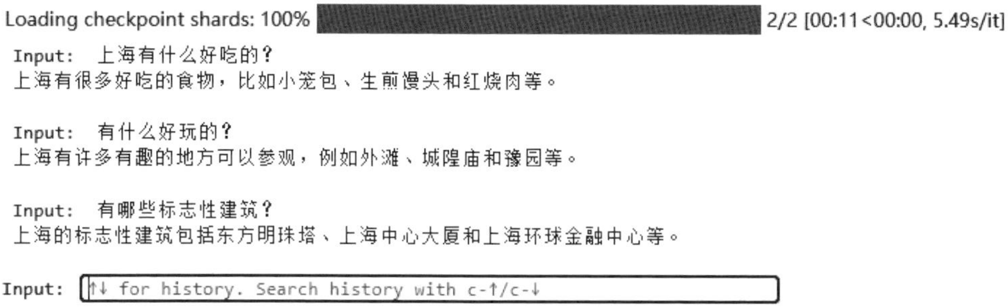

```
Loading checkpoint shards: 100% ████████████████ 2/2 [00:11<00:00, 5.49s/it]
Input:  上海有什么好吃的?
上海有很多好吃的食物，比如小笼包、生煎馒头和红烧肉等。

Input:  有什么好玩的?
上海有许多有趣的地方可以参观，例如外滩、城隍庙和豫园等。

Input:  有哪些标志性建筑?
上海的标志性建筑包括东方明珠塔、上海中心大厦和上海环球金融中心等。

Input: ↑↓ for history. Search history with c-↑/c-↓
```

▲ 圖 9-7 多輪推理輸出 (編按：本圖例為簡體中文介面)

快取中資料為

[('上海有什麼好吃的？','上海有很多好吃的食物，比如小龍蝦、生煎饅頭和蟹黃包。'),
('還有什麼好玩的？','除了美食之外，上海還有許多有趣的活動可以參加，如參觀外灘、遊覽城隍廟或去豫園遊玩。'),
('有哪些標識性建築？','上海有許多標識性的建築，例如東方明珠塔、上海中心大廈以及上海環球金融中心等。')]
第一次的輸入提示為「上海有什麼好吃的？」，實際輸入模型進行推理的提示為

```
Input:上海有什麼好吃的？
Below is an instruction that describes a task.Write a response that
appropriately completes the request.
```

```
###Instruction:
上海有什麼好吃的？

###Response:
輸出為：上海有很多好吃的食物，比如小龍蝦、生煎饅頭和蟹黃包。
```

第二次的輸入提示為「還有什麼好玩的？」，實際輸入模型進行推理的提示為

```
Input: 還有什麼好玩的？
Below is an instruction that describes a task.Write a response that
appropriately completes the request.

###Instruction:
上海有什麼好吃的？

###Response: 上海有很多好吃的食物，比如小龍蝦、生煎饅頭和蟹黃包。

###Instruction:
還有什麼好玩的？

###Response:
輸出為：除了美食之外，上海還有許多有趣的活動可以參加，如參觀外灘、遊覽城隍廟或去豫園遊玩。
```

第三次的輸入提示為「有哪些標識性建築？」，實際輸入模型進行推理的提示為：

```
Below is an instruction that describes a task.Write a response that
appropriately completes the request.

###Instruction:
上海有什麼好吃的？

###Response: 上海有很多好吃的食物，比如小龍蝦、生煎饅頭和蟹黃包。

###Instruction:
還有什麼好玩的？

###Response: 除了美食之外，上海還有許多有趣的活動可以參加，如參觀外灘、遊覽城隍廟或去
豫園遊玩。
```

```
###Instruction:
有哪些標識性建築？

###Response:
輸出為：上海有許多標識性的建築，例如東方明珠塔、上海中心大廈以及上海環球金融中心等。
```

9.4.6 LoRA 推理

採用 peft 函數庫，支援基礎模型和 LoRA 模型同時載入，這樣，就不需要預先將兩個模型檔案合併，適合同一個基礎模型，對於多個 LoRA 模型推理時使用。

```
args.base_model = "/mnt/chinese-llama-2-7b"
lora_model = "/mnt/chinese-llama-2-lora-7b"

load_type = torch.float16

base_model = LlamaForCausalLM.from_pretrained(
        args.base_model,
        load_in_8bit = True,
        torch_dtype = load_type,
        low_cpu_mem_usage = True,
        device_map='auto',
    )

if lora_model is not None:
    print("loading peft model")
    model = PeftModel.from_pretrained(base_model,\
        lora_model,torch_dtype=load_type,device_map='auto',)
else:
    model = base_model
```

model 就是合併的 model，造成和載入合併的模型檔案一樣的效果。

9.4.7 vLLM

vLLM 是一個開放原始碼的大型語言模型推理和服務引擎，將大型語言模型的推理速度提升 24 倍。

它利用了全新的注意力演算法 PagedAttention，有效地管理注意力鍵和值。

PagedAttention 是一種新穎的注意力演算法，它將在作業系統的虛擬記憶體中分頁的經典思想引入大型語言模型服務中。配備了 PagedAttention 的 vLLM 將大型語言模型服務狀態重新定義：它比 Hugging Face Transformers 提供高達 24 倍的輸送量，而無須任何模型架構更改。在不修改模型的情況下，PagedAttention 可以將 5 倍以上的序列批次處理在一起，從而提高 GPU 使用率和輸送量。

vLLM 一直是 LMSYS 的 Chatbot Arena 和 Vicuna Demo 背後的無名英雄，它能處理高峰流量並高效率地為流行模型提供服務。它已將 LMSYS 使用的 GPU 數量減少了一半，同時每天平均處理 30k 次對話。

vLLM 目前不支援 LoRA，需要在使用之前將 LoRA 模型檔案合併到基礎模型中。

vLLM 也不支援量化，GPU 的運算能力不小於 7.0，表 9-1 是 Tesla NVIDIA 資料中心產品的運算能力。

▼ 表 9-1 不同 GPU 產品的運算能力

GPU	運算能力
NVIDIA A100	8.0
NVIDIA T4	7.5
NVIDIA V100	7.0
Tesla P100	6.0
Tesla P40	6.1
Tesla P4	6.1

安裝 vLLM 函數庫：

pip install-i https://pypi.tuna.tsinghua.edu.cn/simple vllm

```
import torch
from transformers import LlamaForCausalLM, LlamaTokenizerFast
from vllm import LLM,SamplingParams

DEFAULT_SYSTEM_PROMPT = """You are a helpful assistant. 你是一個樂於助人的幫手。"""
TEMPLATE = (
    "[INST]<<SYS>>\n"
    "{system_prompt}\n"
    "<</SYS>>\n\n"
    "{instruction}[/INST]"
)

generation_config = dict(
    temperature=0.2,
    top_k=40,
    top_p=0.9,
    max_tokens=400,
    presence_penalty=1.0,
)

sample_data = ["為什麼要減少污染，保護環境？"]
system_prompt = DEFAULT_SYSTEM_PROMPT
with_prompt = True
gpus = "0,1"

def generate_prompt(instruction,\
    system_prompt=DEFAULT_SYSTEM_PROMPT):
    return TEMPLATE.format_map({'instruction':\
        instruction,'system_prompt':system_prompt})

if  name  == 'main':
    load_type = torch.float16

    if torch.cuda.is_available():
        device = torch.device(0)
```

```
    else:
        device = torch.device('cpu')

    base_model = "/mnt/chinese-alpaca-2-7b"
    tokenizer_path = "/mnt/chinese-alpaca-2-7b"
    lora_model = None

    model = LLM(model = base_model,
        tokenizer = tokenizer_path,
        tokenizer_mode = 'auto',
        tensor_parallel_size = len(gpus.split(',')))
    tokenizer = LlamaTokenizerFast.from_pretrained(tokenizer_path,\
        legacy=True)

    with torch.no_grad():
        print("Start inference with instruction mode.")

        print('='*85)
        print("+ 該模式下僅支援單輪問答，無多輪對話能力。\n"
            "+ 如要進行多輪對話，請使用 llama.cpp 或本專案中的 gradio_demo.py。")
        print('-'*85)
        print("+ This mode only supports single-turn QA.\n"
            "+ If you want to experience multi-turn dialogue,please use llama.cpp or
gradio_demo.py.")
        print('='*85)

        while True:
            raw_input_text = input("Input:")
            if len(raw_input_text.strip())==0:
                break
            if with_prompt:
                input_text = generate_prompt(instruction = \
                    raw_input_text,system_prompt = system_prompt)
            else:
                input_text = raw_input_text

            output = model.generate([input_text],\
                SamplingParams(**generation_config),use_tqdm=False)
```

```
        response = output[0].outputs[0].text

        print("Response:",response)
        print("\n")
```

編譯及執行結果見圖 9-8。

GPU 採用了 Tesla T4 2×16 GB，執行狀態見圖 9-9。

```
2023-10-06 23:24:41,001 INFO worker.py:1642 -- Started a local Ray instance.
INFO 10-06 23:24:42 llm_engine.py:72] Initializing an LLM engine with config: model='/mnt/chinese-alpaca-2-7b', tokenizer='/mnt/
chinese-alpaca-2-7b', tokenizer_mode=auto, revision=None, trust_remote_code=False, dtype=torch.float16, max_seq_len=4096, downlo
ad_dir=None, load_format=auto, tensor_parallel_size=2, quantization=None, seed=0)
INFO 10-06 23:25:05 llm_engine.py:205] # GPU blocks: 1484, # CPU blocks: 1024
Start inference with instruction mode.
=====================================================================================
+ 该模式下仅支持单轮问答，无多轮对话能力。
+ 如要进行多轮对话，请使用llama.cpp或本项目中的gradio_demo.py。
-------------------------------------------------------------------------------------
+ This mode only supports single-turn QA.
+ If you want to experience multi-turn dialogue, please use llama.cpp or gradio_demo.py.
=====================================================================================
Input: 上海有什么好吃的？
Response:    上海有很多好吃的，以下是一些推荐：

1. 小笼包：上海最著名的小吃之一，以薄皮、鲜汁和Q弹的肉馅而闻名。

2. 生煎包：与小笼包类似，但底部是煎过的，口感更加酥脆。

3. 红烧肉：上海传统的家常菜，以猪肉为主料，加入酱油、糖等调味料炖煮而成。

4. 蟹粉小笼：将蟹肉和猪肉混合制成馅料，再用小笼包的皮包裹而成。

5. 油条：上海的传统早餐食品，通常是油炸的长条状面食。

6. 糯米鸡：将糯米和鸡肉一起蒸熟，口感软糯，味道鲜美。

7. 麻球：一种由糯米粉制成的小球，里面包裹着豆沙或芝麻馅。

8. 炸酱面：上海传统的面条汤面，配以炒酱和各种蔬菜。

9. 红烧鱼：将鱼块用酱油、糖、姜片等调味料炖煮而成，口感鲜嫩。

10. 糖醋排骨：将排骨煮熟后，用糖、醋等调味料腌制，口感酸甜可口。


Input: 还有什么好玩的？
Response:    当然有！除了游戏，还有很多其他有趣的活动可以尝试。比如，你可以参加一些户外活动，如徒步旅行、野营、钓鱼等；或者参加一些
室内活动，如看电影、听音乐、绘画等。此外，你还可以学习一门新技能，如烹饪、摄影、编程等。总之，有很多有趣的事情可以做，只要你愿意去探
索和尝试。


Input:
```

▲ 圖 9-8 使用 vLLM 的推理 (編按：本圖例為簡體中文介面)

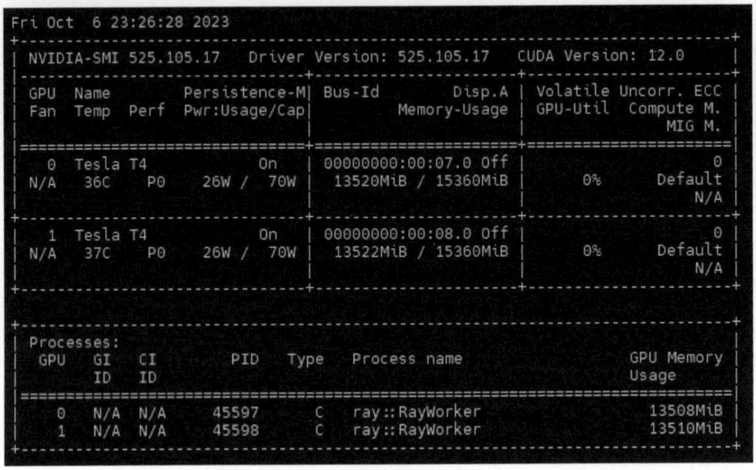

```
Fri Oct  6 23:26:28 2023
+-----------------------------------------------------------------------------+
| NVIDIA-SMI 525.105.17   Driver Version: 525.105.17   CUDA Version: 12.0     |
|-------------------------------+----------------------+----------------------+
| GPU  Name        Persistence-M| Bus-Id        Disp.A | Volatile Uncorr. ECC |
| Fan  Temp  Perf  Pwr:Usage/Cap|         Memory-Usage | GPU-Util  Compute M. |
|                               |                      |               MIG M. |
|===============================+======================+======================|
|   0  Tesla T4            On   | 00000000:00:07.0 Off |                    0 |
| N/A   36C    P0    26W /  70W |  13520MiB / 15360MiB |      0%      Default |
|                               |                      |                  N/A |
+-------------------------------+----------------------+----------------------+
|   1  Tesla T4            On   | 00000000:00:08.0 Off |                    0 |
| N/A   37C    P0    26W /  70W |  13522MiB / 15360MiB |      0%      Default |
|                               |                      |                  N/A |
+-------------------------------+----------------------+----------------------+

+-----------------------------------------------------------------------------+
| Processes:                                                                  |
|  GPU   GI   CI        PID   Type   Process name                  GPU Memory |
|        ID   ID                                                   Usage      |
|=============================================================================|
|    0   N/A  N/A     45597      C   ray::RayWorker                  13508MiB |
|    1   N/A  N/A     45598      C   ray::RayWorker                  13510MiB |
+-----------------------------------------------------------------------------+
```

▲ 圖 9-9 vLLM 推理的 GPU 執行狀況

9.5 LLaMA.cpp

9.5.1 特色與優勢

大型語言模型動輒數十上百億的參數，對執行機器的記憶體提出了很高的要求，畢竟只有將模型權重塞進記憶體，推理方可進行。

模型載入至記憶體後，推理順暢與否，又與 CPU、GPU 等計算單元密切相關，要知道很多大型語言模型是在頂級專用 GPU 叢集上加速訓練的，如果換到個人電腦上，推理速度太慢，就無法正常使用。

為了在無 GPU、小記憶體的消費級硬體上進行大型語言模型的推理，主要需要做兩項工作。

（1）推理程式用 C 或 C++ 替代 Python。

（2）透過量化減少模型所需儲存。

LLaMA.cpp 專案是開發者格奧爾基 · 格爾加諾夫基於 Llama 模型開發的純 C/C++ 版本，用於模型推理，現在也支援 Llama 2。

這個純 C/C++ 版本的優勢主要有以下幾個。

（1）無須任何額外相依，相比 Python 程式對 PyTorch 等函數庫的要求，C/C++ 直接編譯出可執行檔，跳過不同硬體的繁雜準備。

（2）蘋果矽晶片（Apple silicon）最佳化 - 透過 ARM NEON、Accelerate 和 Metal 框架最佳化。

（3）對 x86 架構提供 AVX、AVX2 和 AVX512 支援。

（4）具有 F16 和 F32 的混合精度。

（5）支援 4 位元、5 位元和 8 位元整數量化。

（6）無須 GPU，可只用 CPU 執行。

（7）支　援 OpenBLAS/Apple BLAS/ARM Performance Lib/ATLAS/BLIS/Intel MKL/NVHPC/ACML/SCSL/SGIMATH 以及其他 BLAS 函數庫。

（8）支援 cuBLAS 和 CLBlast。

9.5.2 模型量化

專案主要提供了模型量化和推理的功能。專案網址：

https://github.com/ggerganov/llama.cpp

模型量化將原來資料精度用兩個位元組 16 位元改為 4 位元、5 位元、8 位元，縮小模型大小，使其可以裝在較小記憶體的電腦中。

量化格式有 Q4_0、Q4_1、Q5_0、Q5_1、Q8_0，表 9-2 以 7B 模型為例，顯示了它們量化後的檔案大小、推理速度。

表 9-2 中的每標記時間（ms/tok）推理速度是在 32 GB RAM 的 MacBook M1 Pro 測量的，用了 4 執行緒和 8 執行緒。

▼ 表 9-2 Llama-7B 量化結果比較

測量	F16	Q4_0	Q4_1	Q5_0	Q5_1	Q8_0
檔案大小	13.0 G	3.5 G	3.9 G	4.3 G	4.7 G	6.7 G
ms/tok@4th	127	55	54	76	83	72
ms/tok@8th	122	43	45	52	56	67
每個權重的位數	16.0	4.5	5.0	5.5	6.0	8.5

專案的功能除少部分用 Python 格式外，大都是 C 語言格式，需要自己編譯成執行檔案。

9.5.3 k-quant 量化

k-quant 是一種與 llama.cpp 相容的新的量化方法。新的 k-quant 方法將替代原方法。

k-quanat 方法有以下幾個。

GGML_TYPE_Q2_K- 包含 1 個區塊的超級區塊中的「Type-2」16 位元量化，每個區塊具有 16 個權重。區塊刻度和分鐘數用 4 位元量化。這最終有效地使用了每權重 2.5625 位元（bpw）。

GGML_TYPE_Q3_K- 包含 0 個區塊的超級區塊中的「Type-3」16 位元量化，每個區塊有 16 個權重。刻度用 6 位元量化。這最終使用 3.4375 bpw。

GGML_TYPE_Q4_K- 包含 1 個區塊的超級區塊中的「4 型」8 位元量化，每個區塊有 32 個權重。刻度和分鐘用 6 位元量化。這最終使用 4.5 bpw。

GGML_TYPE_Q5_K-「類型 1」5 位元量化。與 GGML_TYPE_Q4_K 相同的超嵌段結構，產生 5.5 bpw。

GGML_TYPE_Q6_K-「Type-0」6 位元量化。具有 16 個方塊的超級方塊，每個方塊有 16 個權重。刻度用 8 位元量化。這最終使用 6.5625 bpw。

GGML_TYPE_Q8_K-「Type-0」8 位元量化。僅用於量化中間結果。與現有 Q8_0 的區別在於區塊大小為 256。所有 2 ～ 6 位元點積都是針對此量化類型實現的。

專案在 Hugging Face 上提供了經量化的模型檔案，圖 9-10 是 7B 網址的檔案下載頁面。

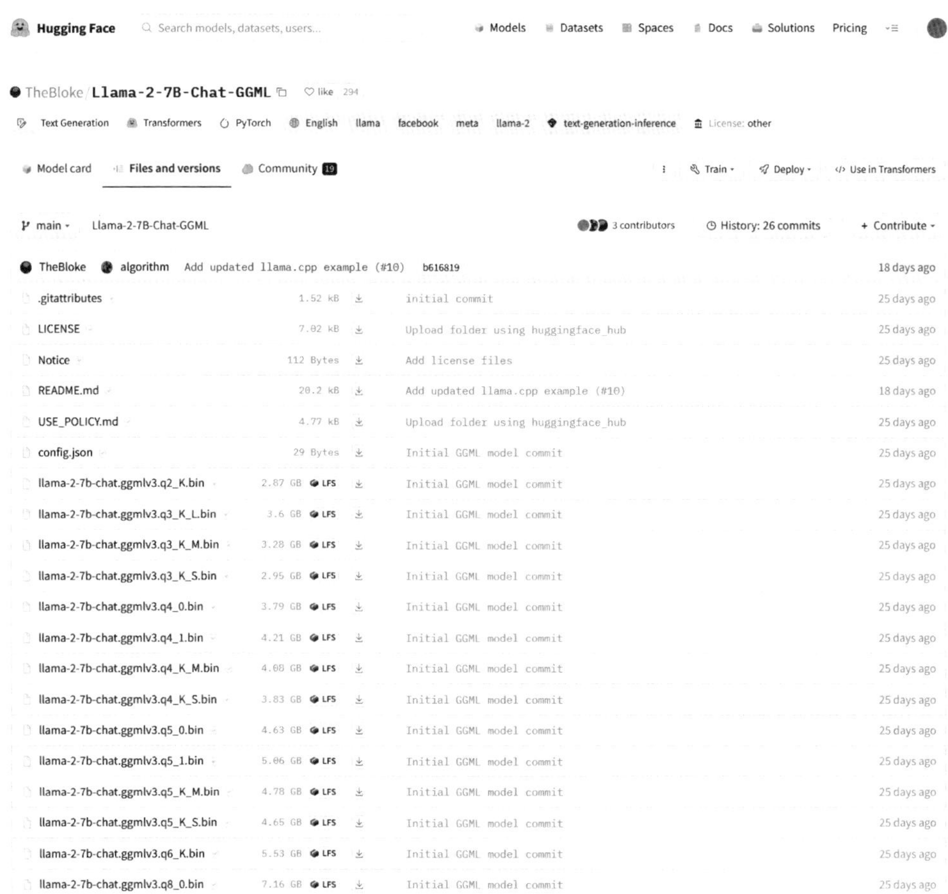

▲ 圖 9-10 Llama-2-7B-Chat-GGML 權重檔案下載頁面

9.5.4 開發環境安裝

LLaMA.cpp 支援多種開發組合，作業系統有 Linux、MacOS、Windows，建構工具有 Make 和 Cmake，C/C++ 編譯器有 GCC、MSVC。

專案提供的 C 原始程式碼，需要在自己的作業系統環境中進行編譯。本節以 Windows 作業系統為例，建構工具選擇 Cmake，C/C++ 編譯器選擇 MinGW-w64。

MinGW-w64 是 Windows 系統下一個輕量級的 C/C++ 編譯器，是將經典的開放原始碼 C 語言編譯器 GCC 移植到了 Windows 平臺下，並且包含了 Win32API，因此可以將原始程式碼編譯為可在 Windows 中執行的可執行程式。可以直接使用 gcc/g++ 命令進行編譯。

MinGW 的全稱是：Minimalist GNU on Windows，還可以使用一些 Windows 不具備的、Linux 平臺下的開發工具。程式的下載網址是：

https://sourceforge.net/projects/mingw-w64/files/

選項為 x86_64-posix-she，版本選擇最新版本 MinGW-W64 GCC-8.1.0。下載後的檔案名稱是：mingw-w64-install.exe。程式會自動下載 x86_64-8.1.0-release-posix-seh-rt_v6- rev0.7z 檔案，並解壓到指定目錄。圖 9-11 是 MinGW-W64 的安裝程式介面。

此外，也可以直接下載 x86_64-8.1.0-release-posix-seh-rt_v6-rev0.7z 檔案，用解壓縮程式解壓到指定目錄。下載路徑是：https://sourceforge.net/projects/mingw-w64/files/。下載介面見圖 9-12。

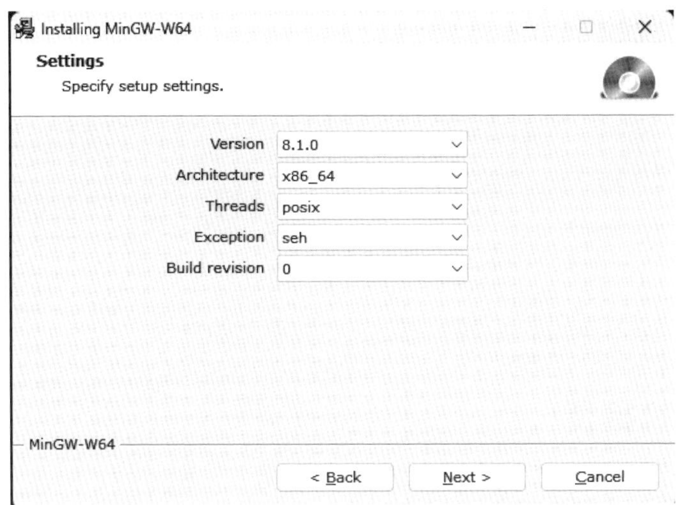

▲ 圖 9-11 MinGW-W64 的安裝程式介面

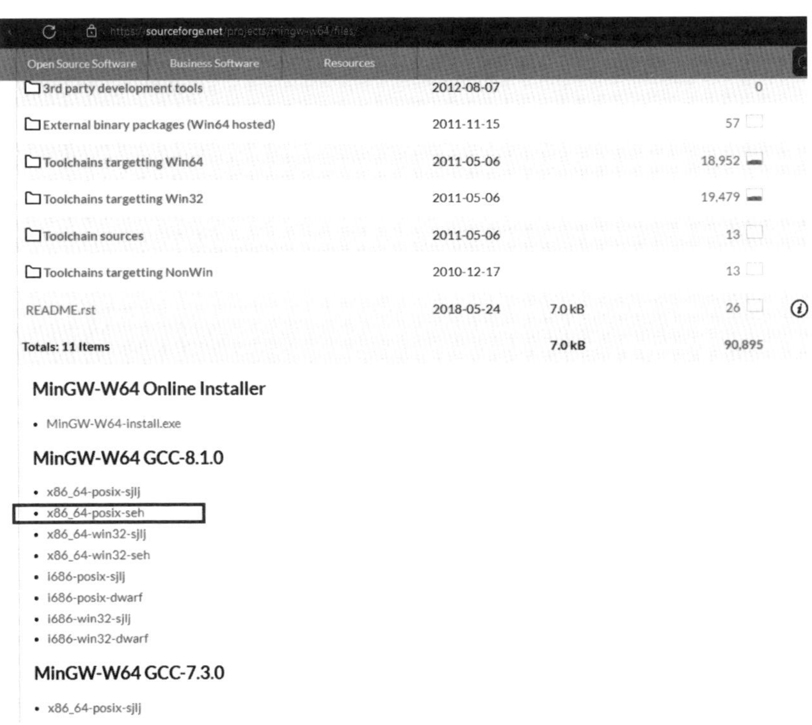

▲ 圖 9-12 直接下載 x86_64-posix-she 的頁面

9.5.5 建構執行程式

用 Cmake 建構 llama.cpp 程式（其他方法可以看專案網站）。

```
mkdir build
cd build
cmake..-G"MinGW Makefiles"
cmake--build.--config Release
```

建構完成後在 build\bin 目錄中發現新生成的執行程式。

9.5.6 轉換模型

模型轉換的目的是基於 Chinese-Alpaca-2-7B 中文 Llama 2 的微調全量模型，轉換成 4 位元量化模型（Q4_0），再用 llama.cpp 在筆記型電腦上實現推理。模型的轉化步驟如下。

（1）獲取 Chinese-Alpaca-2-7B 模型的權重。

（2）執行 convert.py 程式將模型轉為 ggml 的 FP16 格式。

python convert.py c:\llama2\chinese-alpaca-2-7b

程式執行會生成檔案 c:\llama2\chinese-alpaca-2-7b\ggml-model-f16.bin（注意：目錄中不要有中文）。

（3）執行 quantize 將模型量化到 4 位元（q4_0）。

quantize c:\llama2\chinese-alpaca-2-7b\ggml-model-f16.bin c:\llama2\chinese-alpaca-2-7b\ggml-model-q4_0.bin q4_0

9.5.7 推理

1. 基本模式

```
C:\llama.cpp-master\build>cd bin
C:\llama.cpp-master\build\bin>main-m c:\llama2\chinese-alpaca-2-7b\ggml-model-q4_0.bin
--color--ctx_size 2048-n-1-ins-b 256--top_k 10000--temp 0.2--repeat_penalty 1.1-t 8
```

```
main:build = 0(unknown)
main:seed = 1691896178
llama.cpp:loading model from c:\llama2\chinese-alpaca-2-7b\ggml-model-q4_0.bin
llama_model_load_internal:format = ggjt v3(latest)
llama_model_load_internal:n_vocab = 55296
llama_model_load_internal:n_ctx = 2048
llama_model_load_internal:n_embd = 4096
llama_model_load_internal:n_mult = 5504
llama_model_load_internal:n_head = 32
llama_model_load_internal:n_head_kv = 32
llama_model_load_internal:n_layer = 32
llama_model_load_internal:n_rot = 128
llama_model_load_internal:n_gqa = 1
llama_model_load_internal:rnorm_eps = 5.0e-06
llama_model_load_internal:n_ff = 11008
llama_model_load_internal:freq_base = 10000.0
llama_model_load_internal:freq_scale = 1
llama_model_load_internal:ftype = 2(mostly Q4_0)
llama_model_load_internal:model size = 7B
llama_model_load_internal:ggml ctx size = 0.08 MB
llama_model_load_internal:mem required = 3773.79 MB(+ 1024.00 MB per state)
llama_new_context_with_model:kv self size = 1024.00 MB
llama_new_context_with_model:compute buffer total size = 77.35 MB
system_info:n_threads = 8/14 | AVX = 1 | AVX2 = 1 | AVX512 = 0 | AVX512_VBMI =
0 |
AVX512_VNNI = 0|FMA = 1|NEON = 0|ARM_FMA = 0|F16C = 1|FP16_VA = 0|WASM_SIMD
= 0 | BLAS = 0 | SSE3 = 1 | VSX = 0 |
main:interactive mode on.
Reverse prompt:'###Instruction:

'
sampling:repeat_last_n = 64,repeat_penalty = 1.100000,presence_penalty =
0.000000,
frequency_penalty = 0.000000,top_k = 10000,tfs_z = 1.000000,top_p = 0.950000,
typical_p=1.000000,temp=0.200000,mirostat=0,mirostat_lr= 0.100000,mirostat_
ent=5.000000
generate:n_ctx = 2048,n_batch = 256,n_predict = -1,n_keep = 2

== Running in interactive mode.==
 -Press Ctrl+C to interject at any time.
 -Press Return to return control to LLaMa.
 -To return control without starting a new line,end your input with'/'.
```

```
-If you want to submit another line,end your input with'\'.

>
```

生成內容是這樣的：

```
> 上海有什麼好吃的小吃？
上海有很多好吃的小吃，以下是一些推薦：
1. 生煎包（生煎饅頭）- 一種用豬肉餡和蔥薑蒜等調料製成的包子，外皮酥脆內餡鮮美。
2. 小籠包 - 一種蒸制的小麵團餃子，通常有肉、蝦仁或蟹黃等多種口味選擇。
3. 油條 - 一種炸過的長條狀食品，口感酥脆可口。
4. 糯米雞 - 一道以糯米和雞肉為主要原料的傳統上海菜肴，味道鮮美。
5. 糖醋排骨 - 一道以豬肋排為材料，配以甜酸調味汁製成的經典上海小吃。
6. 蟹黃湯包 - 一種蒸制的小麵團餃子，內餡由蟹黃和蝦仁等海鮮製成。
7. 糯米藕 - 一種將糯米和鮮嫩的蓮藕一起煮熟後食用的傳統上海菜肴。
8. 紅燒肉 - 一道以豬肉為主料，配以醬油、糖和其他調味品烹製而成的經典上海菜肴。

>
```

2. 互動模式

如果你想要更像 ChatGPT 的體驗，你可以透過增加 -i 參數來執行互動模式。在這個模式下，你可以隨時透過按下 Ctrl+C 複合鍵來中斷生成，並輸入一行或多行文本，這些文字將被轉為標記並增加到當前的上下文中。你也可以使用參數 -r"reverse prompt string" 來指定一個反向提示。將會導致當生成中遇到反向提示字串的確切標記時，使用者輸入被提示出來。一個典型的用法是使用一個提示，讓 Llama 模擬多個使用者之間的聊天，比如 Alice 和 Bob，然後使用 -r"Alice:" 來傳遞。

下面是一個少量提示（few-shot）互動的範例，預設使用 7B 模型命令呼叫為

```
./examples/chat.sh
```

提示採用提示檔案 prompts/chat-with-bob.txt，檔案中內容為

```
Transcript of a dialog,where the User interacts with an Assistant named Bob.
Bob is helpful,kind,honest,good at writing,and never fails to answer the User's
requests immediately and with precision.

User:Hello,Bob.
Bob:Hello.How may I help you today?
User:Please tell me the largest city in Europe.
Bob:Sure.The largest city in Europe is Moscow,the capital of Russia.User:
```

推理執行結果見圖 9-13。

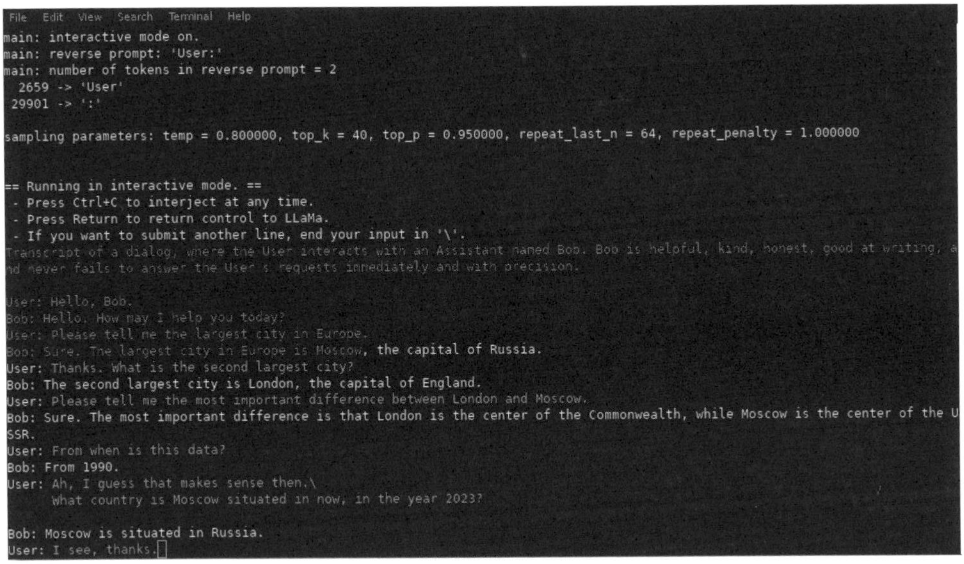

```
File  Edit  View  Search  Terminal  Help
main: interactive mode on.
main: reverse prompt: 'User:'
main: number of tokens in reverse prompt = 2
  2659 -> 'User'
 29901 -> ':'

sampling parameters: temp = 0.800000, top_k = 40, top_p = 0.950000, repeat_last_n = 64, repeat_penalty = 1.000000


== Running in interactive mode. ==
 - Press Ctrl+C to interject at any time.
 - Press Return to return control to LLaMa.
 - If you want to submit another line, end your input in '\'.
Transcript of a dialog, where the User interacts with an Assistant named Bob. Bob is helpful, kind, honest, good at writing, a
nd never fails to answer the User's requests immediately and with precision.

User: Hello, Bob.
Bob: Hello. How may I help you today?
User: Please tell me the largest city in Europe.
Bob: Sure. The largest city in Europe is Moscow, the capital of Russia.
User: Thanks. What is the second largest city?
Bob: The second largest city is London, the capital of England.
User: Please tell me the most important difference between London and Moscow.
Bob: Sure. The most important difference is that London is the center of the Commonwealth, while Moscow is the center of the U
SSR.
User: From when is this data?
Bob: From 1990.
User: Ah, I guess that makes sense then.\
      What country is Moscow situated in now, in the year 2023?

Bob: Moscow is situated in Russia.
User: I see, thanks.
```

▲ 圖 9-13 互動式推理

假如我們要用中文模型庫，提示檔案名稱改為 prompts/chat-with-bob2.txt，使用者用中文「使用者」，則可以用以下帶常數的命令：

```
main-m c:\llama2\chinese-alpaca-2-7b\ggml-model-q4_0.bin-n 256--repeat_penalty 1.0
--color-i-r" 使用者 :"-f..\prompts\chat-with-bob2.txt
```

chat-with-bob2.txt 檔案中內容是

一段對話記錄，使用者與一位名叫聊天機器人的幫手進行互動。聊天機器人樂於助人、友善、誠實、擅長寫作，並且總是立即準確地回答使用者的請求。

使用者：你好，聊天機器人。
聊天機器人：你好。我今天能幫你些什麼嗎？使用者：請告訴我中國最大的城市是哪個。
聊天機器人：當然。中國最大的城市是上海。

9.6 Gradio

9.6.1 簡介

Gradio 是一個用於建立機器學習模型互動介面的開放原始碼函數庫，允許研究人員和開發人員快速建立和共用他們的模型。Gradio 的目標是讓模型開發者更容易地與非技術使用者進行互動，並獲取他們的回饋。這個函數庫可以在幾行程式內建立一個可以與任何模型進行互動的介面。

Gradio 支援多種輸入和輸出類型，包括影像、文字、音訊、繪圖和更多。這使它可以用於多種類型的模型，包括影像分類、文字生成、語音辨識等。

Gradio 的主要特點包括以下幾個。

（1）簡單好用：Gradio 的 API 非常直觀，只需要幾行程式就可以建立一個互動介面。

（2）多種輸入輸出支援：Gradio 支援多種輸入（如文字、影像、音訊等）和輸出（如文字、影像、音訊、表格等）類型，可以方便地與各種模型進行互動。

（3）模型共用：Gradio 可以生成一個 URL（統一資源定位器），透過這個 URL，任何人都可以在網路瀏覽器中存取到這個模型的互動介面，無須安裝任何軟體。

（4）內建模型函數庫：Gradio 有一個內建的模型函數庫，包含了一些預訓練的模型，可以用來進行測試和演示。

9.6.2 基本用法

使用 Gradio 首先需要安裝 Python 第三方函數庫 Gradio，使用清華鏡像：

```
pip install-i https://pypi.tuna.tsinghua.edu.cn/simple gradio
```

下面是 Gradio 的基本用法範例：

```
import gradio as gr
def greet(name):
    return"Hello"+ name + "!"
iface = gr.Interface(fn=greet,inputs="text",outputs="text")
iface.launch()
```

在這個範例中，我們建立了一個簡單的函數 greet，它接受一個名字（文字輸入），並傳回一個問候語（文字輸出）。然後我們使用 Gradio 的 Interface 類別建立了一個互動介面，指定了函數、輸入和輸出類型。最後，我們使用 launch 方法啟動了這個介面。

執行程式後，開啟 http://localhost:7860 即可看到網頁效果（圖 9-14）。左邊是文字輸入框，右邊是結果展示框。Clear 按鈕用於重置網頁狀態，Submit 按鈕用於執行處理常式，Flag 按鈕用於儲存結果到本地。

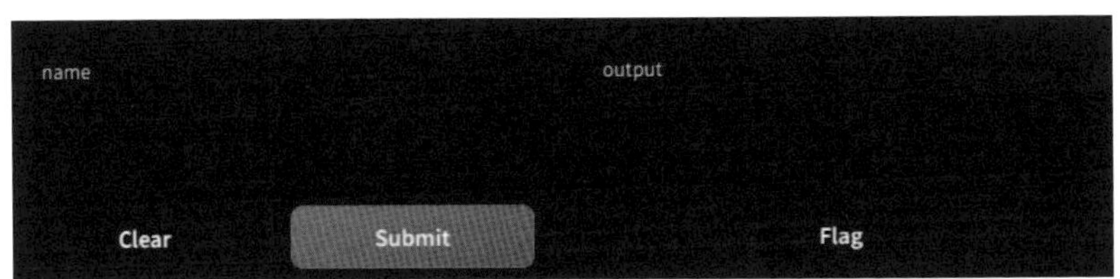

▲ 圖 9-14 Gradio 簡單互動介面

9.6.3 複雜互動

Gradio 用來建立和訂製模型互動介面的兩種主要方式：Interface 和 Blocks。gr.Interface 是 Gradio 的基礎應用介面，用於建立簡單的互動介面，只需要為一個函數建立互動介面。gr.Blocks 是 Gradio 的高級應用介面，用於建立更複雜、更訂製化的互動介面，但支援多種輸入和輸出類型，包括文字、影像、音訊等。gr.Blocks 允許你在一個介面中包含多個輸入、輸出和函數，需要在一個介面中包含多個函數的互動。

```
import gradio as gr

with gr.Blocks()as demo:
    gr.HTML("""<h1 align="center">Chinese LLaMA&Alpaca LLM</h1>""")
    gr.Markdown("> 為了促進大型模型在中文 NLP 社區的開放研究，本專案開放原始碼了中文 LLaMA 模型和指令精調的 Alpaca 大型模型。這些模型在原版 LLaMA 的基礎上擴充了中文詞表並使用了中文資料進行二次預訓練，進一步提升了中文基礎語義理解能力。同時，中文 Alpaca 模型進一步使用了中文指令資料進行精調，顯著提升了模型對指令的理解和執行能力 ")

    with gr.Row():
        with gr.Column(scale=4):
            with gr.Column(scale=12):
                user_input = gr.Textbox(show_label=False,\
                    placeholder="Input...",lines=10).style(\
                    container=False)
            with gr.Column(min_width=32,scale=1):
                submitBtn = gr.Button("Submit",variant="primary")
        with gr.Column(scale=1):
            emptyBtn = gr.Button("Clear History")max_length = gr.Slider(
                    0,4096,value=128,step=1.0,label="Maximum length",\
                        interactive=True)
            top_p = gr.Slider(0,1,value=0.8,step=0.01,\
                label="Top P",interactive=True)
            temperature = gr.Slider(
                    0,1,value=0.7,step=0.01,label="Temperature",\
                    interactive=True)

demo.queue().launch(share=True,inbrowser=True,\
    server_name = '0.0.0.0',server_port=19324)
```

生成以下兩個 URL：

Running on local URL: http://0.0.0.0:19324

Running on public URL:https://29d34752666ca8be01.gradio.live

建立外部存取連結非常簡單，只需要 launch(share=True) 即可，在列印資訊中會看到外部存取連結。免費使用者的連結可以使用 24 小時，想要長期的話需要在 Gradio 官方購買雲端服務。

圖 9-15 是 Gradio 複雜互動介面。複雜互動在原始程式碼中使用了以下函數。

▲ 圖 9-15 Gradio 複雜互動介面 (編按：本圖例為簡體中文介面)

gr.HTML()：用於在介面上增加 HTML 元素。

gr.Markdown()：用於在介面上增加 Markdown 格式的文字。

gr.Row()：用於在介面上建立一個水平排列的元素行。gr.Column()：用於在介面上建立一個垂直排列的元素列。

gr.Button()：用於在介面上增加一個按鈕。用參數可以設置按鈕的標籤文字、當按鈕被點擊時要呼叫的函數、用不同顏色顯示按鈕的類型。'primary' 為主要動作按鈕，'secondary' 為次要類型按鈕，'stop' 為停止按鈕。

gr.Slider()：用於在介面上增加一個滑動條。用參數可以設置滑動條的標籤文字、滑動條的最小值、滑動條的最大值、滑動條的預設值、滑動條每次移動的步進值。

9.6.4 聊天機器人

利用 Gradio 的 Chatbot 模組可以建立互動式聊天機器人。

Chatbot 模組是 Gradio 中的元件，用於展示聊天機器人的輸出，包括使用者提交的訊息和機器人的回覆。它支援一些 Markdown 語法，包括粗體、斜體、程式和圖片等。Chatbot 模組的輸入不接受使用者輸入，而是透過函數傳回的串列來設置聊天內容。傳回的串列應包含多個內部串列，每個內部串列包含兩個元素:使用者訊息和機器人回覆。訊息可以是字串、元組或None。如果訊息是字串，可以包含 Markdown 格式的文字。如果訊息是元組，應引用檔案路徑和可選的替代文字。值為 None 的訊息將不會顯示在聊天介面上。聊天機器人的使用者介面見圖 9-16。

```
import gradio as gr
import random
import time

#Submit 按鈕對應的函數
def respond(message,chat_history):
    bot_message = random.choice(["How are you?","I love you",\
        "I'm very hungry"])
    chat_history.append((message,bot_message))
    time.sleep(2)
    return"",chat_history

#Clear 按鈕對應的函數
def reset_state():
    return"",""

with gr.Blocks()as demo:
    chatbot = gr.Chatbot()
    msg = gr.Textbox()
```

```
    submitBtn = gr.Button("Submit",variant="primary")
    emptyBtn = gr.Button("Clear History")

    submitBtn.click(respond,[msg,chatbot],[msg,chatbot],show_progress=True)
    emptyBtn.click(reset_state,outputs=[msg,chatbot],show_progress=True)

if  name  == "main":
    demo.launch()
```

gradio.Button.click 是點擊元件（例如按鈕）時觸發此偵聽器。

事件偵聽器允許捕捉和回應使用者互動，在 Gradio 阻止應用中定義的 UI 群組件。當使用者與元素互動，例如更改滑動桿值或上傳影像，呼叫一個函數。

參數 fn：觸發此事件時要呼叫的函數，通常是機器學習模型的預測函數。函數的每個參數對應於一個輸入元件，函數應傳回單一值或值元組，元組中的每個元素對應於一個輸出元件。

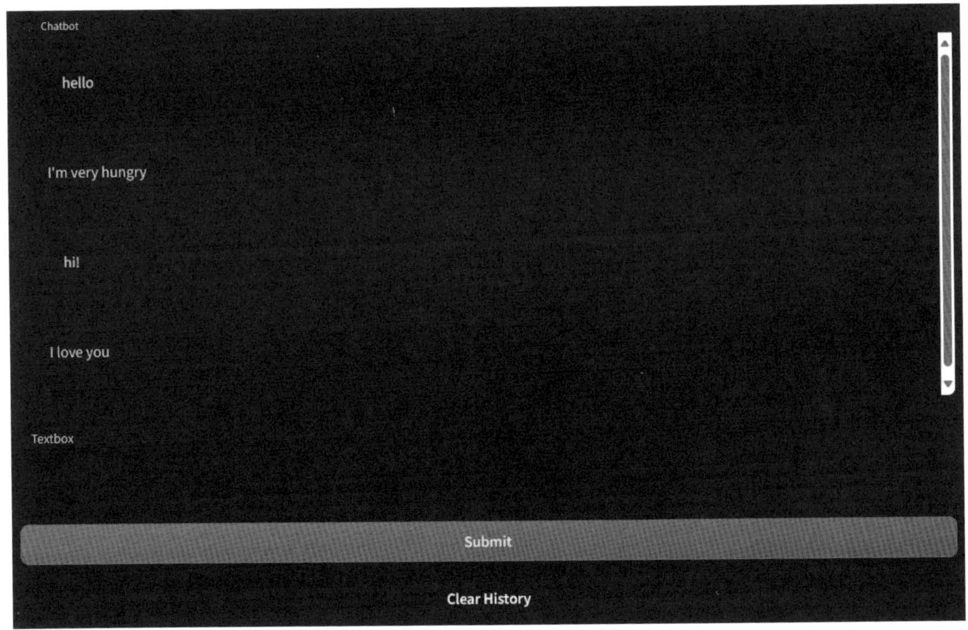

▲ 圖 9-16 聊天機器人

參數 inputs：要用作輸入元件清單。如果函數不接受任何輸入，則這應該是一個空串列。

參數 outputs：用作輸出元件清單。如果函數未傳回任何輸出，則這應該是一個空串列。

參數 show_progress：如果為 True，則在暫停時顯示進度動畫。在本地網址執行：http://127.0.0.1:7864

9.6.5 Gradio 多輪推理

以下程式利用 Gradio 實現了視覺化介面（圖 9-17），實現大型語言模型的基於上下文的多輪推理。

```
import gradio as gr
import torch
from transformers import LlamaForCausalLM,LlamaTokenizer,GenerationConfig
from peft import PeftModel

generation_config = dict(
    temperature=0.2,
    top_k=40,
    top_p=0.9,
    do_sample=True,
    num_beams=1,
    repetition_penalty=1.1,
    max_new_tokens=400
    )

load_type = torch.float16

if torch.cuda.is_available():
    device = torch.device(0)
else:
    device = torch.device('cpu')
base_model = "/mnt/chinese-alpaca-2-7b"
tokenizer_path = "/mnt/chinese-alpaca-2-7b"
lora_model = None
```

```
tokenizer = LlamaTokenizer.from_pretrained(tokenizer_path)

base_model = LlamaForCausalLM.from_pretrained(
    base_model,
    load_in_8bit=True,
    torch_dtype=load_type,
    low_cpu_mem_usage=True,
    device_map='auto',
    )

if lora_model is not None:
    print("loading peft model")
        model = PeftModel.from_pretrained(base_model,\
            args.lora_model,torch_dtype=load_type,device_map='auto',)
else:
    model = base_model

if device==torch.device('cpu'):
    model.float()

model.eval()

def reset_user_input():
    return gr.update(value='')

def reset_state():
    return[],[]

def generate_prompt(instruction):
    return f"""Below is an instruction that describes a task.Write a response that
appropriately completes the request.

###Instruction:
{instruction}

###Response:"""

def predict(
```

```
    input,
    chatbot,
    history,
    max_new_tokens=128,
    top_p=0.75,
    temperature=0.1,
    top_k=40,
    num_beams=4,
    repetition_penalty=1.0,
    max_memory=256,
    **kwargs,
):
    now_input = input
    chatbot.append((input,""))
    history = history or[]
    if len(history)!= 0:
        input = "".join(["###Instruction:\n"+ i[0]+"\n\n"+ \
                "###Response:"+ i[1]+ "\n\n"for i in history])+
                "###Instruction:\n"+ input
        input = input[len("###Instruction:\n"):]
        if len(input)> max_memory:
            input = input[-max_memory:]
    prompt = generate_prompt(input)
    inputs = tokenizer(prompt,return_tensors="pt")
    input_ids = inputs["input_ids"].to(device)
    generation_config = GenerationConfig(
        temperature=temperature,
        top_p=top_p,
        top_k=top_k,
        num_beams=num_beams,
        **kwargs,
    )
    with torch.no_grad():
        generation_output = model.generate(
            input_ids=input_ids,
            generation_config=generation_config,
            return_dict_in_generate=True,
            output_scores=False,
            max_new_tokens=max_new_tokens,
```

```
            repetition_penalty=float(repetition_penalty),
        )
    s = generation_output.sequences[0]
    output = tokenizer.decode(s,skip_special_tokens=True)
    output = output.split("###Response:")[-1].strip()
    history.append((now_input,output))
    chatbot[-1]= (now_input,output)
    return chatbot,history

with gr.Blocks()as demo:
    gr.HTML("""<h1 align="center">Chinese LLaMA&Alpaca LLM</h1>""")
    gr.Markdown("> 為了促進大型模型在中文 NLP 社區的開放研究，本專案開放原始碼了中文 LLaMA 模型和指令精調的 Alpaca 大型模型。這些模型在原版 LLaMA 的基礎上擴充了中文詞表並使用了中文資料進行二次預訓練，進一步提升了中文基礎語義理解能力。同時，中文 Alpaca 模型進一步使用了中文指令資料進行精調，顯著提升了模型對指令的理解和執行能力 ")
    chatbot = gr.Chatbot()
    with gr.Row():
        with gr.Column(scale=4):
        with gr.Column(scale=12):
            user_input = gr.Textbox(show_label=False,\
                    placeholder="Input...",lines=10).style(container=False)
        with gr.Column(min_width=32,scale=1):
            submitBtn = gr.Button("Submit",variant="primary")
        with gr.Column(scale=1):
            emptyBtn = gr.Button("Clear History")max_length = gr.Slider(
                0,4096,value=128,step=1.0,label="Maximum length",\interactive=True)
        top_p = gr.Slider(0,1,value=0.8,step=0.01,\
            label="Top P",interactive=True)
        temperature = gr.Slider(
                0,1,value=0.7,step=0.01,label="Temperature",interactive=True)

    history = gr.State([])#(message,bot_message)

    submitBtn.click(predict,[user_input,chatbot,history,\
        max_length,top_p,temperature],[chatbot,history],\
        show_progress=True)
    submitBtn.click(reset_user_input,[],[user_input])
    emptyBtn.click(reset_state,outputs=[chatbot,history],\
        show_progress=True)
```

```
demo.queue().launch(share=True,inbrowser=True,\
    server_name = '0.0.0.0',server_port=19324)
```

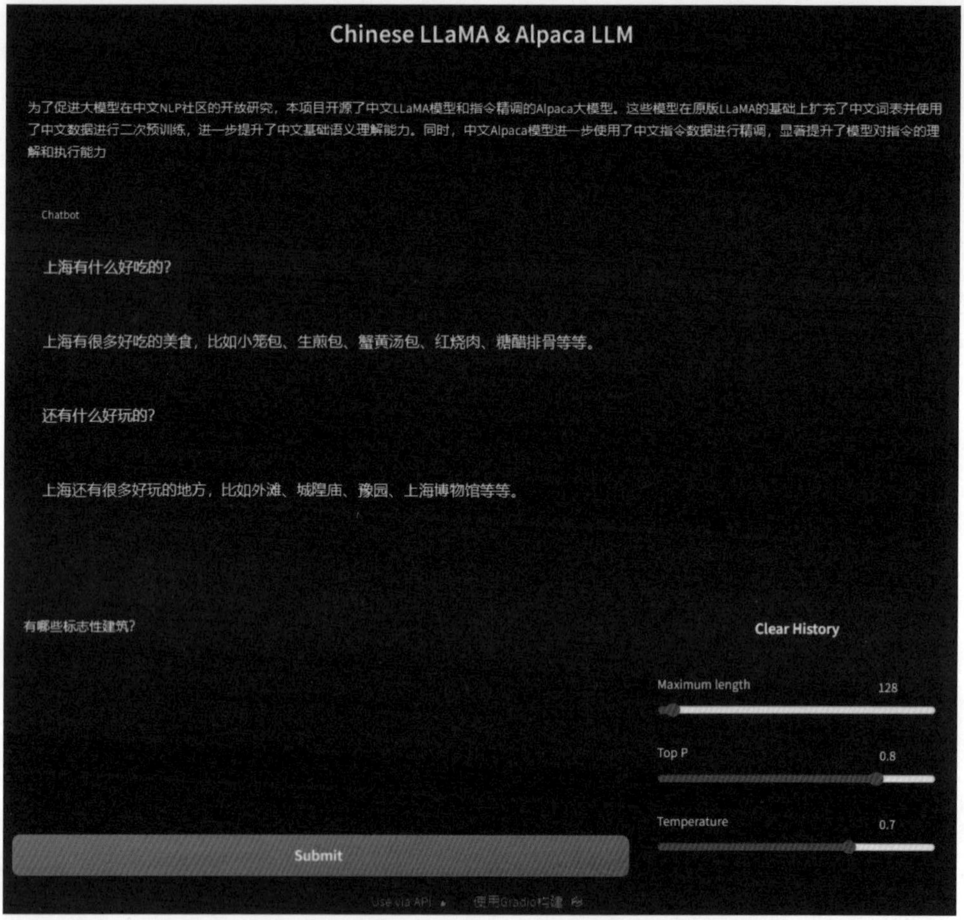

Chinese LLaMA & Alpaca LLM

为了促进大模型在中文NLP社区的开放研究，本项目开源了中文LLaMA模型和指令精调的Alpaca大模型。这些模型在原版LLaMA的基础上扩充了中文词表并使用了中文数据进行二次预训练，进一步提升了中文基础语义理解能力。同时，中文Alpaca模型进一步使用了中文指令数据进行精调，显著提升了模型对指令的理解和执行能力

Chatbot

上海有什么好吃的?

上海有很多好吃的美食，比如小笼包、生煎包、蟹黄汤包、红烧肉、糖醋排骨等等。

还有什么好玩的?

上海还有很多好玩的地方，比如外滩、城隍庙、豫园、上海博物馆等等。

有哪些标志性建筑?

Clear History

Maximum length 128

Top P 0.8

Temperature 0.7

Submit

▲ 圖 9-17 多輪推理 (編按：本圖例為簡體中文介面)

9.7 解碼策略

9.7.1 常見解碼策略

解碼策略是指在自然語言處理任務中，特別是在生成模型中，用於確定最佳或合適輸出的一種演算法或方法。它決定了如何從模型的預測結果中選擇最終的輸出。

對於文字生成任務，語言模型如何做到對同一個輸入生成不同的輸出？無論是自編碼模型還是自迴歸模型，都是在解碼階段的每個時間步一個一個生成最終文字。所謂解碼，就是按照某種策略從候選詞表中選擇合適的詞輸出。除了對於模型本身的改進，不同解碼策略也對文字生成品質造成重要作用。

解碼策略的目標通常是在生成過程中平衡準確性、流暢性和多樣性等因素。不同的解碼策略可以根據任務要求和模型特性來選擇，並會影響到最終生成結果的品質和特性。

常見的解碼策略包括以下幾個。

（1）貪婪解碼（Greedy Decoding）：在每一步選擇預測結果中機率最高的選項作為輸出。該策略簡單高效，但可能導致生成的結果較為保守和單一。

（2）波束搜尋：維護一組候選解，並根據預測機率和得分選擇前 k 個候選解。然後，使用這些候選解繼續生成下一個步驟的候選解。該策略透過維護多個候選解來增強生成的多樣性，但也會增加計算銷耗。

（3）抽樣解碼（Sampling Decoding）：在每一步中，根據模型預測的機率分佈，按照一定的策略（如 softmax 採樣）隨機選擇下一個單字作為生成的單字。這種解碼策略可以增強文字的多樣性，但可能會導致生成不準確的文字。

9.7.2 推理超參數

與解碼策略有關的推理超參數有溫度（temperature）、top-k 和 top-p，都是用於確定抽樣演算法，可控制生成文字的多樣性。

（1）溫度：在抽樣策略中，溫度參數用來調整生成詞的機率分佈。較高的溫度會使機率分佈更加平滑，增強了生成多樣性的可能性。較低的溫度會使機率分佈更加尖銳，降低了生成多樣性但提高了生成準確性。

（2）top-k：top-k 可以用來限制每一步模型預測時考慮的候選詞的數量。在每一步中，只有預測機率排在前 k 位的詞彙會參與進一步選擇。透過控制 k 的大小，可以增強或削弱生成文字的多樣性。較小的 k 值會使生成的文字較為確定和一致，較大的 k 值會增強生成文字的多樣性。

（3）top-p：top-p 與 top-k 類似，也是用來控制參與下一個詞選擇的候選詞的數量。不同的是，top-p 是根據機率分佈的累計機率來確定選擇的詞彙數量的上限。具體來說，top-p 會選擇機率分佈中累計機率超過一個設定值（如 0.9）的最小集合作為候選詞。透過控制該設定值，可以增強或削弱生成文字的多樣性。較小的設定值會使生成的文字較為確定和一致，較大的設定值會增強生成文字的多樣性。

9.7.3 溫度

在語言模型推理中，溫度是控制生成文字的多樣性和隨機性的參數。溫度參數用來調整模型生成輸出時的機率分佈。

具體來說，當使用低溫度值時（如 0.1），模型更加傾向於生成高機率的詞語，使得輸出更加確定和保守。這表示生成的文字會更加準確，但可能會缺乏變化和創造性。

而當使用高溫度值時（如 1.0），模型對於每個可能的詞語給予近似相等的機率，並且更傾向於生成一些不太常見的詞語。這樣會增強輸出的多樣性和隨機性，使得生成的文字更加具有創造性，但可能也會引入更多的錯誤和不連貫之處。

調整溫度參數可以根據具體任務和需求來最佳化生成的文字。對於需要保證準確性的任務（例如機器翻譯），較低的溫度值可能更合適。而對於需要增強多樣性和創造性的任務（例如故事生成），較高的溫度值可能更適用。

需要注意的是，溫度只會影響模型在生成階段的輸出，而不會對模型的內部表示和學習過程產生影響。因此，透過調整溫度參數，你可以在一定程度上控制生成文字的風格和隨機性。

溫度採樣直接縮放原有的解碼詞分佈，略微修改下 softmax 函數：

$$p(x = V_l \mid x_1, x_2, \cdots, x_{i-1}) = \frac{\exp(u_l / t)}{\sum_{i \in V_l} \exp(u_i / t)}$$

其中，u 是 logits；t 即溫度，是一個超參數，溫度的設定值範圍是 (0,+ ∞)，即大於 0 的實數。表 9-3 中語言模型生成 7 個候選詞，舉出相應的預測機率。分別用溫度值 0.2、1、2、5 計算出新的機率。

▼ 表 9-3 候選詞對應不同溫度的機率分佈

序號	單字	預測機率	溫度 =0.2	溫度 =1	溫度 =2	溫度 =5
0	apple	0.2	0.115082	0.222222	0.187053	0.160983
1	banana	0.3	0.873904	0.333333	0.229093	0.174581
2	cherry	0.1	0.003596	0.111111	0.132267	0.140144
3	date	0.1	0.003596	0.111111	0.132267	0.140144
4	elderberry	0.05	0.000112	0.055556	0.093527	0.122002
5	fig	0.05	0.000112	0.055556	0.093527	0.122002
6	grape	0.1	0.003596	0.111111	0.132267	0.140144

從圖 9-18 的資料，對照圖 9-19 可以看出。溫度值為 1 時，機率分佈與原始機率分佈相同，溫度值沒有發揮作用。溫度值小於 1，則加大機率值差異，選擇範圍縮小。溫度值大於 1，值越大，不同候選詞之間的差異越小，選擇範圍越大，因此，出現更大的隨機性，這可以幫助模型舉出更有創意的輸出，也可能使模型偏離主題或舉出無意義的輸出。

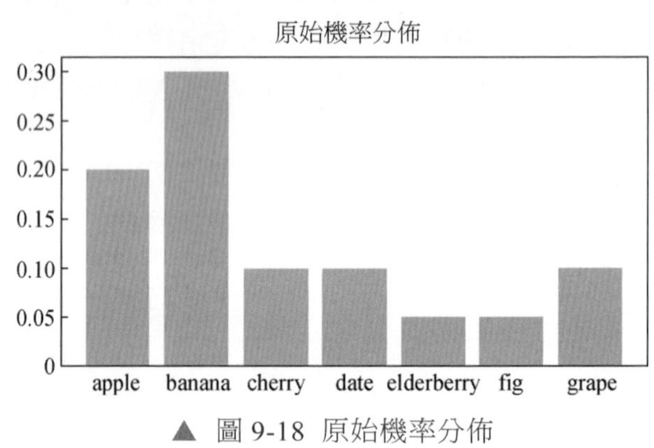

▲ 圖 9-18 原始機率分佈

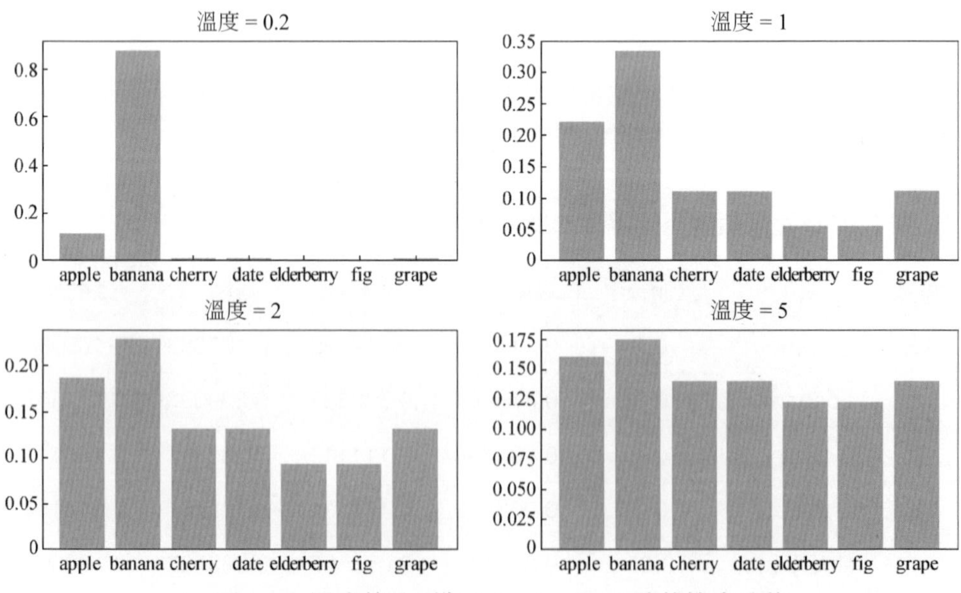

▲ 圖 9-19 溫度值分別為 0.2、1、2、5 時的機率分佈

9.7.4 top-k

當使用語言模型進行推理時，可以使用 top-k 參數來限制在生成下一個單字時考慮的機率分佈範圍。這個參數可以幫助你控制生成的文字的多樣性和隨機性。假設你有表 9-4 所示單字及其對應的預測機率。

▼ 表 9-4 單字與預測機率

單字	預測機率
「apple」	0.2
「banana」	0.3
「cherry」	0.1
「date」	0.1
「elderberry」	0.05
「fig」	0.05
「grape」	0.1

如果你使用 top-k 參數為 3，模型將只從預測機率最高的前三個單字中選擇下一個生成的單字。

在這個例子中，根據預測機率，你的 top-k 選擇會是：

（1）「banana」(0.3)

（2）「apple」(0.2)

（3）「cherry」(0.1)

「banana」的機率最高，因此它是第一個生成的單字。然後，在下一步中，模型將從剩下的單字（「apple」和「cherry」）中進行選擇。

透過調整 top-k 參數的值，你可以改變機率分佈的範圍。較小的 top-k 值會限制選擇的範圍，導致生成的文字更加確定和準確，而較大的 top-k 值會增加選擇的範圍，使得生成的文字更加多樣化並具有更大的隨機性。

值得注意的是，在實踐中，除了 top-k 參數，還可以結合使用 top-p 參數來進一步控制生成文字的多樣性。top-p 參數透過截斷累積機率分佈來限制選擇的範圍。

top-k 採樣 *k* 的選擇是個難題，選大了可能會採樣出長尾詞，導致敘述不通順。將 top-k 設置為 1 可以進行貪心解碼。

9.7.5 top-p

top-p 是一種用於生成文字的機率採樣方法，主要用於提高生成文字的多樣性和可控性。top-p 也稱為核心採樣（nucleus sampling）或 top-k 採樣。透過限制從預測機率分佈中選擇的詞的範圍，可以更進一步地控制生成的文字長度和多樣性。

下一個單字的機率分佈滿足 80/20 原則或說長尾分佈，頭部的幾個詞的出現機率已經佔據了絕大部分機率空間，把這部分核心詞叫作核心（nucleus）。

在 top-p 採樣中，首先對預測的機率分佈按照機率值進行排序。然後，計算累積機率，直到累積機率超過一個指定的設定值（舉例來說，0.8 或 0.9）。然後，從這個累積機率分佈中隨機採樣一個詞作為最終的預測結果。

top-p 預設為 1，top-p 通常設置為較高的值（如 0.75）。下面以一個具體的例子來說明 top-p 採樣的過程。

假設我們有一個句子生成模型，它預測下一個單字的機率分佈如表 9-4。

在這個例子中，我們設定一個 top-p 設定值為 0.5。首先，按照機率值對預測的單字進行排序（表 9-5）。

▼ 表 9-5 按預測機率倒排序

單字	預測機率
「banana」	0.3
「apple」	0.2
「cherry」	0.1
「date」	0.1
「grape」	0.1
「elderberry」	0.05
「fig」	0.05

然後，計算累積機率，直到累積機率超過 0.5（表 9-6）。

▼ 表 9-6 計算累積機率

單字	預測機率	累積機率
「banana」	0.3	0.3
「apple」	0.2	0.5

在這個例子中，累積機率超過了 0.5，因此詞彙範圍被限制在了「banana」和「apple」這兩個單字上。然後，從這個限定的範圍內隨機選擇一個單字。

舉例來說，我們進行一次隨機採樣，可能會選擇到「banana」作為預測結果。

透過調整 top-p 設定值，我們可以控制生成文字的長度和多樣性。較小的設定值會限制詞彙範圍，生成較為確定和常見的單字，而較大的設定值會擴大詞彙範圍，生成更加多樣和不常見的單字。

需要注意的是，top-p 採樣不考慮機率值本身的大小，而是基於累積機率來進行選擇。這表示即使機率值很小，但累積機率不超過設定值，仍有可能選中該單字。

top-k 和 top-p 可以同時使用。如果 k 和 p 都啟用，則 p 在 k 之後起作用。

9.7.6 重複懲罰

重複懲罰（repetition_penalty）是一個在一些語言模型推理（例如 GPT 系列模型）中使用的參數。這個參數的目的是降低生成重複內容的可能性。

在具體操作中，重複懲罰會修改模型的輸出分佈。如果一個詞已經在之前的生成內容中出現過，那麼在應用重複懲罰後，模型對這個詞的預測機率會降低。重複懲罰的值大於 1 時，對已出現的詞的預測機率進行懲罰，從而抑制重複；當其值小於 1 但大於 0 時，對已出現的詞的預測機率進行獎勵，從而鼓勵重複。這樣，可以根據具體的應用需求，透過調整重複懲罰的值來控制生成內容的重複程度。

如何實現重複懲罰呢？舉個例子，假設模型已經生成了句子：「I like cats,and cats are cute」。下一個詞的候選包括「cats」「dogs」和「birds」。如果 repetition_penalty 的值設置為 2.0，那麼模型會對出現過的詞「cats」施加重複懲罰。假設生成「cats」的分數是 0.6，那麼在計算最終分數時，會將其乘以 repetition_penalty 的值 2.0，得到最終的分數 1.2。而對於其他候選詞「dogs」和「birds」，由於它們沒有重複出現，不會受到這個重複懲罰，其分數保持不變。因此，在選擇下一個詞時，模型更有可能選擇「dogs」或「birds」，以避免過多地重複之前的句子。這樣可以增強生成結果的多樣性和減少重複內容。

需要注意的是，重複懲罰只是影響模型生成詞語的分數，實際生成結果最終還是由模型的採樣策略決定的。重複懲罰只是一個約束因素，用於引導模型生成更好的結果。

並不是所有的語言模型都支援重複懲罰功能，但 Llama 支援。

9.7.7 程式實現

以下範例程式展示了如何在推理過程中使用溫度參數、top-k 和 top-p 採樣方法，程式包括了三個部分。

(1) sample_from_model 函數：根據給定的溫度、top-k 和 top-p 參數從模型中生成下一個 token。它對 logits 應用了溫度參數，然後使用 top_k_top_p_filtering 函數對 logits 進行 top-k 和 top-p 過濾，最後透過 torch.multinomial 選擇最可能的下一個標記進行採樣。

(2) top_k_top_p_filtering 函數：用於對 logits 進行 top-k 和 top-p 過濾。它首先將 logits 轉為機率分佈，然後根據給定的 top-k 和 top-p 參數，將不屬於 top-k 或 top-p 的位置的機率設置為一個非常小的值，以進行過濾。最後，它重新歸一化處理後的機率分佈。

(3) 範例的主要部分：設置模型、輸入序列以及採樣參數，然後呼叫 sample_from_model 函數以生成下一個標記。

範例程式中的模型、輸入序列和參數等部分可以根據具體情況進行修改和調配。

```
import torch
import torch.nn.functional as F
from transformers import AutoModelForCausalLM, AutoTokenizer, BitsAndBytesConfig

device = "auto"
model_path = "/mnt/chinese-alpaca-2-7b"  # Path to the combined weights

bnb_config = BitsAndBytesConfig(
        load_in_4bit=True,
        bnb_4bit_quant_type="nf4",
        bnb_4bit_compute_dtype="float16",
        bnb_4bit_use_double_quant=True,
    )

model = AutoModelForCausalLM.from_pretrained(
    model_path,
    trust_remote_code=True,
    device_map=device,
    quantization_config=bnb_config
)
tokenizer = AutoTokenizer.from_pretrained(model_path)
```

```
def sample_from_model(model, input_ids, temperature=1.0, top_k=0, top_p=0.0):
    with torch.no_grad():
        outputs = model(input_ids = input_ids)
        logits = outputs.logits
        logits = logits[:, -1, :] # get the logits for the last predicted token

        if temperature > 0.0:
            logits /= temperature

        filtered_logits = top_k_top_p_filtering(logits,top_k=top_k,top_p=top_p)
        probabilities = F.softmax(filtered_logits,dim=-1)
        next_token = torch.multinomial(probabilities,num_samples=1)
    return next_token

def top_k_top_p_filtering(logits,top_k=0,top_p=0.0,filter_value=-float('Inf')):
    top_k = min(top_k,logits.size(-1))#Safety check

    logits = logits.squeeze()# 在張量中刪除維度為 1，減少張量的維度。

    if top_k > 0:
        indices_to_remove = logits < torch.topk(logits,top_k)[0][...,-1,None]
        logits[indices_to_remove]= filter_value

    if top_p > 0.0:
        sorted_logits,sorted_indices = torch.sort(logits,descending=True)
        cumulative_probs = torch.cumsum(F.softmax(sorted_logits,dim=-1),dim=-1)

        sorted_indices_to_remove = cumulative_probs > top_p
        sorted_indices_to_remove[...,1:]= sorted_indices_to_remove[...,:-1].clone()
        sorted_indices_to_remove[...,0]= 0

        indices_to_remove = sorted_indices[sorted_indices_to_remove]
        logits[indices_to_remove]= filter_value
    return logits

prompt = "我下午要去"
inputs = tokenizer(prompt,return_tensors="pt")
input_ids = inputs["input_ids"]
```

```
temperature = 0.8
top_k = 50
top_p = 0.9

next_token = sample_from_model(model,input_ids,temperature=temperature,top_k=top_k,
top_p=top_p)

print(next_token)
print(tokenizer.decode(next_token))
```

下面解釋一下程式及執行過程。

首先對提示「我下午要去」進行分詞處理，轉為 ids：

tensor([[1,32553,33808,37209]])

看到分為 4 個標記，對應分詞為：<s>，我，下午，要去。

將 ids 輸入傳遞給模型進行推理（函數 sample_from_model）後，傳回的 outputs 是一個 CausalLMOutputWithPast 類別，這是因果語言模型（或自迴歸）輸出的基礎類別。類別中包括以下內容：

loss——語言建模損失（用於下一個標記預測）。

logits——語言建模頭的預測分數（SoftMax 之前每個詞彙標記的分數）。

past_key_values——包含預先計算的隱藏狀態（自注意區塊中的鍵和值），可用於（參見輸入）加速順序解碼。

hidden_states——模型在每個層的輸出加上初始嵌入輸出處的隱藏狀態。

attentions——注意力 softmax 之後的注意力權重，用於計算自我注意力中的加權平均值頭。

下面看下 outputs 開頭部分的輸出內容。

1. 讀取 logits 分數值

```
print(outputs)
```

```
CausalLMOutputWithPast(loss={'logits':tensor([[[-8.9294e-02,5.0742e+00,2.0703e+
00,...,8.2129e-01,
      -2.5586e-01,8.9160e-01],
    [-1.2158e+00,1.6703e+01,6.2461e+00,...,3.2463e-03,
      -3.6719e+00,-5.2637e-01],
    [7.1094e-01,2.2620e-01,1.0758e+01,...,5.5625e+00,
      1.7295e+00,3.3125e+00],
    [4.7168e-01,1.2959e+00,9.4062e+00,...,2.7754e+00,
    1.0748e-01,-1.1572e+00]]]),'past_key_values':((tensor([[[[
0.1516,-0.5459,0.3594,...,0.1464,-0.0703,-0.0157],
    [-0.5044,0.1797,-0.0826,  ...,0.0623,     0.1368,0.2448],
    [0.1420,-0.1780,-0.0273,  ...,-0.2219,    0.4363,-0.1421],
    [0.3218,-0.2698,0.3411,   ...,-0.0134,    0.3022,0.1370]],
```

讀取 outputs 中的預測分數 logits：logits = outputs.logits。

logits 的資料型態是 torch.FloatTensor，形狀為（batch_size,sequence_length, config.vocab_size）。

程式中讀到的形狀為 torch.Size([1,4,55296])，其中 1 為批次（batch_size），4 為序列長度（標記數），55296 為詞彙表的大小。

```
print(logits)
```

```
tensor([[[-8.9294e-02,5.0742e+00,2.0703e+00,...,8.2129e-01,
         -2.5586e-01,8.9160e-01],
        [-1.2158e+00,1.6703e+01,6.2461e+00,...,3.2463e-03,
         -3.6719e+00,-5.2637e-01],
        [7.1094e-01,2.2620e-01,1.0758e+01,...,5.5625e+00,1.7295e
         +00,3.3125e+00],
        [4.7168e-01,1.2959e+00,9.4062e+00,...,2.7754e+00,1.074
         8e-01,-1.1572e+00]]])
```

獲取最後一個預測標記的 logits：logits = logits[:,-1,:]。大小為 torch.Size([1,55296])。該 logits 對應預測的標記。

```
logits = logits[:,-1,:]#get the logits for the last predicted token
print(logits)
```

```
tensor([[0.4717,1.2959,9.4062,...,2.7754,0.1075,-1.1572]])
```

2. 處理溫度值

溫度值為 0.8，將所有分數值除以溫度，計算後得到：

```
tensor([[0.5896,1.6199,11.7578,...,3.4692,0.1344,-1.4465]])
```

3. 處理 top-k 採樣

用 torch.topk 函數獲取 logits 張量中最大（或最小）的 *k* 個元素及其對應的索引。

```
torch.return_types.topk(
values=tensor([18.5352  18.1934  17.2949  16.9531  16.9141  16.7090  16.5332  16.1230
16.0352  16.0254  15.9766  15.9668  15.9570  15.9375  15.9375  15.8594  15.8301  15.8105
15.7617  15.7129  15.6055  15.4980  15.4785  15.4785  15.3809  15.3711  15.3516  15.3418
15.3223  15.3125  15.2930  15.2734  15.2637  15.2344  15.1953  15.1562  15.0781  15.0684
15.0488  15.0391  15.0293  14.9609  14.9512  14.9023  14.8828  14.8340  14.8340  14.8242
14.7461  14.7266])
indices=tensor([31811  32322  31026  34133  32074  49717  35265  32227  32175  41669
32002  39455  32334  34916  32424  32215  47006  34204  32429  31656  32229  32019  34061
31999  32139  32492  31092  37408  32201  40287  30415  35246  49007  43117  37305  29968
32259  30429  44199  38702  36589  32087  32016  30437  30374  36026  34870  30214  44566
32564]))
```

從中找出 *k* 個分數中最小值 14.7266，logits 向量中凡是小於該值的均置為負無限大 -inf。

4. 處理 top-p 採樣

按分數從大到小排序，得到排序後的 logits 向量和對應的 ids 值。

```
tensor([1.3073e-01,9.2881e-02,3.7821e-02,...,6.6399e-13,5.9928e-13,4.8107e-13])
Tensor([31811,32322,31026,⋯,25091, 23531,28152])
```

將機率累加：

```
tensor([0.1307,0.2236,0.2614,...,1.0000,1.0000,1.0000])
```

凡是機率累加和大於 top-p 的均置為負無限大 -inf。

5. 獲得下一個標記集合

經過溫度、top-k、top-p 超參數處理後的 logits，僅剩餘 34 個元素不為 -inf。經倒排序：

```
torch.return_types.sort(
values=tensor([18.5352,18.1934,17.2949,...,-inf,-inf,-inf]),
indices=tensor([31811,32322,31026,...,18438,18439,18440]))
```

將 34 個元素用以下程式解碼：

```
indices = [31811, 32322, 31026, 34133, 32074, 49717, 35265, 32227, 32175, 41669, 32002,
39455, 32334, 34916, 32424, 32215, 47006, 34204, 32429, 31656, 32229, 32019, 34061,
31999, 32139, 32492, 31092, 37408, 32201, 40287, 30415, 35246, 49007, 43117]

for t in indices:
    print("%s,"%(tokenizer.decode(t)), end='')
```

得到下面就是供抽樣的標記，就是說下一個標記肯定是其中之一，傳回哪一個具有隨機性，兩次執行傳回的結果也不一樣：

看 , 參加 , 開 , 面試 , 買 , 拜訪 , 上課 , 找 , 學校 , 逛街 , 一個 , 看電影 , 醫院 , 購物 , 考試 , 見 , 一趟 , 上班 , 辦 , 打 , 上海 , 做 , 機場 , 給 , 北京 , 喝 , 接 , 參觀 , 聽 , 健身房 , 學 , 超市 , 打籃球 , 散步 ,

6. 傳回下一個標記

做 softmax 處理：

```
torch.return_types.sort(
values=tensor([0.2353,0.1672,0.0681,...,0.0000,0.0000,0.0000]),
indices=tensor([31811,32322,31026,...,18438,18439,18440]))
```

再用 torch.multinomial 函數獲得指定數量的 ids 值。

torch.multinomial 函數是 PyTorch 函數庫中用於對給定機率分佈進行多項式抽樣的函數。它的語法如下：

```
torch.multinomial(input,num_samples,replacement=False) → LongTensor
```

input：一個包含各個類別的機率分佈的張量。它可以是一維或二維張量，其中一維表示各個類別的機率值，二維表示各個樣本的機率分佈。

num_samples：表示要抽樣的次數或數量。

replacement：表示是否允許重複抽樣，若為 True，則可以重複取出同一個類別；若為 False，則不允許重複取出同一個類別。

函數將傳回一個包含抽樣結果的 LongTensor 張量，其形狀為 (input.shape[0],num_samples)。每一行代表一次抽樣結果，每個元素表示對應類別的索引值。

9.8 推理加速技術

9.8.1 簡介

推理加速技術主要是用於提高模型推理（即模型預測或模型應用）的速度，對於需要即時回應或處理大量資料的應用非常重要。以下是一些常見的推理加速技術。

（1）模型量化（quantization）。模型量化是一種降低模型儲存和計算複雜性的方法，它將模型參數從浮點數（例如 32 位元）降到較低精度（例如 8 位元）。這可以大大減少模型的儲存需求和計算時間，同時只會帶來微小的性能損失。

（2）模型剪枝（pruning）。模型剪枝是一種減少模型參數和降低計算複雜性的方法，它透過移除模型中的一些參數（例如權重接近於零的神經元）來實現。剪枝後的模型具有較小的參數和較低的計算複雜性，同時保持了大部分的模型性能。

（3）模型蒸餾（distillation）。模型蒸餾是一種從一個大的模型（教師模型）中提取知識到一個小的模型（學生模型）的方法。學生模型具有較小的參數和較低的計算複雜性，但是由於從教師模型中學習到了重要的知識，所以它的性能通常比直接訓練的小模型要好。

（4）硬體加速。使用專門的硬體（如 GPU、TPU 或專門的 AI 處理器）可以大大提高模型的推理速度。這些硬體通常具有平行處理能力，可以同時處理大量的計算任務。

（5）軟體最佳化。一些軟體函數庫（如 TensorRT、ONNX Runtime 等）提供了最佳化模型推理的功能，包括圖最佳化、核心融合、動態張量等。

（6）使用更輕量級的模型架構。一些模型架構（如 MobileNet、EfficientNet 等）被專門設計為在資源有限的裝置上執行。這些模型通常具有較小的參數和較低的計算複雜性，但是仍然提供了良好的性能。

（7）分散式運算。分散式運算是一種將計算任務分散到多個計算節點上進行的方法。對於大型模型，可以將其分解為多個小模型，然後在多個計算節點上平行。這種方法可以克服單一硬體裝置的資源限制，實現更大規模的模型執行。

（8）模型平行和資料平行。模型平行是將模型的不同部分分佈在不同的裝置上，每個裝置只處理一部分模型和一部分資料。資料平行則是將資料分佈在多個裝置上，每個裝置處理完整的模型和一部分資料。這兩種方法都可以提高與擴大模型的計算效率和規模。

（9）動態推理。動態推理是一種根據當前的計算需求動態調整模型結構的方法。舉例來說，可以根據輸入資料的複雜性動態選擇模型的深度或寬度，從而在保持性能的同時減少運算資源的需求。

目前的大型語言模型的推理加速技術主要有 fastertransformer、TensorRT、vllm。vllm 是當今的最佳解。

但 vllm 的問題也比較多，包括但不限於：沒有原生的 Rope 內插外插支援；只支援 Llama，大部分國產結構不支援；多卡不一定簡單好用，多 batch 不一定開箱即用。

儘管如此，依舊可以用 vllm 快速地建構一個可用的大型模型推理服務。可以在 vllm 上，進行超長的多輪對話聊天。

9.8.2 純 C 推理

llama2.c 一個完整的解決方案，可以使用 PyTorch 從頭開始訓練的 Llama 2 大型語言模型，並將權重匯出到二進位檔案，然後載入到一個簡單的 500 行 C 檔案（run.c）中進行推理。選擇了強制寫入 Llama 2 架構，採用 fp32 精度，並僅使用純 C 撰寫一個沒有相依項的推理檔案。

專案網址：https://github.com/karpathy/llama2.c

9.8.3 投機採樣

投機採樣（Speculative Decoding）原理是訓練一個與大型模型近似、更便宜的小模型，讓小模型先生成 *K* 個標記，然後讓大型模型去做評判。大型模型接受的部分就可以直接用，大型模型不接受的部分再由大型模型修改。

Google 投機採樣論文：https://arxiv.org/abs/2211.17192

這個方法有效的關鍵之處在於，給大型模型一次輸入一個標記和一次輸入一批標記，預測下一個標記所需時間是差不多的。但每一個標記都依賴前一個標記，所以正常情況無法一次對多個標記進行採樣。

小模型雖然能力較差，但實際生成一個句子時有很多部分是非常簡單的，小模型也能勝任，只有遇到困難的部分再讓大型模型上就好了。

圖 9-20 的技術範例是針對非條件性語言建模的案例。

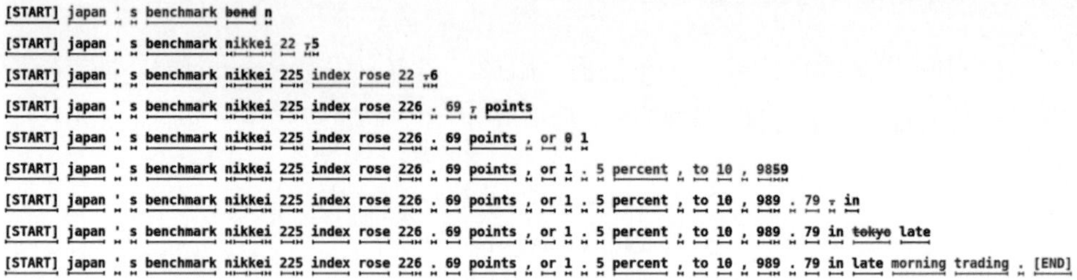

```
[START] japan ' s benchmark bend n
[START] japan ' s benchmark nikkei 22 75
[START] japan ' s benchmark nikkei 225 index rose 22 76
[START] japan ' s benchmark nikkei 225 index rose 226 . 69 7 points
[START] japan ' s benchmark nikkei 225 index rose 226 . 69 points , or 0 1
[START] japan ' s benchmark nikkei 225 index rose 226 . 69 points , or 1 . 5 percent , to 10 , 9859
[START] japan ' s benchmark nikkei 225 index rose 226 . 69 points , or 1 . 5 percent , to 10 , 989 . 79 7 in
[START] japan ' s benchmark nikkei 225 index rose 226 . 69 points , or 1 . 5 percent , to 10 , 989 . 79 in tokyo late
[START] japan ' s benchmark nikkei 225 index rose 226 . 69 points , or 1 . 5 percent , to 10 , 989 . 79 in late morning trading . [END]
```

▲ 圖 9-20 投機採樣建模案例

每一行代表演算法的一次迭代。由逼近模型提供建議標記（這裡是一個類似於 GPT 的 Transformer 解碼器，具有 6M 參數，在 8k 標記的 lm1b 資料集上進行了訓練），目標模型（這裡是一個類似於 GPT 的 Transformer 解碼器，具有相同設置下的 97M 參數）接受了這些建議。有的標記被目標模型拒絕，有些標記被糾正。比如，在第一行中，目標模型僅執行了一次，並生成了 5 個標記。

llama.cpp 作者格爾加諾夫不用量化，就用 FP16 精度也讓 34B 的 Code Llama 跑在蘋果電腦上，推理速度超過每秒 20 個標記。他使用 4bit 量化的 7B 模型作為「草稿」模型，每秒約能生成 80 個標記。而 FP16 精度的 34B 模型單獨使用每秒只能生成 10 個標記。使用投機採樣方法後獲得了 2 倍的加速，與原論文資料相符。他額外表示，速度可能會根據生成的內容而有所不同，但在程式生成上非常有效，「草稿」模型能猜對大多數標記。

9.8.4 Medusa

雖然大型模型投機採樣對於推理時間最佳化是一個出色的方案，但因其太過複雜，還沒有被許多開發者採用。

Medusa（美杜莎）不是引入一個新的草稿模型，而是在同一個模型上訓練多個解碼頭。在大型語言模型的最後隱藏狀態之上引入多個頭，使其平行預測多個後續標記。在使用 Medusa head 擴充模型時，原始模型在訓練期間被凍結，只有 Medusa head 經過微調。這種方法使在單一 GPU 上對大型模型進行微調成為可能。在推理過程中，每個頭為其指定的位置生成多個頂級預測。這些預測被組合成候選項，並使用基於樹狀注意力機制平行處理。最後一步是，使用典型接受方案選擇合理的延續，被接受的最長候選項 prefix 將用於下一階段的解碼。這樣，Medusa 透過同時接受更多標記，從而減少所需的解碼步驟，提高了解碼過程的效率。

透過 Medusa 的最佳化，33B 參數的 Vicuna 模型可以像 13B 模型一樣迅速執行。論文：https://together.ai/blog/medusa

專案網址：https://github.com/FasterDecoding/Medusa

9.8.5 流式推理

大型語言模型的流式推理是一種處理大量文字輸入的方法。在某些情況下，需要處理的文字長度超過了模型的最大輸入長度（舉例來說，對於 GPT-3，最大輸入長度為 2048 個標記）。在這種情況下，你需要使用一種方法來分割和處理這些文字，這就是流式推理的概念。

流式推理的基本思想是將長文字分割成多個小塊，然後一個一個處理這些小塊。具體來說，你可以將長文字分割成多個與模型的最大輸入長度相匹配的小塊，然後將每個小塊作為一個獨立的輸入傳遞給模型。模型會對每個小塊生成一個輸出，然後你可以將這些輸出合併起來，以生成最終的預測結果。

然而，這種方法有一個問題，那就是它可能會在文字的切割點產生不連貫的預測結果。為了解決這個問題，你可以使用一種稱為「滑動視窗」或「捲動視窗」的技術。具體來說，你可以讓每個小塊的一部分重疊，這樣模型就可以在處理每個小塊時都有一些上下文資訊。這種方法可以幫助保持預測結果的連貫性，但它也會增強計算的複雜性。

舉個例子，假設我們有一個大型語言模型，例如 LLama2 chat，它的最大輸入長度為 2048 個標記，我們需要處理的文字有 3000 個標記。

我們將 3000 個標記的文字分割成兩部分，每部分都有 2048 個標記，這表示這兩部分的中間 1000 個標記是重疊的。第一部分包含前 2048 個標記，第二部分從第 1001 個標記開始，一直到最後一個標記。這樣，兩部分就有 1000 個標記是重疊的。

然後，我們將第一部分作為輸入傳遞給模型，模型會生成一個輸出。接著，我們將第二部分也作為輸入傳遞給模型，模型會生成另一個輸出。

在合併輸出時，我們需要處理這兩個輸出的重疊部分。具體來說，我們可以只保留第一個輸出的前 2048 個標記和第二個輸出的後 1000 個標記，然後將這兩部分合併起來，得到最終的輸出。

流式服務提供的好處包括：可以掩蓋推理的延遲時間，幾乎可以給到使用者即時的推理體驗；允許使用者即時地終止回覆，這一點比較重要，有時候大型模型說的內容不一定是使用者想要的，此時需要有判斷的能力。

10 中文私有模型開發

10.1 基本思路

(編按：本章使用簡體中文語料庫，範例圖為簡體中文介面顯示)

要開發一個中文私有模型，需要滿足一個基礎、兩個要求。

一個基礎是基於一個預訓練模型，比如 Llama 2。主要原因是預訓練模型需要準備大量語料及利用 GPU 訓練很長時間。Llama 2 的訓練語料變換為標記後有 2 T，耗費 GPU 時間累計為 33 萬小時，訓練費用可能超過 200 萬美金。

兩個要求為支援中文及有可加入的私有語料。

透過對開放原始碼的，滿足以上條件的專案評估，選擇了中文羊駝大型模型二期（中文 Llama-2&Alpaca-2 大型模型二期）專案（以下簡稱 CLLM2）作為本章的案例。

該專案基於 Meta 發佈的可商用大型模型 Llama-2 開發，開放原始碼了中文 Llama-2 基座模型和 Alpaca-2 指令精調大型模型。這些模型在原版 Llama-2 的基礎上擴充並最佳化了中文詞表，使用了大規模中文資料進行增量預訓練，進一步提升了中文基礎語義和指令理解能力，相比一代相關模型獲得了顯著性能提升。相關模型支援 FlashAttention-2 訓練。標準版模型支援 4K 上下文長度，長上下文版模型支援 16K 上下文長度，並可透過 NTK 方法最高擴充至 24K+ 上下文長度。

已開放原始碼的模型有：

基座模型：Chinese-LLaMA-2-1.3B,Chinese-LLaMA-2-7B,Chinese-LLaMA-2-13B。

聊天模型：Chinese-Alpaca-2-1.3B,Chinese-Alpaca-2-7B,Chinese-Alpaca-2-13B。

長上下文模型：Chinese-LLaMA-2-7B-16K,Chinese-LLaMA-2-13B-16K,Chinese-Alpaca-2-7B-16K,Chinese-Alpaca-2-13B-16K。

專案在 github 上的網址是：

https://github.com/ymcui/Chinese-LLaMA-Alpaca-2。開啟的介面見圖 10-1。技術報告 *EFFICIENT AND EFFECTIVE TEXT ENCODING FOR CHINESE LLAMA AND ALPACA* 的網址是：https://arxiv.org/pdf/2304.08177.pdf。

可以在 CLLM2 開放原始碼模型的基礎上訓練帶自有語料的微調模型，具體可以參照圖 10-2 的流程圖。

▲ 圖 10-1 CLLM2 專案網址

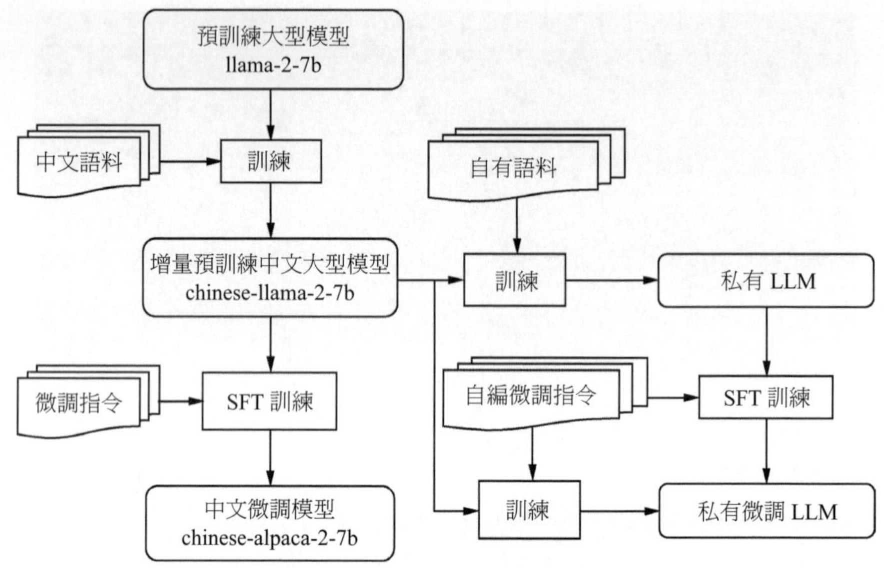

▲ 圖 10-2 中文私有模型開發流程

10.2 中文詞彙表

Llama 1 的訓練資料集大約包含了 1.4 兆個標記，其中大部分是英文，還有一小部分是使用拉丁或西瑞爾字母的其他歐洲語言。因此，Llama 具有多語言和跨語言理解能力，主要在歐洲語言中展現。Llama 具備基本的中文理解能力，儘管其生成中文文字的能力有限。

為了使 Llama 具備更強的中文理解和生成能力，需要使用中文語料對 Llama 模型進行預訓練。但是，直接應用中文語料進行持續預訓練面臨幾個挑戰：首先，原始的 Llama 詞彙表只包含不到 1000 個中文字，無法對通用的中文文字進行編碼。儘管 Llama 的分詞器透過將未知的 UTF-8 字元分詞為位元組來規避了這個問題，但是這種策略會顯著增加序列長度，降低中文文字的編碼和解碼效率，因為每個中文字分割成 3 ～ 4 個位元組的標記。其次，位元組標記並不是專門設計用於表示中文字元的。因為位元組標記還代表著其他語言的 UTF-8 標記，所以對位元組標記和 Transformer 編碼器來說，有效地學習表示捕捉中文字元的語義含義變得困難。

為了解決這些問題並提高編碼效率，CLLM2 使用額外的中文標記擴充 Llama 詞彙表，並針對擴充後的詞彙表調整模型。擴充過程如下。

為了增強分詞器對中文文字的支援，首先使用 SentencePiece 對中文語料進行訓練，詞彙表大小設置為 20000。

然後，將中文分詞器與原始的 Llama 分詞器合併，取它們詞彙表的並集。因此，我們獲得了一個合併的分詞器，稱為中文 Llama 分詞器，詞彙表大小為 55296。

為了適應中文 Llama 分詞器，調整了詞嵌入和語言模型頭的形狀，將其從 $V \times H$ 調整為 $V' \times H$，其中 $V = 32000$ 表示原始的詞彙表大小，$V' = 55296$ 表示中文 Llama 分詞器的新詞彙表大小。新的行增加到原始嵌入矩陣的末尾，確保原始詞彙表中的標記的嵌入不受影響。

初步實驗表明，中文 Llama 分詞器生成的標記數量約為原始 Llama 分詞器生成的一半。表 10-1 提供了原始 Llama 分詞器和中文 Llama 分詞器之間的比較。與原始分詞器相比，中文 Llama 分詞器顯著減小了編碼長度。在固定的上下文長度下，模型可以容納大約兩倍的資訊量，並且生成速度是原始 Llama 分詞器的兩倍。這突出顯示了新方法在提高 Llama 模型的中文理解和生成能力方面的有效性。

▼ 表 10-1 不同詞彙表的比較

分詞	長度	內容
原句	28	人工智慧是電腦科學、心理學、哲學等學科融合的交叉學科。
原分詞	35	'','人','工','智','能','是','計','算','機','科','學','、','心','理','學','、','0xE5','0x93','0xB2','學','等','學','科','0xE8','0x9E','0x8D','合','的','交','0xE5','0x8F','0x89','學','科','。'
中文分詞	16	'','人工智慧','是','電腦','科學','、','心理學','、','哲學','等','學科','融合','的','交叉','學科','。'

10.3 模型下載

10.3.1 安裝 Git LFS

1. Windows

下載 git 最新 64 位元 Windows 安裝套件並安裝（https://git-scm.com/downloads），預設安裝 LFS。

如果發現安裝了 git 但沒有安裝 LFS，可以下載 Git LFS 最新的 Windows 安裝套件並安裝（https://git-lfs.github.com/）。

2. Linux

```
sudo apt install git-lfs

git lfs install
```

10.3.2 獲取下載連結

在 Hugging Face 網站上進入模型所在網址，出現如圖 10-3 所示介面，點擊 Clone repository，彈出圖 10-4 所示介面。

Copy 獲取下載連結：

```
git clone https://huggingface.co/ziqingyang/chinese-llama-2-7b
```

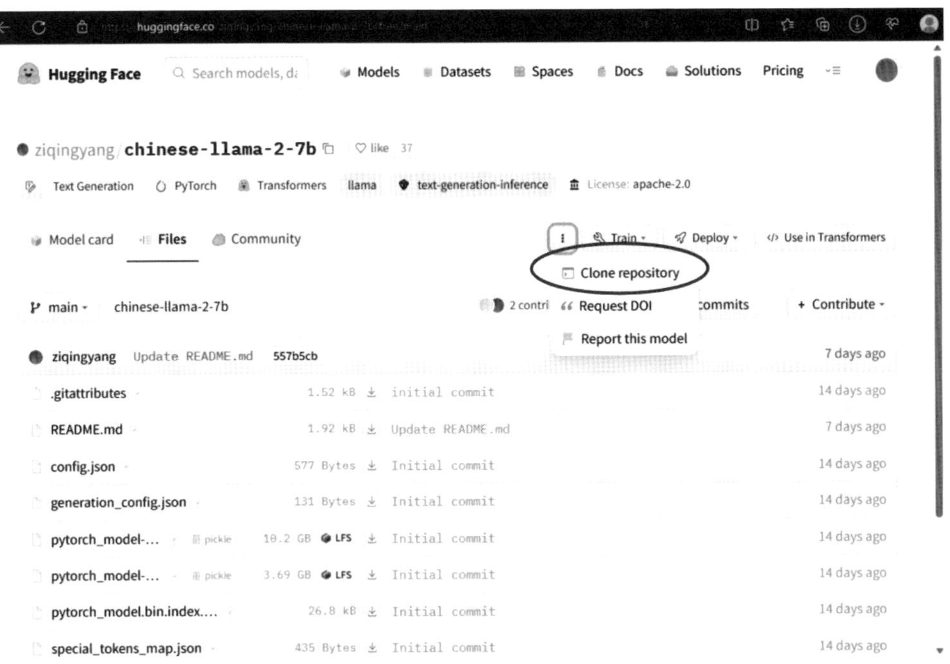

▲ 圖 10-3 Hugging Face 模型資源下載頁面

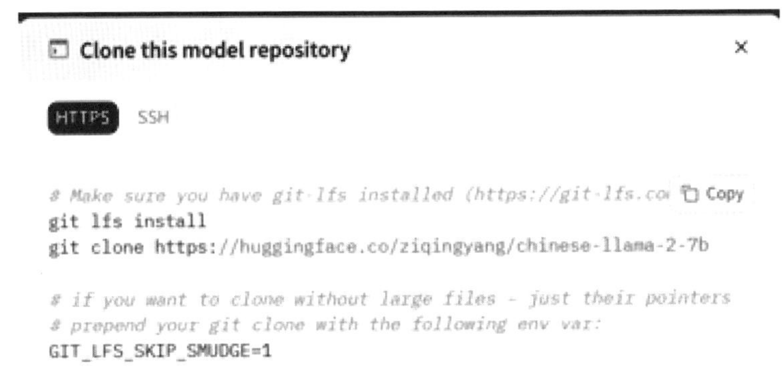

▲ 圖 10-4 複製模型資源的命令

10.3.3 直接點擊連結分檔案逐一下載

如果採用 git clone 命令沒有一次性完整下載模型檔案，也可以在圖 10-5 所示介面一個一個下載檔案，再建立一個目錄。將全部檔案移動到該目錄下面。

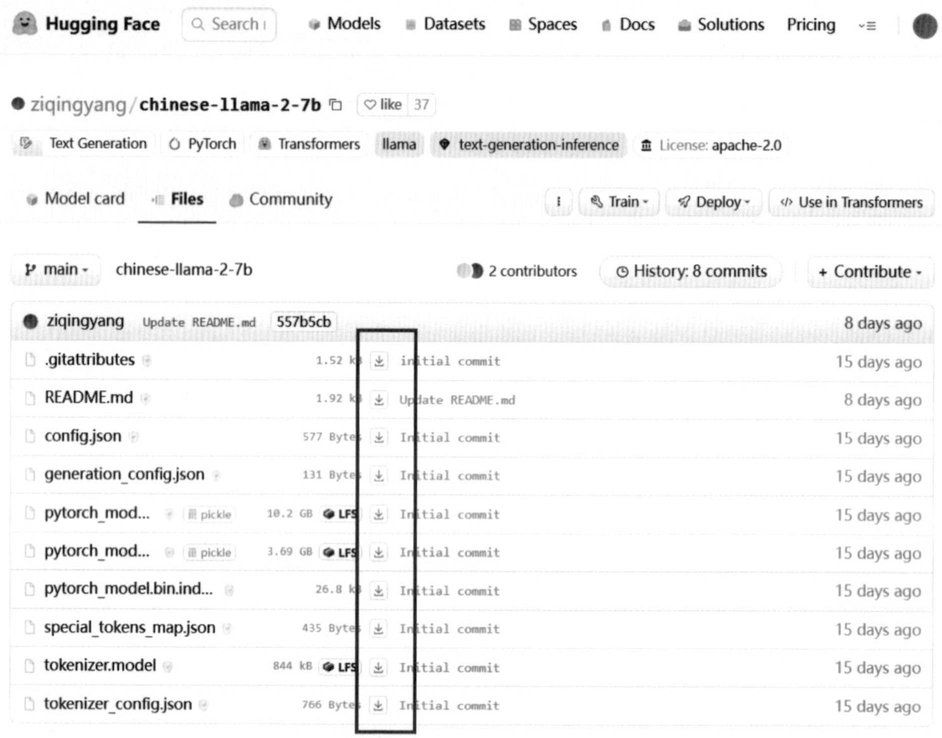

▲ 圖 10-5 點擊每個檔案後面的下載標記逐一下載

10.4 開發方案

10.4.1 演示系統開發

演示系統開發基於 Llama 2 的 7B 模型，由於參數較少，可以節約訓練成本和時間，走通開發流程，為生產系統開發探路。

CLLM2 目前訓練了 1.3B、7B、13B 模型，因此，演示系統開發可以直接下載 CLLM2 訓練好的模型。目前有兩個方案：直接下載完整模型，下載增量訓練模型再進行合併。

方案一：下載完整模型，流程見圖 10-6。

方案二：下載增量訓練模型，流程見圖 10-7。

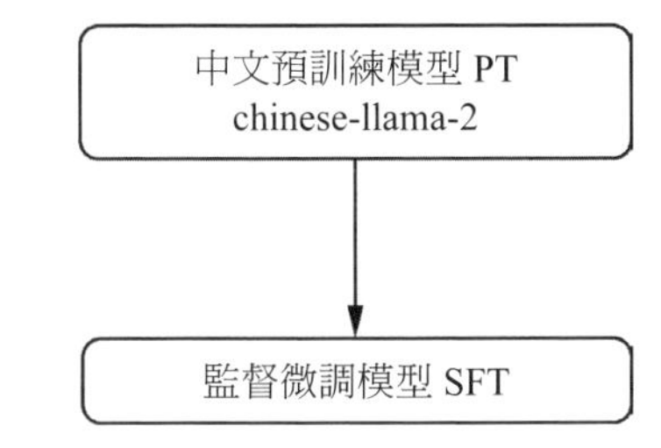

▲ 圖 10-6 利用完全模型進行訓練

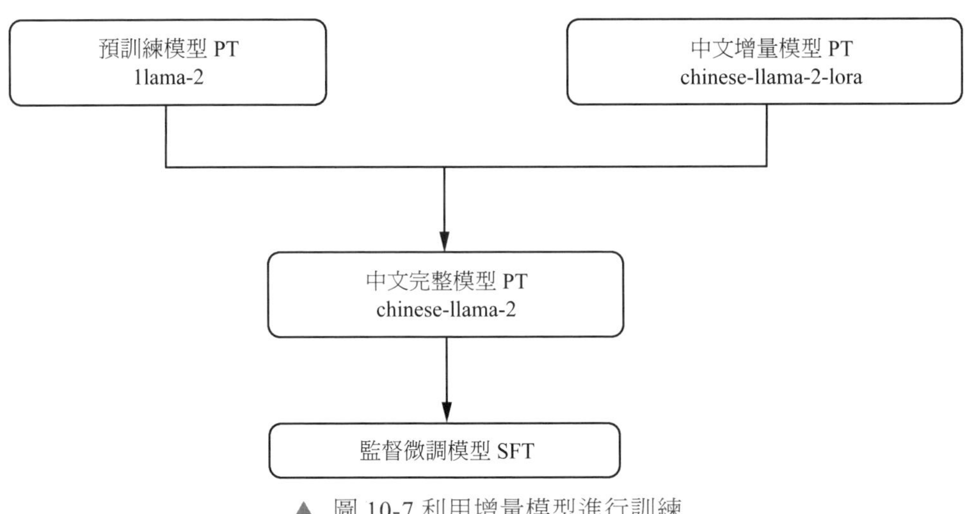

▲ 圖 10-7 利用增量模型進行訓練

在本章例子中，就直接下載完整模型進行 SFT 訓練。

我們要下載的模型名稱為 Chinese-LLaMA-2-7B，可以從百度網路硬碟、Google Drive 和 Hugging Face 上下載。該模型採用無標準通用語料進行訓練，詞表大小為 55296，主要作為監督微調（指令精調）的基礎。

Hugging Face 下載網址為：

https://huggingface.co/ziqingyang/chinese-llama-2-7b

或直接執行以下命令：

```
git lfs install
git clone https://huggingface.co/ziqingyang/chinese-llama-2-7b
```

10.4.2 生產系統開發

CLLM2 目前最大訓練了 13B 模型，從相應的一期專案情況看，也只提供了 7B/13B/33B 模型，沒有提供 Llama 2 最大的 70B 模型，由此看來，CLLM2 不但現在，在可以預見的未來也不會提供對應 Llama 2 70B 的模型。

由於現在大型語言模型對標的是 GPT-4，起碼要與 GPT-3.5 差不多，但即使 Llama 2 最大的 70B 模型與 GPT-3.5 還有差異，因此生產系統不能用參數少的模型。而基於 Llama 2 70B 開發生產系統，需要同時對預訓練模型訓練和進行監督微調訓練。其主要流程是：下載 Llama 2 70B 模型、增量訓練預訓練模型、合併權重、監督微調訓練，見圖 10-8。

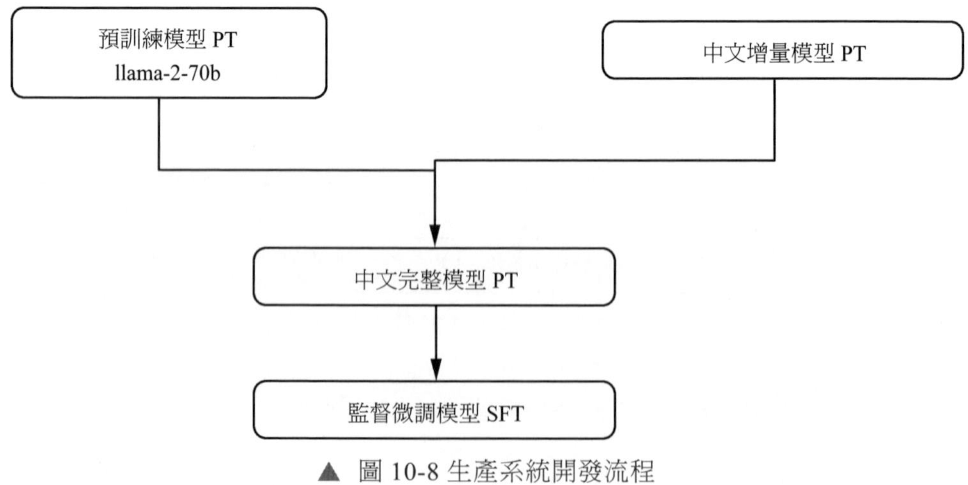

▲ 圖 10-8 生產系統開發流程

10.4.3 實訓系統開發

在培訓時需要進行實訓，由於 GPU 資源有限，如每個學員分配一台有 16 GB 顯示記憶體的單 GPU 電腦，這時可以基於 QLoRA 開發實訓系統，採用 N4 的 4 位元量化模型，LoRA 開發。

10.5 中文語料

訓練中文模型需要大量的中文語料。深圳大學電腦視覺研究所李煜東等開發並開放原始碼了通用大規模語言模型 - 伶荔（Linly）。Linly 中文基礎模型以 Llama 和 Falcon 為底座，使用中文和中英平行語料進行增量預訓練，將其在英文上的語言能力擴充到中文上。同時，專案整理了目前公開的多語言指令資料，對中文模型進行大規模指令跟隨訓練，實現了 Linly-ChatFlow 對話模型。

專案開放原始碼了從頭訓練的 Linly-OpenLLaMA 模型，包含 3B、7B、13B 規模，在 1 TB 中英文語料上進行預訓練，針對中文最佳化了字詞結合 tokenizer。

Linly 模型 Github 網址是：https://github.com/CVI-SZU/Linly。開啟介面見圖 10-9。

CVI-SZU / Linly Public

Notifications | Fork 225 | Star 2.9k

Code | Issues 106 | Pull requests | Actions | Projects | Wiki | Security | Insights

main | Go to file | Code

ydli-ai update ... on Sep 29 | 121

assets	update wechat group	4 months ago
corpus	update	6 months ago
instructions	update	8 months ago
scripts	update convert script for fp16	7 months ago
README.md	update	3 months ago

README.md

中文 LLaMA1-2 & Linly-OpenLLaMA & Falcon 大模型

Linly
伶荔－开源中文大模型

Model License GPL v3.0 | Code License Apache 2.0 | last commit september
commit activity 0/month | python 100.0% | Stars 2.9k

本项目向社区提供**中文对话模型** Linly-ChatFlow 、**中文基础模型** Chinese-LLaMA (1-2)、Chinese-Falcon **及其训练数据**。

模型基于 TencentPretrain 预训练框架全参数训练（Full-tuning）。

中文基础模型以 LLaMA 和 Falcon 为底座，使用中文和中英平行语料进行增量预训练，将其在英文上的语言能力扩展到中文上。同时，项目汇总了目前公开的多语言指令数据，对中文模型进行大规模指令跟随训练，实现了 Linly-ChatFlow 对话模型。

此外，本项目开源了从头训练的 Linly-OpenLLaMA 模型，包含 3B、7B、13B 规模，在 1TB 中英文语料上进行预训练，针对中文优化了字词结合tokenizer，此模型以 Apache 2.0 协议公开。

项目内容

- 通过 Full-tuning（全参数训练）获得中文LLaMA、Falcon等模型，提供 TencentPretrain 与 HuggingFace 版本
- 模型细节公开可复现，提供数据准备、模型训练和模型评估完整流程代码
- 多种量化方案，支持 CUDA 和边缘设备部署推理

LLaMA → Chinese-LLaMA → ChatFlow
英文无监督预训练 | 中文增量预训练（中文化）| 中文指令精调（社会化）

About

Chinese-LLaMA 1&2、Chinese-Falcon 基础模型；ChatFlow中文对话模型；中文OpenLLaMA模型；NLP预训练/指令微调数据集

Readme | Activity | 2.9k stars | 52 watching | 225 forks | Report repository

Releases 2
v1.1 Latest on May 15

Packages
No packages published

Contributors 4
ydli-ai Li Yudong (李煜东)
fengyh3 Fengyh
eltociear Ikko Eltociear Ashimine
Smilencelsy

Languages
Python 100.0%

▲ 圖 10-9 Linly 開放原始碼網址

訓練的語料從以 Meta 的英文為主，到中文增量預訓練的中文語料集，再到中文指令微調資料集（圖 10-10）。

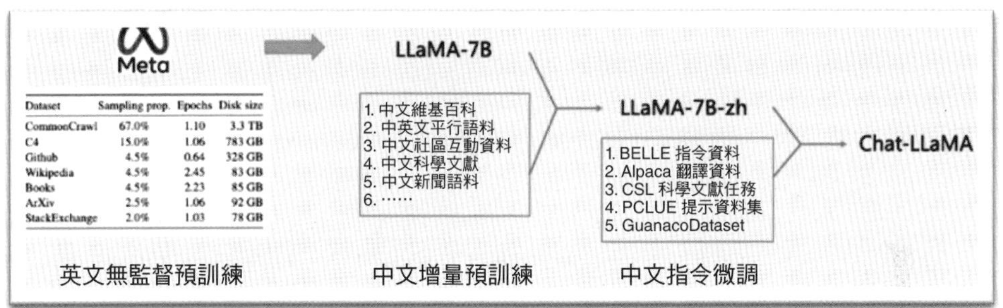

Dataset	Sampling prop.	Epochs	Disk size
CommonCrawl	67.0%	1.10	3.3 TB
C4	15.0%	1.06	783 GB
Github	4.5%	0.64	328 GB
Wikipedia	4.5%	2.45	83 GB
Books	4.5%	2.23	85 GB
ArXiv	2.5%	1.06	92 GB
StackExchange	2.0%	1.03	78 GB

▲ 圖 10-10 增加的中文語料

10.5.1 預訓練語料

預訓練的中文語料包含 CLUECorpusSmall、中英文翻譯資料 News Commentary v13 和中文科學文獻資料集（CSL）。

下載語料檔案後，可以將所有檔案合併到一個 .txt 檔案並按行隨機打亂。語料格式如下：

```
doc1
doc2
doc3
```

1. CLUECorpusSmall

CLUECorpusSmall 包含新聞、社區互動、維基百科、評論語料，可用於語言建模、預訓練或生成型任務等，資料量超過 14 G，近 4000 個定義良好的 txt 檔案、50 億個字。主要部分來自 nlp_chinese_corpus 專案。

當前語料庫按照「預訓練格式」處理，內含多個資料夾；每個資料夾有許多不超過 4 M 大小的小檔案，檔案格式符合預訓練格式：每句話一行，文件間空行隔開。

CLUECorpusSmall 中包含的子語料庫（總共 14 G 語料）有：

（1）新聞語料 news2016zh_corpus:8 G 語料，分為兩個上下兩部分，總共有 2000 個小檔案。

（2）社區互動 - 語料 webText2019zh_corpus：3 G 語料，包含 3 G 文字，總共有 900 多個小檔案。

（3）維基百科 - 語料 wiki2019zh_corpus：1.1 G 左右文字，包含 300 左右小檔案。

（4）評論資料 - 語料 comments2019zh_corpus：2.3 G 左右文字，共 784 個小檔案，包括點評評論 547 個、亞馬遜評論 227 個，合併 Chinese-NLPCorpus 的多個評論資料，清洗、格式轉換、拆分成小檔案。

下載網址：https://github.com/CLUEbenchmark/CLUECorpus2020/

該網址上還有 100 G 的高品質中文預訓練語料，是透過對 Common Crawl 的中文部分進行語料清洗，最終得到，獲取需要透過郵件申請。

這些資料需經過前置處理變為純文字。下面以維基百科 - 語料 wiki2019zh_corpus 為例。圖 10-11 是 wiki2019zh_corpus 展開後兩級目錄及檔案內容。

wiki_zh： wiki_zh->AA： wiki_zh->AA->wiki_09：

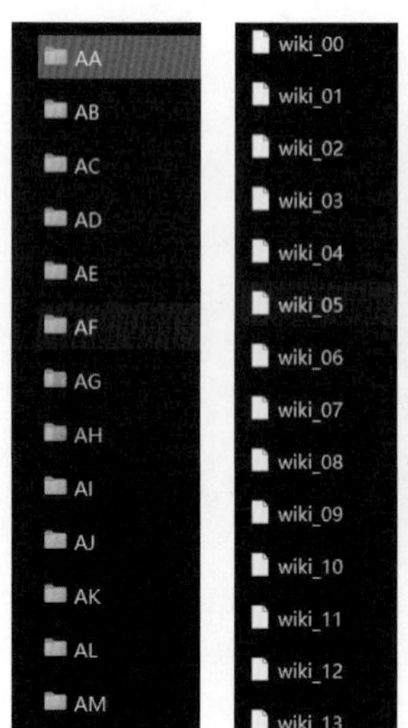

{"id": "2342", "url": "https://zh.wikipedia.org/wiki?curid=2342", "title": "7月10日", "text": "7月10
日\n\n7月10日是阳历年的第191天（闰年是192天），离一年的结束还有174天。\n\n\n\n\n\n\n\n\n\n\n"}
{"id": "2344", "url": "https://zh.wikipedia.org/wiki?curid=2344", "title": "中国图书馆分类法", "text":
"中国图书馆分类法\n\n中国图书馆分类法（第5版）（在第3版原名是中国图书馆图书分类法），是中国大陆最通用的图书分类
法。简称中图法。\n\n1971年北京图书馆（现中国国家图书馆）等36个单位组成编辑组开始编制，1973年3月编成试用
本，1975年10月科学技术文献出版社出版第1版。1979年7月成立中国图书馆图书分类法编辑委员会进行修订，1980年6月由书
目文献出版社出版第2版，1990年出版第3版，1999年由北京图书馆出版社出版第4版。2010年9月由北京图书馆出版社出版第5
版。\n\n中国图书馆分类法通行中国大陆地区图书馆，另外一些图书馆对较早时期的图书则沿用民国时期的中国图书分类法。
\n\n点击拉丁字母可进入细分的子类：\n\n\n"}
{"id": "2347", "url": "https://zh.wikipedia.org/wiki?curid=2347", "title": "星期一", "text": "星期一\n
\n星期一，又称为礼拜一或周一。是指在星期天和星期二之间的一天。拉丁语为，意为月亮日、月球日；法语为，来源于拉丁
语；英文名字来源于Mona—日耳曼的月神。俄语为，意思是"一周结束之后的那天"。\n\n在古代中国、台湾日治时期和现在的
日本、韩国、朝鲜，一星期以「七曜」来分别命名，星期一叫月曜日。在中国民间口语称礼拜一，在台湾话也简称拜一。越南语
则使用意思为「第二」的「」来表示星期一。\n\n星期一在不同国家中，可视同一个星期的第一天，也可视同一个星期的第二
天（来源于古犹太人的传统观点）。在ISO 8601标准中采用了第一种观点。\n\n在施行周六、日双休的地区，周六、日因顾客
较多而有营业的餐饮业、服务业及旅游观光地等，通常会以周一为休假日。\n\n在泰国，星期一的代表色是黄色。\n\n英国人
有时将星期一称为蓝色星期一、忧郁星期一（）。英语中的「Blue」除了有「蓝色」的意思外，也有「忧郁」的意思。\n
\n「蓝色星期一」意指人类在星期一总会感到特别忧郁，心情亦比较低落。这大概因为，在很多地方，星期一是每周公众假期
（星期日）过后的第一个工作天。在这天人们要收拾之前假日的愉悦心情，重新面对工作接受压力，故此一些比较眷恋假日的
人，就会觉得星期一相当难过。\n\n据统计，星期一的自杀率比其它日子相对地高，而且自杀的人大都是青年人及壮年人。比
较深入精确的「忧郁星期一」，其实是指每年1月份的第三或第四个星期一，主要因为在英国的社会文化，每逢上述日子市民都
会收到累积自圣诞假期以来的庞大开销的信用卡帐单，在经济上感到强烈的负担与压力所致。\n\n"}
{"id": "2348", "url": "https://zh.wikipedia.org/wiki?curid=2348", "title": "星期二", "text": "星期二\n
\n星期二，又称为礼拜二或周二。是指在星期一和星期三之间的一天。拉丁语名字为dies Martis来源于古罗马神话战神玛尔
斯或火星；法语为mardi，来源于拉丁语；英文名字（Tuesday）来源于北欧神话中的战神提尔。俄语为，意思是"第二天"。\n

▲ 圖 10-11 維基百科 - 語料 wiki2019zh_corpus 的目錄

檔案結構為 json 格式：

{「id」:<id>,」url」:<url>,」title」:<title>,」text」:<text>}

其中，title 是詞條的標題，text 是正文；透過 "\n\n" 換行。比如 id 為 53 的記錄內容為

{"id":"53","url":"https://zh.wikipedia.org/wiki?curid=53","title":" 經 濟 學 ","text":" 經濟學 \n\n 經濟學是一門對產品和服務的生產、分配以及消費進行研究的社會科學。西方語言中的「經濟學」一詞源於古希臘。\n\n 經濟學注重的是研究經濟行為者在一個經濟系統下的行為，以及他們彼此之間的互動。在現代，經濟學的教材通常將這門領域的研究分為整體經濟學和個體經濟學。微觀經濟學檢視一個社會裡基本層次的行為，包括個體的行為者（例如個人、公司、買家或賣家）以及與市場的互動。而巨觀經濟學則分析整個經濟體和其議題，包括失業、通貨膨脹、經濟成長、財政和貨幣政策等。...」}

訓練時需要整理為純文字格式，前置處理後的效果是

經濟學

經濟學是一門對產品和服務的生產、分配以及消費進行研究的社會科學。西方語言中的「經濟學」一詞源於古希臘。

經濟學注重的是研究經濟行為者在一個經濟系統下的行為，以及他們彼此之間的互動。在現代，經濟學的教材通常將這門領域的研究分為整體經濟學和個體經濟學。微觀經濟學檢視一個社會裡基本層次的行為，包括個體的行為者（例如個人、公司、買家或賣家）以及與市場的互動。而巨觀經濟學則分析整個經濟體和其議題，包括失業、通貨膨脹、經濟成長、財政和貨幣政策等。

其他的對照還包括了實證經濟學（研究「是什麼」）以及規範經濟學（研究「應該是什麼」）、經濟理論與實用經濟學、行為經濟學與理性選擇經濟學、主流經濟學（研究理性 - 個體 - 均衡等）與非主流經濟學（研究體制 - 歷史 - 社會結構等）。

...

2. News Commentary v13

該語料集是機器翻譯中英新聞評論平行語料，有英 - 中和中 - 英共三個檔案：news-Commentary-v13-en-zh、news-Commentary-v13-zh-en、news-Commentary-v13-en-zh_sampled。news-Commentary-v13-en-zh_sampled 是 news-Commentary-v13-en-zh 部分樣本。

該語料下載網址為：https://github.com/dbiir/UER-py/wiki/ 預訓練資料

以下是中英翻譯語料集 news-Commentary-v13-zh-en 的內容樣本：

巴黎 - 隨著經濟危機不斷加深和蔓延，整個世界一直在尋找歷史上的類似事件，希望有助我們了解目前正在發生的情況。PARIS-As the economic crisis deepens and widens,the world has been searching for historical analogies to help us understand what has been happening.

一開始，很多人把這次危機比作 1982 年或 1973 年所發生的情況，這樣的類比是令人寬心的，因為這兩段時期表示典型的週期性衰退。At the start of the crisis,many people likened it to 1982 or 1973,which was reassuring,because both dates refer to classical cyclical downturns.

如今人們的心情卻是沉重多了，許多人開始把這次危機與 1929 年和 1931 年相比，即使一些國家政府仍然似乎視目前的情況為典型的而看見的衰退。Today,the mood is much grimmer,with references to 1929 and 1931 beginning to abound,even if some governments continue to behave as if the crisis was more classical than exceptional.

3. 中文科學文獻資料集

CSL 資料獲取自國家科技資源分享服務工程技術研究中心，包含 2010—2020 年發表的期刊論文詮譯資訊（標題、摘要和關鍵字）。根據中文核心期刊目錄進行篩選，並標注學科和門類標籤，分為 13 個門類（一級標籤）和 67 個學科（二級標籤）。資料總量為 396 209 筆。CSL 可以作為預訓練語料，也可以建構許多自然語言處理任務，例如文字摘要（標題預測）、關鍵字生成和文字分類等。

CSL Full-dataset 有 396k，可從 Google Drive 下載，網址：

https://drive.google.com/file/d/1xEDgtqHU4qm0Sp-dKjc5KerAmWydmh3-/view?usp=sharing

資料集中每行一篇論文，用 Tab 隔開論文詮譯資訊，分別為標題、摘要、關鍵字、學科、門類。內容樣本為

穀物聯合收穫機自動測產系統設計 - 基於變權分層啟動擴散模型　　為了使聯合收割機具有自動測產功能，提出了一種基於變權分層啟動擴散的產量預測誤差剔除模型，並使用微控制器設計了聯合收穫機測產系統。測產系統的主要功能是：在田間進行作業時，收割機可以測出當前的執行速度、收穫面積及穀物的整體產量。資料的擷取使用霍爾感測器和電容壓力感測器，具有較高的精度。模擬訊號的處理選用了 ADC0804 差分式 A/D 轉換晶片，可以有效地克服系統誤差，資料傳送到微控制器處理中心，對每一次轉換都進行一次判斷，利用變權分層啟動擴散模型剔除誤差較大的資料，透過計算將資料最終在 LCD 顯示幕進行顯示。將系統應用在了收割機上，透過測試獲得了穀物產量的測量值，並與真實值進行比較，驗證了系統的可靠性。　　聯合收割機 _ 測產系統 _ 變權分層 _ 啟動擴散　　農業工程　　工學

酞菁改性聚苯乙炔高分子的微波介電性能研究針對電磁環境的嚴重污染 , 克服目前電磁遮罩的弊端 , 用吸波材料從根本上消除電磁污染是關注的方向 . 本文基於分子設計的想法 , 在聚苯乙炔側鏈引入酞菁基團對其化學改性 , 並性能作了初步的探索 . 研究結果表明這種改良的新型高分子具有較好的吸波性能 .　　酞菁鐵 _ 聚苯乙炔 _ 吸波材料　　化學 / 化學工程與技術　　工學

農用運輸車柴油機排放控制探討　　介紹了農用柴油機排放的生成機制 , 探討了控制農用柴油機排放的具體措施 , 並對今後控制農用柴油機排放技術的趨向做了展望 .　　農用柴油機 _ 排放 _ 控制技術　　農業工程　　工學

10.5.2 微調資料集

微調資料集用於對模型進行監督微調。不同於預訓練資料集，微調資料集需要人工編制，但現在也用 ChatGPT 代替人工編制資料集。

監督微調資料集有多種格式，其中以 Alpaca 的指令資料集格式最為有名。

在第 7 章模型微調中，介紹了多種微調資料集的格式，並舉出轉換格式的程式。

1. 中文資料集

Linly 監督微呼叫的中文開放原始碼資料集有：

（1）BELLE：150 萬資料，175 個指令 seed。

（2）pCLUE：120 萬訓練資料，73 個 Prompt。

（3）CSL：40 萬中文論文中繼資料，26 個 Prompt。

（4）GuanacoDataset：多語言指令資料集。

（5）Chain-of-Thought：中英文思維鏈資料。

（6）news_commentary：中英文翻譯資料。

（7）firefly：23 個中文自然語言處理任務集合。資料集可以用以下命令下載和處理：

```
git lfs install
git clone https://huggingface.co/datasets/P01son/instructions

cd instructions
cat*/*.json >> train
shuf train-o train.json
```

下載的內容為

```
root@master:~/instructions#ls-l

total 16
```

```
drwxr-xr-x 2 root root 4096 Aug 8 18:55 CSL
drwxr-xr-x 2 root root 4096 Aug 8 18:55 news_commentary
drwxr-xr-x 2 root root 4096 Aug 8 18:55 pCLUE
-rw-r--r--1 root root 27 Aug 8 18:54 README.md
```

2. BELLE

BELLE 資料集是在訓練 BELLE 模型時開發的資料集，BELLE 是一個開放原始碼中文對話大型模型。該資料集使用 175 個中文種子任務，基於 text-davinci-003 生成的指令資料。資料集下載網址為：

https://github.com/LianjiaTech/BELLE/tree/main/data

資料範例如下：

{"input":" 生成一段長度為 20-30 字元的有趣短語。\\n\n","output":"\" 生活太短暫，不要將時間浪費在無用之事上。\""}

{"input":" 舉出一個電影推薦，它適合家庭所有成員一起觀看，並可促進家庭團結。\\n\n\\n- 家庭成員有不同的年齡和喜好。\\n- 家庭成員想要一個適合所有人的電影。\\n- 家庭成員喜歡既有冒險、又有溫馨的電影。\\n","output":" 我推薦《尋夢環遊記》（英文名：Coco）。這是一部 Disney 和 Pixar 合作的動畫電影，兼顧了冒險、溫馨和音樂元素。它說明了一個關於家庭、記憶和傳承的故事，在故事中除了主角外，每個人物都背負著自己的故事和情感。這部電影同時也獲得了許多獎項和好評，適合家庭成員共同觀看，一起享受家庭團聚的時間。"}

3. pCLUE

pCLUE 是基於提示的大規模預訓練資料集，用於多工學習和零樣本學習。

其目前包含 9 個資料集：①單分類 tnews；②單分類 iflytek；③自然語言推理 ocnli；④語義匹配 afqmc；⑤指代消解 -cluewsc2020；⑥關鍵字辨識 -csl；⑦閱讀理解 - 自由式 c3；⑧閱讀理解 - 取出式 cmrc2018；⑨閱讀理解 - 成語填空 chid 這個資料集的欄位。

資料集欄位及相關說明如下：

input：模型的輸入。

target：模型的輸出。

type：任務類型，閱讀理解（mrc），分類（classify），生成（generate），自然語言推理（nli）。

評價標準：閱讀理解（em），分類（acc），生成（em），自然語言推理（acc）。

answer_choices：選項（只有分類、推理類任務有）。載入資料集並轉為指令資料格式的程式為

```
import json
import random
import os

def get_random_candidates(choices, target):
    cand = random.sample(choices, random.randint(4,8))
    cand.append(target)
    random.shuffle(cand)
    return list(set(cand))

for file in os.listdir('pCLUE/datasets/'):
    if file[:11] != "pCLUE_train":
        continue
    with open('pCLUE/datasets/'+file) as f:
        lines = f.readlines()

    with open(file, 'w') as fw:
        for l in lines:
            d = json.loads(l)
            clean = {'input': d['input'], 'output': d['target']}

            if d.get('answer_choices', None) is not None and len(d['answer_choices']) > 8:
                text1 = '，'.join(d['answer_choices'])
                text2 = ','.join(d['answer_choices'])
                cand = get_random_candidates(d['answer_choices'], d['target'])
                if random.random() < 0.5:
```

```
            cand_text = '，'.join(cand)
        else:
            cand_text = ','.join(cand)
        try:
            clean_input = d['input'].replace(text1, cand_text)
        except:

            clean_input = d['input'].replace(text2,cand_text)
        clean['input']= clean_input
    fw.write(json.dumps(clean,ensure_ascii=False)+ '\n')
```

程式中對分類資料選項進行了最佳化，改為每個問題隨機包含 4 ～ 8 個選項，並且打亂選項的順序。例如一個樣本的原始資料為

{"input":"你會把這個描述推薦給哪方面的人？銀行，社區，電子商務，支付，經營，卡牌，借貸，駕校，理財，職考，新聞，旅遊，交通，魔幻，醫療，影像，動作，工具，體育，小說，運動，相機，工具，快遞，教育，股票，菜譜，行車，仙俠，親子，購物，射擊，漫畫，小學，同城，成人，求職，電子，藝術，賺錢，約會，經營，兼職，視訊，音樂，英文，棋牌，攝影，養生，辦公，政務，視訊，討論區，彩券，直播，其他，休閒，策略，通訊，買車，違章，地圖，民航，電臺，語言，搞笑，婚戀，超市，養車，雜誌，線上，家政，影視，裝潢，資訊，社交，餐飲，美顏，掛號，飛行，預訂，票務，筆記，買房，外賣，母嬰，打車，情侶，日程，租車，部落格，百科，繪畫，鐵路，生活，租房，酒店，保險，問答，收款，競技，唱歌，技術，減肥，工作，團購，記帳，女性，公務，二手，美妝，汽車，行程，免費，教輔，兩性，出國，婚慶，民宿快來施放屬於你的寒冰魔法吧特殊效果雪花緩緩從上方飄落，手指觸碰之處有冰魔法出現愛莎女王脫掉了封印魔法她的手套，在冰雪天地中建造了屬於她一個人的輝煌宮殿。安娜中了冰魔法需要真愛之吻才能獲救，最終姐妹二人齊心揭穿了異國王子的陰謀拯救了阿倫戴爾。解鎖方法隨意滑動螢幕一定距離後解鎖要是覺得好玩，記得推薦給好朋友哦，,1. 新增多張精美冰雪奇緣壁紙 2. 增加冰雪圖釘，鎖定當前壁紙功能 3. 記憶體，減小電量消耗 \n 答案：","target":"休閒益智","answer_choices":["銀行","社區","電子商務","支付","經營","卡牌","借貸","駕校","理財","職考","新聞","旅遊","交通","魔幻","醫療","影像","動作","工具","體育","小說","運動","相機","工具","快遞","教育", "股票","菜譜","行車","仙俠","親子","購物","射擊","漫畫","小學","同城","成人","求職", "電子","藝術","賺錢","約會","經營","兼職","視訊","音樂","英文","棋牌","攝影","養生", "辦公","政務","視訊","討論區","彩券","直播","其他","休閒","策略","通訊","買車","違章", "地圖","民航","電臺","語言","搞笑","婚戀","超市","養車","雜誌","線上","家政","影視", "裝潢","資訊","社交","餐飲","美顏","掛號","飛行","預訂","票務","筆記","買房","外賣", "母嬰","打車","情侶","日程","租車","部落格","百科","繪畫","鐵路","生活","租房","酒店","保險","問答","收款","競技","唱歌","技術","減肥","工作","團購","記帳","女性","公務", "二手","美妝","汽車","行程","免費","教輔","兩性","出國","婚慶","民宿"],"type":"classify"}

程式執行後生成為

```
{"input":"你會把這個描述推薦給哪方面的人？借貸，電子商務，影像，休閒益智，卡牌，交通，魔幻，快來施放屬於你的寒冰魔法吧特殊效果雪花緩緩從上方飄落，手指觸碰之處有冰魔法出現愛莎女王脫掉了封印魔法她的手套，在冰雪天地中建造了屬於她一個人的輝煌宮殿。安娜中了冰魔法需要真愛之吻才能獲救，最終姐妹二人齊心揭穿了異國王子的陰謀拯救了阿倫戴爾。解鎖方法隨意滑動螢幕一定距離後解鎖要是覺得好玩，記得推薦給好朋友哦，,1. 新增多張精美冰雪奇緣壁紙 2. 增加冰雪圖釘，鎖定當前壁紙功能 3. 記憶體，減小電量消耗 \n 答案：","output":"休閒益智"}
```

下面是其他幾個轉換的例子：

```
{"input":"這篇新聞會出現在哪個專欄？區塊鏈與科技一拍即合，三角形主機開啟數位資產的人人時代 \n 選項：體育，國際，財經，故事，房產 \n 答案：","output":"財經"}
{"input":""眼前這兩人真可說得天生地配，卻是渾然不覺"根據前面的段落，以下是否是真的"眼前這兩人後來在一起了"？是的，不是，或也許？ \n 答案：","output":"也許"}
{"input":"對話：男：請問，幾層是賣運動商品的？女：六層是運動商品專賣店。男：六層嗎？電梯在哪？女：五層到六層沒有電梯，您走那邊的樓梯吧。問題：男的要上幾層樓？選項：六層，五層，一層，十一層 \n 答案：","output":"六層"}
```

4.news_commentary

使用中英互譯資料集（translation2019zh）可以生成 news_commentary 資料集，它有約 520 萬個中英文平行語料，訓練集 516 萬，驗證集 3.9 萬。訓練集與驗證集均為 json 格式。具體如下：

```
{"english":"This strong degree of metallic yarn,and traction ability.","chinese":"這樣的金銀絲紗線牢固度好，牽引能力強。"}
```

下載網址為：https://aistudio.baidu.com/aistudio/datasetdetail/209041

下面程式隨機生成兩種指令的資料：一種是中英翻譯，一種是英中翻譯。原資料讀出後進行打亂了順序。

```
import json
import random

with open('translation2019zh_train.json')as f:
   lines = f.readlines()

random.shuffle(lines)

with open('news_commentary.json','w')as f:
```

```
for l in lines[:500000]:
   data = json.loads(l)
   output = {}
   if random.random()< 0.5:
      output["instruction"]= " 翻譯成英文 :\n"
      output["input"]= data["chinese"]+ '\n'
      output["output"]= data["english"]+ '\n'
   else:
      output["instruction"]= " 翻譯成中文 :\n"
      output["input"]= data["english"]+ '\n'
      output["output"]= data["chinese"]+ '\n'
   f.write(json.dumps(output,ensure_ascii=False)+ '\n')
```

資料範例：

```
{"instruction":" 翻譯成英文。\n","input":" 應該意識到，現在的程式讓一些個體和群眾
陷入了貧困，剝奪了他們的基本公民權利。\n","output":"It should acknowledge the
processes that keep certain individuals and groups in poverty and that deny
them the basic rights of citizens."}
{"instruction":" 翻譯成中文。\n","input":"That is why campaigners must insist
that the
state be responsible for providing appropriate care and support services for
each woman and child-services that both meet their needs and respect their
rights.\n","output":" 因此，我的支援者必須堅持，國家要負責為每位婦女和兒童提供合適的醫
療和支援服務——這些服務既要滿足他們的需要，也要尊重他們的權利。"}
```

5. CSL: 大規模中文科學文獻資料集

CSL 資料封包含 2010—2020 年發表的中文核心期刊論文詮譯資訊（標題、摘要、關鍵字、學科和門類），用於建構多種自然語言處理任務。本專案設計了 16 個 instructions，包含文字生成、關鍵字提取、文字摘要和文字分類等任務。

要使用 CSL 資料集，需要先下載預訓練資料集 csl_camera_readly.tsv。

下面程式用於生成指令訓練資料。設計了 26 種指令，分別從資料集中取出資料生成指令。關鍵字把分割的底線改為逗點。

程式把每一行資料都生成一行指令，但指令的形式是隨機的。random.sample(outputs,1) 傳回一個長度為 1 新串列，新串列存放 output 產生 1 個隨機唯一的元素。

```
import json
import random

outputs = [
{"instruction":" 根據標題預測論文摘要 :\n",'input':t+'\n','output':a},
{"instruction":" 生成這篇論文的摘要。\n",'input':t+'\n','output':a},
{"instruction":" 根據論文標題預測摘要 :\n",'input':t+'\n','output':a},
{"instruction":" 根據論文摘要預測標題 :\n",'input':a+'\n','output':t},
{"instruction":" 預測該論文的標題：\n",'input':a+'\n','output':t},
{"instruction":" 生成這段文章的標題。\n",'input':a+'\n','output':t},
{"instruction":" 從摘要預測這篇論文的標題 :\n",'input':a+'\n','output':t},
{"instruction":" 根據關鍵字預測這篇論文的標題 :\n",'input':k+'\n','output':t},
{"instruction":" 生成關鍵字。\n",'input':a+'\n','output':k},
{"instruction":" 根據摘要生成關鍵字 :\n",'input':a+'\n','output':k},
{"instruction":" 這篇論文的關鍵字是？ \n",'input':a+'\n','output':k},
{"instruction":" 根據這篇論文的標題預測關鍵字？ \n",'input':t+'\n','output':k},
{"instruction":" 根據標題生成摘要：\n",'input':t+'\n','output':k},
{"instruction":" 根據標題判斷論文所屬的學科：\n",'input':t+'\n','output':d},
{"instruction":" 根據關鍵字判斷論文所屬的學科：\n",'input':k+'\n','output':d},
{"instruction":" 判斷論文所屬的學科：\n",'input':a+'\n','output':d},
{"instruction":" 這篇文章屬於什麼學科？ \n",'input':a+'\n','output':d},
{"instruction":" 根據標題判斷論文的門類：\n",'input':t+'\n','output':c},
{"instruction":" 根據關鍵字判斷論文所屬的門類：\n",'input':k+'\n','output':c},
{"instruction":" 這篇文章屬於哪個門類？ \n",'input':a+'\n','output':c},
{"instruction":" 判斷論文所屬的門類：\n",'input':a+'\n','output':c},
{"instruction":" 生成一篇關於 "+d +" 的論文標題：\n",'input':"",'output':t},
{"instruction":" 生成一篇關於 "+c +" 的論文標題：\n",'input':"",'output':t},
{"instruction":" 生成一篇 "+d +" 的論文摘要：\n",'input':"",'output':a},
{"instruction":" 生成一篇和 "+d +" 有關的論文標題。\n",'input':"",'output':t},
{"instruction":" 生成一篇和 "+d +" 相關的論文摘要。\n",'input':"",'output':a},
]

with open('csl_camera_readly.tsv')as f:
    lines = f.readlines()

with open('csl.json','w')as fw:
    for l in lines:
        t,a,k,d,c = l.split('\t')
        k = k.replace('_',",")
```

```
    for i in random.sample(outputs,1):
        fw.write(json.dumps(i,ensure_ascii=False)+ '\n')
```

生成資料儲存在 csl.json 檔案，資料範例如下：

{"instruction":" 根據標題判斷論文所屬的學科：\n","input":" 穀物聯合收穫機自動測產系統設計 - 基於變權分層啟動擴散模型 \n","output":" 農業工程 "}
{"instruction":" 生成一篇和化學 / 化學工程與技術有關的論文標題。\n","input":"","output":" 酞菁改性聚苯乙炔高分子的微波介電性能研究 "}
{"instruction":" 根據標題判斷論文所屬的學科：\n","input":" 農用運輸車柴油機排放控制探討 \n","output":" 農業工程 "}
{"instruction":" 根據關鍵字判斷論文所屬的學科：\n","input":" 點式安裝玻璃幕牆，火災，破裂行為，全尺寸實驗，有限元方法 \n","output":" 動力工程及工程熱物理 "}

6.GuanacoDataset

Guanaco 模型的資料集是建立在 Alpaca 模型的 175 個任務之上，提供了不同語言重寫的種子任務，並增加了專門為英文語法分析、自然語言理解、跨語言自我意識和顯式內容辨識設計的新任務。該資料集總共包含 534530 個項目。

資料下載的網址為：https://huggingface.co/datasets/JosephusCheung/Guanaco-Dataset。資料範例如下：

{"instruction":"User:最近每次唱歌都很沮喪。Assistant:唱歌能幫助您放鬆情緒，釋放壓力。如果您不自信，我建議您試著發掘音樂中自己喜歡的部分，然後只唱這些部分，而總是唱得音符不正確，以致沮喪的話，還是建議您放慢前進的步伐，盡可能地放慢速度，直到您可以準確地唱出這些部分為止。","input":"User:聽什麼樣的音樂可以幫助我感到輕鬆？","output":"聽輕鬆的音樂可以有效地放鬆您的身心，讓自己更容易進入一種放鬆的狀態。開始時可以選擇靈性音樂、放鬆音樂、輕音樂或純音樂，聽一首最喜歡的歌曲可以把一天緊繃的情緒放鬆，進入一種深度放鬆的狀態。此外，聽輕鬆的歌曲也有助改善心情。您也可以隨時更換不同的音樂來增添趣味，這可以更進一步地舒緩壓力。"}
{"instruction":"User:I'm really into books right now but I don't know which one to read first.Do you have any recommendations?Assistant:Of course,what type of books do you like?User:Fantasy books and dystopian books.Assistant:Then you might like\"The Hunger Games\"series,or\"The Lord of the Rings\"series.","input":"System:The Hunger Games series is an adventure story featuring a post-apocalyptic world ruled by the Capitol.The Lord of the Rings series is an epic fantasy story featuring an epic struggle with good and evil.\nUser:What are the main settings for these two series?","output":"The Hunger Games series takes place in the fictional nation of Panem,which is located in what remains of North America after a catastrophic global event.It is divided into 12 districts

and the Capitol.\n\nThe Lord of the Rings series takes place in the fictional land of Middle-earth,which is inhabited by many different creatures,including hobbits,dwarves,elves,and humans.The story spans across many different locations in Middle-earth,including the Shire,Rivendell,Moria,Rohan,and Mordor."}
{"instruction":"User: 我錯過了考試，我很沮喪。Assistant: 實際上考試只不過是一種檢驗，不是讓你失落
或抑鬱的標準。無論成績有多糟糕，你都可以向前看，不要只把注意力放在過去的失敗上。User: 但是如何才能相信自己？ Assistant: 每個人有自己的優點和弱點，所以你應該從側面看待自己，然後從自我挑戰的角度看待考試的結果，忽略以往的失敗，往前看，信任自己，改善自己。
","input":"User: 我該怎麼才能不讓同學知道我錯過考試？ ","output":" 您可以試著從一個寬容的角度來看待考試，例如做出積極的表現，繼續努力，這樣可以改變同學們對你的印象。您也可以向朋友發出正面的資訊，比如表達自己對未來的期待，讓自己更有力量繼續前進。除此之外，你也可以透過努力來提高自己的成績，最終讓別人看到自己的變化。"}

7. Chain-of-Thought

類似以下的思維鏈資料：

{"instruction":" 我給你一個問題，請你用循序漸進的推理過程來回答。數千英畝的農田和拉什摩爾山在哪裡？
\\n 選項：\\n- 房屋 \\n- 農業區 \\n- 鄉村 \\n- 北達科他州 \\n- 密西根州
","input":"","output":" 北達科他州的農田分佈在數千英畝的土地上。拉什摩爾山位於北達科他州。\n 答案：北達科他州。"}
{"instruction":" 喬、約翰和西維亞都在跑腿。他們將任務分成彼此靠近的區塊，然後每個人執行一個任務區塊。他們這樣做是因為它給了他們更多什麼？ \\n 選項：\\n- 壓力 \\n- 惡化 \\n- 效率 \\n- 釋放時間 \\n- 淨收益
\n 請回答並提供答案解釋。","input":"","output":" 在人之間分解任務會提高效率。當人們分工並這樣做時，它會發生得更快。任務區塊導致按時完成任務。最終答案：效率。"}
{"instruction":" 使用推理得出以下問題的答案：\n 水牛又大又厚，很容易被發現，但它們被獵殺到它們的數量是多少？ \\n 選項：\\n- 薄 \\n- 胃 \\n- 清晰 \\n- 稀疏 \\n- 厚皮 \n 推理過程：
","input":"","output":" 正如人們可以輕鬆地看到一頭水牛一樣，它們被大量獵殺，因此它們的數量減少使它們變得稀疏。數字可能會變得稀疏。因此，最後的答案是稀疏的。"}

8. Firefly

Firefly（流螢）是一個開放原始碼的中文大型語言模型專案，支援 QLoRA 和全量參數微調 Baichuan2、CodeLLaMA、Llama 2、Llama、Qwen、Baichuan、ChatGLM2、InternLM、Ziya、Bloom、XVERSE 等開放原始碼模型。專案收集了 23 個常見的中文資料集，對於每個任務，由人工書寫若干種指令範本，保證資料的高品質與豐富度，資料量為 115 萬。資料下載網址為：https://huggingface.co/datasets/YeungNLP/firefly-train-1.1M。

資料集中每個樣本由 kind、input、target，即任務類型、輸入、目標輸出三個欄位組成。範例如下：

```
{
  "kind":"ClassicalChinese",
  "input":"將下面句子翻譯成現代文：\n石中央又生一樹，高百餘尺，條幹偃陰為五色，翠葉如
碟，花徑尺餘，
色深碧，蕊深紅，異香成煙，著物霏霏。"
  "target":"大石的中央長著一棵樹，一百多尺高，枝幹是彩色的，樹葉有碟子那樣大，花的直
徑有一尺寬，花瓣深藍色，花中飄出奇異的香氣籠罩著周圍，如煙似霧。"
}
```

MEMO

11 模型評估

11.1 大型語言模型評估

大型語言模型在學術界和工業界的熱度日益升高，這主要歸功於它們在各種應用中的無與倫比的表現。隨著大型語言模型在研究和日常使用中繼續發揮重要作用，對它們的評估變得越來越重要。作為模型開發過程中的重要環節，對於模型的選擇、最佳化、理解和應用都具有重要作用。

過去的幾年裡，人們從各個角度（如自然語言任務、推理、堅固性、可信度、醫療應用和倫理考慮等一系列因素）對大型語言模型進行了大量的研究。儘管作出了很多努力，但仍然缺乏對整個評估範圍的全面概述。此外，大型語言模型的持續演化也為評估提出了新的方向，從而挑戰了現有的評估協定，並強化了對徹底的、多方面的評估技術的需求。

大型語言模型有兩種常見的評估方法：自動評估和人工評估。

自動評估大型語言模型是一種常見且可能是最受歡迎的評估方法，通常使用標準度量或指標和評估工具來評估模型的性能，如準確率、BLEU（Bilingual Evaluation Understudy）、ROUGE（Recall-Oriented Understanding for Gisting Evaluation）、BERTScore 等。舉例來說，我們可以使用 BLEU 分數來量化模型生成的文字與參考文字在機器翻譯任務中的相似性和品質。實際上，大多數現有的評估努力都採用這種評估協定，因為它的主觀性、自動計算和簡單性。因此，大多數確定性任務，如自然語言理解和數學問題，通常採用這種評估協定。與人工評估相比，自動評估不需要人工參與，這節省了評估成本並且耗時較少。自動評估的原理實際上與其他 AI 模型評估過程相同：我們只是使用一些標準度量來計算這些度量下的某些值，這些值作為模型性能的指標。

人工評估在一些非標準情況下成為一個自然的選擇，因為大型語言模型的能力已經超越了在一般自然語言任務上的標準評估度量。舉例來說，在開放生成任務中，嵌入的相似度度量（如 BERTScore）是不夠的，人工評估更可靠。雖然一些生成任務可以採用某些自動評估協定，但在這些任務中，人工評估更受歡迎，因為生成總是可以比標準答案更好。大型語言模型的人工評估是透過人的參與來評估模型生成結果的品質和準確性的一種方式。與自動評估相比，手動評估更接近實際應用場景，可以提供更全面和準確的回饋。在大型語言模型的手動評估中，通常邀請評估員（如專家、研究者或普通使用者）來評估模型生成的結果。由塞巴斯蒂安 · 布貝克（Sébastien Bubeck）等完成的創新的評估工作使用 GPT-4 進行了一系列的人工測試，他們發現 GPT-4 在多個任務上的表現接近或甚至超過了人的表現。這項評估要求人類評估員實際測試和比較模型的性能，而不僅是透過自動評估度量評估模型。需要注意的是，即使是人工評估也可能有高的方差和不穩定性，這可能是由於文化和個體差異造成的。在實際應用中，這兩種評估方法都會根據實際情況進行考慮和權衡。

大型語言模型的評估有多個重要的作用。

（1）性能比較：評估可以幫助我們比較不同模型的性能，或比較同一模型在不同參數或訓練資料下的性能。這對於模型的選擇和最佳化具有重要意義。

（2）模型最佳化：透過評估，我們可以了解模型的弱點和優勢，進而針對性地進行最佳化。舉例來說，如果模型在某個特定任務上的表現不佳，我們就可以針對這個任務進行更多的訓練或調整模型的參數。

（3）理解模型行為：透過評估，我們可以更深入地理解模型的行為。舉例來說，我們可以了解模型是否理解複雜的語義、是否生成連貫的文字、是否存在偏見等。

（4）確保公平性和道德標準：透過評估，我們可以檢查模型是否存在對某些群眾的偏見，是否違反了道德或法律標準。這對於確保模型的公平性和道德性具有重要意義。

（5）衡量模型的實用性：評估可以幫助我們了解模型在實際應用中的效果。舉例來說，我們可以透過使用者回饋或實際使用效果來評估模型的實用性。

大型語言模型的評估通常涉及多個不同的指標和方法，包括但不限於以下幾種。

（1）困惑度（perplexity）：對於一個給定的語言模型，困惑度是對模型在測試集上每個詞的機率的幾何平均的倒數。在實際操作中，我們通常計算的是對數困惑度，這樣可以將幾何平均轉化為算術平均，從而簡化計算。

（2）精確度（accuracy）：在某些情況下，我們可以將大型語言模型的任務轉化為分類任務，例如在情感分析或文字分類任務中。在這些任務中，我們可以計算模型的精確度，即模型預測正確的樣本數佔總樣本數的比例。

（3）F1 分數：F1 分數是精確度和召回率的調和平均數，通常用於評估模型在不平衡資料集上的性能。精確度是模型預測為正例的樣本中真正的正例的比例，召回率是真正的正例被模型預測為正例的比例。

（4）BLEU 分數：BLEU 分數是一種常用的機器翻譯模型的評估指標，也被用來評估語言模型的生成能力。BLEU 分數衡量的是模型生成的文字與參考文字的相似度。

（5）人工評估：除了自動評估指標，人工評估也是非常重要的一部分。人工評估可以更全面地評估模型的性能，包括模型生成的文字的可讀性、連貫性、準確性等。

（6）公平性和偏見測試：這是評估模型是否在特定的社會群眾、文化、性別等方面表現出偏見的重要方法。這通常需要設計特定的測試集，並進行人工評估。

（7）強化學習：在一些任務中，可以透過強化學習的方式對模型進行評估和最佳化。舉例來說，在對話系統中，可以透過使用者的回饋（如點擊、滿意度評分等）來評估和最佳化模型。

（8）零樣本 / 小樣本學習能力：評估模型在沒有或只有少量訓練樣本的情況下的學習能力。

11.2 評估指標

11.2.1 困惑度

困惑度是評估語言模型性能的一種常用指標，它衡量的是模型對真實資料的預測能力。在推理階段，困惑度可以用來衡量模型生成的文字的品質。一般來說，困惑度越低，表示模型對資料的預測能力越強，生成的文字品質也越高。

然而，困惑度並不能完全決定生成文字的品質，因為它並不能直接衡量文字的連貫性和一致性。

11.2.2 HellaSwag

HellaSwag 是一個用於評估模型在理解和生成複雜、長期依賴的句子上的能力的基準測試。這個基準測試包含四個選項的多項選擇題，其中每個問題都需要模型理解一個複雜的故事情節，並預測最可能的結局。

HellaSwag 得分是指模型在這個基準測試上的表現。更高的 HellaSwag 得分表示模型在理解和生成複雜句子上的能力更強。

HellaSwag 是由 OpenAI 的研究人員開發的，目的是解決傳統的語言模型評估方法（如困惑度）在評估模型處理複雜、長期依賴的句子時的不足。透過這種方式，HellaSwag 能夠更進一步地評估模型在處理實際應用中常見的複雜語言任務上的能力。

11.2.3 BLEU

BLEU 是一種廣泛應用於機器翻譯領域的評估指標，用於評估機器翻譯的品質。BLEU 的核心理念是統計機器翻譯結果與人工翻譯參考之間的相似度，主要關注翻譯結果的準確性和流暢度。

具體來說，BLEU 評估指標透過計算機器翻譯結果中每個子序列（n-gram）在參考翻譯結果中出現的次數，並綜合考慮不同子序列長度的權重，最終得到 BLEU 得分。BLEU 得分越高，說明機器翻譯的結果與人工翻譯參考的相似度越高，翻譯品質越好。

值得注意的是，BLEU 指標並未考慮翻譯結果與目的語言語義的匹配度，因此有時不能完全反映翻譯結果的語義準確性。

11.2.4 ROUGE

ROUGE 是一種基於召回率的相似性度量方法，主要應用於神經網路翻譯時代。與 BLEU 不同，ROUGE 更加關注翻譯結果的資訊性和忠實性。

具體來說，ROUGE 透過比較機器翻譯結果與人工翻譯參考之間的大綱（n-gram）相似度來評估翻譯品質。ROUGE 的計算方式與 BLEU 類似，但 ROUGE 是從參考譯文中產生 n-gram，而 BLEU 則是從預測序列中產生 n-gram。

與 BLEU 相比，ROUGE 更加關注翻譯結果與人工翻譯參考之間的資訊一致性和忠實度，因此在某些情況下能夠更進一步地反映翻譯結果的品質。

11.3.5 METEOR

METEOR（Metric for Evaluation of Translation with Explicit ORdering）是一種相對較新的評估指標，旨在綜合考慮機器翻譯結果的準確性和資訊性。

具體來說，METEOR 透過比較機器翻譯結果與人工翻譯參考之間的匹配度來評估翻譯品質，同時考慮了語義和語法層面的相似度。

與 BLEU 和 ROUGE 相比，METEOR 不僅關注翻譯結果的準確性，還更加關注翻譯結果的資訊性和語義準確性。此外，METEOR 還引入排序機制，透過比較不同系統翻譯結果的排名來評估其相對品質。

因此，METEOR 在某些情況下能夠更進一步地反映翻譯結果的品質，尤其是在需要同時考慮語義和語法相似度的任務中。

11.3 基於上下文的學習

在自然語言處理中，要完成一個任務，最初的技術必須有一個任務指定的架構（task-specific architectures），後來雖然不要了，但卻需要任務指定（task-specific）的資料集來微調，這個資料集有幾千甚至上萬數量級。

基於以下三點，必須破除這個侷限：①從實際應用的角度來看，針對每個新任務都必須擷取大量的標注資料，會限制模型應用的廣泛性；②研究表明，經過微調的大型模型，在其他任務上的泛化性會變差（out-of-distribution）；③於人類而言，只需要給定簡單的指令或至多給少量的範例，即可完成任務，我們希望大型模型也能做到這樣。

在預訓練 + 微調模型中，由於在訓練階段，模型習得了大量的技能及模式辨識能力，因此，在推理階段，模型能迅速地辨識出目標任務並完成。具體地說，只要在推理階段，在提示中包含一些任務描述或任務範例，模型就可以基於生成指定任務，這種能力，我們稱之為基於上下文的學習（in-context learning）。這種方法由於在預訓練之後，不涉及模型梯度的更新，因此也可以稱為零樣本轉移（zero-shot transfer）。

基於上下文的學習包括零樣本學習（Zero-shot Learning）、單樣本學習（One shot Learning）、小樣本學習（Few-shot Learning）。針對小樣本 / 零樣本的 N 樣本學習（N-shot Learning）分為以下三種。

（1）零樣本學習，是指在沒有任何樣本 / 範例情況下，讓預訓練語言模型完成特定任務，相當於不再使用二階段訓練模式（預訓練 + 微調），而是徹底放棄了微調階段，僅透過大規模多領域的資料預訓練，讓模型在零樣本學習的設置下自己學會解決多工的問題，而且效果不錯（雖然 GPT2 透過零樣本學習在有些任務的表現上尚且不如 SOTA 模型，但基本超越了一些簡單模型，說明潛力巨大）。

這就好比以前我們剛開始學解題時，聽老師講了一系列知識和方法之後，老師為了讓我們更進一步地解題，在正式答題考試之前，會先透過幾個樣題讓我們找找感覺，方便在樣題中微調或修正自己對所學知識 / 方法的理解。零樣本學習則相當於沒有練手 / 預熱、沒有參考樣例 / 演示 / 範本，學完知識 / 方法之後直接答題。

（2）單樣本學習，顧名思義，是指在只有一個樣本 / 範例的情況下，預訓練語言模型完成特定任務。

（3）小樣本學習，同理，是指在只有少量樣本 / 範例的情況下，預訓練語言模型完成特定任務。

以下在零樣本、單樣本、小樣本下的機器翻譯使用範例。

（1）零樣本。

" 將以下英文句子翻譯成中文：'The cat is on the table.'"

（2）單樣本。

""""

將以下英文句子翻譯成中文：

英文：The dog is playing in the park.

中文：狗在公園裡玩。現在，翻譯這個句子：

英文：The bird is singing in the tree."""

（3）小樣本（3 樣本）。

""""

將以下英文句子翻譯成中文：

英文：The car is parked outside.

中文：車停在外面。

英文：She is reading a book.

中文：她在看書。

英文：They are having dinner at a restaurant.

中文：他們在餐館吃晚飯。現在，翻譯這個句子：

英文：The children are playing soccer in the garden."""

基於上下文學習的是輸入輸出的分佈而非映射函數。

小樣本下，也有工作試圖證明基於上下文的學習並沒有從樣本中學習，在提供給大型語言模型的樣本範例（x_i，y_i）中，是否對應的正確答案其實並不重要，如果我們把正確答案 y_i 替換成隨機的另外一個答案 y_j，這並不影響基於上下文的學習的效果。

真正對基於上下文的學習影響比較大的是 x 和 y 的分佈，也就是輸入文字 x 的分佈和候選答案 y 有哪些，如果你改變這兩個分佈，比如把 y 替換成候選答案之外的內容，則基於上下文的學習效果急劇下降。總之，這個工作證明了基於上下文的學習並未學習映射函數，但是輸入和輸出的分佈很重要，這兩個不能亂改。

大型語言模型的能力並不來自其對訓練資料的記憶。資料污染對模型評測的影響並不明顯。由於大型語言模型的訓練集非常大，因此評測集合中的資料很可能被包含其中，而且由於模型參數量很大，因此我們必須排除模型由於資料記憶而給評測結果帶來的無效提升。分析表明，這種資料污染帶來的影響是非常不明顯的，換言之，大型語言模型的能力並不來自其對訓練資料的記憶。

11.4 Llama 2 預訓練模型的評估

1. MMLU

表 11-1 是 MMLU 在 Llama 2 模型和其他開放原始碼模型上的評估細節。

▼ 表 11-1 MMLU 基準測試分數

模型	參數	Humanities	STEM	Social Sciences	Other	Average
MPT	7B	26.7	25.3	27.1	28.2	26.8
	30B	44.5	39.0	52.8	52.9	46.9
Falcon	7B	26.4	26.2	24.7	27.4	26.2
	40B	49.3	45.5	65.4	65.0	55.4

模型	參數	Humanities	STEM	Social Sciences	Other	Average
Llama 1	7B	34.0	30.5	38.3	38.1	35.1
	13B	45.0	35.8	53.8	53.3	46.9
	33B	55.8	46.0	66.7	63.4	57.8
	65B	61.8	51.7	72.9	67.4	63.4
Llama 2	7B	42.9	36.4	51.2	52.2	45.3
	13B	52.8	44.1	62.6	61.1	54.8
	34B	59.4	52.1	71.8	69.2	62.6
	70B	65.0	58.0	80.3	74.6	68.9

2. 標準基準測試

表 11-2 是標準基準測試的結果。

▼ 表 11-2 基本標準測試分數

模型	參數	BoolQ	PIQA	SIQA	HellaSwag	WinoGrande	ARC-e	ARC-c	OBQA	CSQA	MMLU
MPT	7B	75.0	80.6	48.5	76.4	68.3	70.2	42.6	51.4	21.3	26.8
	30B	79.0	81.9	48.9	79.9	71.0	76.5	50.6	52.0	58.2	46.9
Falcon	7B	67.5	76.7	47.2	74.1	66.3	70.0	42.4	51.6	20.8	26.2
	40B	83.1	82.4	50.1	83.6	76.9	79.2	54.5	56.6	70.4	55.4
Llama 1	7B	76.5	79.8	48.9	76.1	70.1	72.8	47.6	57.2	33.6	35.1
	13B	78.1	80.1	50.4	79.2	73.0	74.8	52.7	56.4	62.0	46.9
	33B	83.1	82.3	50.4	82.8	76.0	80.0	57.8	58.6	72.5	57.8
	65B	**85.3**	82.8	**52.3**	84.2	77.0	78.9	56.0	60.2	74.0	63.4
Llama 2	7B	77.4	78.8	48.3	77.2	69.2	75.2	45.9	58.6	57.8	45.3
	13B	81.7	80.5	50.3	80.7	72.8	77.3	49.4	57.0	67.3	54.8
	34B	83.7	81.9	50.9	83.3	76.7	79.4	54.5	58.2	74.3	62.6
	70B	85.0	**82.8**	50.7	**85.3**	**80.2**	**80.2**	57.4	**60.2**	**78.5**	**68.9**

3. 程式生成

表 11-3 比較了 Llama 2 與其他流行的開放原始碼模型在 Human-Eval 和 MBPP 程式生成基準測試上的結果。

▼ 表 11-3 程式生成基準測試分數

模型	參數	Human-Eval		MBPP	
		pass@1	pass@100	pass@1	pass@80
MPT	7B	18.3	—	22.6	—
	30B	25.0	—	32.8	—
Falcon	7B	0.0	—	11.2	—
	40B	0.6	—	29.8	—
Llama 1	7B	10.5	36.5	17.7	56.2
	13B	15.8	52.5	22.0	64.0
	33B	21.7	70.7	30.2	73.4
	65B	23.7	79.3	37.7	76.8
Llama 2	7B	12.8	45.6	20.8	62.8
	13B	18.3	60.2	30.6	69.0
	34B	22.6	77.2	33.0	76.1
	70B	**29.9**	**89.0**	**45.0**	**81.4**

4. 世界知識

表 11-4 評估了 Llama 2 模型與其他開放原始碼模型在 NaturalQuestions 和 TriviaQA 基準測試上的表現。

5. 閱讀理解

在表 11-5 中報告了 SQUAD 和 QUAC 的零樣本和小樣本結果。在這裡，Llama 2 在所有評估設置和模型中表現最好，除了 QUAC 的零樣本，其中 Llama 1 30B 表現較好一些。

▼ 表 11-4 世界知識基準測試分數

模型	參數	NaturalQuestions				TriviaQA(Wiki)			
		0-shot	1-shot	5-shot	64-shot	0-shot	1-shot	5-shot	64-shot
MPT	7B	11.6	17.8	20.8	22.7	55.7	59.6	61.2	61.6
	30B	15.8	23.0	26.6	29.3	68.0	71.3	73.3	73.6
Falcon	7B	15.7	18.1	21.0	24.0	52.6	56.8	64.6	61.1
	40B	**26.3**	29.5	33.5	35.5	74.6	78.6	79.9	79.6
Llama 1	7B	16.8	18.7	22.0	26.1	63.3	67.4	70.4	71.0
	13B	20.1	23.4	28.1	31.9	70.1	74.4	77.1	77.9
	33B	24.9	28.3	32.9	36.0	78.7	80.7	83.8	83.6
	65B	23.8	31.0	35.0	39.9	81.7	84.5	85.9	86.0
Llama 2	7B	16.4	22.7	25.7	29.5	65.8	68.9	72.1	73.7
	13B	16.1	28.0	31.2	34.6	73.1	77.2	79.6	79.4
	34B	25.1	30.0	32.8	39.9	81.0	83.3	84.5	84.6
	70B	25.3	**33.0**	**39.5**	**44.3**	**82.4**	**85.0**	**87.6**	**87.5**

▼ 表 11-5 閱讀理解測試分數

模型	參數	SQUAD(EM)				QUAC(f1)	
Model	**Size**	**0-shot**	**1-shot**	**4-shot**	**5-shot**	**0-shot**	**1-shot**
MPT	7B	59.5	62.8	62.6	62.7	38.0	37.7
MPT	30B	74.7	74.2	72.4	74.2	40.4	41.1
Falcon	7B	16.4	16.0	16.9	17.5	24.0	18.8
Falcon	40B	72.9	73.1	71.7	71.0	41.2	43.3

模型	參數	SQUAD(EM)				QUAC(f1)	
Model	Size	0-shot	1-shot	4-shot	5-shot	0-shot	1-shot
Llama 1	7B	60.0	62.3	63.3	62.8	38.9	32.0
	13B	68.9	68.4	66.4	66.7	39.9	36.5
	33B	75.5	77.0	76.3	75.6	**44.1**	40.3
	65B	79.4	80.0	78.3	77.9	41.0	39.8
Llama 2	7B	67.2	72.3	72.6	72.5	39.4	39.7
	13B	72.9	72.1	70.6	71.3	42.7	44.8
	34B	77.4	78.8	77.5	77.5	42.9	44.4
	70B	80.7	82.6	81.9	81.9	42.4	**49.3**

6. 考試

表 11-6 中展示了 AGI Eval 基準中英文部分的精細結果。AGI Eval 是一組不同科目的標準化考試。

▼ 表 11-6 考試測試分數

模型	Size	GSM8k	MATH
MPT	7B	6.8	3.0
	30B	15.2	3.1
Falcon	7B	6.8	2.3
	40B	19.6	5.5
Llama 1	7B	11.0	2.9
	13B	17.8	3.9
	33B	35.6	7.1
	65B	50.9	10.6

模型	Size	GSM8k	MATH
Llama 2	7B	14.6	2.5
	13B	28.7	3.9
	34B	42.2	6.24
	70B	56.8	13.5

11.5 MMLU

MMLU 是一種在自然語言處理領域中的多工學習方法。它使用一個單一的深度學習模型來解決多個不同領域的自然語言處理任務，例如文字分類、情感分析、實體辨識等。MMLU 的特點在於能夠有效地共用模型參數和特徵，並且能夠提高模型的訓練效率和性能。

MMLU 的應用有助降低模型的複雜度和資料的複雜性。在實踐中的表現證明了 MMLU 的優越性，可加速自然語言處理應用程式的開發。

MMLU 是 在 2020 年 9 月 7 日 由 Dan Hendrycks,Collin Burns,Steven Basart 等人首次在《測量大規模多工語言理解》（*Measuring Massive Multitask Language Understanding*）這篇 ICLR 2021 的文章中，旨在透過僅在零樣本和小樣本設置下評估模型來衡量預訓練期間獲得的知識。MMLU 基準測試涵蓋了 57 個科目，包括 STEM（科學、技術、工程、數學）、人文科學、社會科學等領域，旨在評估模型在多領域中的表現。

從題目可以看到，重要的點在於多工（multitask），也即模型在非常多的任務下的表現如何。如果模型要有比較好的效果，需要同時具備世界知識（world knowledge），以及解題能力（problem solving）。

從類型來看，不同科目的試題帶來了不同維度的測量，正如 MMLU 強調的，可以測試多工的能力。

語言 / 社會科學類題目，可以測量世界知識——想想一個模型需要對中文語境的知識了解到什麼程度才可以回答「明朝的第二個皇帝是誰」這種問題。

數學 / 自然科學類題目，可以測量推理能力——模型不僅需要理解題意，還需要根據所有資訊進行推理甚至計算再答題。

當然還有很多其他的能力，但是上面提到的世界知識及推理能力，往往是大型模型擅長（相較於小模型），或說希望增強的方面。

MMLU 的出現對於自然語言處理領域的發展造成了重要的推動作用，它不僅提高了模型的訓練效率和性能，還降低了模型的複雜度和資料的複雜性，使得自然語言處理應用程式的開發更加高效和便捷。

11.6 標準基準測試

標準基準測試包括以下內容。

（1）BoolQ：這是一個二元判斷問題測試，要求模型確定給定句子中的陳述是否為真。

（2）PIQA：這是一個三元判斷問題測試，要求模型確定給定句子中的兩個陳述是否具有相同的真值。

（3）SIQA：這是一個三元判斷問題測試，要求模型確定給定句子中的兩個陳述是否具有相同的真值。

（4）HellaSwag：這是一個三元判斷問題測試，要求模型確定給定句子中的兩個陳述是否具有相同的真值。

（5）WinoGrande：這是一個三元判斷問題測試，要求模型確定給定句子中的兩個陳述是否具有相同的真值。

（6）ARC-e：這是一個三元判斷問題測試，要求模型確定給定句子中的兩個陳述是否具有相同的真值。

（7）ARC-c：這是一個三元判斷問題測試，要求模型確定給定句子中的兩個陳述是否具有相同的真值。

（8）OBQA：這是一個三元判斷問題測試，要求模型確定給定句子中的兩個陳述是否具有相同的真值。

（9）CSQA：這是一個三元判斷問題測試，要求模型確定給定句子中的兩個陳述是否具有相同的真值。

11.7 程式生成

11.7.1 Human-Eval 程式生成基準測試

Human-Eval 是一個程式生成基準測試，旨在評估模型在根據給定的輸入生成相關程式方面的表現。該基準測試由 OpenAI 公司開發，並用於評估其 GPT-3 模型的表現。

Human-Eval基準測試的特點是，它使用真實的程式設計任務作為測試資料，這些任務是由人類程式設計師提供的。這些任務包括了多種程式語言和不同難度的程式設計問題，例如根據給定的文件寫一個函數、根據給定的需求實現一個演算法等。每個任務都包含了輸入和期望輸出，測試時要求模型根據輸入生成期望的輸出。

為了確保測試的公正性和客觀性，Human-Eval 基準測試在以下方面進行了設計。

（1）任務的多樣性：測試資料包括多種類型的程式設計任務，從簡單的語法轉換到複雜的演算法實現都有涉及，以全面評估模型的程式生成能力。

（2）任務的難度：測試資料按照難度進行了分類，包括容易、中等和困難三個等級，以評估模型在不同難度的程式設計問題上的表現。

（3）自動評估指標：為了降低與減少人工評估的主觀性和工作量，Human-Eval 基準測試提供了一組自動評估指標，如 BLEU、ROUGE、METEOR 等，用於量化模型的輸出品質和與人類參考答案的相似度。

（4）人工評估環節：儘管自動評估指標可以量化模型的輸出品質和相似度，但無法完全替代人工評估。因此，Human-Eval 基準測試中設計了人工評估環節，由一組經驗豐富的程式設計師進行評估，以確保模型的表現得到準確的評估和比較。

11.7.2 MBPP 程式生成基準測試

MBPP（Mostly Basic Programming Problems，主要的基礎程式設計問題）是一個用於自然語言處理和程式生成研究的基準資料集，由 Google 在 2021 年推出。資料集包含大約 1000 個由大眾貢獻的 Python 程式設計題目，這些題目設計上適合入門級程式設計師解答，涵蓋了程式設計基礎、標準函數庫功能等。每個問題都包括一個任務描述、程式解決方案以及 3 個自動化測試案例。

MBPP 的主要特點包括以下幾個。

（1）多樣性：資料集中的問題覆蓋了廣泛的程式設計概念和技能，從基礎的資料型態操作到更複雜的演算法和資料結構問題。

（2）多語言支援：雖然原始資料集是基於 Python 撰寫的程式，但是它能夠被擴充以適應其他程式語言的評估。

（3）標準化：所有問題都被標準化為清晰、簡潔的自然語言描述，這有助模型理解問題並生成正確的程式。

（4）挑戰性：儘管名字中有「Basic」，但 MBPP 包含了不同難度等級的問題，包括一些需要複雜邏輯推理的問題。

（5）可擴充性：資料集設計時考慮到了未來的擴充，可以容易地增加更多的問題或修改現有問題來測試新的能力。

（6）評估框架：MBPP 提供了一個評估框架，允許研究人員比較不同模型在解決程式設計問題上的性能。

MBPP 資料集的目標是推動自動程式生成、程式理解、程式轉換和程式解釋等領域的研究進展。透過使用 MBPP 進行訓練和測試，研究人員可以評估大型語言模型在處理實際程式設計任務時的準確性和效率，從而推動技術的發展，使之更加接近人類程式設計師的水準。

11.8 考試 AGI Eval

AGI Eval 是一個用於評估基礎模型在人類認知和問題解決相關任務中表現的工具。它是在研究人員對人工智慧系統的逐步發展和通用人工智慧（AGI）實現的背景下開發出來的。

AGI Eval 基準測試的設計原則主要是強調人腦等級的認知任務，以與人類認知和解決問題密切相關的任務為中心，並以一種更有意義和全面的方式評估基礎模型的泛化能力。為了實現這一目標，研究人員選擇了各種官方的、公開的、高標準的招生和資格考試，以滿足一般人類應試者的需要，包括大學入學考試、法學院入學考試、數學考試、律師資格考試和國家公務員考試。這些考試每年都有數百萬尋求進入高等教育或新職業道路的人參加，因此這些考試可以用來評估模型性能與人類決策和認知能力的直接相關性。

在 AGI Eval 中，所有任務都被視為一個整體，沒有對模型進行特定領域的劃分，這就表示模型需要對不同領域的知識都有一定的理解和掌握。同時，AGI Eval 還強調了模型在解決涉及人類認知和決策能力任務時的表現，例如在數學競賽中的表現。

總的來說，AGI Eval 是一個專門設計用來評估基礎模型在人類認知和問題解決相關任務中表現的工具，透過各種官方的、公開的、高標準的招生和資格考試來測試模型的泛化能力。

AGI Eval 的 MATH（MultArith and Text）是一個數學測試集，旨在評估人工智慧系統的數學計算和文字處理能力。這個測試集包含 10 個數學問題，每個問題有 10 個不同的難度級別，從基礎數學運算到複雜的數學應用題都有涉及。另外，這個測試集還包括 5 個文字處理問題，涉及文字檢索、資訊提取、情感分析等自然語言處理任務。透過使用這個測試集，可以對人工智慧系統的數學計算和文字處理能力進行全面、客觀、公正的評估。

11.9 GSM8K

GSM8K 是 OpenAI 發佈的專門用於評估和訓練模型解決小學（grade school）數學問題的資料集。這個資料集包含了一系列的數學題目，旨在測試和提升語言模型在理解和解決數學應用題的能力。

該資料集包含 8.5 KB 高品質的小學數學問題，這些問題需要 2 ～ 8 個步驟來解決，主要涉及基本算數運算（加、減、乘、除）的運用。這些問題通常需要理解文字描述、辨識相關的數學概念，並進行適當的計算來得出答案。GSM8K 資料集的測試問題達到 1 KB，涵蓋了 7.5 KB 訓練問題。這個資料集對於研究多步驟數學推理的挑戰性和開發先進的人工智慧模型具有重要意義。

其題目涵蓋了各種數學主題，如算術、代數、幾何、測量和資料分析等。每個問題都以自然語言的形式呈現，包括問題的描述和可能的輸入 / 輸出樣例。資料集還包括了問題的解答或是一組可能的答案供模型選擇。

GSM8K 的主要目標是推動人工智慧研究在解決基於語言的數學問題方面的進展。透過這個資料集，研究人員可以訓練和評估模型在理解和解決實際數學問題上的性能。

解決 GSM8K 中的問題需要模型具備較強的自然語言理解和數學推理能力，這對當前的 AI 系統來說是一個挑戰。資料集中的某些問題可能涉及複雜的語境理解或高級的數學概念，進一步增加了難度。透過研究和最佳化在 GSM8K 資料集上的表現，研究人員能夠更進一步地理解語言模型在處理數學問題時的局限性，並開發出更強大、更具通用性的 AI 解決方案。

專案網址：https://github.com/openai/grade-school-math

11.10 世界知識

11.10.1 NaturalQuestions

NaturalQuestions 是一個針對自然語言問答的基準測試，旨在評估模型在理解自然語言查詢並傳回相關答案方面的表現。該基準測試由 Google 的研究人員開發，並用於評估其自然語言處理模型的效果。

NaturalQuestions 基準測試的特點在於，它使用真實的使用者查詢和相關答案作為測試資料，這些資料是從搜尋引擎中收集的。測試時要求模型根據給定的查詢傳回相關答案。為了確保測試的公正性和客觀性，NaturalQuestions 基準測試在以下方面進行了設計。

（1）資料的真實性：NaturalQuestions 基準測試使用真實的使用者查詢和相關答案作為測試資料，這些資料是從搜尋引擎中收集的，因此具有較高的真實性和可信度。

（2）任務的多樣性：測試資料包括了多種類型的查詢和相關答案，例如知識問答、瑣事問答、實體問答等，以全面評估模型的答案傳回能力。

（3）自動評估指標：為了降低與減少人工評估的主觀性和工作量，NaturalQuestions 基準測試提供了一組自動評估指標，例如準確率、召回率和 F1 得分等，用於量化模型的答案傳回品質和與真實答案的相似度。

（4）人工評估環節：儘管自動評估指標可以量化模型的答案傳回品質和相似度，但無法完全替代人工評估。因此，NaturalQuestions 基準測試中設計了人工評估環節，由一組經驗豐富的評估人員輔助進行評估，以確保模型的表現得到準確的評估和比較。

總之，NaturalQuestions 基準測試是一個針對自然語言問答任務的測試平臺，旨在評估模型在解決實際問答問題時的表現。透過使用真實的使用者查詢和相關答案，以及自動評估指標和人工評估環節的輔助，使模型的性能得到客觀、準確的評估和比較。

11.10.2 TriviaQA

TriviaQA 是一個針對事實性問答任務的基準測試，旨在評估模型在辨識和回答瑣碎知識問題方面的表現。該基準測試由微軟的研究人員開發，並用於評估其自然語言處理模型的效果。

TriviaQA 基準測試的特點在於，它使用瑣碎的知識問題及其相關答案作為測試資料，這些問題涵蓋了廣泛的主題，例如歷史、科學、文化等。每個問題都包括了輸入文字和一個或多個相關答案選項，測試時要求模型根據輸入文字選擇正確的答案選項。為了確保測試的公正性和客觀性，TriviaQA 基準測試在以下方面進行了設計。

（1）資料的真實性：TriviaQA 基準測試使用瑣碎的知識問題和相關答案作為測試資料，這些資料是透過文字語料庫和知識圖譜收集的，因此具有較高的真實性和可信度。

（2）任務的多樣性：測試資料包括了多種類型的瑣碎知識問題，例如單選題、多選題和填空題等，以全面評估模型的答案傳回能力。

（3）自動評估指標：為了降低與減少人工評估的主觀性和工作量，TriviaQA 基準測試提供了一組自動評估指標，例如準確率、F1 得分等，用於量化模型的答案傳回品質和與正確答案的相似度。

（4）人工評估環節：儘管自動評估指標可以量化模型的答案傳回品質和相似度，但無法完全替代人工評估。因此，TriviaQA 基準測試中設計了人工評估環節，由一組經驗豐富的評估人員輔助進行評估，以確保模型的表現得到準確的評估和比較。

此外，TriviaQA 基準測試還採用了知識蒸餾的方法進行訓練和評估。這表示模型需要學習一個知識圖譜中瑣碎知識的分佈，並將其與自然語言問題匹配。透過這種方法，模型可以更進一步地理解和回答瑣碎知識問題。

11.11 通義千問評測

通義千問是阿里雲研發的基於 Transformer 的大型語言模型，在超大規模的預訓練資料上進行訓練得到。其使用超過 3 兆標記的資料進行預訓練，包含高品質中、英、多語言、程式、數學等資料，涵蓋通用及專業領域的訓練語料，透過大量對比實驗對預訓練語料分佈進行了最佳化。相比目前以中英詞表為主的開放原始碼模型，Qwen-72B 使用了約 15 萬大小的詞表。該詞表對多語言更加友善，方便使用者在不擴充詞表的情況下對部分語種進行能力增強和擴充。Qwen-72B 在多個中英文下游評測任務上（涵蓋常識推理、程式、數學、翻譯等），效果顯著超越現有的開放原始碼模型（圖 11-1）。

這些測試基礎與 Llama 2 相比，多了 C-Eval、CMMLU、Gaokao-Bench、BBH（BIG-bench-Hard）。

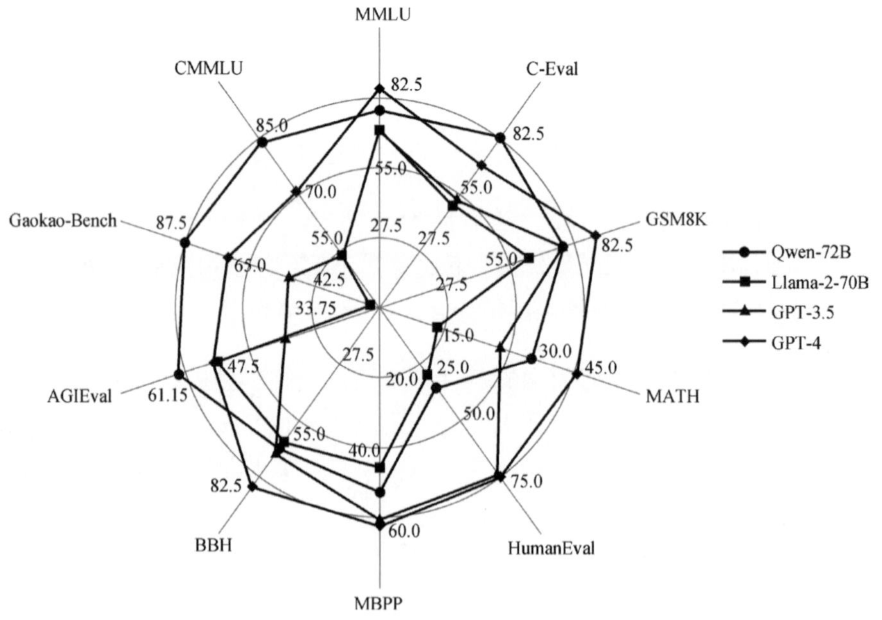

▲ 圖 11-1 通義千問的模型測試分數比較

C-Eval 是一個涵蓋 52 個不同學科的中文評估資料集。測試的是 5 樣本的結果。

CMMLU 是為評估中文語言理解能力而設計的。測試是 5 樣本的結果。

Gaokao-Bench 是一個包含學測（中國大學入學考試）問題的基準測試。測試報告了零樣本的結果。

11.12 BBH

BBH 是從 BIG Bench 幾百項任務中選擇 23 項組成。

BIG Bench 是一個多樣化的評估套件，專注於被認為超出當前語言模型能力的任務。BIG Bench 包括 204 項任務，由 132 個機構的 442 位作者貢獻。其任務主題多種多樣，涉及語言學、兒童發展、數學、常識推理、生物學、物理學、社會偏見、軟體開發等方面的問題。BIG bench 專注於被認為超出當前語言模型能力的任務。

語言模型在 BIG Bench 基準測試上已經獲得了良好的進展，BIG Bench 論文中的最佳模型透過少量提示，在 65% 的 BIG Benk 任務中優於平均報告的人工評分結果。但是，語言模型在哪些任務上達不到人類評分者的平均表現？這些任務實際上是當前語言模型無法解決的嗎？在這項工作中，我們專注於一套 23 項具有挑戰性的「BIG-bench」任務，稱之為「BIG-bench-Hard」。在這些任務中，先前的語言模型評估並沒有超過平均的人類評分者。我們發現，將思維鏈（CoT）提示應用於 BBH 任務使 PaLM 在 23 項任務中的 10 項任務上超過了平均人工評分器性能，Codex（code-davinci-002）在 23 項工作中的 17 項任務上超越了平均人工評級器性能。

測試專案網址為：https://github.com/suzgunmirac/BIG-Bench-Hard。

MEMO

12 用於 RAG 的詞向量計算

12.1 資訊整合

在進行推理時採用 Transformer 模型，我們實際上將上下文作為輸入提供給模型。這裡的上下文不僅包括提示，還包括在同一個對話或階段中之前的提示和回應。提供更多與所需回答相關的上下文資訊，將得到更準確的回答。除了對話系統自動加入的歷史階段資訊，我們還可以加入其他資訊。這些資訊可以是相關文件，其中包含回答所需的基礎知識，也可以是私有文獻，用於回答專有問題。透過將這些額外的資訊與上下文一起提供給模型，可以增強其理解能力和回答準確性。如果有需要，我們可以進一步補充更多的上下文資訊，以便模型更進一步地理解和回應。

獲取相關文件並加入提示，類似於回憶書上的基礎知識，這需要進行向量轉換和查詢。其具體方法是將文件分成區塊並轉為嵌入向量後儲存在向量資料庫中，當執行查詢時，可以根據任務的需要獲取相關的文件區塊，並將其填充到提示中，從而生成所需內容。透過這種方式，Transformer 模型相當於擁有一個強大的記憶系統，能夠迅速檢索和利用以前的資訊，以支援任務的完成。因此，整合任務相關資訊到提示是最佳化 Transformer 模型性能的關鍵步驟。

相比搜尋引擎只能呈現已有內容的局限性，大型語言模型具備生成內容的能力，但所生成的內容往往不夠準確。然而，透過從搜尋向量資料庫中獲取相關文件，並將這些文件內容整合到大型語言模型的提示中，我們能夠實現兩者的有機融合。這種融合的方法具有重要意義，使我們能夠彌補大型語言模型生成內容的不足，提供更準確和全面的資訊。

圖 12-1 顯示了資訊整合的流程。

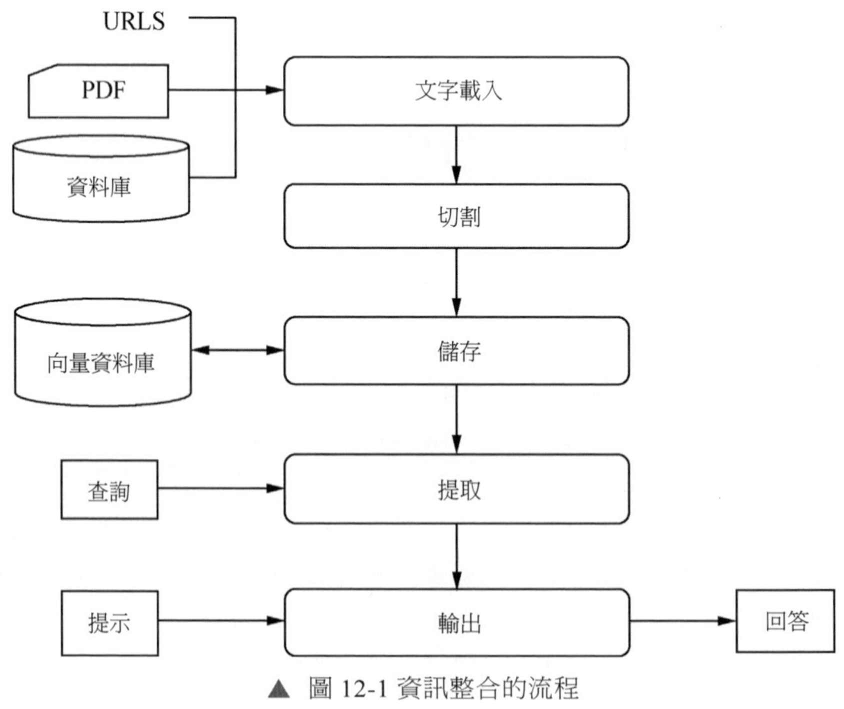

▲ 圖 12-1 資訊整合的流程

LangChain 就是比較著名的資訊整合工具，可以幫助開發人員使用語言模型建構點對點的應用程式。它提供了一套工具、元件和介面，可簡化建立由大型語言模型和聊天模型提供支援的應用程式的過程。LangChain 透過將文字轉為嵌入向量，並利用向量資料庫來儲存和檢索這些向量，直接與 OpenAI 的 ChatGPT 模型以及 Hugging Face 整合，能夠實現更高效和準確的自然語言處理任務。透過 LangChain 可快速建構聊天機器人、生成式問答（GQA）、本文摘要等應用場景。

12.2 向量資料庫

向量資料庫是一種專門用於儲存和處理高維向量資料的先進資料庫系統。作為傳統關聯式資料庫的擴充，向量資料庫支援向量索引和向量計算等功能，以高效率地處理大規模向量資料集而聞名。

在傳統的關聯式資料庫中，資料是以表格形式儲存的，每個記錄有固定的列和類型。然而，對於高維向量資料，傳統的表格結構並不能極佳地適應。向量資料庫以向量為基本的資料單位，每個向量都有一個唯一的識別字和一個與之連結的向量值。這樣，向量資料庫能夠更直接地儲存和查詢向量資料。

向量資料庫的核心特性包括以下幾個。

（1）向量索引。向量資料庫使用向量索引來高效率地儲存和查詢向量資料。常見的索引結構包括倒排索引、KD 樹、球樹等，這些索引技術能夠加速向量之間的相似度計算和最近鄰搜尋。

（2）相似度匹配。向量資料庫能夠根據指定的相似度度量（如歐氏距離、餘弦相似度等），在向量集合中查詢與給定向量最相似的向量。這為實現相似影像搜尋、文字相似度分析等應用提供了強大的支援。

（3）向量計算。向量資料庫提供了內建的向量計算功能，如向量加法、乘法、減法等。這樣，使用者可以直接在資料庫中執行向量運算，而不需要將資料匯出到外部進行計算。這在處理大規模向量資料時能夠提高效率。

（4）分散式儲存和計算。面對大規模向量資料集，向量資料庫通常支援分散式儲存和計算。它可以將資料分佈在多個節點上，實現資料的平行處理和高效的查詢操作。

向量資料庫主要分為兩類：一類是專門開發的向量資料庫，如 Milvus、Pinecone、Qdrant 等，一類是在現有資料庫基礎上進行擴充，如 PostgreSQL 的 pgvector 擴充，Elasticsearch 增加 dense_vector 資料型態，Redis 的 RedisAI 和 RediSearch 等擴充模組。

由於本書重點在大型語言模型，因此對向量資料庫本身及應用不做深入介紹，重點放在如何利用預訓練模型生成嵌入向量。

12.3 詞向量

在自然語言處理和機器學習領域，「embeddings」是指將單字、短語或文字轉換成連續向量空間的過程。這個向量空間通常被稱為嵌入空間（embedding space），而生成的向量則稱為嵌入向量（embedding vector）或向量嵌入（vector embedding）。

嵌入向量可以捕捉單字、短語或文字的語義資訊，使它們可以在數學上進行比較和計算。這種比較和計算在自然語言處理和機器學習中經常被用於各種任務，例如文字分類、語義搜尋、詞語相似性計算等。

在中文語境下，「embeddings」通常被翻譯為「詞向量」或「向量表示」。這些翻譯強調了嵌入向量的特點，即將詞彙轉換成向量，並表示為嵌入空間中的點。

向量資料庫的儲存方式是將資料表示為嵌入向量，其中透過預訓練模型為文字生成嵌入向量。在 Transformer 模型中，嵌入向量通常身為內部資料表示，往往不需要直接接觸和理解。然而，在向量資料庫中，對這些嵌入向量的理解卻是必不可少的。

如何理解嵌入向量呢？想像一下拼圖遊戲，它由多個小塊組成，並且這些小塊有特定的排列順序來形成完整的圖案。在拼圖遊戲中，當小塊被打亂時，它們的相互關係就變得不確定了。但是，如果為每個小塊設計一個獨特的編碼，就可以簡單地計算兩個小塊之間的距離，從而知道它們相鄰與否。舉例來說，在一個 100×100 的拼圖中，如果一個小塊的編碼是 [20,45]，那麼 [19,45]、[20,46] 等都是它的相鄰小塊。

在自然語言處理中也存在類似的情況。文字可以被看作是一個拼圖，由許多標記（例如單字或字元）組成，它們之間的關係對初始文字來說是未知的。然而，透過使用預訓練的語言模型，我們可以獲取到這個拼圖的完整圖案，也就是標記之間的關係。因此，當給定一個標記時，我們可以知道它的相鄰標記是哪些。

總結起來，拼圖的概念可以推廣到多個維度，如在自然語言處理中的嵌入向量。透過預訓練模型，可以得到標記之間的關係，就像獲得了拼圖的完整圖案一樣。這些嵌入向量可以幫助我們在文字中理解標記之間的語義和語法關係。圖 12-2 用簡單的二維空間表示語義相近的標記嵌入向量相鄰。

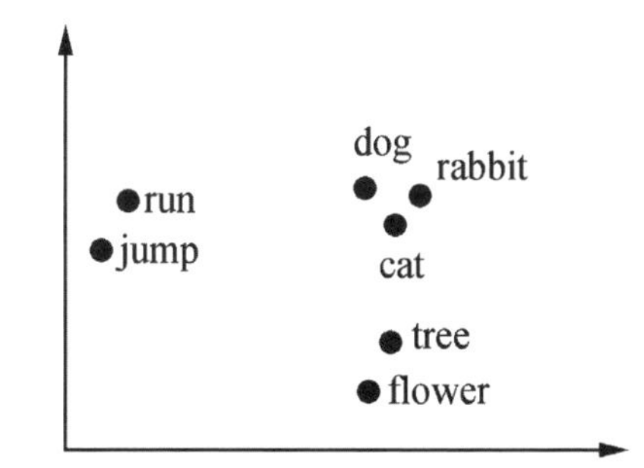

▲ 圖 12-2 語義相近的標記嵌入向量相鄰

12.4 嵌入向量生成模型

嵌入模型（embedding model）是一種能將高維度的離散數值（如詞彙、使用者 ID 等）映射到低維度連續向量空間的模型。這種模型的主要目標是將相似的物件映射到向量空間的接近位置，從而捕捉和保留物件之間的某些相似性。

舉例來說，在自然語言處理領域，詞嵌入模型能將語義或句法上相似的詞映射到向量空間的鄰近位置，以此來保留詞語間的語義和句法相似性。

Word2Vec、GloVe 和 FastText 等都是基於詞嵌入理念的專用嵌入模型，它們能將單字或短語映射到低維向量空間中，從而捕捉它們的語義和上下文資訊。這些向量可以用於計算單字之間的相似度，進行聚類、分類等任務，甚至可以用於生成文字。

除了這些專用嵌入模型外，預訓練的語言模型（如 BERT、GPT 等）也常被用於生成嵌入向量，這些向量通常包含更豐富的上下文資訊和更深層次的語義理解。

生成嵌入向量可以使用的預訓練模型有 BERT、GPT、GPT-2、Transformer-XL、XLNet、XLM、RoBERTa、DistilBERT、ALBERT、T5、XLM-RoBERTa 等，Llama 也可以用於生成嵌入向量。選擇模型的主要考慮因素是模型的嵌入維度，嵌入維度越大，則佔據向量資料庫的儲存空間越大。比如 BERT-base-uncased 的嵌入維度只有 768，而 Llama 的有 4096。

BERT 模型是一種預訓練語言模型，它在多個自然語言處理任務上表現出色。BERT 及其變形有以下幾個。

（1）bert-base-uncased：編碼器具有 12 個隱層，輸出 768 維張量，12 個自注意力頭，共 110M 參數量，在小寫的英文文字上進行訓練而得到。

（2）bert-large-uncased：編碼器具有 24 個隱層，輸出 1024 維張量，16 個自注意力頭，共 340M 參數量，在小寫的英文文字上進行訓練而得到。

（3）bert-base-cased：編碼器具有 12 個隱層，輸出 768 維張量，12 個自注意力頭，共 110M 參數量，在不區分大小寫的英文文字上進行訓練而得到。

（4）bert-large-cased：編碼器具有 24 個隱層，輸出 1024 維張量，16 個自注意力頭，共 340M 參數量，在不區分大小寫的英文文字上進行訓練而得到。

（5）bert-base-multilingual-uncased：編碼器具有 12 個隱層，輸出 768 維張量，12 個自注意力頭，共 110M 參數量，在小寫的 102 種語言文字上進行訓練而得到。

（6）bert-large-multilingual-uncased：編碼器具有 24 個隱層，輸出 1024 維張量，16 個自注意力頭，共 340M 參數量，在小寫的 102 種語言文字上進行訓練而得到。

（7）bert-base-chinese：編碼器具有 12 個隱層，輸出 768 維張量，12 個自注意力頭，共 110M 參數量，在簡體和繁體中文文字上進行訓練而得到。

BERT-base-uncased 是 BERT 的一種變形，它使用了 12 個 transformer 編碼器層，768 個隱藏單元和 110M 個參數。BERT-base-uncased 之所以成為生成嵌入向量的首選模型之一，是因為它具有以下優點。

（1）高效性：BERT-base-uncased 是一個相對較小的模型，可以在較短的時間內訓練和微調。

（2）通用性：BERT-base-uncased 是一種通用的預訓練語言模型，可以用於多種自然語言處理任務，例如文字分類、命名實體辨識、問答等。

（3）可擴充性：BERT-base-uncased 可以透過微調來適應不同的自然語言處理任務和資料集。

為了得到更快的推理速度和更小的模型大小，可以使用經過蒸餾的模型，比如 DistilBERT 及其變形。

distilbert-base-uncased：基於 bert-base-uncased 的蒸餾（壓縮）模型，編碼器具有 6 個隱層，輸出 768 維張量，12 個自注意力頭，共 66M 參數量。

distilbert-base-multilingual-cased：基於 bert-base-multilingual-uncased 的蒸餾（壓縮）模型，編碼器具有 6 個隱層，輸出 768 維張量，12 個自注意力頭，共 66M 參數量。

MSMARCO-distilbert-base-tas-b 也是一種基於 BERT 的蒸餾模型，它使用了 6 個 transformer 編碼器層，768 個隱藏單元和 66M 個參數。

12.5 池化技術

在計算詞向量時，我們會對一組詞向量執行匯聚操作，生成一個代表該組詞向量的單一向量表示。匯聚操作的目的是減少詞向量組的維度，並提取出其中最重要的資訊，以獲得更簡潔而有代表性的向量表示。這種表示可以用作輸入更高層次的模型，如分類器或生成器的輸入。

以下是一些常見的詞向量池化技術。

（1）平均池化（Average Pooling）：這是一種簡單但有效的池化方法。它將所有詞向量的平均值作為序列的表示。這種方法的優點是計算簡單，但可能會遺失一些重要的資訊，因為它將所有詞向量視為等重要的。

（2）最大池化（Max Pooling）：這種方法將每個維度上的最大值作為序列的表示。這表示，對於每個維度，池化後的向量都包含了該維度上最強的訊號。這種方法可以捕捉到一些重要的特徵，但可能會忽略一些其他資訊。

（3）加權平均池化（Weighted Average Pooling）：這種方法首先計算每個詞向量的權重，然後根據這些權重對所有詞向量進行加權平均。權重的計算可以基於各種方法，例如基於注意力機制的權重。

（4）自注意力池化（Self-Attention Pooling）：這種方法使用了自注意力機制來計算每個詞向量的權重。具體來說，它首先使用一個可學習的查詢向量與每個詞向量進行點積，然後透過 softmax 函數將這些點積轉化為權重。最後，根據這些權重對所有詞向量進行加權平均。

（5）第一個標記（First Token）：在 BERT 等 Transformer 模型中，通常會在每個輸入序列的開始增加一個特殊的標記（舉例來說，BERT 中的 [CLS] 標記）。模型被訓練來更新這個標記的向量，使其包含整個序列的資訊。因此，這個標記的向量經常被用作序列的池化表示。這種方法的優點是簡單、高效，但可能會遺失一些序列中的細節資訊。

（6）注意力遮罩平均池化（Attention Mask Average Pooling）：這是一種更複雜的池化策略，它考慮了所有詞向量的資訊，而不僅是第一個標記。具體來說，它首先使用一個注意力機制來計算每個詞向量的權重，然後根據這些權重對所有詞向量進行加權平均。這種方法能夠更進一步地捕捉序列中的資訊，但計算複雜度較高。

12.6 計算詞向量

12.6.1 使用 OpenAI

OpenAI 的嵌入模型可以將文字解析為 1536 個維度，每個維度代表一個概念或特徵。建議採用第二代的 text-embedding-ada-002 模型，既好又便宜。使用量按每個輸入權杖定價，收費為每 1000 個標記大約 0.0004 美金。不推薦使用第一代模型（以 -001 結尾）。

text-embedding-ada-002 模型，採用 cl100k_base 分詞器，最大輸入標記數 8191，輸出維度 1536。

```
import os
import openai
openai.api_key = os.getenv("OPENAI_API_KEY")
data_embedding_res = openai.Embedding.create(
    model="text-embedding-ada-002",
    input=" 需要轉為 embedding vectors 的內容 "
)
print(data_embedding_res['data'][0]['embedding'])
```

12.6.2 使用 Hugging Face

Hugging Face 提供了生成嵌入變數的函數程式庫 Transformers，以及各種預訓練模型。

Transformers 函數庫中有可自動辨識模型的通用函數，也有針對不同模型的專用函數。

利用通用函數 AutoModel，或是對應 GPT2、Bert 模型的專用函數 GPT2-Model、BertModel，可以得到輸出類 BaseModelOutputWithPoolingAndCrossAtt-ention。

BaseModelOutputWithPoolingAndCrossAttentions 主要用於表示經過池化和交叉注意力層的模型輸出。pooler_output 是該類別的屬性，表示經過池化操作後的輸出。

pooler_output 的計算方式取決於模型的實現和配置。一般來說，它會透過對模型的最後一層隱藏狀態進行池化操作來得到。池化操作可以是一種全域池化（如平均池化或最大池化）或局部池化，具體取決於模型的設計和要求。

在 BERT 系列模型中，pooler_output 通常是透過對序列的第一個標記（通常是 CLS 標記）進行池化操作得到的。這是 BERT 和其他 Transformer 模型的常見策略，因為這個標記經過預訓練，已經被設計為能夠捕捉整個輸入序列的資訊。

該類別的屬性 last_hidden_state 是模型最後一層輸出的隱藏狀態序列，是一個包含每個標記位置的隱藏狀態的張量，池化操作的資料來源。

隱藏狀態是嵌入向量經過 Transformer 模型的自注意力機制和前饋神經網路計算後的更新值。在訓練過程中，模型透過學習調整其內部參數，使輸入的嵌入向量能夠經過這些計算層得到更豐富的表示，也就是隱藏狀態。

下面程式是利用 Bert 模型計算詞向量例子：

```
from transformers import BertTokenizer,BertModel
import torch
```

```
model_path = "bert-base-uncased"

# 要計算詞向量的句子
text = "Hello,how are you?"

# 從 HuggingFace Hub 載入模型
tokenizer = BertTokenizer.from_pretrained(model_path)
model = BertModel.from_pretrained(model_path)

encoded_input = tokenizer(text,return_tensors='pt')

# 計算標記嵌入
with torch.no_grad():
    model_output = model(**encoded_input,return_dict=True)

text_emb = model_output.pooler_output
```

model_output 輸出為：

```
BaseModelOutputWithPoolingAndCrossAttentions(last_hidden_state=
tensor([[[-0.0824,
0.0667,-0.2880,...,-0.3566,0.1960,0.5381],
    [0.0310,-0.1448,0.0952,...,-0.1560,1.0151,0.0947],
    [-0.8935,0.3240,0.4184,...,-0.5498,0.2853,0.1149],
    ...,
    [-0.2812,-0.8531,0.6912,...,-0.5051,0.4716,-0.6854],
    [-0.4429,-0.7820,-0.8055,...,0.1949,0.1081,0.0130],
    [0.5570,-0.1080,-0.2412,...,0.2817,-0.3996,-0.1882]]]),pooler_ output=
tensor([[-0.9397,-0.4081,-0.9024,0.8667,0.6076,-0.1782,0.9319, 0.2685,
    -0.7918,-1.0000,-0.4899,0.9625,0.9823,0.6102,0.9614,-0.8728,
    -0.6449,-0.6543,0.3102,-0.6648,0.7556,1.0000,0.0778,0.3350,
    ...,
    -0.7148,-1.0000,0.4726,-0.4242,0.7148,-0.7536,0.8473,-0.7694,
   -0.9885,-0.3057,0.5318,0.7787,-0.4794,-0.6866,0.6466,-0.1783,
   0.9834,0.9262,-0.6138,0.2273,0.6907,-0.7303,-0.7535,0.9454]]), hidden_
states=None,past_key_values=None,attentions=None,cross_attentions =None)
```

last_hidden_state 的形狀為 [1,8,768]，pooler_output 的形狀為 [1,768]。從 last_hidden_state 得到 pooler_output 池化操作流程如下。

（1）取 last_hidden_state 的第一個標記，即 last_hidden_state[:,0]。

透過一個線性層，這個線性層有一個權重矩陣（model.pooler.dense.weight）和一個偏置向量（model.pooler.dense.bias）。

（2）透過一個 tanh 啟動函數。

所以，如果你想要從 last_hidden_state 手動計算 pooler_output，可以這樣做：

```
import torch.nn.functional as F

# 取第一個標記
first_token = model_output.last_hidden_state[:,0]

# 透過線性層
pooled_output = model.pooler.dense(first_token)

# 透過啟動函數
pooled_output = F.tanh(pooled_output)
```

model.pooler.dense.weight 和 model.pooler.dense.bias 是在預訓練過程中學習的參數，這些參數使 [CLS] 標記能夠捕捉到整個序列的資訊。這就是為什麼可以直接使用 pooler_output 作為整個序列的表示。

12.6.3 使用 Llama 2

如果更關注性能要求，則可以考慮採用更大參數量的預訓練模型來計算詞向量。相對於 BERT 模型的從 768 維到 1024 維，Llama 2 模型可以從 7b 的 4096 維到 70b 的 8196 維。

使用更大的語言模型計算詞向量時，模型的參數量增加會對向量資料庫的效果產生以下影響。

（1）更豐富的語義表示：更大的語言模型通常能夠學習到更豐富的語義表示，因為它們在更大規模的資料上進行了訓練。這可以提升詞向量的品質，在向量空間中更進一步地捕捉詞語之間的語義相似性和關係。

（2）更大的覆蓋範圍：大型語言模型往往具有更廣泛的詞彙知識，並且能夠處理更多的上下文資訊。這樣可以提供更全面的詞向量表示，使得向量資料庫更進一步地涵蓋各種領域和主題的詞彙。

（3）更好的泛化能力：大型語言模型可以透過訓練在大規模資料上，從中學習到一些普遍的語言模式和規律。這種泛化能力可以幫助詞向量在向量資料庫中對未見過的詞語或上下文進行更好的推斷和補全。

（4）計算成本增加：使用更大的語言模型會增加計算成本，包括記憶體使用和計算時間。這可能需要更多的運算資源和更大的儲存空間來儲存和處理模型及其參數。

因此，儘管更大的語言模型通常可以提供更好的詞向量表示，但在實際應用中需要綜合考慮運算資源和性能要求。選擇適當規模的語言模型對特定任務和應用場景來說是很重要的。

以下是用 Hugging Face 提供了生成嵌入變數的函數程式庫 Transformers 和 Llama 2 模型計算詞向量的程式：

```
from transformers import(
    LlamaModel,
    LlamaTokenizer,
    BitsAndBytesConfig,
)
import torch
from torch import clamp,sum

device = "auto"
model_path = "/mnt/chinese-llama-2-7b"  #Path to the combined weights

bnb_config = BitsAndBytesConfig(
    load_in_4bit=True,
        bnb_4bit_quant_type="nf4",
        bnb_4bit_compute_dtype="float16",
        bnb_4bit_use_double_quant=True,
    )

model = LlamaModel.from_pretrained(
```

```
    model_path,
    device_map=device,
    load_in_8bit= True,
    quantization_config=bnb_config
)
tokenizer = LlamaTokenizer.from_pretrained(model_path)

query = "Hello,how are you?"

encoded_input = tokenizer(query,padding=True,add_special_tokens = True,truncation =
True,return_attention_mask = True,return_tensors='pt')

with torch.no_grad():
    model_output = model(**encoded_input,return_dict=True)

query_emb = model_output.last_hidden_state
```

以上程式執行需要 GPU。query_emb 傳回的形狀是 torch.Size([1,7,4096])：

```
tensor([[[0.1548,0.0524, 0.1591, ..., 0.0473,-0.0912,0.2695],
        [-0.7446,-1.0273, 0.4260, ..., 0.8838,0.9141,-1.1641],
        [-0.3491,-0.6211,-0.2537, ..., 1.5088,0.3347,0.1338],
        ...,
        [-0.4067,-1.5596,1.2998, ..., 0.3792,0.9092,-0.0235],
        [-0.2157,-2.3926,0.8970, ..., 0.9189,-0.0987,-0.7983],
        [-0.9136,-1.9561,0.3748, ..., 0.9038,-0.5811,-0.6226]]],
    dtype=torch.float16)
```

query_emb 經池化後生成詞向量。

12.7 批次生成嵌入向量

批次生成嵌入向量程式是根據向量資料庫 Milvus 文件中例子改造而得的。從 SQuAD 資料集中批次讀取資料，批次生成嵌入向量。

SQuAD 是史丹佛大學透過眾包的方式來建構的機器閱讀理解資料集。本質上，這就是一個大規模的英文閱讀理解資料集，現在做和英文的閱讀理解相關所有任務都用它，由 87599 筆訓練資料和 10570 筆驗證資料組成。

SQuAD 資料庫存取網址：https://huggingface.co/datasets/squad 訓練資料格式是這樣的：

```
{
  "answers":{
    "answer_start":[1],
    "text":["This is a test text"]
  },
  "context":"This is a test context.",
  "id":"1",
  "question":"Is this a test?",
  "title":"train test"
}
```

Hugging Face 的 datasets 函數庫是一個用於處理和載入大規模資料集的 Python 函數庫，尤其是用於自然語言處理的資料集。這個函數庫的目標是使處理大規模資料集變得簡單、快速和可擴充。

datasets 函數庫的一些主要的函數和方法有：

load_dataset()：這個函數用於載入資料集。你可以從 Hugging Face 的資料集函數庫中載入預先定義的資料集，也可以從本地檔案或 URL 載入資料。

map()：這個方法對資料集中的每一項應用一個函數。這是進行資料前置處理的主要方式。

filter()：這個方法用於篩選資料集。你可以提供一個函數，該函數傳回一個布林值，以決定是否保留每一項資料。

shuffle()：這個方法用於隨機打亂資料集。

train_test_split()：這個方法用於將資料集分割為訓練集、驗證集和測試集。Hugging Face 的 datasets 函數庫的 map 函數是一個非常強大的工具，可以用來對資料集進行各種轉換。以下是這個函數的參數定義。

function：這是一個使用者定義的函數，它將被應用到資料集的每一個元素上。這個函數應該接受一個字典作為輸入（這個字典的鍵是特徵名稱，值是特徵值），並傳回一個字典。

batched（預設為 False）：如果設置為 True，那麼 function 將在每個批次上執行，而非在每個樣本上執行。在這種情況下，function 應該接受一個字典的串列，並傳回一個字典。

batch_size（預設為 1000）：如果 batched=True，這個參數將決定每個批次的大小。remove_columns：這是一個字串串列，指定要從資料集中刪除的列。

```
DATASET = 'squad'#Huggingface Dataset to use
MODEL = 'bert-base-uncased'#Transformer to use for embeddings
TOKENIZATION_BATCH_SIZE = 1000#Batch size for tokenizing operaiton
INFERENCE_BATCH_SIZE = 64#batch size for transformer
INSERT_RATIO = .001#How many titles to embed and insert
DIMENSION = 768#Embeddings size

from datasets import load_dataset,Dataset
from transformers import BertTokenizer,BertModel

data_dataset = load_dataset(DATASET,split='all')

#生成一個固定的子集。為生成隨機子集，請刪除種子設置。有關詳細資訊，請參見<https://huggingface.co/docs/datasets/v2.9.0/en/package_reference/main_classes#datasets.Dataset.train_test_split.seed>
data_dataset = data_dataset.train_test_split(test_size=INSERT_RATIO,seed=42)['test']

#清理資料集中的資料結構
data_dataset = data_dataset.map(lambda val:{'answer':val['answers']['text'][0]},
remove_columns=['answers'])

tokenizer = BertTokenizer.from_pretrained(MODEL)

#將問題分詞以滿足 BERT 的輸入格式。
def tokenize_question(batch):
    results = tokenizer(batch['question'],add_special_tokens = True,truncation = True,
padding = True,return_tensors = "pt")
    batch['input_ids']= results['input_ids']
```

```
    return batch

# 為每個項目生成標記
data_dataset = data_dataset.map(tokenize_question,batch_size=TOKENIZATION_BATCH_SIZE,
batched=True)
# 設置輸出格式為 torch, 以便將其推送到嵌入模型中
data_dataset.set_format('torch',columns=['input_ids'],output_all_columns=True)

model = BertModel.from_pretrained(MODEL)

def embed(batch):
    sentence_embs = model(input_ids=batch['input_ids']).pooler_output
    batch['question_embedding']= sentence_embs
    return batch

data_dataset = data_dataset.map(embed,remove_columns=['input_ids'],
batched = True,batch_size=INFERENCE_BATCH_SIZE)

def print_function(batch):
    print(batch['question'])
    print(batch['answer'])
    print(batch['question_embedding'])

data_dataset.map(print_function,batched=True,batch_size=4)
```

下面是一個批次（4 筆記錄）的輸出：

question:

```
['Along with the United Democratic Party,what party currently rules the
Marshall Islands?',"What was Gaddifi's original political viewpoint?",'What is
the name of the international airport in Guam?','Along with fishermen,what sort
of Japanese people visited the Marshalls?']
```

answer:

```
['the AKA','Initially ideologically committed to Arab nationa-lism and Arab
socialism','Antonio B.Won Pat','traders']
```

question_embedding

```
tensor([[-0.8324,-0.5737,-0.9900,...,-0.9467,-0.7632,0.6736],
  [-0.6565,-0.4234,-0.9715,...,-0.8413,-0.6445,0.5264],
  [-0.7713,-0.5848,-0.9829,...,-0.8983,-0.7207,0.7519],
  [-0.6801,-0.5408,-0.9795,...,-0.9010,-0.7227,0.5658]])
```

12.8 池化演算法

下面舉例介紹注意力遮罩平均池化方法。

```
MODEL = 'bert-base-uncased'#Transformer to use for embedding

from transformers import BertTokenizer,BertModel
from torch import clamp,sum

text = ["Around 9 Million empeople live in London","London is known for its financial
district"]

tokenizer = BertTokenizer.from_pretrained(MODEL)

encoded_input = tokenizer(text,padding=True,add_special_tokens = True,
truncation = True,return_attention_mask = True,return_token_type_ids = True,
return_tensors='pt')
input_ids = encoded_input['input_ids']
token_type_ids = encoded_input['token_type_ids']
attention_mask = encoded_input['attention_mask']

# 計算標記嵌入
sentence_embs = model(input_ids,token_type_ids,attention_mask)[0]
input_mask_expanded = attention_mask.unsqueeze(-1).expand(sentence_embs.size()).float()
question_embedding = sum(sentence_embs*input_mask_expanded,1)/clamp(input_mask_
expanded.sum(1),min=1e-9)
```

程式中，先按照普通推理邏輯，獲取詞編碼，同時傳回 input_ids、token_type_ids 和 attention_mask，主要在後面將標記機率轉為整句機率池化時需要使用。程式中主要需要關注的是池化演算法，採用的是根據隱藏層的注意力遮罩取平均池化。

注意力遮罩是注意力機制的重要部分。在計算注意力分數時，可能會遇到一些特殊的情況，比如序列中含有填充（padding）元素，這些元素實際上並不包含任何有用的資訊，我們不希望它們對池化結果產生影響。在這種情況下，可以使用注意力遮罩來忽略這些元素。遮罩的值通常是 0 或 1，其中 0 表示忽略對應的元素，1 表示考慮對應的元素。

程式中池化演算法主要是只對遮罩為 1 的元素的分數計算平均值。

程式 attention_mask.unsqueeze(-1).expand(sentence_embs.size()).float() 的功能是將 attention_mask 先用 unsqueeze 函數擴充 1 個維度，再用 expand 將元素擴充到和 sentence_embs 相同的大小。下面是初始的 attention_mask 向量和計算傳回後 input_mask_expanded 向量值：

```
[42]: attention_mask

[42]: tensor([[1, 1, 1, 1, 1, 1, 1, 1, 1, 1, 1],
              [1, 1, 1, 1, 1, 1, 1, 1, 1, 0, 0]])

[45]: input_mask_expanded

[45]: tensor([[[1., 1., 1.,  ..., 1., 1., 1.],
               [1., 1., 1.,  ..., 1., 1., 1.],
               [1., 1., 1.,  ..., 1., 1., 1.],
               ...,
               [1., 1., 1.,  ..., 1., 1., 1.],
               [1., 1., 1.,  ..., 1., 1., 1.],
               [1., 1., 1.,  ..., 1., 1., 1.]],

              [[1., 1., 1.,  ..., 1., 1., 1.],
               [1., 1., 1.,  ..., 1., 1., 1.],
               [1., 1., 1.,  ..., 1., 1., 1.],
               ...,
               [1., 1., 1.,  ..., 1., 1., 1.],
               [0., 0., 0.,  ..., 0., 0., 0.],
               [0., 0., 0.,  ..., 0., 0., 0.]]])
```

sum(sentence_embs*input_mask_expanded,1) 在維度 1（多個標記）上合計，僅計算遮罩為 1 的元素。

input_mask_expanded.sum(1) 在維度 1（標記）上合計元素個數。

clamp(input_mask_expanded.sum(1),min=1e-9) 是防止作為除數為 0。

最終的 question_embedding 形狀為 [1,55296]，獲取每個句子的嵌入維度值：

```
[46]: question_embedding

[46]: tensor([[ 0.3993,  0.4458,  0.2752,  ..., -0.7604,  0.0992,  0.2496],
              [-0.0432,  0.2758,  0.1875,  ..., -0.3111,  0.0233, -0.0341]],
             grad_fn=<DivBackward0>)
```

將該向量儲存到向量資料庫，即可以用來進行檢索。

12.9 詞向量文件檢索

下面程式用 L2 距離計算查詢敘述與文件敘述之間的相似性。定義了一個查詢敘述 query 和文件 docs 裡面的兩個敘述，分別傳回查詢敘述與兩個文件敘述的 L2 距離值。

L2 距離，也稱為歐氏距離，是一種常見的度量方法，用於計算兩個向量之間的直線距離。它計算的是兩個向量各個維度差的平方和的平方根。L2 距離通常被用於衡量向量之間的相似性。

```
from transformers import BertTokenizer,BertModel
import torch

MODEL = 'bert-base-uncased'  #Transformer to use for embeddings

# 直接讀取池化後的詞向量
def encode(texts):
    #Tokenize sentences
    encoded_input = tokenizer(texts,padding=True,add_special_tokens = True,truncation
= True,return_attention_mask = True,
                        return_token_type_ids = True,return_tensors='pt')
    input_ids = encoded_input['input_ids']

    # 計算標記嵌入
    with torch.no_grad():
        sentence_embs = model(input_ids).pooler_output

    return sentence_embs

# 要嵌入的敘述
query = "How many people live in London?"
docs = ["Around 9 Million empeople live in London","London is known for its financial
district"]

model = BertModel.from_pretrained(MODEL)
tokenizer = BertTokenizer.from_pretrained(MODEL)

# 計算 query 和 docs 的詞向量
```

```
query_emb = encode(query)
doc_emb = encode(docs)

# 計算 L2 距離
scores = torch.norm(query_emb-doc_emb,p=2,dim=1)

# 組合分數和文件敘述
doc_score_pairs = list(zip(docs,scores))

# 按分數倒排序
doc_score_pairs = sorted(doc_score_pairs,key=lambda x:x[1],reverse=True)

# 輸出分數
for doc,score in doc_score_pairs:
    print(score,doc)
```

輸出結果為

```
tensor(10.4681)London is known for its financial district
tensor(3.5335)Around 9 Million empeople live in London
```

將以上 query 與 docs 換成中文：

```
query = " 我想喝一杯濃郁的咖啡。"
docs = [" 我今天早上喝了一杯香濃的咖啡。"," 我喜歡喝美式咖啡。"," 今天的天氣真好！ "]
```

輸出的結果是

```
tensor(5.7056) 今天的天氣真好！
tensor(4.5422) 我喜歡喝美式咖啡。
tensor(1.1916) 我今天早上喝了一杯香濃的咖啡。
```

12.10 範例

12.10.1 PGVector 簡介

本範例用 bert_base_uncased 模型生成詞向量，將詞向量儲存在 PGVector 中。

PGVector 是一個針對 PostgreSQL 資料庫的擴充外掛程式，設計目的是讓使用者在現有的 PostgreSQL 資料庫上實現向量搜尋和計算，而無須引入額外的向量資料庫。這降低了整合的複雜性，特別是對那些已經在使用 PostgreSQL，並希望快速增加向量資料支援的使用者來說。

PGVector 的主要功能有以下幾個。

（1）與 PostgreSQL 深度整合：PGVector 作為 PostgreSQL 資料庫的擴充外掛程式，允許在 PostgreSQL 資料庫中儲存和查詢向量資料，無須遷移資料或更改應用程式架構。

（2）SQL 簡單好用：PGVector 使用標準 SQL 查詢語言，適合熟悉 SQL 查詢的使用者。

（3）靈活的資料模型：PGVector 可以靈活組合，可以在查詢中使用標準的 SQL 語法。

（4）新的索引類型：例如 Hierarchical Navigable Small Worlds（HNSW）索引，HNSW 的要旨是：透過連接相鄰的向量達到更好的性能和召回率。因此當執行近似查詢時，能夠更準確地找到最接近的鄰居。

（5）快速距離計算：PGVector 支援更快的距離計算，例如在 HNSW 索引上執行距離計算。

（6）平行建構索引：支援平行向索引中插入資料，可以更加容易地從多個來源同時載入資料。

（7）更新和刪除：PGVector 支援更新和刪除操作。很多其他 HNSW 的實現並不支援這個功能。

12.10.2 PGVector 安裝

在 Ubuntu 22.04LTS 安裝 PostgreSQL 的流程以下（Ubuntu 其他版本可參考）。

1. 安裝 postgresql

sudo apt-get install postgresql

sudo apt install postgresql-server-dev-all

2. 設置作業系統使用者 postgres 密碼

sudo passwd postgres

密碼：123456

3. 切換使用者

```
sudo addgroup postgres sudo
su-postgres
pg_config--includedir-server
```

4. 安裝 PGVecto（r 支援 Postgres 11+）

```
git clone--branch v0.5.1 https://github.com/pgvector/pgvector.git

cd pgvector
make
make install#may need sudo
```

5. 修改資料庫使用者密碼

```
psql-U postgres
ALTER USER postgres WITH PASSWORD'123456';
\q
```

12.10.3 向量資料庫操作

1. 啟用擴充（在要使用它的每個資料庫中執行此操作一次）

```
CREATE EXTENSION vector;
```

2. 建立具有 3 個維度的向量列

```
CREATE TABLE squad(id bigserial PRIMARY KEY,question text,answer text,embedding
vector(6));
```

以上向量列的維度應該和模型的維度相同，比如採用 bert_base_uncased 模型，維度為 768，則向量列應定義為 vector(768)。

3. 插入向量

```
  INSERT INTO squad(question,answer,embedding)VALUES
('Along with the United Democratic Party,what party currently rules the Marshall
Islands?','the AKA','[-4.1286,-3.1997,6.2331,-3.2861,-2.8586,-2.6042]'), ('What
was Gaddifis original political viewpoint?','Initially ideologically committed
to Arab nationalism and Arab socialism','[-3.3573,-2.0095,7.5762, -1.0108,-
1.4621, -1.8439]'),
('What is the name of the international airport in Guam?','Antonio B.Won
Pat','[-3.4861,-3.1744,6.2953,-2.6002,-2.5398,-2.0709]'), ('Along with
fishermen,what sort of Japanese people visited the Marshalls?','traders',
'[-3.8996,-2.4417,6.4038,-2.3210,-2.5534,-2.2019]');
```

4. 按 L2 距離獲取最近鄰

```
  SELECT*FROM squad ORDER BY embedding <-> '[-3.4443,-2.5282, 6.8986,-1.9173,-
2.4078, -1.7705]'LIMIT 1;
  SELECT*FROM squad ORDER BY embedding <-> '[-3.4861,-3.1744, 6.2953,-2.6002,-
2.5398,-2.0709]';
```

參考文獻

[1] 大型模型物種進化圖轉瘋了：8 位華人打造，一眼看懂「界門綱目」，原來 BERT 後代已絕種 [EB/OL].(2023-05-07)[2023-12-30]. https://zhuanlan.zhihu.com/p/627453265.

[2] Meta 最新模型 Llama 語言模型細節與程式詳解 [EB/OL].(2023-03-07)[2023-12-30]. https://www.shangyexinzhi.com/article/6850575.html.

[3] TOUVRON H,MARTIN L,STONE K et al.Llama 2:Open foundation and fine-Tuned chat models[EB/OL].(2023-07-18)[2023-12-30]. https://ai.meta.com/research/publications/llama-2-open-foundation-and-fine-tuned-chat-models.

[4] 一文讀懂 Llama 2（從原理到實戰）[EB/OL].(2024-01-11). https://zhuanlan.zhihu.com/p/653303123.

[5] NIKOLAIEV D.Estimate the number of parameters in transformer models[EB/OL].(2023-01-13)[2023-12-30]. https://towardsdatascience.com/how-to-estimate-the-number-of-parameters-in-transformer-models-ca0f57d8dff0.

[6] 白強偉 . 用於大型 Transformer 的 8-bit 矩陣乘法介紹 [EB/OL].(2023-10-25)[2023-12-30]. https://zhuanlan.zhihu.com/p/604338403.

[7] BELKADA Y,DETTMERS T. 大規模 Transformer 模型 8 位元矩陣乘簡介 - 基於 Hugging Face Transformers、Accelerate 以及 bitsandbytes[EB/OL].(2022-08-18)[2023-12-30]. https://huggingface.co/blog/hf-bitsandbytes-integration.

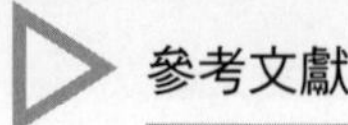

[8] qLoRA 的雙量化 Double Quantization[EB/OL].(2023-06-24)[2023-12-30].
https://blog.csdn.net/wangzhengkui123/article/details/131362235.

[9] 大型模型參數高效微調 (PEFT)[EB/OL].(2023-08-30)[2023-12-30].
https://zhuanlan.zhihu.com/p/621700272.

[10] HE J,ZHOU C.Towards a unified view of parameter-efficient transfer learning[EB/OL].(2022-02-02)[2023-12-30].
https://arxiv.org/abs/2110.04366.

[11] 戰士金.詳解大型模型 RLHF 過程（配程式解讀）[EB/OL].(2023-09-25)[2023-12-30].
https://zhuanlan.zhihu.com/p/624589622.

[12] 方佳瑞.大型模型推理妙招—投機採樣（Speculative Decoding）[EB/OL].(2023-08-21)[2023-12-30].
https://zhuanlan.zhihu.com/p/651359908.

[13] 推理飆升 2 倍！普林斯頓北大校友祭出多頭「美杜莎」，33B 模型與 13B 一樣快 [EB/OL].(2023-09-12)[2023-12-30].
https://zhuanlan.zhihu.com/p/655809651.

深智數位
股份有限公司

深智數位
股份有限公司